Irenäus Eibl-Eibesfeldt
Krieg und Frieden
aus der Sicht der Verhaltensforschung

SERIE PIPER
Band 329

Zu diesem Buch

Die Menschheit sieht sich heute mehr denn je durch ein globales Wettrüsten und durch die Gefahr eines Atomkrieges bedroht. Bleiben die Bemühungen um den Frieden reine Utopie? Ist die Unverträglichkeit konstitutionell in uns angelegt?

Der bekannte Verhaltensforscher und Humanethologe erörtert die heftig diskutierte Frage, ob und in welcher Weise stammesgeschichtliche Anpassungen menschliches Aggressionsverhalten vorprogrammieren. Auf zahlreichen Reisen in allen Kontinenten hat er dazu umfangreiches Material gesammelt und kulturenvergleichend ausgewertet: In der Unstimmigkeit zwischen kultureller und biologischer Norm liegt die Wurzel der universellen Friedenssehnsucht des Menschen. Unser Gewissen bleibt unsere Hoffnung. Die Funktion des Krieges gilt es auf unblutige Weise zu ersetzen.

»Ein immenses Material, das uns zum Nachdenken nicht anregt, sondern zwingt.« Frankfurter Allgemeine Zeitung

Irenäus Eibl-Eibesfeldt, geboren 1928 in Wien, Professor Dr. phil., Studium der Zoologie in Wien. Seit 1949 Mitarbeiter des Instituts für vergleichende Verhaltensforschung (1951 als Max-Planck-Institut für Verhaltensphysiologie in Seewiesen neu gegründet), seit 1970 Leiter der Forschungsstelle für Humanethologie am Max-Planck-Institut für Verhaltensphysiologie in Seewiesen, Professor an der Universität München, zahlreiche Forschungsreisen.

Zahlreiche Veröffentlichungen, davon im Piper-Verlag: Galápagos. Die Arche Noah im Pazifik, [7]1984; Im Reich der tausend Atolle. Als Tierpsychologe in den Korallenriffen der Malediven und Nikobaren, 1964; Grundriß der vergleichenden Verhaltensforschung – Ethologie, [6]1980; Die !Ko-Buschmann-Gesellschaft. Gruppenbindung und Aggressionskontrolle, 1972; Liebe und Haß. Zur Naturgeschichte elementarer Verhaltensweisen, [10]1982; Die Malediven. Paradies im Indischen Ozean, 1982.

Irenäus Eibl-Eibesfeldt

Krieg und Frieden
aus der Sicht
der Verhaltensforschung

Piper
München · Zürich

ISBN 3-492-00629-9
Neuausgabe 1984
2., überarbeitete Auflage, 16.–25. Tausend Mai 1984
(1. Auflage, 1.–10. Tausend dieser Ausgabe)
© R. Piper GmbH & Co. KG, München 1975, 1984
Umschlag: Federico Luci, unter Verwendung des Gemäldes
»Der Krieg« (1952) von Pablo Picasso
Gesamtherstellung: Clausen & Bosse, Leck
Printed in Germany

Inhalt

Problemstellung . . . .`. . . . 11

I. Zur Methode und Theorie der Verhaltensforschung . . . 18
  1. Einige Grundkonzepte der Verhaltensforschung . . . 20
    a. Das Angeborene im Verhalten der Tiere 20
    b. Angeborenes im menschlichen Verhalten 26
    c. Die Methode des Vergleichens 31
  2. Funktionsgesetze stammesgeschichtlicher und
     kultureller Evolution 34

II. Die innerartliche Aggression 42
  1. Zur Definition 42
  2. Manifestationen aggressiven Verhaltens im
     Tierreich 51
    a. Beschädigungs- und Turnierkämpfe 51
    b. Biologische Aggressionskontrolle 54
  3. Funktionen aggressiven Verhaltens 55
    a. Territoriales Verhalten 55
    b. Die Vorteile exklusiver Verbände 58
    c. Die Ausstoßreaktion als Mittel zur Erhaltung
       der Gruppennorm 60
    d. Funktionen sexueller Rivalität 61
    e. Rangordnung 61
  4. Stammesgeschichtliche Anpassungen als
     Determinanten aggressiven Verhaltens 62
    a. Anpassungen in der Motorik 63
    b. Angeborene Auslösemechanismen und
       Auslöser 64
    c. Lerndispositionen 65
    d. Antriebe 67
    e. Zur Genetik aggressiver Verhaltensdispositionen . 76

III. Territorialität und Aggressivität bei Menschenaffen . . 77
  1. Innerartliche Aggression 77
  2. Beute-Aggression 87
  3. Aggression gegen Raubfeinde 93
  4. Waffengebrauch 94
    a. Drohverhalten unter Einbeziehung stationärer
      Objekte 94
    b. Drohverhalten mit beweglichen Gegenständen . . 95
    c. Kämpfen mit Waffen 95

IV. Die Aggression beim Menschen 97
  1. Die Innergruppen-Aggression 98
    a. Das Besetzen und Verteidigen von Raumbezirken
      (Individualrevier und Individualdistanz). 98
    b. Streit um Objekte. 100
    c. Der Einfluß von Wettstreit und Kooperation auf
      Gruppenstruktur und Gruppenbeziehung. 101
    d. Wettstreit um Partnerbindung (Rivalität) 103
    e. Beistehen (Verteidigen des Sozialpartners) 104
    f. Rangstreben 104
    g. Explorative Aggression. 108
    h. Erzieherische Aggression. 109
    i. Die Außenseiterreaktion
      (normerhaltende Aggression) 110
  2. Die Kontrolle der Innergruppen-Aggression 113
    a. Aggressionshemmende Signale. 113
    b. Die Rolle der Rangordnung 116
    c. Ritualisierung der Auseinandersetzung 117
      c. 1 Ritualisiertes Kämpfen. 117
      c. 2 Verbalisierte Aggressionen. 118
    d. Schlichten, Trösten, Partei-Ergreifen (Vermitteln). 123
    e. Rituale der Bindung. 123
    f. Ventilsitten 125
  3. Vorprogrammierungen im aggressiven Verhalten des
    Menschen 128
    a. Auslösende Reize: Schmerz, »Situationsklischees«
      und das Feindschema »Fremder« 128
    b. Stammesgeschichtliche Anpassungen
      in der Motorik 130
    c. Motivierende Mechanismen 131
  4. Die Rolle von Lernprozessen in der Entwicklung
    aggressiven Verhaltens. 139

V. Zwischengruppen-Aggression und Krieg.   147
  1. Die kulturelle Evolution zum Krieg   147
  2. Vom Mythos der aggressionslosen Urgesellschaft . .   151
  3. Territorialität und Aggressivität bei Jägern und
     Sammlern   155
     a. Die Eskimos   157
     b. Die Pygmäen   164
     c. Die Hadza.   167
     d. Territorialität und Aggressivität bei Buschleuten. .   170
        d. 1 Territorialität   170
        d. 2 Innergruppen-Aggression   184
        d. 3 Geschwisterrivalität   184
        d. 4 Fremdenfurcht   185
        d. 5 Aggression in Kinderspielgruppen   185
        d. 6 Aggression zwischen Kindern und
             Erwachsenen   188
        d. 7 Die Sozialisierung kindlicher Aggression . .   190
        d. 8 Aggressionen unter Erwachsenen   190
        d. 9 Verbale Aggressionen.   192
        d. 10 Aufziehen (Scherzen) und Spotten   193
        d. 11 Schwarze Magie.   194
  4. Mißverständnis und Vorurteil in den Wissenschaften
     vom Menschen.   195
  5. Erscheinungsformen, Ursachen und Funktionen des
     Krieges.   205
     a. Formen bewaffneter Konflikte   205
     b. Funktionen des Krieges.   217

VI. Auf dem Weg zum Frieden   226
  1. Krieg und Gewissen   226
  2. Ein Trauerritual im Hochland Neuguineas   235
  3. Die Kontrolle der Zwischengruppen-Aggression. . .   245
     a. Ritualisierung der Kriegführung   245
     b. Vermitteln durch Dritte.   253
     c. Formelles Friedenschließen   254
     d. Rituale zur Erhaltung des Friedens   258
     e. Konfliktvermeidung durch mythische
        Ortsbindung   259
     f. Muster der Konfliktkontrolle   260
  4. Harmonisierungsmodelle und die Erziehung zum
     Frieden.   272

Zusammenfassung 292

Literaturverzeichnis 294

Danksagung. 316

Namenregister 317

Sachregister 322

Brüder kämpfen und bringen sich Tod,
Brudersöhne brechen die Sippe;
arg ist die Welt, Ehbruch furchtbar,
Schwertzeit, Blutzeit, Schilde bersten,
Windzeit, Wolfzeit, bis die Welt vergeht –
nicht einer will des anderen schonen.

Edda, Götterdichtung – Der Seherin Gedicht

Greift zu den Schwertern! Nehmt den Schild zur Hand!
Kalten Klingen schreitet kühn entgegen!
Es ruht in Eurer Rechten nun Ruhm und Schande:
Tod bringt der Tag uns oder Treuebruchs Rache!

Edda, Bjarkilied

Jung war ich einst, einsam zog ich,
da ward wirr mein Weg.
Glücklich war ich, als den Begleiter ich fand:
den Menschen freut der Mensch.

Edda, Sittengedicht

Problemstellung

Der Mensch beklagt die Gewalt, die er fürchtet, und er heroisiert sie zugleich, und er sucht den Mitmenschen, denn »den Menschen freut der Mensch«.

Zwiespältig ist sein Wesen, und wenn er nachdenkt, dann wird er sich wohl auch des Spannungsfeldes bewußt, in dem er lebt, und er träumt vom Frieden, den er eben doch noch eher sucht als den noch so glorifizierten Heldentod. Dennoch: Bis in die Gegenwart haben Schlachten das Schicksal von Völkern entschieden, und in den Geschichtsbüchern markieren die Aufzählungen der Kriege wie Meilensteine die Entwicklung der Menschheit. Die kriegerisch Tüchtigen und waffentechnisch Überlegenen siegten gewöhnlich, und von den Unterlegenen blieben oft nur die rauchgeschwärzten Ruinen der Siedlungen als Zeugnis ihrer einstigen Existenz. Fast scheint es, als wäre die Menschheit in einen sich aufschaukelnden Prozeß blutiger Auslese zum Kriegerischen eingeklinkt. Das beunruhigt uns; und wir erleben Gewissenskonflikte und Skrupel. Sie könnten in der Angst vor atomarer Selbstvernichtung begründet sein, aber sicher nicht darin allein, denn der Wunsch nach Frieden ist älter als die Bombe. Wir hoffen auf den Weltfrieden und erstreben ihn. Aber ist dieses Ziel zu erreichen? Jagen wir da nicht einer Utopie nach? Wird eine friedliche Kultur nicht bald die Beute der weniger friedlichen, und erfüllt der Krieg nicht vielleicht wichtige Funktionen, ohne die unser Menschengeschlecht degenerieren würde, etwa indem er die kulturelle und technische Entwicklung vorantreibt? Und schließlich, ist nicht die Unverträglichkeit konstitutionell in uns angelegt, so daß sie sich allen Bemühungen zum Trotz immer wieder durchsetzen wird?

Das Thema Aggression und Krieg war in den letzten Jahren Gegenstand zahlreicher Diskussionen. Sie entzündeten sich an den von Konrad Lorenz 1963 aufgestellten Thesen, daß aggressives Verhalten Funktionen im Dienste der Arterhaltung erfülle und durch stammesgeschichtliche Anpassungen vorprogrammiert sei, wobei ein angeborener Aggressionstrieb Tiere zum Kampf mit Artgenossen motiviere. Lorenz begründete diese Thesen durch zahlreiche Beobachtungen an Tieren und wies schließlich auf einige in der Tat auffällige Ähnlichkeiten hin, die die Vermutung nahelegen, daß wohl für uns Menschen Ähnliches gilt.

Diese Folgerungen wurden lebhaft erörtert. Die Meinungsgegner von Lorenz sprachen von unerlaubten, leichtfertigen Schlüssen vom Tier auf den Menschen und wendeten sich dabei insbesondere gegen das Triebkonzept. Die Aggression des Menschen sei reaktiv, hieß es, und überdies erlernt, denn nach den Ergebnissen der Anthropologen seien keineswegs alle Völker aggressiv. Gerade die ursprünglichsten Jäger- und Sammlervölker zeichneten sich durch große Friedfertigkeit aus, und man dürfe daraus folgern, daß der prähistorische Mensch ebenfalls friedlich gelebt habe.

Manche Kritiker stellen auch in Abrede, daß die bei Tier und Mensch beobachteten aggressiven Verhaltensweisen der Individuen etwas mit dem Phänomen Krieg zu tun hätten. Dieser wäre nicht in der Natur des Menschen, sondern ausschließlich kulturell-gesellschaftlich begründet:

»Erst seit der Herausbildung des Privateigentums an Produktionsmitteln, mit welchen die antagonistischen Gesellschaften anheben, tritt Krieg als institutionalisiertes politisches Mittel des außer-ökonomischen Zwanges auf«, heißt es bei Hollitscher (1973, S. 115), der den Ethologen auch vorwirft, den Menschen als Tier zu mißdeuten.

Verschiedentlich unterstellte man Lorenz die Intention, aggressives Verhalten als ›natürlich‹ entschuldigen zu wollen und damit einem Fatalismus Vorschub zu leisten, der jenen Munition liefere, die die prinzipielle Unveränderlichkeit der Gesellschaft predigen. Dieser Ansicht liegt wohl die irrige Vorstellung zugrunde, daß Angeborenes erzieherisch nicht in den Griff zu bekommen sei.

Es fällt auf, daß Kritiker der biologischen Verhaltensforschung diese gern in einer extremen Gegensatzposition schildern, etwa so, als würden Ethologen die große Bedeutung kultureller, umweltinduzierter Determinanten nicht sehen. Gerade die Aggressionsdiskussion ist durch diese Verfälschung belastet. So schreibt Erich Fromm in der im November 1974 in ›Bild der Wissenschaft‹ publizierten Diskussion ›Thesen und Fragen zur Aggressionsforschung‹: »Was könnte für Menschen …, die sich fürchten und die sich unfähig fühlen, den zur Zerstörung führenden Lauf der Dinge zu ändern, willkommener sein als die Theorie von Konrad Lorenz, daß die Gewalt aus unserer tierischen Natur kommt und einem unzähmbaren Trieb zur Aggression entspringt.«

Dagegen ist festzustellen, daß Lorenz nie von einem »unzähmbaren Trieb zur Aggression« schrieb, sondern vielmehr darauf hinwies, daß er die menschliche Aggression in der Gegenwart für die größte aller Gefahren halte, daß man ihr aber wohl nicht beikommen werde, wenn man sie als etwas Unabwendbares und Metaphysisches hinnehme, sondern nur, wenn man naturwissenschaftlich ihre Ursache erforsche:

»Wir haben guten Grund, die intraspezifische Aggression in der gegenwärtigen kulturhistorischen und technologischen Situation der Menschheit für die schwerste aller Gefahren zu halten. Aber wir werden unsere Aussichten, ihr zu begegnen, gewiß nicht dadurch verbessern, daß wir sie als etwas Metaphysisches und Unabwendbares hinnehmen, vielleicht aber dadurch, daß wir die Kette ihrer natürlichen Verursachung verfolgen. Wo immer der Mensch die Macht erlangt hat, ein Naturgeschehen willkürlich in bestimmter Richtung zu lenken, verdankt er sie seiner Einsicht in die Verkettung der Ursachen, die es bewirken. Die Lehre vom normalen, seine arterhaltende Leistung erfüllenden Lebensvorgang, die sogenannte Physiologie, bildet die unentbehrliche Grundlage für die Lehre von seiner Störung, für die Pathologie« (Lorenz 1963, S. 47).

Lorenz hat sich auch immer wieder gegen einen dümmlichen Biologismus verwahrt, der im Menschen »nichts als« ein Tier sehen will:

»Weit davon entfernt, die Verschiedenheit zwischen den beschriebenen Verhaltensweisen höherer Tiere und jenen menschlichen Leistungen zu unterschätzen, die von Vernunft und verantwortlicher Moral gesteuert sind, behaupte ich: Niemand ist imstande, die Einzigartigkeit dieser spezifisch menschlichen Leistungen so klar zu sehen, wie derjenige, der sie abgehoben von dem Hintergrund jener weit primitiveren Aktions- und Reaktionsnormen sieht, die uns auch heute noch mit höheren Tieren gemeinsam sind« (Lorenz 1971, S. 509)*.

---

* Oder an anderer Stelle auf die Frage eines Reporters, wann sich der Mensch wie ein Tier verhalte:
»Eigentlich nie! Der Mensch ist nur bedingt mit dem Tier vergleichbar. Allerdings unterscheidet er sich vom Tier nicht dadurch, daß er mit dem Tier überhaupt nichts mehr gemeinsam habe – er hat vieles mit ihm gemeinsam –, wohl aber dadurch, daß er zum Tierischen noch etwas Wesentliches hinzubekommen hat, das sein Verhalten grundsätzlich verändert, und das sind seine intellektuelle Funktion, sein Denken, seine Wortsprache, vor al-

Ebenso habe ich immer wieder betont, daß der Mensch von Natur ein Kulturwesen ist. Bei Tieren sind die Verhaltensabläufe oft bis in die kleinsten Einzelheiten durch stammesgeschichtliche Anpassungen vorgezeichnet; der Mensch ist nicht so streng determiniert. Er bedarf zusätzlich der kulturellen Steuerung seines Antriebslebens. Dieses kulturelle Korsett engt zwar letztlich ebenfalls seine Freiheiten ein, aber es kann sich im Laufe der Zeit schnell ändern, wenn geänderte Lebensbedingungen eine Neuanpassung erfordern. Mit Hilfe verschiedener kultureller Anpassungen entwickelte der Mensch Überlebensstrategien für die verschiedensten Lebensräume, die auch jeweils andere Anpassungen im Sozialverhalten erfordern. Ein Eskimo braucht z. B. ganz andere Rituale der Aggressionskontrolle als etwa ein Massai oder ein Großstadtbewohner Mitteleuropas. Ohne diese kulturell entwickelten Verhaltensmuster wäre ein geordnetes Zusammenleben unmöglich. Ich habe ferner dargelegt, daß der Mensch offenbar eine Appetenz nach Kultur zeigt (Eibl-Eibesfeldt 1973). Bereits kleine Kinder entwickeln im Spiel Regeln, an denen sie festhalten, und nichts bereitet ihnen mehr Vergnügen, als Spielchen nach Regeln mitzumachen. Die Regeln vermitteln ihnen Sicherheit und Ordnung (Eibl-Eibesfeldt 1973). Lorenz (1973) spricht im gleichen Sinne von der »Echtheit kulturell geformten Gebarens« und von der Tatsache, daß wir Unritualisiertes als »verpönt« ansehen, d. h. Scham empfinden, wenn wir uns unkultiviert verhalten. Diese Tatsache, daß wir zum Kulturwesen vorprogrammiert sind, darf uns jedoch nicht dazu verführen, die Rolle des Angeborenen zu unterschätzen.

Gerade in der Diskussion um die menschliche Aggression haben sich in den letzten Jahren gegen die Biologie gerichtete Strömungen stark gemacht.

Die bunte Palette der Kritik vermengt sachliche und weltanschauliche Argumente, und die Fülle von Meinungsäußerungen erschwert es, wie gesagt, den Fortschritt der Aggressionsforschung klar zu erkennen. Wo stehen wir heute, zwanzig Jahre nach der von Konrad Lorenz entfachten Diskussion?

Ich werde im Folgenden auf die von verschiedenen Seiten vorge-

---

lem aber seine sittlichen Erwägungen und Hemmungen … Das Tier ist zweifellos in uns und möchte sich manifestieren, aber es wird dauernd durch ein scharfes Kontrollsystem in Bann gehalten. Und dieser Zwang, der macht uns ja gerade frei: zum Menschen« (K. Lorenz bei R. J. Humm 1958, S. 7).

tragenen Argumente eingehen und sie im Lichte der mittlerweile erarbeiteten Fakten auf ihre Tragfähigkeit prüfen. Dabei gilt meine Aufmerksamkeit zunächst der Frage, ob und, wenn ja, in welcher Weise Ererbtes das aggressive Verhalten bei Tier und Mensch vorprogrammiert. Dazu werde ich Ergebnisse aus Tierethologie, Physiologie, Entwicklungspsychologie und Völkerkunde zu Rate ziehen und kulturenvergleichend die Manifestation aggressiven Verhaltens, die Jugendentwicklung, die auslösenden Reizsituationen sowie die verschiedenen Muster der Aggressionskontrolle untersuchen. Unter anderem hoffe ich, auf diese Weise sowohl die Beweggründe aufzudecken, die zum aggressiven Konflikt führen, als auch jene, die der Konfliktlösung zugrunde liegen. Zu diesen Fragen sammelte ich Beobachtungen auf wiederholten Reisen zu den Waika-Indianern (oberer Orinoko), den Buschleuten der Kalahari (!Ko, G/wi und !Kung), den Himba (Südwestafrika), verschiedenen Papua-Stämmen (Kukukuku, Woitapmin, Medlpa, Daribi, Biami, Eipo), den zentralaustralischen Walbiri und Pintubi, den Balinesen, den Trobriand-Insulanern und noch bei einigen anderen Völkern.

Vergleicht man den Prozeß der stammesgeschichtlichen und der kulturellen Anpassung, dann kann man bemerkenswerte Ähnlichkeiten feststellen. Sie sind in vielen Fällen als Ergebnis gleichsinnig wirkender Selektionsdrucke zu deuten. Das wird besonders klar, wenn man biologische und kulturelle Muster der Aggressionskontrolle untersucht. Die Kommentkämpfe der Wirbeltiere und die kulturell ritualisierten Turnierkämpfe des Menschen weisen viele Parallelen auf, die sich aus der Funktion ergeben. Ich werde die These vertreten, daß stammesgeschichtliche und kulturelle Entwicklung den gleichen Funktionsgesetzen gehorchen, daß die kulturelle Evolution damit auf einem höheren Niveau der Entwicklungsspirale die biologische gewissermaßen wiederholt. Trifft dies zu, was ich zu begründen hoffe, dann müßte man aus Kenntnis der biologischen Evolution sowohl unseren Standort im Ablauf der kulturellen Entwicklung bestimmen wie auch Voraussagen über den weiteren Ablauf der Entwicklung machen können. Um Klärung dieser Frage will ich mich in meiner Untersuchung von Aggression und Krieg bemühen.

Es wird sich dabei herausstellen, daß man beim Menschen den Krieg grundsätzlich von anderen Formen innerartlicher Aggression unterscheiden muß, obgleich es Misch- oder Übergangsformen gibt. Bei Tieren zielt die innerartliche Aggression bekanntlich selten auf eine Vernichtung des Artgenossen ab. Diese wird meist durch besondere Ritualisierungen der Auseinandersetzung verhindert. Auch beim Menschen gibt es solcherart geregelte Formen der Aggression. Wir beobachten sie beim Konflikt mit Gruppenmitgliedern, und sie ist wie beim Tier normalerweise nicht destruktiv. Sie wird ferner zu einem bedeutenden Anteil über stammesgeschichtliche Anpassungen kontrolliert: Angeborene Ausdrucksbewegungen steuern unter anderem den Ablauf, bis beschwichtigende Appelle die Auseinandersetzung beenden.

Im Gegensatz dazu fehlen bei der Form aggressiver Auseinandersetzung, die wir als Krieg bezeichnen, primär jene Kontrollen, die Destruktionen verhindern. Der Krieg zielt zunächst auf die Vernichtung von Mitmenschen der anderen Gruppe ab, was bei Tieren im allgemeinen nur bei zwischenartlichen Auseinandersetzungen der Fall ist. Der Krieg zwischen verschiedenen Menschengruppen trägt damit Züge eines zwischenartlichen Konflikts*. Er erfüllt jedoch im übrigen ähnliche Funktionen wie die innerartliche Aggression im Tierreich. Man kann ihn als kulturell entwickelte Anpassung im Dienste des »spacing« (Auf-Abstand-Bringen) kultureller Gruppen deuten.

Nun sind die heute so perfekt ritualisierten Kämpfe vieler Wirbeltiere sicherlich aus Beschädigungskämpfen hervorgegangen (S. 51 ff.). Das heißt, auch die innerartliche Aggression dieser Tiere trug ursprünglich den Charakter von Beschädigungskämpfen. Können wir daraus folgern, daß die kulturelle Evolution ebenfalls zu einer entsprechenden Ritualisierung des Krieges führen wird? Und unter welchen Voraussetzungen schließlich könnte sich der Wettstreit der Gruppen erübrigen? Dazu muß man die Funktionen des Krieges untersuchen; erst dann kann man die Frage stellen, wie man diese Funktionen anders als durch Krieg erfüllen könnte.

Dem Buch liegt meine Arbeit über ›Liebe und Haß‹ zugrunde; es untersucht weiterführend das Phänomen der kulturellen Evolution mit der in der Biologie erarbeiteten Fragestellung nach Funktion, Werdegang und Verursachung.

Wer die Aggressionsliteratur studiert, wird bald feststellen, daß es den an der Diskussion Beteiligten oft schwerfällt, ohne Aggression

---

* Er darf aber nicht ohne weiteres mit dem zwischenartlichen Konflikt der Tiere gleichgesetzt werden; vielmehr handelt es sich bei dieser Form der Auseinandersetzung um eine typisch menschliche Erscheinung. Es gibt kein Tier, bei dem sich Artfremde, Gruppe gegen Gruppe, in kollektiver Aggression gegenübertreten.

16

über Aggression zu reden. Das erschwert gelegentlich das Gespräch zwischen den Disziplinen. Und auf dieses sind wir heute mehr denn je angewiesen. Wolf Lepenies schrieb in der ›Frankfurter Allgemeinen Zeitung‹:

»Es ist an der Zeit, daß Verhaltensforscher und Sozialwissenschaftler weniger Energien darauf verschwenden, sich in Polemiken gegeneinander aufzureiben, als vielmehr beginnen, gemeinsam Bausteine zu einer Wissenschaft vom Menschen zusammenzutragen« (FAZ vom 2. April 1974).

Ich hoffe in diesem Sinn, daß mein Beitrag zu einer weiteren Auflösung der Fronten und zur Förderung des Gespräches beiträgt.

Es mangelt sicher nicht an gutem Willen. Aber sobald sich die Diskussionen um soziale Anliegen drehen, kommt es zu einer raschen Polarisierung der Meinungen. Statt sachlicher Argumentation ergehen sich die Gesprächspartner in Beschimpfungen, gleich ob es sich um Friedenspolitik, Ausländerfragen oder Sozialreformen handelt. – Wir leben in einer Krisenzeit. In vielen Gebieten der Erde kam es bereits zu erheblicher Überbevölkerung bei gleichzeitiger Ressourcenverknappung. Die ökologischen Zusammenhänge, die Malthus bereits vor über hundert Jahren klar aufzeichnete, werden erst jetzt von den Politikern erkannt. »Vor zwanzig Jahren wußten wir Politiker gar nicht, was Ökologie ist«, bekannte Willy Brandt 1983 in einem ZEIT-Interview. Ein trauriges Bekenntnis, das Anlaß sein sollte, über die fachliche Qualifikation der Politiker nachzudenken. Die Ökologie als Fach wurde immerhin von Ernst Haeckel 1886 begründet. Und vor zwanzig Jahren war bereits Rachel Carsons Weltbestseller ›Silent Spring‹ auf dem Markt. Und schon vorher konnte man bei Demoll, Grzimek und anderen Informationen zu diesem Thema erhalten. – Unsere Leidenschaften sind uns Ansporn – aber erst in Verbindung mit Wissen wird es uns gelingen, die Probleme unserer Zeit einigermaßen in den Griff zu bekommen. Ein Zyniker mag argumentieren, daß letzten Endes die Selektion wohl alles über Ausmerze und Auslese ins Lot bringt. Aber das ist ein schmerzlicher Prozeß des Lernens aus Katastrophen. Den sollten wir vermeiden.

I. Zur Methode und Theorie der Verhaltensforschung

In den Diskussionen um die menschliche Aggression setzen sich Psychologen, Soziologen und Anthropologen regelmäßig mit den Arbeiten der biologischen Verhaltensforscher (Ethologen) auseinander. Bei der Lektüre dieser Diskussionen gewinnt man oft den Eindruck, daß die Meinungsgegner der Ethologie Begriffsbestimmungen und Standpunkte aus der Frühzeit der vergleichenden Verhaltensforschung angreifen, die von dieser selbst schon revidiert wurden. Ja, manche argumentieren so, als würden die Verhaltensforscher an mystische, unfehlbare Instinkte glauben, und attackieren damit einen Instinktbegriff, der seit gut 50 Jahren nicht mehr in der Biologie verwendet wird. Besonders viele Mißverständnisse scheint es um den Begriff des Angeborenen (Ererbten) und der Anpassung zu geben. Auch verrät der häufige Hinweis auf »unerlaubte« Schlüsse vom Tier auf den Menschen, daß man mit der Methodik und Theorie des biologischen Vergleichens nicht ganz vertraut ist, was nicht sonderlich verwunderlich ist: brauchten doch auch die Ethologen geraume Zeit, um sich darüber klar zu werden. Entscheidende Arbeiten, z. B. jene von Wolfgang Wickler über die Bedeutung der Konvergenzforschung, erschienen erst in den letzten Jahren. Ich möchte meiner Untersuchung daher eine kurze Übersicht über das Begriffssystem, die Theorien und Methoden der vergleichenden Verhaltensforschung voranstellen.

Man definiert die Verhaltensforschung heute übereinstimmend als Biologie des Verhaltens und betont damit, daß die Forschungsrichtung sich in der Biologie entwickelte und daher deren Methoden und Fragestellungen in die Verhaltensforschung einbrachte. Wie alle Wissenschaften vom Verhalten forscht die Ethologie nach den Ursachen eines Verhaltens. Die Frage, warum sich ein Lebewesen in einer ganz bestimmten Weise verhält, wird allerdings nicht nur als Frage nach den verursachenden physiologischen Mechanismen, Auslösereizen und der Individualentwicklung aufgefaßt, sondern gleichermaßen als Frage nach dem Selektionswert (wozu dient ein Verhalten?) und, damit verknüpft, als Frage nach dem stammesgeschichtlichen und geschichtlichen Werdegang.

Diese Fragen stellen wir auch, wenn wir menschliches Verhalten untersuchen. Wir versuchen es unter funktionellen, stammes- und entwicklungsgeschichtlichen Gesichtspunkten wie auch unter physiologisch-kausalen Aspekten zu verstehen. Die Entdeckung, daß Tiere in genau definierbaren Bereichen ihres Verhaltens durch stammesgeschichtliche Anpassungen vorprogrammiert sind, führte dazu, daß sich die Humanethologie zunächst der Erforschung der Frage zuwandte, ob dies auch für menschliches Verhalten gelte. Die Forschung der letzten Jahre hat gezeigt, daß dies der Fall ist: Auch der Mensch ist mit angeborenen Bewegungsweisen (Erbkoordinationen), Antrieben, Auslösern, Auslösemechanismen und angeborenen Lerndispositionen ausgestattet. Anpassungen dieser Art bestimmen auch den Rahmen des kulturell Gestaltbaren. Die kulturenvergleichende Untersuchung von Ritualen hat z. B. ergeben, daß bei großer kultureller Variabilität im äußeren Erscheinungsbild ein grundsätzlich gleicher struktureller Aufbau nachgewiesen werden kann. Feste werden nach universellen Regeln strukturiert – ihr Ablauf folgt einer uns angeborenen Grammatik. Darüber hinaus gibt es Funktionsgesetze, die gleicherweise für die Gestaltung stammesgeschichtlicher und kultureller Rituale gelten, da ja gleiche Selektionsdrucke gestaltend wirken. Damit ist aber auch gesagt, daß die Humanethologie sich nicht allein auf die Erforschung des angeborenen triebhaften Anteils im menschlichen Verhalten beschränkt, sondern mit der biologischen Fragestellung auch kulturelles Verhalten zu erforschen trachtet. Dies sei betont, da man gelegentlich die Meinung hört, die Humanethologie würde sich ausschließlich mit der Erforschung des Angeborenen im menschlichen Verhalten befassen. Als wir den Begriff Humanethologie 1966 einführten (Eibl-Eibesfeldt und Hass 1966), stellten wir zwar die Erforschung der stammesgeschichtlichen Anpassungen in den Vordergrund unseres Interesses – und dies mit gutem Grund, da man gerade jenen Aspekt menschlichen Verhaltens in der Forschung vernachlässigt hatte –, wir gedachten jedoch damit keineswegs das Gebiet in dieser Weise einzuengen.

1. Einige Grundkonzepte der Verhaltensforschung

a. Das Angeborene im Verhalten der Tiere

Daß Tiere gewisse Fertigkeiten nicht erst zu lernen brauchen, ist seit langem bekannt. Man sprach von instinktiven Leistungen, wenn sich ein Falter nach dem Schlüpfen in die Luft erhebt oder wenn eine Kreuzspinne, ohne einer Unterweisung zu bedürfen, ein Netz spinnt. Man schrieb es aber auch dem »Instinkt« zu, wenn ein Zugvogel sein fernes Ziel ansteuert, als leite ihn dabei eine geheime Kraft, und in der Tat hörte man damit oft auf weiterzufragen und begnügte sich also mit einer leeren Erklärungsformel. Kein Wunder, daß der Instinktbegriff bei Biologen und naturwissenschaftlich ausgerichteten Psychologen in Verruf kam. Das liegt aber gut 50 Jahre zurück.

1935 schrieb Konrad Lorenz die wegweisende Arbeit ›Der Kumpan in der Umwelt des Vogels‹. Aufbauend auf den Vorarbeiten von Oskar Heinroth und Jakob von Uexküll klärte er die Frage, worin die instinktiven Leistungen eigentlich bestehen. Als Ergebnis dieser Forschungen, bei denen auch an die Pionierleistungen von Niko Tinbergen und Karl von Frisch gedacht werden muß, können wir heute feststellen, daß Tiere in genau beschreibbaren Bereichen ihres Verhaltens vorprogrammiert sind. So kommen Tiere im allgemeinen mit einem Repertoire von durchaus funktionellen Bewegunsweisen zur Welt. Manche können z. B. unmittelbar nach dem Schlüpfen laufen, andere schwimmen oder fliegen sogar. Die den Verhaltensweisen zugrunde liegenden Nervenstrukturen wachsen in einem Prozeß der Selbstdifferenzierung aufgrund der im Erbgut festgelegten Entwicklungsanweisungen heran. Man spricht daher auch von *Erbkoordinationen*. Diese sind nicht alle bei der Geburt oder beim Schlüpfen gleich voll ausgereift. Manche entwickeln sich erst im Laufe der Jugendentwicklung, ohne daß Übung oder ein Vorbild nötig wären, ähnlich wie auch viele Organe zur vollen Funktionsfähigkeit heranreifen müssen. Tauben z. B. brauchen das Fliegen nicht zu lernen. Zieht man sie in Käfigen auf, die so eng sind, daß sie nie mit den Flügeln schlagen können, dann behindert dies keineswegs ihr späteres Flugvermögen. Entläßt man die Versuchstiere in einem Alter, in dem normal aufgewachsene Tauben gut fliegen können, dann fliegen sie sogleich nach ihrer Befreiung. Man kennt mittlerweile viele Beispiele dieser Art. Kein Erpel muß seine Balzhandlungen erlernen. Beim Eintritt der Geschlechtsreife beherrscht er sie, auch wenn er nie ein Vorbild sah.

Tiere sind darüber hinaus in der Lage, auf bestimmte Umweltreize in arterhaltend sinnvoller Weise zu reagieren, ohne daß es dazu einer besonderen Dressur bedarf. Sie sind demnach mit Detektoren ausgerüstet, die auf bestimmte Umweltreize abgestimmt sind. Funktionell wirken sie wie Reizfilter, indem sie erst bei Eintreffen ganz bestimmter Reize gewisse Verhaltensweisen in Gang setzen. Man bezeichnet diese Mechanismen als *angeborene Auslösemechanismen* und stellt fest, daß viele der sozialen Reaktionen der Tiere über solche aktiviert werden. In diesen Fällen, in denen es ja für den Signalsender wichtig ist, richtig »verstanden« zu werden, stimmen sich Reizempfänger und Reizsender in wechselseitiger Anpassung aufeinander ein. Es entwickeln sich auffällige Signale – »Auslöser« – Farbmuster, Düfte, auffällige Körperhaltungen, Lautäußerungen und Ausdrucksbewegungen, wie etwa die Tänze der Bienen, die Karl von Frisch untersuchte. Die Signale kann man oft mit einfachen Attrappen nachahmen. So untersuchte Tinbergen, welche Merkmale beim Stichling Kampf und Balz der Männchen auslösen. Zur Fortpflanzungszeit besetzen Stichlingsmännchen ein Revier. Sie bekommen zur gleichen Zeit einen roten Bauch und vertreiben dann rotbäuchige Rivalen. Weibchen, die sich durch einen aufgetriebenen silbrigen Bauch auszeichnen, umbalzen sie. Hält man einem Stichlingsmann die naturgetreue Nachahmung eines Stichlings vor, die allerdings weder einen roten noch einen aufgetriebenen silbrigen Bauch aufweist, dann kümmert sich das Männchen nicht weiter um dieses Objekt. Eine einfache Wachswurst, die unterseits rot ist, greift es jedoch sogleich an. Wachswürste mit dickem silbrigem Unterteil umwirbt es. Auch Stichlinge, die man isoliert aufzog, verhalten sich so. Das ist nur ein Beispiel von vielen.

Tiere sind aber keineswegs Reflexautomaten, die einzig auf Reize hin reagieren. Sie handeln auch spontan, angetrieben von physiologischen Maschinerien. Man spricht von motivierenden Mechanismen oder *Trieben*. In dem Begriff Trieb kommt rein beschreibend die Tatsache der inneren antreibenden Verursachung zum Ausdruck. Es ist jedoch keineswegs so, daß es sich dabei um nur nach einem Muster gebaute Mechanismen handelt. Innere Sinnesreize, Hormone und zentralnervöse Faktoren wirken am Aufbau einer spezifischen Handlungsbereitschaft in komplizierter Interaktion zusammen (Hinde 1966, Lehrman 1961). Auch kann man verschiedene Integrationsniveaus von Trieben unterscheiden, worauf bereits Tinbergen und v. Holst hinwiesen, und schließlich können Triebe, wie etwa der zur Nahrungsaufnahme oder der Aggressionstrieb, bei verschiedenen Arten ganz verschieden gebaut sein (Dethier und Bodenstein 1958). Es gibt also kein einheitliches Triebkonzept. Wichtig ist die Feststellung, daß Spontaneität des Verhaltens in sehr vielen Fällen auf die spontane Aktivität bestimmter Neuronengruppen zurückgeführt werden kann. Hier waren die Untersuchungen v. Holsts (1939) richtungweisend, der zeigte, daß das völlig von Reizzuflüssen isolierte Rückenmark von Fischen spontan tätig ist und geordnete Impulsmuster an die Muskulatur schickt. Von Holst trennte bei Aalen durch Einstich das Hirn vom Rückenmark und zerschnitt danach alle dorsalen Rückenmarkswurzeln, über die das Tier normalerweise Nachrichten von der Außenwelt und Meldungen aus seinem Körper erhält. Nach Erwachen aus dem Operationsschock begann das künstlich beatmete Präparat wohlkoordiniert zu schlängeln. Damit ist der Nachweis erbracht, daß es im Zentralnervensystem des Aales spontan aktive motorische Nervenzellengruppen gibt, deren Impulsmuster sich auch zentral koordinieren, so daß wohlgeordnete Bewegungskommandos an die Peripherie geschickt werden.

Ihre Dauerentladung wird normalerweise durch vorgeschaltete hemmende Instanzen verhindert. Bei langer Hemmung kommt es jedoch zu einem Erregungsstau, dessen Physiologie nicht bekannt ist. Fest steht nur, daß die Bereitschaft, spezifische Bewegungen auszuführen, dabei anwächst; offenbar haben die motorischen Zellgruppen den Drang, sich in Bewegung abzureagieren.

Automatie, zentrale Koordination und Erregungsstau hat man in einer Fülle von weiteren Experimenten nachgewiesen. Es hat sich ferner herausgestellt, daß motorisches Lernen ebenfalls auf einer Neuordnung der Beziehungen zwischen zentralen Automatismen beruht, was zugleich erklärt, daß auch gelernte Bewegungen ihre eigene Motivation entwickeln, denn auch die ihnen zugrunde liegenden Zellgruppen sind spontan aktiv (Literatur bei Eibl-Eibesfeldt 1980). Bei den Erbkoordinationen sind die Beziehungen zwischen den automatischen Zellgruppen stabil. Der relative Phasenabstand der an der Bewegung beteiligten Muskelkontraktionen bleibt daher stets der gleiche, und die Bewegungsmuster sind, auch wenn sie in verschiedener Intensität ablaufen, stets als dasselbe zu erkennen (Formkonstanz).

Aufgrund dieser experimentellen Befunde und zahlreicher eigener Beobachtungen entwickelte Lorenz die Vorstellung, daß im Zentralnervensystem der Tiere Erregung produziert, aufgestaut und mit dem Ablaufen bestimmter Verhaltensweisen wieder verbraucht werde. Diese aufladenden Prozesse würden die unterschiedlichen Handlungsbereitschaften bei gleichbleibenden Außenbedingungen erklären. Wir wissen ja, daß Tiere, die bestimmte Verhaltensweisen lange nicht ausführen können, dazu neigen, immer unspezifischer auf Umweltreize zu reagieren, ja im Extremfall geht das Verhalten schließlich auch im »Leerlauf«, also ohne erkennbare äußere Ursache los. Mit dem »Energieverbrauch« endet es wieder. Lorenz sprach in diesem Zusammenhang auch von aktionsspezifischer Energie, ein Begriff, der mißverständlich ist. Gemeint ist, daß den jeweiligen Verhaltensweisen spezifische, spontane (energieproduzierende) Neuronengruppen zugrunde liegen, und nicht, daß verschiedene Sorten von Energie produziert werden.

Für das Energiemodell sprechen mittlerweile zahlreiche neurophysiologische Befunde. Allerdings weiß man bereits, daß ein Verhalten normalerweise über besondere Abschaltemechanismen zu Ende gebracht wird und nicht nur, weil sich das Energiereservoir erschöpft. Energiemodelle und Kontrolltheoriemodelle ergänzen einander.

Verschiedene Untersuchungen zeigten, daß bestimmte Verhaltensweisen immer in Sätzen auftreten, andere wieder einander ausschließen. Fluchtbereitschaft unterdrückt z. B. bei vielen Wirbeltieren die Bereitschaft, zu fressen oder zu kämpfen, Kampfbereitschaft die Bereitschaft, zu balzen und im Schwarm zu schwimmen. Die verschiedenen Triebsysteme, die den Verhaltensweisen zugrunde liegen, üben aufeinander demnach hemmende oder fördernde Wirkungen aus.

Tiere sind schließlich mit artspezifischen, angeborenen Lernbegabungen ausgerüstet, was nicht weiter verwunderlich ist, müssen sie ihr Verhalten doch so modifizieren können, daß die Änderung zum Überleben beiträgt. Dazu ein neueres Beispiel. Nach der vom Amerikaner Skinner vertretenen klassischen Lerntheorie kann man jede Verhaltensweise durch Strafreiz abdressieren. Euler (1972) prüfte diese These an Hähnen. Er bestrafte sie zunächst einmal für jede aggressive Äußerung und erreichte damit schnell, daß sie ihr Imponieren und Kämpfen einstellten. Die Hähne wurden zugleich submissiv und niederrangig. Nun versuchte Euler bei einer anderen Gruppe von Hähnen, submissives Verhalten auf die gleiche Weise durch Strafreize abzudressieren. Das allerdings gelang nicht. Vielmehr blieben die Tiere bei submissivem Verhalten, sobald ein Ranghoher angriff, auch wenn sie dafür regelmäßig einen elektrischen Strafreiz erhielten. Die Tiere sind offensichtlich so programmiert, daß »Strafe« der auslösende Reiz für Submission ist.

Bei vielen Tieren hat man sensible Perioden nachweisen können, in denen Bestimmtes besonders gut gelernt wird, etwa die Bindung an einen Partner oder ein Objekt, eine Nahrungspräferenz oder auch eine Fertigkeit – z. B. ein Gesang –, wobei in vielen Fällen an dem einmal Gelernten konservativ festgehalten wird. Man spricht in diesen Fällen von Prägung (Lorenz 1935, Hess 1973, Immelmann 1970).

Zur Physiologie der Prägung lieferte Klopfer (1971) einige bemerkenswerte Beobachtungen. Er fand, daß Ziegenmütter nur während einer kurzen Periode unmittelbar nach der Geburt bereit sind, ihr Junges (oder ein untergeschobenes Fremdes) zu akzeptieren. Trennt man Mutter und Junges nach fünf Minuten des Beisammenseins für zwei Stunden und bringt man dann das Kitz zur Mutter zurück, dann nimmt sie es an, fremde Junge dagegen lehnt sie ab. Entfernt man das eigene Junge dagegen unmittelbar nach der Geburt und bringt es nach zwei Stunden zurück, dann wird es von der Mutter angegriffen, als wäre es fremd. Klopfer wies nun darauf hin, daß unmittelbar nach der Geburt der Spiegel des Hormons Oxytocin im Blut der Ziege sehr hoch ist. Das Hormon wird jedoch innerhalb von fünf Minuten abgebaut. Man kann eine Ausschüttung des Hormons bewirken, wenn man den Gebärmutterhals einer Ziege mechanisch erweitert, was normalerweise bei der Geburt geschieht. Dieses Hormon dürfte die Mutter auf eine noch nicht näher untersuchte Weise für die vom Jungtier ausgehenden Signale empfänglich machen.

Der Begriff des Angeborenen wurde verschiedentlich mit dem Hinweis kritisiert, daß man ja ein erfahrungsunabhängiges Heranwachsen nie nachweisen könne. In jedem Entwicklungsstadium, selbst im Ei, wirke eine Umwelt auf den Organismus ein. Lorenz entkräftete dieses Argument mit dem Hinweis, daß man zum Nachweis des Angeborenen gar keine absolute Abschließung von Umwelteinflüssen brauche, ja diese stehe sogar dem Nachweis entgegen, da sie Entwicklungsstörungen bewirken könnte, die andere Prozesse als die zur Diskussion stehenden Verhaltensweisen beeinflussen könnten. So führt eine Aufzucht im Dauerdunkel meist zu Degenerationserscheinungen in der Netzhaut, und damit würde jeder Versuch, nach solchem »Erfahrungsentzug« ein angeborenes Reagieren auf Farb- oder Formmerkmale zu prüfen, von vornherein zum Scheitern verurteilt. Worauf es ankommt, ist, daß dem Tier relevante Information vorenthalten wird, und zwar relevant in bezug auf die zur Diskussion stehende Anpassung. Will ich etwa wissen, ob einem Vogel der Artgesang als Erbkoordination angeboren ist oder nicht, dann genügt es, ihn schallisoliert aufzuziehen. Singt er dennoch, dann habe ich nachgewiesen, daß die das Gesangsmuster betreffende Information im Genom steckt und nicht erst im Laufe der Individualentwicklung erworben werden muß. Näheres über diese Fragen, die hier nur kurz dargestellt werden, kann in meinem ›Grundriß der vergleichenden Verhaltensforschung‹ (6. Auflage 1980) nachgelesen werden.

Seitens der Neurophysiologie haben insbesondere die Untersuchungen von Sperry zum Verständnis von Reifungsprozessen beigetragen. Man nahm ursprünglich an, daß das Nervensystem funktionell weitgehend plastisch sei und daß man daher seine Verdrahtung nach Belieben umordnen könne. Die Chirurgie der dreißiger Jahre ging noch davon aus, daß selbst dann eine funktionelle Neuanpassung stattfinde, wenn man einen Armnerv dazu verwenden würde, ein gelähmtes Bein neu zu innervieren. Die Untersuchungen von Sperry beweisen, daß dies nicht der Fall ist. Nach chirurgischer Transplantation von Nerven und Muskeln oder anderen Endorganen trat eine funktionelle Neuanpassung nicht ein. Das Wachstum der Nervenverbindungen erfolgte hochselektiv nach einem im Erbgut bereits festliegenden Entwicklungsrezept. Sperry transplantierte z. B. ein Stück Rückenhaut eines Frosches auf den Bauch und ein Stück Bauchhaut auf den Rücken, und zwar in einem frühen Entwicklungsstadium, bevor die Nerven zur Peripherie ausgewachsen waren. Kitzelte er später den Frosch auf dem Stück Bauchhaut, welches er auf den Rücken verpflanzt hatte, dann kratzte sich der Frosch am Bauch.

In einem anderen Versuch drehte er die Augen eines Lurches um 180 Grad und kehrte damit das Gesichtsfeld um. Dann trennte er die optischen Nerven und zerstörte die Fasern. Nach Regeneration war jedoch nicht ein normales Sehvermögen hergestellt, das Tier sah vielmehr nach wie vor alles verkehrt. Hier liegt offenbar eine strenge Determination vor, eine funktionelle Neuanpassung erfolgt nicht. Die Nervenfasern wachsen nach Sperry durch chemische Reize geleitet zu ihren jeweiligen Endorganen, auf die sie chemisch abgestimmt sind. Man kann heute durchaus verstehen, wie ein komplexes Nervensystem präzise zur Funktionsreife heranwächst. Sperry betont in einer 1971 erschienenen Arbeit, daß dies mit dem ethologischen Konzept des Angeborenen übereinstimme, fügt aber hinzu, daß die Bedeutung dieser neurophysiologischen Befunde eben erst beginne, in den Gebieten außerhalb der Biologie und Ethologie Einfluß zu gewinnen*.

---

* »As yet the meaning and impact of these changes has only begun to permeate into areas outside biology and ethology. In the more human areas of

Völlig irrig ist die Auffassung, die Ethologen würden mit dem Nachweis des Angeborenen jede Möglichkeit einer Einflußnahme durch Erfahrung ausschließen. Zunächst kann man sowohl fördernde wie hemmende Einflüsse ausüben. Lorenz hat ferner bereits in seinen ersten Arbeiten von »Instinkt-Dressur-Verschränkung« gesprochen, und die ethologische Forschung der letzten zwei Jahrzehnte hat an einer Fülle von Beispielen gezeigt, in welcher Weise Lernen zu der Integration der Verhaltensweisen zu einem funktionellen Ganzen beiträgt (Zusammenfassungen bei Lorenz 1969 und Eibl-Eibesfeldt 1980).

b. Angeborenes im menschlichen Verhalten

Die Forschungen der letzten Jahre haben gezeigt, daß auch menschliches Verhalten in den eben aufgezeigten Bereichen durch stammesgeschichtliche Anpassungen vorprogrammiert ist. Ich werde das Thema in meinem neuen Lehrbuch ›Die Biologie des menschlichen Verhaltens – Grundriß der Humanethologie‹ eingehend diskutieren und kann mich hier daher kurz fassen, zumal ich die Vorprogrammierungen, soweit sie das menschliche Aggressionsverhalten betreffen, ohnedies ausführlicher behandeln werde. Die Untersuchung taub-blind Geborener, das Studium der Säuglinge und der Kulturenvergleich ergaben, daß Menschen zunächst einmal mit einem Repertoire funktionsfähiger Bewegungen ausgerüstet sind, die sie nicht erst lernen müssen. Viele der Ausdrucksbewegungen (Lachen, Weinen, Ärgermiene) lassen sich als Erbkoordinationen deuten. Ferner reagieren Menschen auf bestimmte Reizsituationen in arterhaltend sinnvoller Weise, ohne daß man sie erst darauf dressieren müßte. So interpretieren 14 Tage alte Säuglinge einen sich symmetrisch auf einem Bildschirm ausdehnenden schwarzen Fleck als Gegenstand, der sich in Kollisionskurs auf sie zubewegt, und zeigen Abwehrbewegungen, um nur ein Beispiel zu nennen (Ball und Tronick 1971; siehe ferner Bower 1966, 1971). Auf Lerndispositionen wurde verschiedentlich hingewiesen, unter anderem von Hassen-

behavioral science like clinical psychology, psychiatry, anthropology, education, and the social sciences generally, the prevailing conceptual approach on this subject remains today essential unchanged or very little changed from where it stood 30 years ago« (Sperry 1971, S. 32).

stein (1973 b). Das Problem der Antriebe diskutieren wir noch am Beispiel der Aggression.

Über die Vorprogrammierungen, die unseren kognitiven Leistungen zugrunde liegen, berichtet Lorenz (1973). Die Rolle des Angeborenen im menschlichen Verhalten wird auch heute noch unterschätzt. So heißt es bei Horn (1974): »Zwar spielt auch beim Menschen phylogenetisch vorgegebenes Instinktverhalten noch eine Rolle – gerade René Spitz (1965) hat das in verschiedenen Zusammenhängen nachgewiesen. Doch sind die Reste phylogenetisch vorgegebener Verhaltensweisen beim Menschen rudimentär* und vor allem außerhalb von Sozialbeziehungen ohne jeden Überlebenswert.« Diese Aussage ist schlicht und einfach falsch. Daß all die phylogenetischen Programme, die die Wahrnehmung und Verarbeitung von Umweltdaten und die Programme für unser motorisches Verhalten in Auseinandersetzung mit der belebten und unbelebten Umwelt »rudimentär« sein sollen, ist angesichts der mittlerweile vorliegenden Daten, gelinde ausgedrückt, eine erstaunliche Aussage.

Es mag sein, daß der große Variationsreichtum der menschlichen Ausdrucksbewegungen dazu verleitet hat, selbst dieses universelle Verhalten für extrem modifikabel zu halten. Das ist jedoch nicht der Fall. Gerade bei der menschlichen Mimik handelt es sich um weitgehend vorprogrammierte Abläufe.

Der Variationsreichtum ergibt sich jedoch aus der Überlagerung von zumeist angeborenen und mithin formkonstanten Verhaltensweisen, die selbst nur der Intensität nach variieren. Beim Ausdruck der Verlegenheit – der beim Flirten eine große Rolle spielt – handelt es sich z. B. um eine simultane oder sukzessive Kombination von Bewegungen der Abkehr und der Zuwendung. Dafür stehen jeweils verschiedene angeborene Verhaltensweisen zur Verfügung; dazu kommen ferner erlernte Verhaltensweisen, etwa des Sich-Versteckens. Allerdings handelt es sich stets um den gleichen strukturellen Aufbau nach dem Prinzip der Antithese.

Ein flirtendes Mädchen kann z. B. mit den Augen Kontakt auf-

---

* Rudimentär heißt in der biologischen Terminologie: unter Verlust der ursprünglichen Funktion im Abbau begriffen. Eine rudimentäre Struktur ist ein Überbleibsel, eine Struktur, an deren Erhaltung die Selektion nicht mehr feilt. Rudimentär ist zum Beispiel unser Blinddarm, rudimentär sind die nie zum Durchbruch kommenden Zahnanlagen der Bartenwal-Embryos (Erläuterung des Ref.).

nehmen, aber ihren Fächer halb vor ihr Gesicht halten, so daß sie nur über den Rand sieht, oder sie kann ihren Oberkörper so abwenden, daß sie zugleich die Schulter weist. Sie kann aber auch zwischen Hin- und Wegsehen pendeln. Es stehen verschiedene Bewegungen der Abkehr und Abweisung zur Verfügung, die auch mit mehreren der Zuwendung und Zustimmung kombiniert werden können: z. B. Lidsenken als Kontaktabbruch und Brauenheben als ritualisierter Ausdruck der Zuwendung. Es kann auch zur simultanen Aktivierung antagonistischer Muskeln kommen. Das Lächeln als freundliches Zeichen kann, so unterdrückt, zum verlegen gebremsten Lächeln werden. Bei all der scheinbaren Fülle läßt sich das Verhalten auf die Kombination und / oder Überlagerung einiger dem Muster nach Invariabler zurückführen, die zueinander im Verhältnis des Gegensatzes (der Antithese) stehen.

In dieser Überlagerung drückt sich zugleich unsere ambivalente Beziehung zum Mitmenschen aus. Als gesellige Wesen fühlen wir uns zum Mitmenschen hingezogen, zur gleichen Zeit ist dieser jedoch Träger von Merkmalen, die uns den näheren Kontakt scheuen lassen. Mitmenschen aktivieren sowohl das freundliche Zuwendungssystem als auch das agonistische System, das Verhaltensweisen der Aggression und der Flucht umfaßt. Und man kann zeigen, daß es dazu keiner schlechten Erfahrungen mit Mitmenschen bedarf. Jeder gesunde Säugling zeigt zwischen dem sechsten und achten Monat Fremden gegenüber ein deutlich ambivalentes Verhalten. Reaktionen der Zuwendung wechseln zyklisch mit jenen fluchtartiger Abkehr; würde der Fremde eine gewisse kritische Distanz überschreiten, dann würde das Kind sich mit deutlichen Anzeichen der Angst an der Mutter bergen: auch Kinder, denen nie Böses von Fremden widerfuhr! Insbesondere der Augenkontakt mit Fremden wird als bedrohlich erlebt.

Nun ist die Mutter zweifellos ebenfalls Träger von angsteinflößenden Signalen. Im Dienste einer dauerhaften Mutter-Kind-Bindung entwickelte sich jedoch die Fähigkeit zu persönlicher Bindung, und sobald eine solche vorliegt, wird die Wirksamkeit angsteinflößender zwischenmenschlicher Signale abgeschwächt. Als familiale und Kleingruppenwesen entwickeln wir solche individualisierten Bindungen auch zu anderen Mitgliedern der Gruppe, denen wir dann ebenfalls in Vertrauen verbunden sind. Dem Fremden dagegen begegnet der Mensch mit einem gewissen Mißtrauen. Er ist zwar bereit, sich mit ihm anzufreunden, aber das dauert ein Weilchen, und bis dahin ist das Verhalten von einer gewissen Zurückhaltung gekennzeichnet, die aus einer Sozialangst resultiert. Über die längste Zeit seiner Geschichte lebte der Mensch nun in individualisierten Kleinverbänden. Jeder kannte jeden, und auch wenn die Verbundenheit der verschiedenen Gruppenmitglieder graduell abgestuft war, kannte man sich und fürchtete einander daher nicht. Das hat sich in der modernen Großgesellschaft geändert. Wir leben inmitten von Menschen, die wir nicht kennen. Das agonistische System wird dadurch ständig aktiviert, und wir erleben den fremden Mitmenschen als Stressor. Das macht sich in verschiedener Weise bemerkbar.

Die Auszählung der Gehgeschwindigkeit von Menschen in verschiedenen Städten ergab, daß Personen um so schneller dahinhasten, je größer die Städte sind, als wären sie in einer Art Flucht begriffen. Des weiteren entwickelten Großstädter Strategien der Kontaktvermeidung. Erving Goffman beschrieb als »polite inattention« die Tatsache, daß man den Blickkontakt mit Fremden vermeidet, er gilt als unhöflich und herausfordernd. Goffman weist in diesem Zusammenhang darauf hin, daß Personen in einem Aufzug einander nicht ansehen, der Blick wandert vielmehr zur Decke oder fixiert gebannt die Anzeigertafel.

Die Menschen der Großstadt maskieren ferner auf der Straße ihren Ausdruck – sie wahren ihr Gesicht. Reaktionen der Zuwendung werden unterdrückt, da sie Mitmenschen zum Kontakt auffordern könnten; wer sich dem Fremden öffnet, läuft Gefahr, ausgenutzt zu werden. Wir sind darum insbesondere auch bemüht, in der Öffentlichkeit das Gesicht zu wahren und keine Schwächen zu zeigen. Das kann zur so festen Gewohnheit werden, daß Menschen schließlich nicht einmal im Familienkreis ihre Maske ablegen können und schließlich beim Kommunikationstherapeuten Hilfe suchen müssen.

Stammesgeschichtliche Anpassungen kontrollieren beim Menschen auch längere Verhaltensfolgen. Es gibt elementare Interaktionsstrategien, die in allen Kulturen beobachtet werden können. Wie man es anstellt, sich vor anderen positiv darzustellen, wie man einen freundlichen Kontakt herstellt, wie man eine Aggression abblockt, einen Partner herausfordert oder beschwichtigt, wie man es erreicht, daß einem gegeben wird. Für all dies gibt es nur eine beschränkte Anzahl von Möglichkeiten. Die beim Kulturenvergleich beobachteten Strategien erweisen sich dabei als im Prinzip gleich. So wird in Ritualen freundlicher Kontakteröffnung zwischen Partnern etwa gleichen Ranges stets Selbstdarstellung in Antithese mit freundlicher Beschwichtigung kombiniert. Ein Waika-Indianer, der als Festgast das Dorf seiner Gastgeber betritt, stellt sich zunächst durch recht aggressives Gebaren zur Schau. Pfeil und Bogen schwenkend, tanzt er eine Runde. Diese Selbstdarstellung verbindet er jedoch mit einem beschwichtigenden Appell: Ein kleines Kind tanzt neben ihm und schwenkt grüne Palmwedel. Auch in seiner Körperdekoration verbindet er aggressive und beschwichtigende Ausdrucksmittel. Er trägt Kriegsbemalung, schmückt aber seine Haare mit weißen Daunenfedern, ein Zeichen des Friedens. Die Selbstdarstellung ist wohl von dem Bestreben motiviert, sich sicher zu geben und damit jeden Versuch des Partners, eine Dominanzbeziehung herzustellen, abzublocken. Wir Menschen neigen ja dazu, Schwächen des Partners zur Herstellung einer solchen Beziehung zu nützen, weshalb wir im Alltag stets bestrebt sind, das Gesicht zu wahren. Der Appell über das Kind dagegen drückt die freundliche Intention, die Bereitschaft zum Kontakt aus. Das Kind beschwichtigt ja über seine freundlichen Signale, über das Kindchenschema, das Lorenz beschrieb.

Vergleichen wir nun andere Rituale freundlicher Kontaktanbahnung, dann werden uns diese auf den ersten Blick wohl ganz anders erscheinen. Unsereins tanzt bei dieser Gelegenheit keinen Kriegstanz. Wenn wir aber die zugrunde liegenden Prinzipien ins Auge fassen, dann erkennen wir eine prinzipielle Gleichheit. Die antithetische Kombination von Selbstdarstellung und Beschwichtigung ist zwar in verschiedene kulturelle Formen gekleidet, aber doch immer nachweisbar. Wenn in unserer Kultur ein Staatsgast zu Besuch kommt, wird er zunächst mit militärischem Gepränge empfangen. Man schießt auch Salut – alles ritualisierte Formen aggressiver Selbstdarstellung. Zugleich läßt man aber dem Besucher durch ein kleines Mädchen Blumen überreichen.

Wenn in Bayern die Schützenkompanien der verschiedenen Dörfer mit paramilitärischem Gepränge ins Gastgeberdorf marschieren, dann gehen neben dem Fahnenträger Ehrenjungfern oder Kinder. Und wenn zwei Personen einander begrüßen, dann tun sie es mit festem Händedruck – ein fast turnierartiges Abschätzen des Partners. Zugleich lächeln wir und sagen freundliche Worte.

Äußerlich sieht das alles sehr verschieden aus, und in der Tat hat die kulturelle Vielfalt der Sitten und Bräuche uns zunächst daran gehindert zu sehen, daß die Regeln, nach denen diese Vorgänge gestaltet werden, die gleichen sind. Es gibt ein universales Regelsystem, das unsere sozialen Interaktionen kontrolliert, eine universale Grammatik menschlichen Sozialverhaltens. Innerhalb dieses Regelsystems können Verhaltensweisen verschiedenen Ursprungs einander als funktionelle Äquivalente vertreten, auch Worte und Sätze.

Mit dieser Entdeckung wurde die Kluft zwischen verbalem und nichtverbalem Verhalten überbrückt und der Weg zur Erforschung einer Grammatik menschlichen Sozialverhaltens eröffnet.

c. Die Methode des Vergleichens

Die Biologie ist eine vergleichende Wissenschaft. Biologen vergleichen Merkmale, gleich, ob es sich um Organe, Verhaltensweisen oder Organisationsformen komplexer Art handelt. Entdecken sie bei diesem Vergleich Ähnlichkeiten, dann ist es sicher vernünftig, wenn sie sich fragen, wie diese zustande kommen. Je komplizierter die verglichenen Strukturen sind und je größer die Übereinstimmung ist, desto unwahrscheinlicher ist es, daß sie zufällig sind, d. h. nicht durch einen gemeinsamen verursachenden Faktor bewirkt werden. Ähnlichkeiten können darauf zurückzuführen sein, daß eine gemeinsame Ahnform der verglichenen Merkmalsträger bereits dieses Merkmal besaß, daß also ein gemeinsames Erbe vorliegt.

Nun ist die Meinung weit verbreitet, daß nur solche Ähnlichkeiten, die man auf ein gemeinsames Erbe zurückführen kann (sogenannte Homologien), für die Verhaltensforschung von Interesse sind, insbesondere, wenn es um den Tier-Mensch-Vergleich geht. Dabei sind, wie Wickler in den letzten Jahren wiederholt betonte, gerade die Ähnlichkeiten, die verschiedene Arten unabhängig voneinander, aber in Antwort auf gleiche Umweltanforderungen als Anpassungen entwickelten (Analogien oder Konvergenzen), von besonderem Interesse, weil man aus ihnen Grundsätzliches über die Funktionsgesetze erfährt, die der ähnlichen Ausbildung der fraglichen Strukturen zugrunde liegen. Wie Flügel konstruiert sein müssen, das kann ich erfahren, wenn ich die verschiedensten Flügel studiere – gleichgültig ob es sich dabei um umgewandelte Vorderextremitäten von Wirbeltieren oder um eine Chitinfalte bei Insekten handelt. Je mehr von solchen technischen Lösungen ich studiere, desto aussagekräftiger werden meine Schlüsse sein. Darum ist es falsch, wenn etwa Schmidt-Mummendey (1971, S. 13) schreibt: »Alle Ausführungen über aggressives Verhalten des Menschen basieren bei Lorenz und Eibl-Eibesfeldt auf Analogien zwischen Fisch, Gans oder Wolf und Mensch, die, unbeeinflußt durch die Ergebnisse der Humanpsychologie, für das menschliche Verhalten, seine Analyse, Kontrolle und Vorhersage nicht allzu wertvoll sind.« Oder wenn Hollitscher (1973, S. 13) schreibt: »Lorenz überschreitet fortwährend die von ihm selbst theoretisch gesteckten Grenzen, um in einer Vorstellung von der Einheit des Lebendigen auch gleich für den Menschen als gültig hinzustellen, was zunächst nur für Ratten und Graugänse gilt. Das sind nach dem bisherigen Stand der Forschung unerlaubte Übergriffe aus einem Forschungsbereich in den anderen. Möglicherweise ist selbst der Vergleich mit dem Affen, der dem Menschen nähersteht als jedes andere Tier, nicht ohne weiteres legitim.«

Wer die Methodik des Vergleichens kritisiert, der sollte wenigstens die Grundregeln der vergleichenden Morphologie beherrschen. Analogieforschung informiert über Funktionsgesetze. Will jemand etwa das Phänomen der Ehigkeit in diesem Sinne verstehen, dann ist er sicher gut beraten, möglichst viele ehige Arten aus den verschiedensten Tiergruppen zu studieren und nicht nur die uns nächstverwandten.

Er erscheint mir von besonderer Wichtigkeit, gerade diesen Punkt zu betonen, da er meines Erachtens nicht klar gesehen wird. Wenn die Ethologie heute im Zusammenhang mit der Erforschung menschlichen Verhaltens zitiert wird, dann wird dies meist in Hinblick auf die stammesgeschichtlichen Determinanten menschlichen Verhaltens getan. Nun liegt ein Schwerpunkt unseres Interesses gewiß auf der Erforschung des Ererbten im menschlichen Verhalten. Für ebensowichtig halte ich jedoch die Erforschung kultureller Eigentümlichkeiten sowohl im Kulturenvergleich als auch im Tier-Mensch-Vergleich. Der Mensch setzt die biologische Evolution in der kulturellen Evolution fort. Die funktionellen Gesetzmäßigkeiten, nach denen er die kulturellen Anpassungen entwickelt, sind in der biologischen und in der kulturellen Evolution oft, wenn nicht sogar meistens die gleichen. So zeigen z. B. die Rituale der Gruppenbindung, die zugleich die Funktion besitzen, in Kontrastbetonung eine Gruppe gegen die andere abzusetzen, bei Tier und Mensch verblüffende Parallelen. Gleiches gilt für Grußrituale, Werberituale, Turnierkämpfe und anderes mehr. Ebenso kann man Sozialstrukturen interkulturell und interartlich vergleichen, gleich ob es sich dabei um angeborene oder kulturell tradierte Verhaltensmuster handelt. Ich werde darauf noch zurückkommen.

Wie wenig das Prinzip der Konvergenzforschung von Kritikern ethologischer Fragestellung erfaßt wird, mögen Zitate aus Schmidbauer (1973) illustrieren. Er schreibt:

»In den rein biologischen Funktionsanalysen ist die Konvergenzforschung durchaus fruchtbar, weil sie zeigt, wie eine bestimmte Ausgangslage im Zug konvergenter Adaption verändert wird ... In humanethologischen Fragestellungen wird sie weitgehend irrelevant, weil hier die Konvergenzen meist unterschiedliche Ursachen haben: die biologische Evolution auf der zoologischen, die kulturelle auf der anthropologischen Seite ... Die Humanethologie kann nur auf Homologien basieren, oder sie hat überhaupt keine Basis. Das haben die amerikanischen und englischen Ethologen richtig erkannt, die sich fast ausschließlich auf Primatenstudien beziehen« (1973, S. 43).

Kurz vor diesen Worten kann man den merkwürdigen Satz lesen: »Die Konvergenzforschung wird also immer dann keinen heuristischen Wert besitzen, wenn die Konvergenzen bei Mensch und Tier auf unterschiedlichem Wege zustande kommen« (1973, S. 43).

Nun, für Konvergenzen ist es geradezu typisch, daß sie auf verschiedenen Wegen zustande kommen. Der Entwicklungsweg eines Insektenflügels und eines Vogelflügels ist recht verschieden. Dennoch sind die Gebilde als Flugorgane vergleichbar, und man kann aus dem Vergleich lernen, welche besonderen Selektionsdrucke bei der Ausbildung dieser Strukturen am Wirken waren.

Homologieforschung informiert uns dagegen über das in einer Gruppe steckende gemeinsame Erbe und lehrt uns damit unter anderem, was an Potential zur Verfügung steht. Sie ermöglicht es uns ferner, stammesgeschichtliche Entwicklungsreihen zu rekonstruieren.

Homologie wird von den Biologen an Hand mehrerer Kriterien erkannt. Formale Ähnlichkeit allein wird in den meisten Fällen nicht hinreichen. Nur wenn es sich um sehr komplizierte Strukturen handelt und diese von Vertretern einer Verwandtschaftsgruppe gezeigt werden, die in den verschiedensten ökologischen Nischen leben, ist Homologie wahrscheinlich.

Zum Kriterium der speziellen Form kommt das der speziellen Lage im Gefügesystem. Nach diesem Kriterium kann man selbst Merkmale als homolog erkennen, die sich äußerlich nicht mehr ähneln. So variiert die Form der Schädelknochen bei Wirbeltieren oft erheblich. Aber an der Einbettung zwischen anderen Knochen kann man Nasenbeine oder Schläfenbeine jederzeit als solche erkennen.

Ein sehr wichtiges Kriterium ist das der Verbindung durch Zwischenformen. Man kennt z. B. zahlreiche Fossilreihen, an denen man die Entwicklung von Merkmalen deutlich ablesen kann. Aber auch der Vergleich lebender Arten verschiedener Organisationshöhe erlaubt mitunter eine solche Rekonstruktion. In der Verhaltensforschung sind wir sogar ausschließlich auf diesen Vergleich rezenter Arten angewiesen. Dazu kommt noch eine Reihe von Hilfskriterien, auf die ich hier jedoch nicht einzugehen brauche. Ich verweise den Leser auf Wickler (1965, 1967, 1972) und auf meine eingangs genannten Schriften.

2. Funktionsgesetze stammesgeschichtlicher und kultureller Evolution

Bis vor wenigen Jahren herrschte in den Wissenschaften vom Menschen die Meinung vor, menschliches Verhalten würde ausschließlich durch Umwelteinflüsse geformt, der Mensch würde nur kulturell geprägt. Heute vertreten nur noch wenige diesen extremen Standpunkt. Mit der Klärung der ethologischen Begriffe durch Lorenz und Tinbergen begann man, nach stammesgeschichtlichen Determinanten im menschlichen Verhalten zu forschen, und konnte solche schließlich in den letzten Jahren nachweisen.

Die biologische Erforschung menschlichen Verhaltens führte nun nicht etwa dazu, daß sich die Unterschiede zwischen den höheren Säugern und dem Menschen verwischt hätten. Zwar wurde das Kontinuum der Evolution auch im Bereich des Verhaltens nachgewiesen, jedoch heben sich die Besonderheiten menschlichen Verhaltens mit zunehmender Kenntnis tierischen Verhaltens immer schärfer vom Hintergrund der tierischen Leistungen ab. Nur einige Außenseiter unter den Ethologen sehen im Menschen nichts anderes als einen »nackten Affen«. Der Mensch ist durch Sprache und akkumulierende Kultur definiert, und dazu gibt es selbst bei unseren nächsten Verwandten nur dürftige Ansätze. Dank der Entwicklung der Wortsprache konnte beim Menschen die kulturelle Evolution die biologische weitgehend ablösen. Beim Vergleich der beiden Prozesse stellt man auffällige Ähnlichkeiten fest. Sie erklären sich wohl aus dem Wirken gleicher Selektionsbedingungen.

Ein in der Biologie häufig gebrauchter Begriff ist der der Arterhaltung. Man spricht davon, daß eine Struktur oder ein Verhalten eine Funktion im Dienste der Arterhaltung erfüllen, und meint damit, daß sie angepaßt sind, also einem Selektionsdruck ihre Existenz verdanken. Im Jargon der Biologen hat sich dieser Begriff bewährt, weil er einen Sachverhalt, wenn auch nicht genau, so doch verständlich beschreibt. Daß es sich um einen statischen Begriff handelt, stört uns im allgemeinen nicht. Aus Enteneiern schlüpfen Enten, und Kaninchen bringen Kaninchen zur Welt: Die Erfahrung des Alltags lehrt uns, daß Arten sich erhalten. Erst wenn wir das Geschick der Arten über größere Zeiträume hinweg verfolgen, merken wir, daß von Arterhaltung keine Rede sein kann. Was sich erhält, ist der »Lebensstrom« (Hass 1970), der sich in den unzähligen Armen und Rinnsalen der Artenbildung verästelnd einen Weg sucht, hier versandend, dort den Durchbruch in ein neues Bett findend und an Biomasse zumindest am Beginn der biologischen Evolution zunehmend. Arten sind im allgemeinen Wachs in den Händen der Evolution. Sie wandeln sich, und von jenen, die im Erdaltertum lebten, kam kaum eine unverändert bis in die Neuzeit. Es gibt allerdings Arten, die viele urtümliche Merkmale beibehielten.

Der Armfüßler, *Lingula unguis*, hat sich wahrscheinlich seit dem Erdaltertum nicht mehr verändert. Zumindest gleicht seine Schale der seiner fossilen Vorfahren bis in die Einzelheiten. Das ist allerdings eine Ausnahme. Als Regel gilt, daß Arten sich wandeln, und dieser Wandel ist eine Antwort auf die sich ändernden Umweltbedingungen, die Neuanpassungen erfordern. Bei nur identischer unveränderter Reduplikation der Individuen würde der Lebensstrom schließlich in Sackgassen enden.

Der Mechanismus des Artenwandels über die genetische Anpassung ist uns relativ gut bekannt. Ungerichtete Erbänderungen, die Mutationen, verursachen eine genetisch bedingte Variabilität der Individuen. An dieser Variabilität setzt die Auslese ein. Was überlebenstüchtig ist, kann sein Erbgut an die Nachkommen weiterreichen und setzt sich auch durch. Der Mechanismus arbeitet blind, d. h. die Erbänderungen streuen ungerichtet.

Das mag manchem seltsam erscheinen, der als Endprodukt die perfekte Anpassung vor sich sieht, als hätte sich das Lebewesen zielstrebig daraufhin entwickelt. Aber die Gerichtetheit wird durch die Selektion vorgetäuscht. Der ungerichtet sich vortastende Mechanismus der Evolution ist die einzig mögliche Antwort auf die unvoraussagbaren Umweltänderungen, mit denen sich Organismen auseinanderzusetzen haben. Nur so werden immer wieder jene »hopeful monsters« geschaffen, mit denen sich neue Evolutionschancen eröffnen. Eine stammesgeschichtliche Angepaßtheit ist quasi das Ergebnis eines Würfelspiels. Sicher wären auch andere Mechanismen der Evolution denkbar, z. B. eine vernunftgesteuerte kulturelle Evolution. Ihr Gelingen setzt jedoch Kenntnisse und Einsichten voraus, die uns heute wahrscheinlich noch fehlen.

Wenn wir von Anpassung sprechen, dann meinen wir damit, daß die von uns als angepaßt bezeichnete Struktur eine Aufgabe im Dienste der Arterhaltung erfüllt, und wir erinnern an die eingangs gemachte Feststellung, daß Anpassung immer eine Interaktion von Organismus und Umwelt voraussetzt, wobei sich in den Anpassungen Facetten der außersubjektiven Wirklichkeit spiegeln. Der Pferdehuf ist, wie Lorenz (1973) das ausdrückte, ein Abbild der Steppe. Das heißt, seine spezielle Form spiegelt gewisse Eigenschaften des Steppenbodens wider.

Das gilt für jede Anpassung – sei es Körperstruktur oder Verhalten. Damit ein Organismus sich überhaupt anpassen kann, muß er in der Lage sein, sich über jene Umweltgegebenheiten zu informieren, die als Vorlage von der Anpassung abgebildet werden. Dem Organismus stehen nach unserem Wissensstand *zwei Wege des Informationserwerbs* zur Verfügung. Stammesgeschichtliche Anpassungen ergeben sich im Wechselspiel von *Mutation* und *Selektion*, wobei letztere die Richtung der Entwicklung bestimmt. Die gesammelten Erfahrungen werden im Genom der Art gespeichert und im Laufe eines *Selbstdifferenzierungsprozesses* entschlüsselt. Organismen können darüber hinaus in ihrem individuellen Leben Erfahrungen sammeln und speichern. Sofern es sich um Anpassungen im Verhalten handelt*, werden die Erfahrungen über Lernprozesse erworben und im Zentralnervensystem gespeichert. Wie gelernt wird, das wechselt. Der Organismus kann die Erfahrungen im aktiven Explorieren sammeln, er kann jedoch auch unterrichtet werden, die Erfahrungen also tradiert bekommen.

An Anpassungen, die sich bewähren, halten die Organismen im allgemeinen ziemlich konservativ fest. In diesem Sinne haben jene, die von Arterhaltung reden, also nicht ganz unrecht. Die Artenänderung vollzieht sich nicht im rapiden Wandel von Generation zu Generation. Offenbar lohnt es sich, am Bewährten festzuhalten und nur in kleinen Mutationsschritten neue Möglichkeiten auszutesten. Ein konservatives und ein progressives Konstruktionsprinzip wirken an der Erhaltung des Lebensstromes.

Von allen Arten, die sich als Träger des Lebensstroms behaupteten, ist allein unsere durch ein neues Evolutionsprinzip ausgezeichnet, das wir als kulturelle Evolution bezeichnen. In der kulturellen Evolution wird ebenfalls Wissen akkumuliert, allerdings nicht im Erbgut, sondern im Gehirn; mit der Entwicklung der Schrift auch in Büchern und jüngst in elektronischen Geräten.

Zwei Erfindungen haben die kulturelle Evolution vorangetrieben. Die Erfindung der Sprache ermöglichte es dem Menschen, seinem Mitmenschen Begebenheiten zu erzählen und Anweisungen zu

---

* Man kann Immunität auch erwerben.

geben, ohne etwas vormachen zu müssen. Auch im Tierreich gibt es wiederholt Ansätze zur Traditionsbildung. Japanische Makaken lernten z. B., Süßkartoffeln zu waschen, und sie geben diese Erfindung von Generation zu Generation weiter, allerdings muß es jeder dem anderen vormachen. Mit der Erfindung der Sprache kann der Mensch objektunabhängig tradieren. Er kann sagen: »Kartoffeln wäscht man.« Mit der Erfindung der Schrift schließlich wurde das Tradieren weitgehend von der Person gelöst. Die gespeicherte Erfahrung kann jeder dem Archiv entnehmen.

Mit der kulturellen Evolution wird der langsame Weg des Erfahrungsammelns über das Genom durch einen viel schneller arbeitenden Mechanismus des Informationserwerbs und der Informationsweitergabe abgelöst. Damit verfügt der Mensch über einen neuen Anpassungsmechanismus, der es ihm erlaubt, sich rasch an sehr verschiedene Lebensbedingungen anzupassen und in einer kulturellen adaptiven Radiation, die der phyletischen analog ist, die verschiedensten ökologischen Nischen zu füllen. Ein arktischer Jäger und Sammler benötigt ganz andere Überlebensstrategien als ein Buschmann der Kalahari. Kulturelle Traditionen sichern das Überleben der verschiedenen Gruppen. Die adaptive Radiation der Kulturen erinnert an die Artbildung. Erikson (1966) prägte für diesen der Artenbildung analogen Prozeß den Begriff *Pseudospeziation*.

Die Parallelen zwischen biologischer und kultureller Evolution gehen aber noch viel weiter. Hier wie dort resultiert der Fortschritt aus dem Widerstreit beharrender und fortschrittlich verändernder Kräfte (Lorenz 1973). Auch in der kulturellen Entwicklung ist es höchst unwahrscheinlich, daß der akkumulierte bewährte Erfahrungsschatz von einer Generation zur anderen überholt ist. Daher ist es zweckmäßig, wenn sich dem Neueren konservative Kräfte entgegenstellen. Aus dem ausgewogenen Wirken dieser beiden antagonistischen Mechanismen resultiert der kulturelle Fortschritt. Um ihn wird in jeder Generation gerungen, wobei die Älteren im allgemeinen die konservativen und die Jungen die progressiven Kräfte vertreten. Die Auseinandersetzung erleben wir als den Konflikt der Generationen. In ihr darf keiner Sieger sein. Ein Traditionsabriß als Folge eines Sieges der Progressiven würde, wie Lorenz hervorhob, die weitere Existenz einer Kultur gefährden. Umgekehrt laufen extrem konservative Kulturen aus mangelnder Anpassungsfähigkeit Gefahr, im Wetteifer mit anderen Kulturen zu unterliegen.

In unserem individuellen Dasein bilden die kulturellen Verhaltensmuster ein stützendes Skelett, das uns entlastet, da wir nicht selbst für jedes Problem die Lösungen suchen müssen und nicht immer wieder von neuem die Frage zu stellen brauchen, wie wir uns wohl zweckmäßigerweise zu verhalten haben. Der traditionelle und über Generationen bewährte Erfahrungsschatz verleiht uns ebenso wie das Ererbte eine gewisse Sicherheit. Darum sprechen wir von »lieben Gewohnheiten« und haben Angst, mit ihnen zu brechen (Lorenz 1973). Vielleicht ist es dieser Angstmechanismus, der das konservative Element einer Kultur bestärkt. Ältere Menschen werden im allgemeinen ängstlicher. Der Jugendliche dagegen, im Vollbesitz seiner körperlichen und geistigen Kräfte, ist eher bereit, etwas zu wagen.

Das Beharren auf »lieben Gewohnheiten« führt in der kulturellen Evolution gelegentlich zu einem ganz sinnlosen Festhalten an Konstruktionsprinzipien, auch wenn diese gar keine Funktion mehr erfüllen. Ein besonders eindrucksvolles Beispiel beschreibt Otto Koenig in seiner Kulturethologie. Er untersuchte den Wandel der Befestigungsschnur an den Kopfbedeckungen ungarischer Husaren. Man kann hier verfolgen, wie die Schnur, die ursprünglich zur Befestigung des Hutes am Kopf diente, diese Funktion verliert und zu einer Zierschnur wird, die sich dekorativ um die Mütze schlingt. In dieser neuen Funktion bleibt sie beharrlich auch dann, wenn eine Befestigung wieder gebraucht wird. Die Zierschnur wandelt sich keineswegs wieder in eine Befestigungsschnur zurück – sie bleibt Zierschnur. Ein Befestigungsriemen (Kinnriemen) wird neu entwickelt. Die Hutschnur der Zivilistenhüte ist ebenfalls eine zur Zierschnur umfunktionierte Befestigungsschnur. Nun gibt es Hüte mit beiderseits hochgebogenen Krempen. Als Koenig diese genauer untersuchte, fand er auch hier die »Zierschnur«. Sie war nunmehr allerdings völlig funktionslos unter der hochgebogenen Krempe verborgen. Als echtes Rudiment belegt sie das beharrliche Festhalten am überkommenen Rezept. Zum Hut gehört eben eine Hutschnur.

Die Gemeinsamkeiten in der Leistung von Kultur und Genom beschränken sich jedoch nicht nur auf das Wirken antagonistischer Mechanismen, deren einer das Erworbene festzuhalten sucht, während der andere danach strebt, es durch Neues zu ersetzen. Weitere Ähnlichkeiten ergeben sich aus der Tatsache, daß kulturelle wie stammesgeschichtlich gewordene Systeme sich im Grunde mit den gleichen Anpassungsfronten auseinanderzusetzen haben. Sie leben als energieerwerbende Systeme (Energone, siehe Hass 1970) nur aufgrund ihrer positiven Energiebilanz. Aufbaukosten, Erhaltungskosten, Kosten des Energieerwerbs, Kosten für Anlagen von Reserven und für die Erschließung von Märkten und dergleichen Investitionen dürfen nie mehr ausmachen, als eingenommen wird. Energieerwerbende Systeme werden von der Selektion nach grundsätzlich gleichen Prinzipien geformt.

Auffällig sind die Parallelen zwischen kulturell und stammesgeschichtlich entwickelten Ritualen. Sie dienen als Signale der Kommunikation, und die Anforderungen, die an sie gestellt werden, sind im Prinzip stets die gleichen. Ein Signal soll möglichst einfach und zugleich möglichst unmißverständlich sein. Riff-Fische entwickelten als Arterkennungszeichen plakatartige Farbmuster, die mit denen der Flaggenmuster verglichen werden können. Handelt es sich bei den Signalen um Bewegungen (Ausdrucksbewegungen, Symbolhandlungen), dann werden diese in der Bewegungsamplitude mimisch übertrieben, oft rhythmisch wiederholt und meist mit typischer Intensität ausgeführt. Variable Bewegungsfolgen werden vereinfacht und zusammengefaßt*. Das gilt für den Zickzacktanz der Stichlinge und den Tanz des Putzerlippfisches ebenso wie für das kulturell entwickelte Werberitual »Tanim Hed« der Hagenbergstämme von Neuguinea (Eibl-Eibesfeldt 1973 und 1974b).

Über diese allgemeinen Konstruktionsprinzipien hinaus, nach denen kulturelle und stammesgeschichtlich entwickelte Rituale gebaut sind, gibt es natürlich noch weitergehende Ähnlichkeiten, die sich aus spezielleren Funktionen, etwa des Drohens oder des Bandstiftens, ergeben.

Bei höheren Wirbeltieren und beim Menschen lösen Artgenossen sowohl Reaktionen der feindlichen Abstoßung wie der freundlichen Annäherung aus. Bei diesen Arten wird über die Aggressionsbarriere hinweg ein Band gestiftet und erhalten, und wenn man die bandstiftenden Zeremonien untersucht, dann stellt man überraschende Ähnlichkeiten fest. So haben sich bei Vögeln und Säugern in einer analogen Entwicklung aus Verhaltensweisen der Brutpflege, insbesondere solchen der Fütterung, freundliche Signale entwickelt, mit deren Hilfe Erwachsene den Kontakt mit Artgenossen herstellen und erhalten. Ritualisierte Fütterungshandlungen spielen

---

* Ausdrucksbewegungen entstehen oft unter Funktionswechsel aus Verhaltensweisen, denen ursprünglich keine Signalfunktion zukommt. So werden elterliche Brutpflegehandlungen (z. B. Füttern) sehr oft zu freundlichen Signalen, die im Grußzeremoniell Aggressionen beschwichtigen oder in Werbezeremonien das Band stiften und festigen (Kuß). Einzelheiten über diesen Prozeß der »Ritualisierung« bei Eibl-Eibesfeldt 1970 a, 1973, 1980.

z. B. als Schnabelflirt eine große Rolle im Paarungsvorspiel vieler Singvögel; ein Partner übernimmt dabei die Rolle des futterbettelnden Jungen, der andere die des betreuenden Altvogels. Infantile Appelle und Pflegeappelle werden zu freundlichen und werbenden Signalen ritualisiert. Bei Säugern gibt es ganz ähnliche Entwicklungen. Erwähnt sei die Schnauzenzärtlichkeit verschiedener hundeartiger Raubtiere.

Ebenfalls häufig verbreitet sind Rituale, bei denen Nahrung oder Nestmaterial überreicht werden, was beschwichtigend wirkt. Sie spielen vor allem bei Vögeln als Begrüßungs- und Werberituale eine große Rolle.

Wenn wir nun kulturelle Rituale ähnlicher Funktionen, etwa Grußrituale, vergleichen, dann stoßen wir auf zahlreiche Analogien. Geschenkrituale sind verbreitet. Man bringt als Gast Geschenke und empfängt Gegengaben. Man bewirtet den Gast oder schenkt verbal freundliche Wünsche. Im Werbeverhalten werden infantile und betreuende Appelle ausgespielt. Hier allerdings spielt auch Säugererbe eine große Rolle. Die Entwicklung bei Vögeln und Insekten lief dagegen konvergent.

Bei vielen Vögeln wird das Band zwischen Paaren durch Synchronisationsrituale erhalten, bei denen die Partner aufeinander abgestimmt etwas Bestimmtes tun. Gut untersucht ist das Wechselsingen verschiedener Vögel. Die Partner eines Paares singen zusammen eine Melodie, jeder abwechselnd ein Stück. Der Partner fällt dabei so exakt in die Singpause des anderen ein, daß man einen einzigen Vogel zu hören meint. Bei diesem Wechselsingen liefern die Tiere einander abwechselnd die Schlüsselreize für das Singen. Wickler (1972) hat die Hypothese entwickelt, daß auf diese Weise, über die Motivation zu singen, die Bindung bewirkt wird. Man benötigt den Partner, um den Singtrieb auszuleben.

Beim Menschen finden wir vergleichbare Rituale gemeinsamen Handelns. So gelingen manche Buschmanntänze nur im Zusammenspiel zweier Parteien. Beim Trancetanz z. B. singen die Frauen und klatschen den Takt, die Männer tanzen dazu. Ähnliches gilt für eine Reihe von Spieltänzen. Nur jene, die in die Regeln eingeweiht sind, können dabei harmonisch zusammenspielen. Damit bewirken diese Rituale nicht nur eine Bestärkung der Bindung zwischen Gruppenmitgliedern, sondern zugleich eine Abschließung gegen Gruppenfremde (Sbrzesny 1976).

Weitere Beispiele für Analogien als Ergebnisse stammesgeschichtlicher und kultureller Entwicklung liefert die Untersuchung des Droh- und Demutsverhaltens. Sie sind bei Tier und Mensch nach dem gleichen antithetischen Prinzip gestaltet (Darwin 1872). Man droht, indem man sich größer macht – sei es durch das Aufrichten der Federn, von Haarkämmen oder durch das Aufsetzen einer Bärenfellmütze –, und man unterwirft sich, indem man sich kleiner macht.

II. Die innerartliche Aggression

1. Zur Definition

In Übereinstimmung mit Dann (1972) setzen wir Aggression mit aggressivem Verhalten gleich, ohne den Begriff von vorneherein mit einer theoretischen Interpretation zu belasten. Wir unterscheiden ferner zwischen innerartlicher und zwischenartlicher Aggression, je nachdem ob das Objekt aggressiven Verhaltens ein Artgenosse oder ein Artfremder ist. Auf die Gründe für diese Unterscheidung werde ich noch näher eingehen.

Als aggressiv bezeichnen Psychologen im allgemeinen jene Verhaltensweisen, die zu einer »Schädigung« des Angegriffenen führen, wobei nicht nur die physische Beschädigung (Verletzung, Zerstörung), sondern jede Art von Schmerzzufügung, auch Ärgern, Sticheln und Beleidigen, einbezogen wird.

Buss (1961, S. 1) definiert die Aggression direkt nach dem zugefügten Schaden als »eine Reaktion, die gegen einen anderen Organismus schädliche Reize aussendet«. Nach Selg (1968, S.22) besteht Aggression »in einem gegen einen Organismus oder ein Organismussurrogat gerichteten Austeilen schädigender Reize«. Ergänzend wird von anderen Autoren hinzugefügt, daß diese Schädigung intendiert sein muß. Unbeabsichtigte Schädigung ist nicht als aggressiv auszulegen, ebensowenig wird man den schmerzzufügenden Zahnarzt der Aggression bezichtigen. So betonen Dollard und Mitarbeiter (1939) die Handlungsintention als bestimmendes Merkmal, indem sie Aggression als eine Verhaltenssequenz bezeichnen, deren Zielreaktion die »Verletzung der Person ist, gegen die sie gerichtet ist« (S. 9), und ähnlich spricht Berkowitz (1962) von einem »Verhalten, das auf die Verletzung eines Objekts hinzielt«. Weitere Autoren, die die Handlungsintention in die Definition übernehmen, sind Feshbach (1964) und Merz (1965). Graumann (1969, S. 85) definiert »feindselige Schädigung meinende Verhaltensweisen und Tendenzen« als aggressiv.

Menschen handeln u. a. mit Absicht, und man kann diese durch

Befragung herausfinden. Wieweit jedoch Tiere von Zielvorstellungen geleitet werden, entzieht sich unserer Kenntnis. Was wir bestenfalls feststellen können, ist, daß Tiere Appetenzverhalten zeigen, d. h. in ganz bestimmter Weise motiviert suchen und in dieser spezifischen Handlungsbereitschaft nur auf ganz bestimmte Umweltreize ansprechen. Daß sie diese intendiert suchen, kann man jedoch nur selten mit Sicherheit sagen. Problematisch ist ferner der Begriff der »Schädigung«. Wenn zwei Echsen turnierartig miteinander ringen und eine schließlich abgedrängt wird, ohne körperlich Schaden zu nehmen, dann kann ich wohl nicht ohne weiteres von einer Schädigung sprechen. Zumindest liegt keine physische Schädigung vor. Der Fortpflanzungserfolg des Verlierers könnte vermindert sein, aber das kann ich aus dem Verlauf des Konfliktes nicht ablesen. In den ethologischen Definitionen wird daher Intention und Schädigung ausgeklammert. Was man feststellen kann, ist die Dominanz des Siegers, der den Besiegten gegen dessen anfänglichen Widerstand vertreibt oder so unterwirft, daß ihm als Sieger der Vortritt zu den Ressourcen, zu Weibchen oder anderen begehrten Dingen garantiert ist.

Auf Distanz bringen und Unterwerfung des Partners sind beobachtbare Effekte. Man kann einwenden, daß auch »unbeabsichtigte« Beschädigung eines Partners zu einer Distanzierung führen mag. Aber das dürfte wohl selten der Fall sein. Zur Verdrängung eines Partners bedarf es meist wiederholter Anstrengungen über einen längeren Zeitraum. Eine versehentliche Attacke, etwa auf ein Gruppenmitglied, wird nicht wiederholt. Bei höheren Wirbeltieren kommt es sogar zu komplizierten Verhaltensweisen der »Entschuldigung«, wie Trösten, Beschwichtigung, kurz zu intensiver Kontaktpflege und keineswegs zu einem Kontaktabriß.

Soll man aber alle Verhaltensweisen, die zu einer Verdrängung oder Unterordnung eines Artgenossen führen, also auch Reviergesänge oder chemische Signale, als aggressiv bezeichnen, z. B. die Pheromone (Duftstoffe), mit deren Hilfe etwa die Honigbienenkönigin die Ausbildung weiterer Königinnen unterdrückt? Markl (1974) zeigt, daß die Aggressivität innerhalb der Hautflüglergruppen – z. B. bei den Feldwespen (*Polistes*) – sich zunächst offen gegen Gruppenmitglieder richtet und zu einer Arbeitsteilung zwischen dem unter Umständen allein Eier legenden Alphaweibchen, dem dadurch auch die beste Nahrung zufließt, und den sammelnden niederrangigen Weibchen führt. Markl führt aus:

»Die höchststehenden Hautflügler haben dieses Problem besonders perfekt gelöst: ein Drogenkomplex, eine Oxo- und eine Hydroxydecensäure, den die Königin der Honigbienen in ihren Mandibeldrüsen erzeugt, sterilisiert gleichzeitig die Arbeiterinnen – populationsgenetisch ein Akt extremer Aggression! –, hindert sie am Weiselzellenbau, also der Zucht von Konkurrentinnen der Königin, und dient der Königin auf dem Paarungsflug auch noch als sexuelles Lockmittel für die Männchen. Diese Droge wird von den Arbeiterinnen begierig aufgenommen, im Volk weiterverteilt und hemmt sogar ihre Aggression untereinander« (Markl 1974, S. 475). Das ist sicher ein Grenzfall. Da die »Droge« begierig aufgenommen und nicht etwa den Arbeiterinnen gegen deren Widerstand aufgezwungen wird, fehlt ein entscheidendes Merkmal der Aggression, das Brechen eines Widerstandes.

Bei den Grillen *Acheta domesticus* und *Gryllus pennsilvanicus* ist das Singen mit Aggression positiv korreliert und kann als dessen ritualisierte Form betrachtet werden, denn es unterdrückt Aggression bei rangniederen Artgenossen. Zerstört man die Tympanalorgane einer niederrangigen Grille, so daß sie nicht hören kann, dann erweist sich diese aggressionsenthemmt und greift an (Phillips und Konishi 1972).

Kummer (1973) faßt den Aggressionsbegriff enger: »Unter einem Aggressionsakt möchte ich fürs erste einen massiven körperlichen Krafteinsatz gegen einen Artgenossen verstehen: die Funktion des Aktes ist es, den Artgenossen zu vertreiben« (S. 71).

Verhaltensweisen des Drohens würden nach dieser Definition nicht in die Kategorie aggressiven Verhaltens fallen, obgleich man in der Literatur sonst ganz allgemein von aggressivem Imponieren und Drohen (»aggressive displays«) spricht und diese Verhaltensweisen dem aggressiven System zuordnet. Ich halte die Zuordnung des Drohens und Imponierens zu den aggressiven Verhaltensweisen für gut begründet; zunächst, weil man zeigen kann, daß die meisten Verhaltensweisen des Drohens ritualisierte Angriffshandlungen sind. Drohende entblößen die Zähne in Beißintention, sie drücken in ihrer Haltung Sprungbereitschaft aus, oder sie machen Angriffsschritte am Ort (Aufstampfen), um nur einige Beispiele zu nennen. Auch beobachtet man alle Übergänge vom Drohen zum Kämpfen. Des weiteren zeigen Droh- und Kampfhandlungen ein gemeinsames Fluktuieren der Schwellenwerte, was auf ein ihnen zugrunde liegendes gemeinsames physiologisches System hinweist. Drohen hat dabei einen etwas niederen Schwellenwert als Kampf und geht demnach diesem im allgemeinen voran. Auch begleiten die Drohhandlungen als Ausdrucksbewegungen den Kampf. Man kann z. B. das Mienenspiel eines Verärgerten ohne weiteres als Indikator für seine aggressive Verstimmung verwenden. Es wäre eine willkürliche und reichlich gekünstelte Abtrennung, wollte man nur die körperliche Auseinandersetzung im Kampf, das physische Kräftemessen also, als aggressives Verhalten bezeichnen, nicht aber jene aus dem Kampfverhalten abgeleiteten Drohhandlungen.

Ich sehe auch keinen guten Grund, Mechanismen der Abstoßung, die mit dem plötzlichen Setzen starker Sinnesreize arbeiten (Erschrecken durch Anbrüllen, Entleeren von Stinkdrüsen, plötzliches Zeigen von auffälligen Farbmustern, z. B. von Augenflecken), einer anderen Kategorie zuzuordnen. Alle Verhaltensweisen, die nach dem Prinzip der Abstoßung zur räumlichen Verteilung der Artmitglieder oder zur Dominanz eines über den anderen führen, bezeichne ich hier als aggressiv, also auch Verhaltensweisen wie etwa den Reviergesang der Vögel.

Daß man den Begriff Aggression nicht auf physische Einwirkung beschränken kann, betonen übrigens viele Autoren. So z. B. Johnson (1972, S. 6):

»Most animal aggression is also neither physical nor direct, for it is usually carried out at a distance through ceremonies which involve no contact. Furthermore, if actual fighting does break out it is usually ritualized. Sometimes the ›delivery of noxious stimuli‹ [hier bezieht sich der Autor auf die Buss'sche Definition, Ref.] involves nothing more than looking, as in the case of baboons and macaque monkeys, who may threaten an opponent simply by staring at him*.« Man kann sagen, daß es sowohl in Psychologen- als auch Biologenkreisen meist üblich ist, das Drohverhalten (Drohstarren, Fäusteballen, Zähnezeigen etc.) unter die aggressiven Handlungen einzuordnen.

Ich folge dieser Gepflogenheit und definiere nach den Ergebnissen des Verhaltens, wobei ich den zu subjektiven Interpretationen verführenden Begriff »Schädigung« vermeide. Zugleich mit dieser Feststellung möchte ich betonen, daß aggressives Verhalten im Sinne dieser Definition bei den verschiedenen Tiergruppen durchaus

---

* »Die meisten tierischen Aggressionen sind weder physisch noch direkt, sondern sie werden meist über Distanz durch Zeremonien durchgeführt, die keinerlei physischen Kontakt erfordern. Und wenn dann wirklich ein Kampf ausbricht, ist dieser gewöhnlich ritualisiert. Manchmal beinhaltet das ›Aussenden schädlicher Reize‹ nichts anderes als Hinschauen, wie im Falle der Paviane und Makaken, die einen Gegner bedrohen, indem sie ihn einfach anstarren.«

analog entstanden sein kann. Das aggressive Verhalten der Wirbeltiere ist dem der Wirbellosen sicherlich nicht homolog. Innerhalb der Wirbeltiere lassen sich dagegen Homologien nachweisen (S. 82 ff., 94 ff.).

Ob man verschiedene Formen innerartlicher Aggression zu unterscheiden hat, wird gegenwärtig diskutiert. Dem Bestreben, einen Artgenossen aus dem Revier zu vertreiben, könnte theoretisch ein anderer neurophysiologischer Mechanismus unterliegen als etwa der Motivation, ihn im Rangdisput zu besiegen. Allerdings hat man bisher keine verschiedene Motivation nachweisen können, mir ist auch kein Fall bekannt, daß ein Tier beim Rangkampf mit dem Artgenossen anders gekämpft hätte als beim Streit ums Territorium.

Moyer (1971 a, b) unterscheidet an innerartlichen Aggressionen: Aggression zwischen Männchen, furchtinduzierte, reizbare (»irritable«), territoriale, mütterliche, instrumentale und geschlechtsbezogene Aggression. Er klassifiziert dabei inkonsequent einmal nach auslösenden Reizen und dann wieder nach Funktionen, was etwas verwirrt. Sicher kann man nach Funktionen weiter unterteilen – ich werde darauf noch eingehen –, doch scheint eine Einteilung nach auslösenden Reizen weniger ergiebig, da man weiß, daß ein und dasselbe Verhalten von verschiedenen Reizen ausgelöst werden kann.

Wichtig ist, daß man stets sauber zwischenartliche und innerartliche Aggression voneinander unterscheidet. Nicht immer, aber sehr oft, sind nämlich die zwischenartlichen Auseinandersetzungen (Kampf mit Beute oder Raubfeind) von den innerartlichen Kämpfen durch jeweils verschiedene Sätze von Verhaltensweisen charakterisiert. Ein Kater bekämpft einen Rivalen mit einem bestimmten Drohzeremoniell und mit anderen Kampfbewegungen als eine ihm zur Beute dienende Maus. Eine *Oryx*-Antilope bekämpft einen Löwen, indem sie ihn mit den dolchartigen Hörnern zu spießen sucht. Mit Artgenossen dagegen ficht sie turnierartig, ohne die Waffen beschädigend einzusetzen.

Reis (1974) unterschied bei der Katze zwischen affektiver und Beute-Aggression und stellte einige typische Merkmale der beiden einander gegenüber (s. S. 47).

Die Gegenüberstellung zeigt, daß es sich hier wirklich um zwei verschiedene Systeme handelt. Das wird ferner durch Hirnreizversuche bestätigt. Schließlich fördert das Katecholamin Norepinephrin affektive Aggression und hemmt zugleich die Beute-Aggression. Reis hat das Abwehrverhalten gegen außerartliche Feinde ebenfalls unter affektiver Aggression zusammengefaßt. Man muß

Affektive Aggression	Beute-Aggression
1. intensive Aktivation des autonomen Systems (Sympathoadrenal)	1. geringe Aktivation des autonomen Systems
2. Droh- und Abwehrstellungen	2. Beschleichen
3. Drohlaute	3. keine Drohlaute
4. »wütender« Angriff mit Krallen verletzt Partner	4. nach dem Nacken des Opfers gerichtete Beißattacken, die auf Tötung zielen
5. Schwankungen der Handlungsbereitschaft (Schwellenerniedrigung)	5. keine wechselnde Reizbarkeit
6. innerartlich und zwischenartlich	6. zwischenartlich
7. oft nur als Imponieren	7. immer auf Erfolg (Töten) abzielend
8. keinerlei Beziehung zur Nahrungsaufnahme	8. Beziehung zur Nahrungsaufnahme
9. stärker von Hormonen beeinflußbar	9. wenig von Hormonen beeinflußbar

jedoch weiter differenzieren und zwischen einem affektiven innerartlichen agonistischen und einem affektiven zwischenartlichen Verteidigungssystem unterscheiden (Leyhausen 1973).

Die Unterscheidung von innerartlicher und zwischenartlicher Aggression ist eine Notwendigkeit, die leider oft übersehen wird. So erklärt Ardrey (1966) im Anschluß an Dart, daß sich die Aggressivität des modernen Menschen aus der räuberischen (carnivoren) Lebensweise seiner australopithecinen Vorfahren erkläre. Diese afrikanischen Affenmenschen erschlugen bekanntlich mit einfachen Waffen andere Tiere und verzehrten sie. Sie waren »Raubaffen«. Die Befangenheit in einem Klischee vom bösen Raubtier führte dazu, daß die Genannten die Fülle harmloser Pflanzenfresser übersahen, die durchaus starke innerartliche Aggression zeigen, man denke etwa an die Stiere oder die geradezu als Aggressionssymbole dienenden Kampfhähne.

Im Folgenden werde ich mich in erster Linie mit der innerartlichen Aggression befassen. Die Verhaltensweisen des Drohens und Kämpfens bezeichnen wir als aggressive Verhaltensweisen, und wenn sie auftreten, sprechen wir von Aggressionen. Aggressivität wird an diesem Verhalten gemessen. Der Begriff steht für Aggressionsbereitschaft. Sie kann z. B. jahreszeitlich schwanken. Auch artliche und individuelle Unterschiede sind gegeben. Funktionell bilden die Verhaltensweisen der Aggression mit jenen der Submission und Flucht eine übergeordnete Einheit. Scott drückte dies mit dem Begriff *agonistisches Verhalten* aus, den ich für gut gewählt halte.

Daß es sich beim agonistischen Verhalten um einen zusammengehörigen Komplex handelt, belegen auch die Hirnreizversuche von v. Holst und v. Saint Paul (1960) an Haushähnen. Der Verhaltensumschlag von Angriff zur Flucht kann durch länger anhaltende Reizung eines Reizortes oder Zunahme der Reizstärke ausgelöst werden, was für eine gemeinsame neuronale Grundlage spricht. Hunsperger (1954) fand durch elektrische Hirnreizung im Mittelhirn und Hypothalamus der Katze ein zusammenhängendes, funktionelles System für Angriffsverhalten, Abwehr und Flucht.

Oft wird zwischen aggressivem und defensivem Verhalten unterschieden, meist in Verbindung mit einer Wertung, die den Aggressor verurteilt. In der Praxis ist es schwer, diese Unterscheidung zu treffen, da die Verhaltensweisen, die bei Aggression und Defensive eingesetzt werden, einander meist gleichen. Es gibt allerdings Ausnahmen: Eichhörnchen drohen beim Angriff, indem sie die Ohren zurücklegen und die Zähne wetzen. In der Defensive richten sie die Ohren auf und quietschen. Da somit die Möglichkeit besteht, daß ein aggressives und ein defensives System unterschieden werden kann, will ich dies in der folgenden Übersicht, die das Gesagte zusammenfaßt, berücksichtigen. Ich betone jedoch, daß diese Unterscheidung nicht immer getroffen werden kann.

Agonistisches Verhalten (Feindverhalten)

Kampfsystem
1. Verhaltensweisen der Aggression
   Drohen
   Kämpfen
2. Verhaltensweisen der Verteidigung
   Drohen
   Kämpfen

Fluchtsystem
3. Verhaltensweisen der Submission
4. Fluchtverhalten

Aus dieser Darstellung ist ersichtlich, daß ich die Verhaltensweisen der Aggression und Verteidigung als Untersysteme eines Kampfsystems auffasse. Ihm ist funktionell ein Fluchtsystem zugeordnet, das in die Verhaltensweisen der Submission und des Fluchtverhaltens geteilt werden kann. Diese Subsysteme zerfallen ihrerseits – ganz dem Tinbergenschen Hierarchieschema entsprechend – in weitere Untersysteme. Das Fluchtsystem ist ein wichtiger Gegenspieler des Kampfsystems, da es verhindert, daß Kämpfe zur Selbstvernichtung führen. »Der furchtlose Kämpfer kommt nicht weit«, schreibt Tinbergen zur Illustration des Sachverhalts.

Das agonistische System höherer Wirbeltiere ist grundsätzlich nach diesem Schema organisiert. Allerdings kommen Abwandlungen vor. So fehlen manchen Wirbeltieren die Verhaltensweisen der Submission, und die im Kampfsystem auftretenden Verhaltensweisen können ritualisiert sein oder auch nicht. Im letzteren Fall sind die Verhaltensweisen zwischen- und innerartlicher Aggression nicht klar geschieden. Schließlich kann dem Kampfsystem eine unterschiedlich starke Motivation zugeordnet sein. Je nach der Stärke der durch die aggressive Motivation bewirkten Kampfappetenz ist das System einmal mehr nach der spontanen Seite (Aggression) oder der reaktiven Seite (Verteidigung) verlagert. Das wechselt selbst innerhalb der Wirbeltierfamilien je nach der speziellen Ökologie der betreffenden Arten (S. 72ff.).

Unser Einteilungsschema drückt hypothetische Beziehungen zwischen physiologischen Systemen aus, wie sie aufgrund der bisher vorliegenden Befunde postuliert werden können.

Von Psychoanalytikern wird der Begriff der Aggression nach meinem Dafürhalten gelegentlich etwas zu weit gefaßt. So definiert Hacker (1971) die Aggression »als jene dem Menschen innewohnende Disposition und Energie, die sich ursprünglich in Aktivität und später in den verschiedenen individuellen und kollektiven, sozial gelernten und sozial vermittelten Formen von Selbstbehauptung bis zur Grausamkeit ausdrückt« (S. 79). Hacker geht dabei von der ursprünglichen Bedeutung des lateinischen Wortes aggredior-aggredi = herangehen aus und setzt damit Aggression im weitesten Sinn mit »in Angriff nehmen« gleich.

Nun ist bei manchen Arten auf eine positive Korrelation zwischen Neugier und Initiative einerseits und dem, was Biologen Aggression nennen, hingewiesen worden. Diese Korrelation besagt jedoch nur, daß generell aggressivere Tiere zu anderen Zeiten auch neugieriger sind, und nicht etwa, daß Neugierverhalten gleichsinnig mit Aggressivität schwankt. Beides ist sicher nicht dem gleichen physiologischen System zuzuordnen, auch wenn ein gemeinsamer Faktor – es könnte sich um ein Hormon handeln – auf beides anregend einwirkt. Das gilt bei vielen Wirbeltieren sicher auch für Aggression und Sexualverhalten, die beide durch das männliche Sexualhormon generell – auf einem höheren Integrationsniveau gewissermaßen – angeregt werden. Auf dem III. Niveau der Tinbergenschen Instinkthierarchie sind beide jedoch klar voneinander zu trennen, und sie wirken auf diesem Niveau aufeinander hemmend.

Das hat unter anderem Dann (1972) nicht verstanden. Er verärgerte Versuchspersonen, prüfte ihre »Leistungen« – indem er sie z. B. bestimmte Buchstaben in einem Text unterstreichen ließ – und fand, daß sie im Zustand der Verärgerung nicht so gut waren. Aus diesen und anderen Versuchen schloß er dann, es gäbe keine positive Korrelation zwischen Aggression und Leistung, und die von verschiedener Seite vorgetragene Ansicht, die Abschaffung der Aggression sei nicht wünschenswert, weil man mit ihr auch positive Eigenschaften (Initiative, Leistungsstreben etc.) beseitige oder dämpfe, sei damit widerlegt. – Keineswegs! Nur ein in der Verhaltensphysiologie wenig Versierter wird annehmen, daß der Verärgerte höhere Leistungen zeigen müsse, wenn eine positive Korrelation zwischen Aggression und Leistung besteht. Die Aussage bezieht sich nämlich auf die Gesamtpersönlichkeit: Potentiell aggressive Menschen zeigen im allgemeinen auch mehr Initiative.

2. Manifestationen aggressiven Verhaltens im Tierreich

a. Beschädigungs- und Turnierkämpfe

Zu den landläufigen Klischees über das wilde Tier gehört die Ansicht, daß kämpferische Auseinandersetzungen der Tiere auf die Vernichtung eines Partners ausgerichtet seien. Das gilt für die Auseinandersetzung eines Raubtieres mit seiner Beute. Für innerartliche Auseinandersetzungen ist das bei den Wirbeltieren jedoch keineswegs die Regel. Es gibt zwar eine Reihe von Wirbeltieren, die wenig Aggressionshemmungen gegen einen Artgenossen zeigen, ihn mit vollem Einsatz ihrer Waffen angreifen und dabei auch umbringen. Europäische Hamster greifen außerhalb der Fortpflanzungszeit gleich- und andersgeschlechtliche Artgenossen ohne Hemmungen an und beißen sie, wenn sie in ihr Territorium eingedrungen sind. Der Verlierer kann sich jedoch nach kurzem Bißwechsel meist dem Gegner entziehen und wird dann nicht weiter verfolgt. Daher kommt es normalerweise nicht zu weiteren Beschädigungen (Eibl-Eibesfeldt 1953). Bemerkenswerte Verhältnisse finden wir bei einigen Säugern, die in geschlossenen Verbänden leben, deren Mitglieder sich entweder individuell (Löwen, Wölfe) oder an einem gemeinsamen Geruchsabzeichen (Ratten, Flugbeutler) erkennen. Bei diesen Tieren steht zwar die Aggression gegenüber Gruppenmitgliedern unter perfekter Kontrolle, Gruppenfremden gegenüber haben sie jedoch keine Hemmungen. Männliche Löwen töten selbst fremde Weibchen und Junge (Schaller 1972). Vergleichbare Verhältnisse finden wir bei Ratten und Flugbeutlern (Schultze-Westrum 1974). Hier liegen Verhältnisse vor, die denen vergleichbar sind, die sich aus der kulturellen Pseudospeziation beim Menschen ergeben (S. 147f.).

Im allgemeinen sind die innerartlichen Kämpfe der Wirbeltiere jedoch ritualisiert. Die Ritualisierungen können auf verschiedene Weise erfolgen. Manche Tiere haben besondere Pariertechniken gegen die beschädigenden Angriffe des Rivalen entwickelt. Kämpfen zwei Anemonenfische (*Amphiprion percula*), dann versucht einer, den Gegner ohne Hemmungen in die Flanken zu beißen. Sein Partner hält jedoch die sehr derb gebauten breiten Brustflossen wie einen Schild vor seine Seiten und wehrt damit die Angriffe ab (Eibl-Eibesfeldt 1964). Bei Wildschweinen schlagen die Keiler mit dem hauerbewehrten Kopf aufeinander ein. Jeder versucht dabei, die Schläge des anderen mit der Schulter abzufangen. Diese Region ist durch eine mehrere Zentimeter dicke derbe Platte geschützt, die man als Schild bezeichnet. In beiden Fällen liegt die eine Beschädigung verhindernde Anpassung beim Adressaten der Angriffshandlungen. Der Angreifer ist nicht gehemmt.

Sehr oft beobachten wir, daß wehrhafte Tiere, die einander leicht beschädigen können, turnierartig kämpfen, wobei keiner die Waffen so gebraucht, daß Schaden entstehen könnte. Lorenz (1943) hat darauf als einer der ersten hingewiesen.

Der wegen seiner furchtbaren Zähne gefürchtete Piranha, ein im Amazonas und Orinoko verbreiteter Raubfisch, beißt seinesgleichen nie. Er kämpft mit Rivalen, indem er breitseits zum Gegner steht und mit der Schwanzflosse nach dessen Seite schlägt (Markl 1972). Komplizierter sind die Turnierkämpfe der Buntbarsche. Nach einleitendem Drohen, bei dem die Tiere mit gespreizten Afterflossen, abgehobenen Kiemendeckeln und manchmal mit geöffnetem Maul von der Seite und von vorn drohen, kommt es zum Kampf, in dessen Verlauf die Tiere sich mit den Schwanzflossen schlagen. Sie berühren dabei selten den Körper des anderen, schicken ihm aber eine starke Druckwelle zu, aus der der Partner die Kraft seines Gegenüber ablesen kann. Im weiteren Verlauf des Kampfes fassen die Rivalen einander am Maul und beginnen, sich gegenseitig vom Platz zu drücken oder auch davonzuzerren. Es handelt sich um ein unblutiges Kräftemessen, in dessen Verlauf sich einer erschöpft und aufgibt. Dieser faltet die Flossen zusammen, wechselt vom Prachtkleid in ein weniger auffälliges Farbkleid und schwimmt davon.

Bei vielen Giftschlangen kämpfen die Männchen zur Paarungszeit miteinander. Sie beißen sich jedoch nie, sondern ringen turnierartig. Klapperschlangen erheben z. B. ihr vorderes Körperdrittel über den Boden und schlagen einander mit ihren Köpfen, bis eine umfällt oder aufgibt. Zahlreiche Beispiele für Turnierkämpfe liefern die vierfüßigen Reptilien. So kämpft unsere Zauneidechse ritterlich. Ein Männchen stellt sich mit zu Boden gesenkter Schnauzenspitze vor seinem Gegner auf. Dieser packt ihn daraufhin am Nacken und hält ihn eine Weile fest. Dann lädt er seinerseits den Gegner zum Zubiß ein; so halten sie es abwechselnd, bis einer an der Kraft des Zubisses oder am festen Stehen seines Partners merkt, daß er unterlegen ist. Dann legt er sich flach auf den Bauch, tritt mit allen vieren auf der Stelle und läuft schließlich davon. Meerechsen kämpfen Schädeldach gegen Schädeldach, wobei sich die Partner gegenseitig vom Platz zu schieben trachten. Merkt einer, daß er keine Gewinnchance hat, legt er sich flach in Demutsstellung vor den Gegner.

Dieser respektiert die Unterwerfung, hört auf zu kämpfen und gibt damit seinem Gegner Gelegenheit, sich abzusetzen. Warane ringen auf den Hinterbeinen stehend. Auch aus dem Reich der Vögel und Säuger ließen sich viele weitere Beispiele für Turnierkämpfe erbringen.

Bekannt sind die Kampftechniken der horn- und geweihtragenden Huftiere. Jede Antilopenart zeigt eine besondere Kampftaktik. Es gibt Rammer mit massiven Gehörnansätzen, Ringer, bei denen die Gehörne so beschaffen sind, daß sie sich in jene des Gegners verhaken oder eingabeln, Fechter, die mit der Längsseite der Hörner aufeinanderschlagen, und andere mehr (Walther 1961, 1966). Die Hornbildungen zeigen deutlich, daß diese Organe vor allem im Dienste der innerartlichen Turniere entwickelt wurden. Als Waffen gegen Freßfeinde würden sich dolchartige Gehörne wohl besser eignen als etwa die eingerollten Gehörne eines Wildschafes.

Gelegentlich beginnt ein Kampf als Beschädigungskampf. Hunde beißen einander. Aber merkt einer, daß er dem anderen nicht gewachsen ist, dann kann er sich durch bestimmte Verhaltensweisen unterwerfen, z. B. indem er sich auf den Rücken wirft, ähnlich einem Welpen, der sich seiner Mutter zur Säuberung anbietet. Das hemmt den Angreifer. Der sich Unterwerfende harnt oft in dieser Stellung und wird dann vom Sieger abgeleckt, ein Hinweis dafür, daß es sich bei der Unterwerfungsgeste in der Tat um eine Imitation kindlichen Verhaltens – einen infantilen Appell – handelt. Über diesen Appell werden die Weichen nicht selten von Feindschaft auf freundlichen Kontakt gestellt. Der Unterlegene wedelt feinschlägig mit dem Schwanz, während ihn der andere säubert. Dieser antwortet ebenfalls mit Schwanzwedeln, und was als heftiger Kampf begann, endet mit einem freundschaftlichen Spiel.

Aus dem Vorkommen von Turnierkämpfen und Demutsstellungen können wir folgern, daß es bei den höheren Wirbeltieren im allgemeinen vorteilhaft ist, wenn Artgenossen einander nicht töten. Hinter der Entwicklung von Drohritualen und komplizierten Kampfregeln muß schließlich ein starker Selektionsdruck stehen. Gleiches muß aber auch für die Aggression gelten, denn sonst wäre es einfach, sie dort ganz abzubauen, wo sie den Artgenossen gefährdet. Das geschieht offenbar selten. Man kann sagen, daß wehrhafte Tiere die Turnierkämpfe entwickelten, um weiterhin ihre Kräfte aneinander messen zu können.

Allerdings eskaliert ein Turnierkampf bei vielen Arten zu einem Beschädigungskampf, wenn der besiegte Artgenosse sich nicht vom Gegner absetzen kann. Bei Buntbarschen z. B. wird der Besiegte dann mit Rammstößen verfolgt und im Verlauf dieser Attacken zuletzt so schwer beschädigt, daß er zugrunde geht. Die »consummatory situation«: »Artgenosse nicht mehr da« (beim Innergruppenkampf genügt auch dessen Ausweichen) muß erreicht werden. Die Hemmungen wurden entwickelt, um dem Artgenossen die Chance zu gewähren, sich abzusetzen. Kann er das nicht, dann setzt er sich destruktiven Angriffen aus.

Unter Hinweis auf einige Wirbeltiere und viele Wirbellose, die einander ohne Hemmungen umbringen, hat man die Gültigkeit dieser Regel in Zweifel gezogen. Nun kenne ich Wirbellose zuwenig, um mich dazu äußern zu können, für Wirbeltiere kann ich die Kritik jedoch zurückweisen. Zunächst habe ich selbst wiederholt ausgeführt, daß nur ein starker Selektionsdruck die Ausbildung eines komplizierten Kampfrituals bewirken wird. Hat ein Tier die Fähigkeit, sich schnell vom Gegner abzusetzen, dann wird sich ganz gewiß kein Kommentkampf ausbilden. Wenn Löwen Gruppenfremde ohne Hemmungen umbringen, dann ist das eine bemerkenswerte, weil eben außergewöhnliche Beobachtung. In welchem Ausmaß geschieht dies? Genaue Zahlenangaben fehlen. Die Kritiker stellen nur fest, daß es eben auch Tiere gibt, denen die Hemmung, Artgenossen zu töten, fehlt. Damit erzählen sie uns nichts Neues.

b. Biologische Aggressionskontrolle

Bei vielen Reptilien und Fischen kann ein Kampf beendet werden, indem einer die aggressionsauslösenden Signale verbirgt, wie das bei den Demutsstellungen der Fall ist. Wir erwähnten ferner, daß Säuger – und das gilt auch für Vögel – über die Beschwichtigung hinaus ein freundliches Band zu stiften vermögen, indem sie sich kindlicher Appelle bedienen. Bei einigen wird der Appell sogar unmittelbar über das Kind vorgetragen, so beim Berberaffen, wo Männchen sich ein Jungtier ausborgen, wenn sie sich einem Ranghohen nähern wollen. Sie tragen dann das Junge so bei sich, daß es der Ranghohe gut sieht und durch seinen Anblick aggressionsgehemmt ist (Deag und Crook 1971).

Aggression wird ferner oft über Dritte beschwichtigt. Das gilt vor allem für Primaten. Ranghohe Paviane dulden keinerlei Aggressionen unter Rangniederen. Sie ergreifen oft die Partei des Angegriffenen und verscheuchen den Aggressor. Wir werden auf die verschiedenen Mechanismen der Aggressionskontrolle noch ausführlicher zu sprechen kommen. Ihre phylogenetische Entwicklung – insbesondere der bindenden Rituale – diskutierte ich ausführlich in meinem Buch ›Liebe und Haß‹, auf das ich in diesem Zusammenhang verweise.

3. Funktionen aggressiven Verhaltens

a. Territoriales Verhalten

Für ein Tier ist im allgemeinen der Artgenosse der schärfste Konkurrent. Er frißt das gleiche, und er benötigt die gleichen Schlaf- und Brutplätze. All das steht nur in begrenzter Menge zur Verfügung. Für ein gutes Gedeihen der Tierpopulationen ist es daher notwendig, daß Tiere einer Art sich verteilen, um die Überbevölkerung von Gebieten zu vermeiden. Durch ihr aggressives Verhalten üben nun Tiere auf Mitglieder der eigenen Art einen gewissen Druck aus, der die Verteilung gleichartiger Lebewesen über einen größeren Raum erzwingt. Beim mitteleuropäischen Hamster besetzt jedes Tier als Einzelgänger für sich einen bestimmten Raumbezirk und bekämpft jeden anderen, der in sein Gebiet eindringt. Rotkehlchen besetzen paarweise ein Revier und vertreiben daraus jeden fremden Artgenossen. Wieder andere Tiere treten in Gruppen auf, die exklusiv sind. Mitglieder einer Gruppe erkennen sich entweder an einem gemeinsamen Merkmal (Gruppengeruch bei Ratten) oder individuell (Paviane). Die Gruppe bewohnt ein gemeinsames Areal, aus dem jeder Fremde in gemeinsamem Bemühen vertrieben wird.

Das von einem Tier oder einer Gruppe verteidigte Gebiet bezeichnet man als Territorium oder Revier. Territorialität ist raumgebundene Intoleranz*. Sie führt zunächst zu einer Verteilung der Tiere über ein größeres Gebiet, wobei auch weniger günstige Randzonen bevölkert werden. Die Bewohner eines Territoriums genießen eine Reihe von Vorteilen. Sie kennen ihr Gebiet, wissen um die Schlupfwinkel und Tränken und um die nutzbaren Nahrungsquellen; sie wissen, wohin sie flüchten müssen, wenn Gefahr

---

* Stichlingsmännchen schwimmen im Frühjahr zunächst beweglich im Schwarm in die seichteren Regionen der Gewässer. Sie suchen nach von Wasserpflanzen bewachsenen Gebieten. Hat ein Männchen ein solches Gebiet gefunden, besetzt er es und wechselt sein Verhalten. Er attackiert nun jeden anderen gleichgeschlechtlichen Artgenossen.

droht. Kurz, sie sind orientiert und fühlen sich daher in ihrem Gebiet sicher.

Die Größe der Reviere wechselt nach Nahrungsbedarf und Angebot. Ein Adler benötigt ein größeres Territorium als ein Bussard. Es gibt aber auch Tiere, die keine Nahrungsterritorien kennen, weil Nahrung als limitierender Faktor eine geringe Rolle spielt. Diese kämpfen jedoch um Brutplätze, weil es an solchen mangelt. Viele Seevögel kämpfen um Brutreviere, und nur jene, denen es gelingt, einen Brutplatz zu erobern und zu behaupten, können Junge aufziehen. Die Übriggebliebenen gehen nicht zugrunde, aber sie sind zumindest für eine Brutsaison von der Fortpflanzung ausgeschaltet.

Um Reviere wird im Tierreich nicht ständig gestritten. Es gibt eine Reihe von Ritualen der Reviermarkierung, die Kämpfe verhindern. Viele Singvögel singen einen Reviergesang, der meldet, daß ein Gebiet besetzt ist. Spechte trommeln auf morsche Äste, daß es weithin hallt. Es handelt sich um ein vom Zimmern abgeleitetes Verhalten, das in unsere Sprache übersetzt heißen könnte: »Hier zimmert einer!« Viele Säuger bringen an markanten Punkten ihres Reviers Duftmarken an. Diese chemischen Hausschilder können aus Drüsensekret oder aus Harn und Kot bestehen. Hunde markieren, wie jedermann weiß, mit Harn. Das Zwergflußpferd verwendet eine Mischung aus Harn und Kot. Beim Kotabgeben wedelt der Schwanz schnell, gleichzeitig richten die Männchen aus dem rückwärts gebogenen Penis einen Harnstrahl gegen ihn. Auf diese Weise wird ein dünnflüssiges Kot-Harn-Gemisch versprüht und auf die Büsche der Uferregion verteilt. Das Tier verschafft sich eine Heimatmosphäre.

Ein von uns gehaltenes Galago-Äffchen harnte sich in die Hände und verrieb den Harn danach auf die Fußsohlen. Beim Klettern hinterließ es auf Gegenständen und Wänden auffällige Trittsiegel.

Seelöwen wiederum markieren ein Gebiet, indem sie sich an den Reviergrenzen hoch aufrichten und zum Nachbarn hinüberbrüllen. Der hält es ebenso, aber höchst selten kommt es zum Kampf. Reviernachbarn respektieren im allgemeinen die Gebiete des anderen.

Ein zahmer Dachs, den ich vor vielen Jahren aufzog, stempelte markante Punkte in seinem Gebiet, sogar meine Fußspitzen, mit einem Sekret einer unter der Schwanzwurzel liegenden Drüsentasche ab. Hamster markieren mit einem Sekret der Flankendrüsen.

Territorialität ist im Tierreich weit verbreitet. Wir kennen territoriale Ringelwürmer, Mollusken, Gliederfüßler und Wirbeltiere. Diese Feststellung bedeutet keineswegs, daß wir Territorialität im

Tierreich für durchgehend homolog halten*. Die Äußerungsformen wechseln überdies sehr. Es gibt Tiere, die keinen festen Wohnbezirk kennen, aber das Gebiet, in dem sie gerade sind, verteidigen. Ihr Hoheitsgebiet wandert mit ihnen. Andere wiederum sind nur zu bestimmten Tageszeiten territorial. Zu anderen Tageszeiten weichen sie einem Artgenossen kampflos. Oft ist die Territorialität nur auf eine bestimmte Jahreszeit beschränkt, bei Schwalben und Staren z. B. auf das Frühjahr und den Sommer.

Raumgebundene Intoleranz muß sich nicht immer im Kampf äußern. Territorien können auch kampflos über Riten behauptet werden. Was man feststellt, ist die Dominanz der Revierinhaber im eigenen Gebiet. Das drückt auch Pitelka (1959) aus, wenn er betont, daß die grundsätzliche Bedeutung des Territoriums nicht in der Art der Mechanismen begründet sei, über die das Tier erreicht, daß andere es mit seinem Gebiet identifizieren, sondern durch den Grad, in dem es ausschließlich von seinen Bewohnern benützt wird. Wilson (1971) definiert ein Territorium als ein Gebiet, das mehr oder weniger exklusiv von bestimmten Tieren oder Tiergruppen durch Verteidigung oder andere Demonstration der Anwesenheit besetzt wird (»... territory is an area occupied more or less exclusively by animals or groups of animals ... through overt defense or advertisement«, Wilson 1971, S. 195). Wenn allerdings die gewaltlose Anzeige den Fremden nicht davon abhält, in das Gebiet einzudringen, dann pflegt es meist zu aggressiveren Formen des Imponierens und schließlich zum Kampf zu kommen. Nach Willis (1967) ist das Territorium ein Platz, in dem ein Tier oder eine Gruppe von Tieren über eine andere dominiert.

Kummer (1971) definiert ein Territorium als ein im Raume fixiertes Gebiet der Abwehr (»A territory is a field of repulsion ... fixed in space«, S. 223). Er betont, daß bei der Gründung eines Territoriums die Aggression anfangs wohl entscheiden mag, wer die besseren Gebiete bekommt. Aber sobald die Aufteilung einmal erfolgt ist, werden die Bewegungen der Gebietseigentümer formalisiert und voraussagbar, und Konflikte sind auf ein Minimum herabgesetzt. Jeder lernt, wo die Gebietsgrenzen liegen, und respektiert sie

---

* Es mag dem eingeweihten Leser vielleicht überflüssig erscheinen, daß ich immer wieder betone, daß von uns festgestellte Ähnlichkeiten von Merkmalen verschiedener Arten nicht automatisch als Homologien interpretiert werden. Weniger gut mit der Materie Vertraute neigen jedoch gelegentlich zu dieser Annahme, und dem will ich vorbeugen.

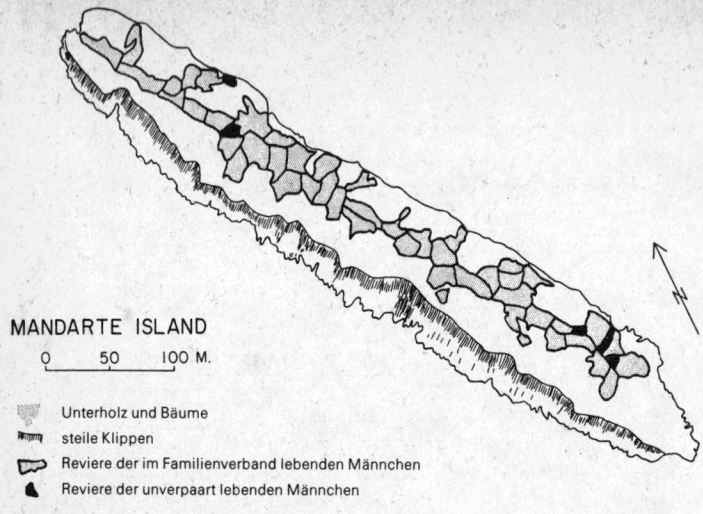

MANDARTE ISLAND

0   50   100 M.

- Unterholz und Bäume
- steile Klippen
- Reviere der im Familienverband lebenden Männchen
- Reviere der unverpaart lebenden Männchen

Abb. 1 Die Verteilung männlicher Singammern *(Melospiza melodia)* während der Brutzeit 1961 auf der Mandarte-Insel. Schwarz: die Territorien unverpaarter Männchen. Nach Tompa (1962).

zumindest für eine bestimmte Zeit. Daß die Grenzen notfalls verteidigt werden, ist für Kummer ein Kennzeichen der Territorialität, aber er schränkt sogleich ein, daß diese »Verteidigung« sich meist auf harmlose Demonstrationen (visuelles Imponieren, Rufe) beschränkt.

Beispiele, wie eine Tierart ein Gebiet als Territorien parzelliert, bringen die Abbildungen 1 und 2.

b. Die Vorteile exklusiver Verbände

Territoriale Gruppen sind exklusiv. Diese Abgeschlossenheit gegen Gruppenfremde bietet über die territoriale Funktion der Verbreitung hinaus eine Reihe von selektionistischen Vorteilen. Sie können nicht nur als Beiprodukte eines »spacing« im Dienste optimaler Raumnutzung betrachtet werden und verdienen damit gesondert Beachtung.

Da Gruppen im allgemeinen aus Familienverbänden erwachsen, deren Nachkommen auch bei Bestehen von Inzestschranken beisammenbleiben, zeichnen sich die Mitglieder größerer Verbände im

58

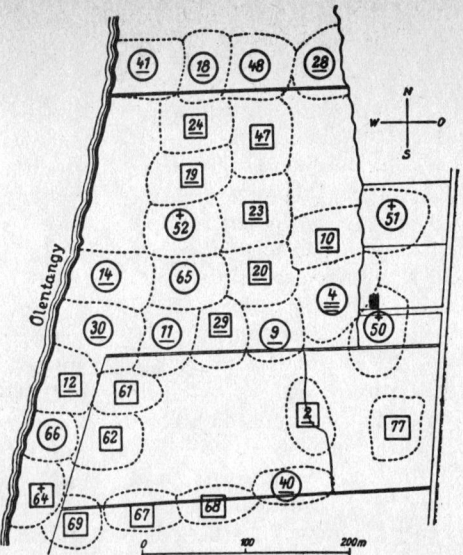

Abb. 2 Die Territorien männlicher Singammern in einem bewohnten Gebiet in aufeinanderfolgenden Jahren. Kreis bedeutet: das Jahr über fest ansässig; Viereck: Sommergast; Kreuz: Vogel das erste Jahr anwesend. Vögel, die bereits im Vorjahr vorgefunden wurden, sind unterstrichen. Mit jedem weiteren Jahr wird ein Strich hinzugefügt. Nach Nice (1937).

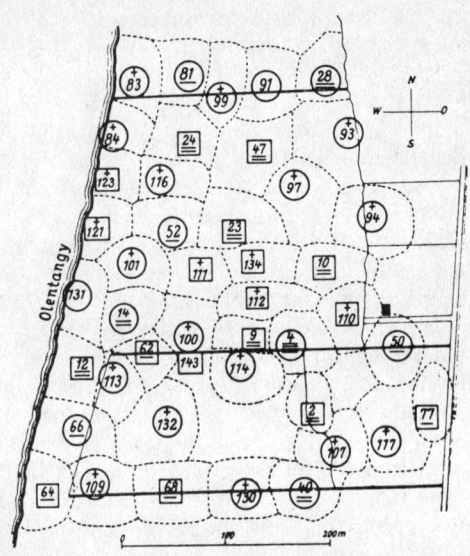

allgemeinen durch einen nahen Grad von Verwandtschaft aus. Das hat populationsgenetische Konsequenzen. Wenn sich nämlich in einem solchen Verband einzelne für die Gemeinschaft aufopfern und damit das Überleben der Gruppe fördern, dann fördern sie auf diese Weise auch die Verbreitung ihrer altruistischen Anlagen, selbst dann, wenn sie sich durch ihr altruistisches Verhalten von der Fortpflanzung zugunsten anderer Gruppenmitglieder ausschließen. Die altruistischen Anlagen sind ja auch im Genpool der ihnen genetisch nahe verwandten Gruppenmitglieder enthalten (Hamilton 1964).

Nur auf diese Weise ist die Evolution uneigennützigen Verhaltens überhaupt zu verstehen. Je kleiner dabei die Gruppe ist, desto leichter setzen sich die Erbänderungen durch, die selektionistische Vorteile bringen. Die Abschließung gegen Gruppenfremde mit Hilfe aggressiver Verhaltensweisen ist somit unter diesen Gesichtspunkten vorteilhaft. Allerdings darf die Abschließung nicht absolut sein. Der Zufluß neuen Genmaterials erhöht die Variabilität in der Population und liefert der Auslese neues Material. Ein solch begrenzter Austausch kann beobachtet werden. Bei verschiedenen Affen verlassen junge Männchen die eigene Gruppe und suchen Anschluß an andere.

Beim Menschen führt diese Abschließung der Gruppen zur raschen kulturellen »Pseudospeziation« (S. 37, 147), die auch die schnelle genetische Evolution des Menschen nach sich zog.

c. Die Ausstoßreaktion als Mittel zur Erhaltung der Gruppennorm

Bei verschiedenen geselligen Tieren hat man beobachtet, daß Gruppenmitglieder, die im Aussehen oder Verhalten stark von der Gruppennorm abweichen, Angriffe auslösen. Der Psychologe Schjelderup-Ebbe (1922) fand, daß Hühner angegriffen wurden, denen er die Kämme mit einem Farbfleck markierte oder in eine andere Richtung band. Besonders eindrucksvolle Beispiele verdanken wir neuerdings Jane van Lawick-Goodall. In der von ihr beobachteten wild lebenden Schimpansengruppe brach Kinderlähmung aus. Die in ihrem Verhalten nunmehr von der Norm stark abweichenden Tiere wurden gemieden und angegriffen, obgleich es sich um Gruppenmitglieder handelte, die zuvor in die Gruppe integriert waren. Wir werden weiter unten genauer auf die diesbezüglichen Beobachtungen eingehen. Sicher sorgt die Ausstoßreaktion für die Absonderung kranker Tiere und für die Homogenität der Gruppe.

Das tut sie auch beim Menschen, wo besondere Formen des Hänselns und Spottens entweder für die Angleichung des Abweichlings an die Gruppennorm oder für dessen Ausschluß sorgen. Man darf also vermuten, daß die Erhaltung der Gruppennorm zumindest für das Leben in der ursprünglichen Kleingruppe adaptiv war.

d. Funktionen sexueller Rivalität

Die Tatsache, daß viele männliche Wirbeltiere nur zur Paarungszeit und ausschließlich um den Besitz der Weibchen kämpfen, ohne sich nach der Begattung weiter an der Jungenaufzucht zu beteiligen, weist darauf hin, daß den Rivalenkämpfen an sich ein selektionistischer Vorteil anhaftet. Die Stärksten und Geschicktesten und damit wohl auch die Gesündesten werden für die Fortpflanzung ausgelesen. Über diesen Test auf Eignung wird gewissermaßen die Art gesund erhalten. Bei vielen Echsen und Schlangen scheint dies die einzige Funktion der Kämpfe zu sein; man spricht daher auch von Paarungskämpfen. Dort, wo die Männchen sich am Brutschutz beteiligen, ist es natürlich von besonderer Bedeutung, daß die Besten für diese Aufgabe ausgelesen werden. Die Rivalenkämpfe sorgen dafür.

e. Rangordnung

Auch innerhalb einer sozialen Gruppe beobachten wir oft aggressive Auseinandersetzungen. Die Konkurrenz ist keineswegs völlig unterdrückt. Man kämpft um den Vortritt am Futterplatz und andere Privilegien. Im Verlauf dieser Kämpfe entwickeln sich Rangordnungen. Jedes Gruppenmitglied lernt aus Sieg und Niederlage, wer ihm unterlegen und wer überlegen ist, und richtet sich danach. Ist einmal eine Rangordnung ausgefochten worden, dann genügt meist nur ein kurzes Drohen des Ranghohen, um einen Rangniederen in die Schranken zu weisen. Kämpfe werden vermieden. So hilft die Rangordnung als Ordnungsprinzip mit, Aggressionen innerhalb der Gruppe abzufangen. Aggression wäre demnach nicht entwickelt, um eine Rangordnung aufzubauen, sondern diese entwickelt sich als ein Mechanismus, um mit der aus anderen Gründen vorteilhaften Aggression innerhalb der Gruppe fertig zu werden. Die Aggression gegen Gruppenmitglieder führt jedoch dazu, daß den Stärkeren gewisse Privilegien, etwa der Besitz der Weibchen, zufallen. Oft führt sie zu einer Arbeitsteilung, so daß die Rangordnung sekundär auch andere Funktionen im Dienste der Arterhaltung erfüllt. Ranghohe Affen stehen im Mittelpunkt der Aufmerksamkeit (»focus of attention«) aller übrigen Gruppenmitglieder (Chance 1967). Man achtet darauf, was sie tun, und sie selbst stellen sich meist auch noch zur Schau.

Nach Hold (1974, 1977) ist auch bei Kindern die Häufigkeit, mit der ein Gruppenmitglied im Zentrum der Aufmerksamkeit steht, ein gutes Kriterium für die Ranghöhe des Betreffenden. Die Autorin zählte als Kriterium die Anzahl der Blicke, die auf ein Kind gerichtet waren. Die Kinder, die am meisten im Blickpunkt der anderen standen, waren auch diejenigen, welche die meiste Initiative zeigten. Sie bestimmten die Tätigkeit der anderen, waren aggressiver als der Durchschnitt, jedoch nie extrem aggressiv. Sie beschützten rangniedere Kinder, schlichteten Streit, spielten mehr mit verschiedenen Kindern, nahmen häufig an Rollenspielen teil und waren weniger ortsgebunden. Sie initiierten häufiger körperliche Kontakte (Handauflegen etc.). Gab man ihnen Bonbons zum Verteilen, dann behielten sie dabei die Kontrolle über die anderen Kinder, während sie den Rangtiefen sogleich entglitt.

Rangniedere Kinder richteten sich nach den Ranghohen, indem sie sie nachahmten. Sie gehorchten, fragten und suchten den Kontakt mit den Ranghohen, indem sie Geschenke und Hilfe anboten, ihnen erzählten und Dinge zeigten. Manchmal wichen sie ihnen auch aus. Sie suchten häufig die Nähe der Kindergärtnerin und spielten öfter allein als Ranghohe.

Die Ranghöhe wird unter anderem von der Vertrautheit mit der Umgebung bestimmt, denn ranghohe Kinder haben im allgemeinen auch die längste Kindergartenerfahrung.

4. Stammesgeschichtliche Anpassungen als Determinanten aggressiven Verhaltens

In einer Reihe von Veröffentlichungen habe ich immer wieder betont, daß es bei komplexen Verhaltensweisen sinnlos ist, nach der Alternative »angeboren« oder »erworben« zu fragen, da erwartungsgemäß Erbe *und* Umwelt am Aufbau beteiligt seien. Darum wird heute kein Ethologe die Frage stellen, ob die »Aggression« »angeboren« oder »instinktiv« sei. Wer dennoch so argumentiert, als würden Ethologen solche Alternativen stellen, hat offensichtlich das neuere Schrifttum nicht gelesen oder es nicht verstanden*.

Wie eingangs erwähnt, müssen wir differenzierter danach fragen, ob es stammesgeschichtliche Anpassungen gibt, die aggressives Verhalten determinieren und, wenn ja, in welcher Weise. Liegen die Anpassungen etwa als Erbkoordinationen, Antriebe und/oder Auslösemechanismen vor, und welche Rolle spielt die individuelle Erfahrung bei der Integration allfälliger angeborener Anteile zu einem funktionellen Ganzen (Eibl-Eibesfeldt 1963)? Diesen Standpunkt vertritt auch der Anthropologe Freeman (1971): »An interactionist approach to the study of aggression leads to the general conclusion that aggressive behaviour is determined by both internal and external variables and that it is strongly affected by learning« (S. 71). Zum Unterschied von den eingangs kritisierten Interaktionisten unter den Behavioristen ist Freeman mit uns der Überzeugung, daß der Beitrag von Erbe und Umwelt durchaus erforschbar ist.

Obgleich ich mich dazu bereits in anderen Schriften geäußert habe, sei kurz in einigen Beispielen in Erinnerung gerufen, in welcher Weise stammesgeschichtliche Anpassungen das Verhalten der Tiere mitbestimmen.

a. Anpassungen in der Motorik

Daß es sich bei den Bewegungsweisen, mit denen Tiere ihresgleichen bekämpfen, um Erbkoordinationen handelt, konnte man durch isolierte Aufzucht bei einer großen Anzahl von Wirbellosen und Wirbeltieren nachweisen. Kampffische, Stichlinge und Buntbarsche entwickeln das Repertoire artspezifischer Kampfbewegungen auch, wenn man sie vom Ei an sozial isoliert aufzieht. Meerechsen, die isoliert aufwuchsen, bekämpfen einen Rivalen, den man ihnen später zusetzt, sogleich durch Kopfstoßen; Kielschwanzleguane entwickeln unter den gleichen Bedingungen der Aufzucht ihre arttypischen Schwanzschlagturniere. Isoliert aufgezogene Kampfhähne schlagen einander mit den Sporen; unter gleichen Be-

---

* Schmidbauer (1972, 1973, 1974) überrascht mit der Feststellung, die Aggression sei kein »echter« Instinkt. Meines Wissens hat bisher kein Ethologe zwischen »echten« und »unechten« Instinkten unterschieden.

dingungen heranwachsende Puter ringen so miteinander, wie das normale Puter tun. Da die Tiere verschiedenes Verhalten unter gleichen Umweltbedingungen entwickeln, müssen die Unterschiede genetisch begründet sein.

Oft sind die Verhaltensweisen des Kämpfens noch vor der Ausbildung des Kampforgans entwickelt. Lorenz beschreibt sehr anschaulich, wie ein Gössel mit dem winzigen Flügelstummel den Flügelbugschlag ausübt. Horntragende Huftiere beginnen in der arttypischen Weise mit dem Kopf zu stoßen, oft bevor ihre Gehörne entwickelt sind. Die Liste der Beispiele ließe sich vermehren (Literatur bei Eibl-Eibesfeldt 1980). Man kann heute mit Sicherheit sagen, daß vielen Tieren nicht nur die Organe, mit denen sie ihresgleichen bekämpfen (Geweihe, Hörner, Hauer etc.), sondern auch die dazu passenden Bewegungsweisen angeboren sind.

b. Angeborene Auslösemechanismen und Auslöser

Daß Tiere mitunter geradezu reflektorisch auf gewisse Signale des Artgenossen mit Kampf ansprechen, weiß man aus einer Reihe von Untersuchungen. Bekannt sind z. B. die Attrappenversuche von Lack (1943), der nachwies, daß ein Büschel roter Federn genügt, um einen Angriff beim Rotkehlchen auszulösen. Dagegen bleibt ein Balg, dem man die roten Federn nahm, wirkungslos, obgleich er einem Rotkehlchen viel ähnlicher ist. Beim Zaunleguan (*Sceloporus undulatus*) sind die blauen Streifen, die die Flanken der Männchen zieren, das kampfauslösende Signal. Malt man die grauen Seiten eines Weibchens blau an, dann wird es wie ein Männchen bekämpft; übermalt man die Flanken eines Männchens grau, dann wird es wie ein Weibchen umworben. Stichlingsmännchen reagieren auf einfache rotbäuchige Attrappen mit Kampf – auf solche mit silbrigem Bauch mit Balz, und sie reagieren auch so, wenn sie in sozialer Isolation aufwuchsen und vorher nie ein rotbäuchiges Männchen oder ein Weibchen mit silbrigem Bauch sahen (Tinbergen 1951). Bei Säugern spielen geruchliche Signale eine große Rolle. Sie sind jedoch weniger gut untersucht. Bemerkenswert ist die Tatsache, daß bei einer Reihe von Säugern Gruppenmitglieder keine nennenswerten Aggressionen auslösen, Gruppenfremde dagegen das Ziel heftiger Angriffe sind. Versuche mit Wanderratten und Hausmäusen weisen darauf hin, daß die angriffsauslösenden Signale offenbar durch einen gemeinsamen Gruppenduft maskiert werden. Setzt man eine Hausmaus in eine fremde Gruppe, dann wird sie sogleich von allen

Gruppenmitgliedern attackiert. Reibt man sie jedoch mit dem Harn einiger Männchen dieser Gruppe ein, bevor man sie dazusetzt, dann wird sie wie ein Gruppenmitglied angenommen. Bei höheren Säugern ist es oft individuelle Bekanntheit, die schützend wirkt (Mackintosh und Grant 1966).

Es gibt schließlich auch Signale, die Aggressionen hemmen. Beim Buntbarsch *Haplochromis burtoni* hemmt z. B. ein orangeroter Fleck auf der Körperseite Aggressionen, ein schwarzer vertikaler Streifen in der Kopfzeichnung dagegen steigert sie. Zeigt man einem Fisch eine Attrappe, die nur den orangeroten Fleck aufweist, dann sinkt die Bißrate gegen im Tank als Aggressionsziele ständig anwesende geblendete Jungfische um 1,77 Bisse / Minute gegenüber dem Ausgangswert. Eine Attrappe mit vertikalem Strich steigert sie dagegen um 2,79 Bisse / Minute. Bei Attrappen, die beide Färbungsmerkmale aufweisen, steigt die Bißrate um 1,08 Bisse / Minute. Der Effekt der beiden Signale ist dann genau summativ (Leong 1969; Abb. 3).

c. Lerndispositionen

Solange man dabei keinen Schaden erleidet, sind Kämpfen und Drohen offenbar lustbetont, denn man kann die Gelegenheit, zu kämpfen oder zu drohen, als Dressuranreiz benutzen. So lernen Kampffische und Hähne eine bestimmte Aufgabe, wenn sie dafür zur Belohnung einen Artgenossen oder eine Attrappe bedrohen können (Thompson 1963, 1964, Rasa 1971). Hausmäuse lernen, ein Labyrinth zu durchlaufen, wenn sie zur Belohnung eine andere Maus bekämpfen können (Tellegen und Mitarbeiter 1969). Damit sind Lerndispositionen nachgewiesen, die ohne weiteren Dressuranreiz aggressives Verhalten an sich bekräftigen*. Darüber hinaus wird Aggression sicher bekräftigt, wenn sie zu einem bestimmten Ziel, z. B. Vortritt am Futter, führt. Die alte Ansicht jedoch, daß sie nur über einen solchen instrumentellen Einsatz bekräftigt werde, ist durch diese Versuche widerlegt.

Man hat Ratten, Affen und andere Säuger darauf dressiert, sich selbst durch Drücken eines Hebels einen elektrischen Reiz über ein-

---

* Hausmäuse sind nach solchen Kampferfolgen generell aggressiver (Lagerspetz 1971, 1974, Scott 1958). Umgekehrt werden Mäuse friedlich, wenn man sie für Aggressionen bestraft.

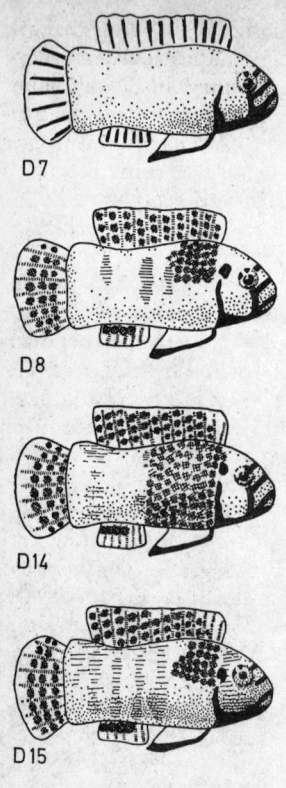

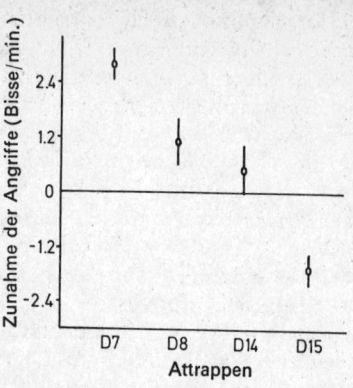

Abb. 3 Beim Buntbarsch *Haplochromis burtoni* fördert ein vertikaler Strich in der Kopfzeichnung als aggressionsauslösendes Signal die aggressive Handlungsbereitschaft; orangerote Flecken an der Seite hemmen sie. Zeigt man einem Fisch Attrappen mit vertikalem Kopfstrich, jedoch ohne orangerote Flecken (D7), dann ist seine Aggressionsbereitschaft (gemessen an Bissen gegen ihm zugesellte blinde Fische) um einen bestimmten Betrag erhöht. Eine Attrappe ohne vertikalen Strich, aber mit orangeroten Flecken (D 15) vermindert die aggressive Handlungsbereitschaft. Aus Leong (1969).

gepflanzte Elektroden direkt ins Hirn zu applizieren. Der Reiz aktiviert bestimmte Verhaltensweisen, und je nach der Elektrodenlage vermeidet oder sucht das Tier die Selbstreizung. Bei einer Elektrodenlage, die aggressive Verhaltensweisen aktiviert (z. B. aggressives Drohen), reizen sich die Tiere stets weiter. Dagegen vermeiden sie die Aktivierung des Fluchtsystems und lernen sogar, den Hirnreiz, der Flucht aktiviert, abzuschalten, wenn man ihn appliziert. Ärger und Angriffsverhalten sind ferner von langsamen Theta-Wellen hoher Amplitude aus den Regionen des Hippocampus begleitet, ähnlich wie Reaktionen positiver – »freudiger« – Zuwendung (Grastyan 1974*, S. 765).

d. Antriebe

Beobachtet man bei einem Tier Schwankungen in der spezifischen Bereitschaft, auf bestimmte Umweltreize anzusprechen, die nicht mit entsprechenden Änderungen der Umwelt korreliert werden können, dann kann man daraus folgern, daß die Schwankungen auf Prozesse zurückgehen, die im Organismus selbst ablaufen. Man spricht von motivierenden Mechanismen oder auch Trieben und spezifiziert, je nachdem, ob die Mechanismen die sexuelle Handlungsbereitschaft, die Jagdappetenz oder die Appetenz anzugreifen fördern, von Geschlechtstrieb, Jagdtrieb oder Aggressionstrieb. Dabei wird mit diesem Begriff nur die Tatsache angesprochen, daß es Mechanismen gibt, die im Tier liegen und die eine spezifische Bereitschaft verursachen, die am Appetenzverhalten nachzuweisen ist. Die Mechanismen selbst können sehr verschiedener Art sein.

Beim Aufbau der aggressiven Handlungsbereitschaft spielen bei Wirbeltieren Hormone eine große Rolle. Das männliche Geschlechtshormon steigert die aggressive Bereitschaft. Das erklärt, weshalb Reptilien, Vögel und Säuger gerade zur Fortpflanzungszeit so ausgesprochen unverträglich werden. Durch künstliche Hormongaben kann man aggressives Verhalten zu sehr frühen Zeitpunkten der Entwicklung aktivieren. So beginnen Putenküken nach Testosterongaben mit ihresgleichen zu kämpfen. Das weibliche Geschlechtshormon Östrogen dämpft die Aggressivität, wie Untersuchungen an Nagern ergeben haben. Progesteron dagegen erhöht die Bereitschaft, die Jungen zu verteidigen.

---

* »According to the hippocampal indicator, rage and attack are to be interpreted as positive emotional reactions that arise as liberations from inhibition. This interpretation is buttressed by the observation that rage and attack have a typical motor pattern of approach (in contrast to withdrawal in fear and defense). Thus, it seems less paradoxical that selfstimulation and anger go together.«

Durch elektrische Hirnreizungen kann man Kampfappetenz auslösen. Das gelang v. Holst und v. Saint Paul (1960) bei Hühnern und Delgado (1966, 1969) bei Rhesus-Affen und Gibbons. In allen diesen Fällen wurde nicht etwa zwanghaft die Motorik aktiviert, sondern der Drang zu kämpfen. War jedoch kein Gegner da, dann wurde dieser Drang auch nicht ausgelebt. Ranghohe Rhesus-Männchen suchten sich unter dem Einfluß des Hirnreizes rangniedere Männchen als Opfer. Weibchen ließen sie stets unbehelligt. Rangniedere dagegen griffen nie einen Ranghöheren an. War kein untergeordnetes Opfer da, dann blieben sie passiv. Gibbons griffen bei Reizung bestimmter Hirnorte ihresgleichen an, aber nur, wenn sie sich im Gemeinschaftsgehege aufhielten. Reizte man die gleichen Tiere im Freien, dann bedrohten sie ihresgleichen, griffen aber nicht an.

Plotnik (1974) wies darauf hin, daß man bei vielen dieser Hirnreizversuche nicht darauf geachtet habe, ob der Hirnreiz Schmerz oder Unlust auslöse und auf diesem Wege – gewissermaßen sekundär – Aggression. Darauf muß man künftig sicher mehr achten. Allerdings zeigen die hirngereizten Tiere, wie den Beschreibungen zu entnehmen ist, keinerlei Anzeichen von Schmerz. Ich war oft bei den Hirnreizversuchen, die v. Holst und v. Saint Paul (1960) machten, zugegen und kann mich nicht erinnern, nach einer solchen Hirnreizung, die Aggressionsappetenz bewirkte, je Anzeichen im Verhalten der gereizten Tiere beobachtet zu haben, die als Folge von Schmerzreizen gedeutet werden könnten. Die völlig zahmen, frei beweglichen Versuchstiere zeigten dementsprechend auch nie Vermeidereaktionen, wenn man sie zum Hirnreizversuch auf den Versuchstisch setzte. Auch entsprachen Versuche an einem Affen und einem Menschen den strengen Kriterien, die Plotnik aufgestellt hatte. Unter anderem gab der befragte Patient an, daß er bei einer solchen Aggression aktivierenden Hirnreizung keinerlei Schmerz, sondern nur unkontrollierbaren Ärger verspürt habe. Andere Patienten wurden dazu leider nicht befragt, hätten aber wohl von sich aus erwähnt, daß sie Schmerzen hätten, wenn sie solche empfunden hätten.

Vom Menschen kennt man ferner neurogene Wutanfälle. Sie gehen auf die spontane Aktivität von Zellgruppen im Schläfenlappen und in den Mandelkernen zurück (S. 138 f.).

Bei manchen Tieren ist die endogene Kampfmotivation – der Kampftrieb – so stark, daß sie bei Mangel an Gelegenheit zu kämpfen Ersatzobjekte attackieren. So griffen Kampfhähne, die Kruijt (1964) isoliert aufzog, ihren eigenen Schatten an. Sie versuchten auch, ihren eigenen Schwanz mit Schnabel- und Sporenhieben zu attackieren, und drehten sich dabei erregt im Kreis. Es sieht so aus, als müsse sich eine angestaute Erregung entladen. Lorenz beschrieb diese Verhältnisse in einem kybernetischen Modell und nahm dabei an, daß zentralnervöse Erregungsvorgänge der Appetenz anzugreifen zugrunde liegen. Das Modell ist nach Ansicht der Neurophysiologen gut begründet. So schreibt Moyer (1971 a, S. 50):

»Das hydraulische Modell für aggressive Verhaltenstendenzen von Lorenz (1966) basiert auf einigen physiologischen Tatsachen. Wenn die neuralen Systeme für aggressives Verhalten durch Veränderung in der chemischen Zusammensetzung des Blutes sensitiviert werden, so daß sie eher Erregung aussenden, dann kann der ›Druck‹ in Richtung auf aggressives Verhalten ansteigen. Daraus folgt, daß das Individuum immer mehr geneigt ist, feindseliges Verhalten zu zeigen. Die Vorstellung, daß dieser Druck zur Aggression nur dadurch verhindert wird, daß Aggression gezeigt wird, ist allerdings ein bißchen zu einfach.«

Verschiedenartige Mechanismen bewirken also Kampfappetenz. Sie führt bei einer Reihe von Arten dazu, daß die Tiere immer unselektiver auf Außenreize ansprechen. Der Triebdruck läßt sie zuletzt auch auf Reize ansprechen, die normalerweise nicht Kampfverhalten aktivieren würden.

Rasa (1969) hielt Männchen des Punktierten Buntbarsches (*Etroplus maculatus*) in Einzelhaft. Setzte sie ihnen später Weibchen zu, dann wurden diese von den Männchen angegriffen. Nur wenn sie noch einen Prügelknaben als Erregungsableiter dazusetzte, gelang es, die offenbar sehr aggressionsgestauten Männchen zu verpaaren. Entfernte man den Prügelknaben, dann fielen die Männchen nach kurzer Zeit wieder über ihre Weibchen her, obgleich sie bis dahin friedlich mit ihnen gelebt hatten.

Allerdings gehören diese Buntbarsche zu den Arten, bei denen sich die Geschlechter äußerlich wenig voneinander unterscheiden. Es könnte also, wie Wickler (1970) meint, durchaus sein, daß das Männchen durch den Anblick des Weibchens dauernd aggressiv erregt wird. Normalerweise wird es die Erregung gegen Rivalen abreagieren können. Nimmt man dem Männchen diese Gelegenheit, indem man es ausschließlich mit dem Weibchen zusammenhält, dann könnte sich die ständig aktivierte Aggression zuletzt gegen sie wenden. Diese Möglichkeit muß man sicher erwägen. Beweiskräftiger ist ein ebenfalls von Rasa (1971) durchgeführtes Experiment mit Riffbarschen der Gattung *Microspathodon*. Bei diesen Fi-

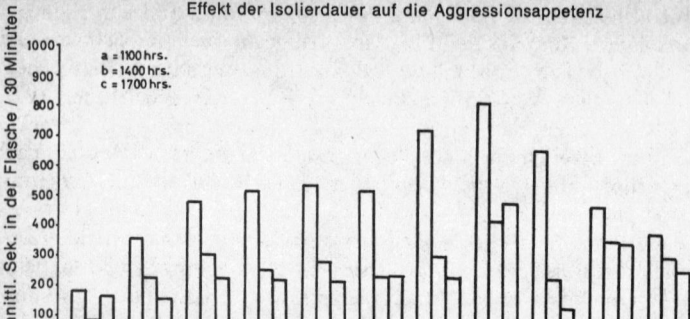

Abb. 4 Zunahme der Aufenthaltszeit in der Zielkammer nach verschieden langer Isolierung. Es handelt sich um die stets gleichen 5 Fische, die jeweils nach 0,1, 2, 3 usw. Tagen Isolierung mit einer Attrappe durch die Glasscheibe der Zielkammer geprüft wurden. Das Ansteigen der Aufenthaltsdauer mit zunehmender Isolierdauer ist deutlich abzulesen. Am Versuchstag prüfte Rasa die Tiere dreimal zu verschiedenen Zeiten. Die Aufenthaltsdauer nahm zur zweiten und dritten Sitzung immer deutlich ab. Aus Rasa (1971).

schen trifft es sich günstig, daß bereits Jungtiere territorial sind und man mit ihnen experimentieren kann, ohne daß eine geschlechtlich motivierte Appetenz, den Partner aufzusuchen, störend auf den Versuchsablauf einwirkt. Die Riffbarsche lernten eine Aufgabe (Labyrinth), wenn sie von der Zielkammer aus einen Rivalen sehen und diesen bekämpfen konnten. Die Aufenthaltsdauer in der Zielkammer stieg mit der Dauer der vorangegangenen Isolierung. Nur Rivalen bewirkten dies; wurde auf der anderen Seite der Zielkammer ein anderes Objekt geboten, dann war dies kein Dressuranreiz. Der von Wickler (1970) vorgetragene Einwand, die Fische hätten möglicherweise den Eingang des Labyrinths mit dem hinter der Zielkammer sichtbaren Feind so assoziiert, daß bereits der Anblick des Labyrintheingangs Aggression stimuliert hätte, wird durch die Tatsache entkräftet, daß die Fische beim Anblick des Labyrintheingangs keinerlei Anzeichen von aggressiver Erregung zeigten (Abb. 4). Junge Männchen des Buntbarsches *Haplochromis burtoni* zeigen nach sozialer Isolation eine deutliche Zunahme der aggressiven Handlungsbereitschaft. Die sexuelle Handlungsbereitschaft bleibt dagegen bei den Jungfischen auf gleichem Niveau. Erst bei Erwachsenen schwanken aggressive und sexuelle Handlungsbereitschaft gleichsinnig als Ergebnis sozialer Isolation (Goldenbogen 1977; Abb. 5).

Männliche Schwertträger (*Xiphophorus helleri*) kämpfen nach 14tägiger sozialer Isolierung signifikant länger als mit Artgenossen gehaltene (54,2 Minuten gegenüber 27,2 Minuten). Die Anzahl der Droh- und Rammbewegungen pro Kampf blieb in beiden Gruppen etwa gleich, die Verhaltensweisen Kreisen und Maulkampf nahmen dagegen nach Isolation zu (Franck und Wilhelmi 1973).

Einsiedlerkrebse (*Pagurus samuelis*) kämpfen nach sozialer Isolation stärker, wobei auch hier nicht alle Verhaltensweisen der Aggression in gleicher Weise gesteigert erscheinen. Aggressive Verhaltensweisen niederen Ranges blieben unverändert, während die als hochrangig eingestuften Verhaltensweisen effektiven Kämpfens (»actual combat«) deutlich zunahmen. Da die lokomotorische Aktivität mit Zunahme der Isolation bei dem Experiment abnahm, kann die Zunahme des Kämpfens nicht auf die größere Begegnungschance beim Herumlaufen zurückgeführt werden. Sie ist echter Ausdruck eines Aggressionsstaus (Courchesne und Barlow 1971).

Bei Hausmäusen steigt die Aggressivität mit zunehmender Dauer der Isolation (Valzelli 1969, Lagerspetz 1974; Abb. 6). Physiologische Untersuchungen weisen darauf hin, daß diese recht weit verbreitete Aggressionssteigerung nach Isolation u. a. durch die Anreicherung von Katecholaminen verursacht wird. Sie wirken als Überträgersubstanzen an den Synapsen und machen diese gewissermaßen zunehmend durchlässiger.

Nach Cairns (1972) zeigen die isolierten Mäuse generell eine erhöhte Aktivität und eine stärkere Neigung, den ihnen unbekannten Sozialpartner zu erkunden. Sie beschnuppern und berühren ihn aus eigener Initiative, sind aber zugleich sehr schreckhaft und zucken zurück, wenn er sich bewegt, oder sie erstarren. Das mag mit bewirken, daß die Tiere bei diesen Auseinandersetzungen in einem nach der aggressiven Seite (Schreckbeißen) eskalierenden Kreisprozeß gefangen werden. Daß allerdings die Auseinandersetzungen immer so verlaufen und die Aggressivitätsbereitschaft bei den Isolierten so stark ist, spricht auch für das Wirken einer spezifischen Motivation. Auch wenn der Partner passiv und »friedlich« dasaß, griffen die isolierten Mäuse an, ohne provoziert worden zu sein, und zwar in 56

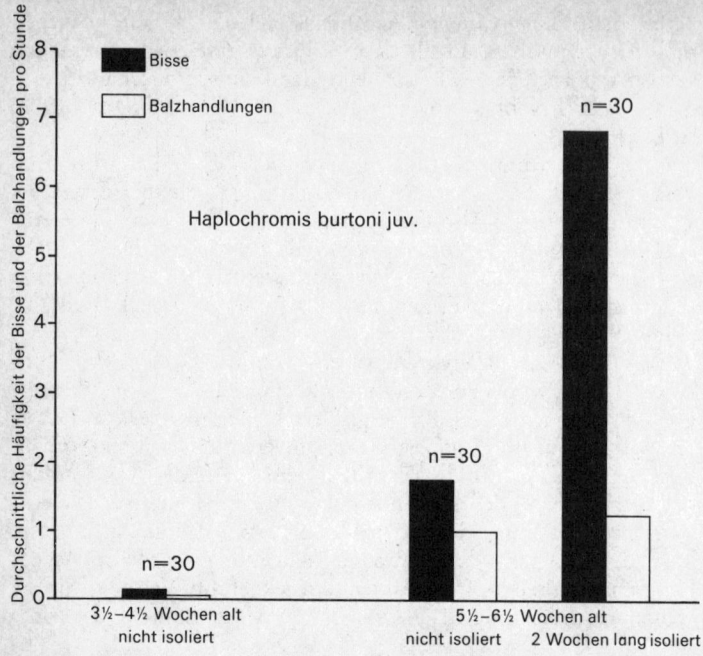

Abb. 5 Die Steigerung der aggressiven Handlungsbereitschaft bei jungen Männchen von *Haplochromis burtoni* nach vorübergehender sozialer Isolierung. Die sexuelle Handlungsbereitschaft bleibt dagegen unverändert, was beweist, daß beide in diesem Alter verschiedenen motivierenden Systemen zuzuordnen sind. Aus Goldenbogen (1977).

Prozent der Fälle, während sozial erfahrene Mäuse das nur in 19 Prozent der Fälle taten[*].

Nicht alle Tierarten reagieren auf Isolation in gleicher Weise mit einem Ansteigen der aggressiven Bereitschaft. Bei den Bunt-

---

[*] Bei diesen zuletzt zitierten Versuchen wurde als Kampfpartner eine mit Mäusen aufgezogene Ratte verwendet, die sich der Maus gegenüber durchaus »freundlich« verhielt. Es handelt sich um eine experimentell herbeigeführte interspezifische Begegnung. Allerdings sind die beiden Arten recht nahe miteinander verwandt, so daß bei der Maus intraspezifische Aggression aktiviert wurde.

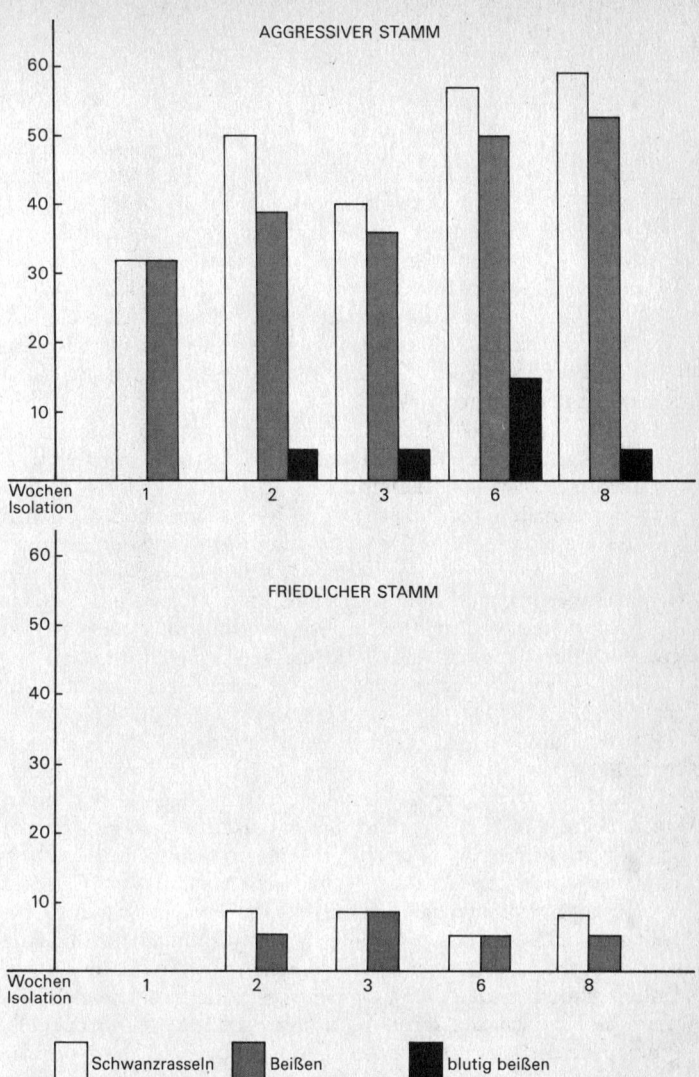

AGGRESSIVER STAMM

FRIEDLICHER STAMM

| | Schwanzrasseln | Beißen | blutig beißen |

Abb. 6 Die Steigerung der aggressiven Handlungsbereitschaft nach sozialer Isolation bei Mäusen eines aggressiven und eines friedlichen Stammes. Angaben in Prozent der Männchen, die schwanzrasselten (weiß), bissen (grau) und blutig bissen (schwarz). Aus Lagerspetz (1974).

barschen gibt es z. B. auch Arten, deren Kampftrieb in der Isolation sinkt (Heiligenberg 1964, Heiligenberg und Kramer
1972). Anwesenheit von Artgenossen steigert die Aggressivität
(Abb. 7).

Das Konzept des Aggressionstriebes wurde in den letzten Jahren
viel diskutiert, und immer wieder wurde die Behauptung vorge-
bracht, die Aggression wäre ihrer Natur nach rein reaktiv – vielfach
aus eindeutig weltanschaulichen Motiven, aber auch aus anderen
Erwägungen. So hielt man es z. B. für unzweckmäßig, wenn bei
einem Tier die Kampfappetenz zunähme und es schließlich wie ein
fahrender Ritter auszöge, um einen Feind zu suchen. Daß ein Aggressionsstau dazu führen muß, ist jedoch keineswegs aus dem
Triebkonzept zu folgern. Eine starke Bindung an das Revier kann
dem durchaus entgegenwirken.

Nach Wickler (1970, S. 294 f.) kann die Aggression auch ohne
Spontaneität ihre Funktion erfüllen: »Im Gegenteil: wenn es auch
vorteilhaft ist, daß ein Individuum oder Paar durch Aggression
Rivalen fernhalten oder so etwa seine Jungen ungestört aufziehen
kann, so unvorteilhaft wäre es, wenn dieses Individuum oder
Paar nach längerer störungsfreier Zeit von selbst Appetit auf
Kämpfen bekäme und nun seinerseits andere stören ginge.« Das
Aggressionsverhalten müßte lediglich auf Abruf bereitliegen. Man
kann sich durchaus vorstellen, daß das aggressive System so konstruiert sei, nur sprechen eben die vorliegenden Beobachtungen
dagegen.

Für territoriale Tiere, die ihr Revier oft gegen Artgenossen zu
verteidigen haben, ist es vom Standpunkt eines Konstrukteurs gesehen durchaus zweckmäßig, sie mit entsprechenden motivierenden
Mechanismen auszurüsten. Darüber hinaus muß man sich fragen,
ob denn aus den ihrer Natur nach spontanen Ganglienzellen überhaupt ein rein reaktives System gebaut werden kann. Wir wissen aus
der Neurophysiologie, daß Nervenzellen spontan fungieren. Selbst
jene, die reinen Reflexen unterliegen, zeigen spontan zunehmende
Entladungsbereitschaft, und viele feuern spontan (Roeder 1955,
Bullock und Horridge 1965). Dementsprechend findet man als verbreitetes Konstruktionsprinzip, daß zentralnervöse funktionelle
Zentren aufeinander hemmende Einflüsse ausüben. Die Untersuchungen von Jouvet (1972) über den paradoxen Schlaf der Katze
weisen darauf hin, daß Aggression bei Säugern in ähnlicher Weise
unter Kontrolle gehalten wird. Während des paradoxen Schlafes beobachtete man Bewegungen der Augen, Ohren, Schnurrhaare und
Pfoten. Von bestimmten Hirnregionen kann man auch eine erhöhte

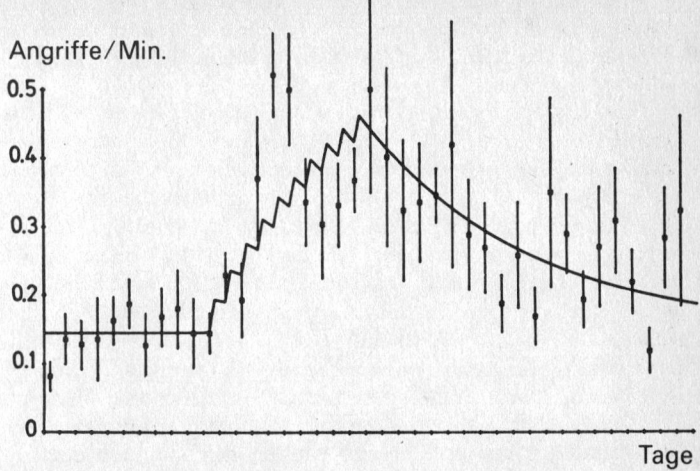

Angriffe/Min.

Tage

Abb. 7 Die Abhängigkeit der Aggressionsbereitschaft von Außenreizen beim Buntbarsch *Haplochromis burtoni.* Zeigt man dem Fisch während einer Zeitspanne von 10 Tagen wiederholt Attrappen, dann ist seine Angriffsbereitschaft, gemessen an Bissen gegen Jungfische, deutlich erhöht. Aus Heiligenberg und Kramer (1972).

elektrische Aktivität nachweisen. Die Schlafphase ist der REM-Phase* des menschlichen Schlafes vergleichbar, in der der Mensch zu träumen pflegt. Zerstört man nun bei Katzen eine Stelle im Nachhirn, dann zeigen die Tiere in 80 Prozent der Fälle während des paradoxen Schlafes Wutverhalten. Die Spontaneität der bis dahin durch andere Zentren unter Kontrolle gehaltenen Aggression bricht offenbar durch.

Wir dürfen für eine Reihe von Tierarten einen Antrieb postulieren, der eine Kampf-Appetenz bewirkt, aber sicher nicht für alle. Auch müssen wir damit rechnen, daß der Antrieb in verschiedenen Tierklassen nach unterschiedlichen Prinzipien konstruiert ist. Diese Vorstellung impliziert nicht, daß Aggression normalerweise nur dann zu einem Ende kommt, wenn eine zentral aufgestaute »Energie« verbraucht wurde: Wie schon gesagt, kommen Aktionen meist

---

* Rapid Eye Movement Sleep, eine Schlafphase, die sich durch schnelle Augenbewegungen auszeichnet.

über besondere abschaltende Reizsituationen zum Ende, und das dürfte auch für die Aggression zutreffen. Gewöhnlich endet ein Kampf mit dem Rückzug des Gegners, und die Reizsituation: »Gegner nicht mehr hier« beendet den Kampf.

e. Zur Genetik aggressiver Verhaltensdispositionen

Bei Hausmäusen hat man durch systematische Auslese friedliche und aggressive Stämme gezüchtet (Lagerspetz 1974). Daß es sich dabei nicht um die Ausbildung von Gewohnheiten handelt, die tradiert werden, belegen Versuche, bei denen man Jungtiere friedlicher Mütter aggressiven Müttern und umgekehrt Junge aggressiver Mütter friedlichen Ziehmüttern unterschob. Das änderte am Verhalten der heranwachsenden Jungtiere nichts. Die genetische Herkunft gab den Ausschlag. Auch die von friedlichen Müttern aufgezogenen Jungen des aggressiven Stammes wurden aggressiv, und dementsprechend blieben die Jungtiere des friedlichen Stammes auch friedlich, wenn eine aggressive Mutter sie betreute (Lagerspetz 1969).

III. Territorialität und Aggressivität bei Menschenaffen

1. Innerartliche Aggression

Der uns nahestehende *Schimpanse* wurde in den letzten Jahren wiederholt bemüht, wenn es darum ging, die These von der friedlichen Urnatur des Menschen zu erhärten; hieß es doch, er hätte im Freien keine Reviere und würde in offenen Gruppen leben (Reynolds 1966). Reynolds und Reynolds (1965) vertraten diese Ansicht und ebenso Jane Goodall (1965) in ihren ersten Arbeiten. Seit dieser Zeit wird in der Sekundärliteratur sehr munter die Behauptung kolportiert, daß Schimpansen überhaupt nicht in beständigen Gruppen leben, ferner recht friedlich seien und daß damit wohl auch der Mensch ein friedfertiges Wesen als Erbe mitbringe.

Aufgrund neuerer, ebenfalls im Freiland gewonnener Beobachtungen muß diese Ansicht allerdings revidiert werden. Jane van Lawick-Goodall (1975, S. 81) schreibt dazu:

»Zu Beginn meiner Arbeit gewann ich den Eindruck, daß die Schimpansensozietät weniger strukturiert sei, als sie es in Wirklichkeit ist. Ich dachte, daß die Schimpansen eines Gebietes eine Kette interagierender Einheiten bilden würden, wobei die Möglichkeiten der Interaktion nur durch das Ausmaß der individuellen Wanderlust begrenzt würden (Goodall 1965). Spätere Beobachtungen ergaben jedoch, daß dies nicht zutrifft.«

(»In the early days of my study at Gombe I formed the impression that chimpanzee society was less structured than actually it is. I thought that, within a given area, the chimpanzees formed a chain of interacting units, with the intent of an individual's interaction with other chimpanzees limited only by the extent of his wanderings [Goodall 1965]. Subsequent observations showed that this was not the case.«)

Die neuen Untersuchungen ergaben folgendes Bild: Schimpansen leben in Gemeinschaften (»communities«), für die im englischen Sprachgebrauch auch die Bezeichnungen »unit-group«, »large-sized-group«, »preband« und »regional population« gebräuchlich sind (Izawa 1970, Nishida 1968, Sugiyama 1969, Itani und Suzuki 1967). Die Mitglieder dieser Gemeinschaften kennen einander, und sie reagieren auf Gruppenfremde mit Drohen und Angriff. Innerhalb der Gemeinschaft bilden die Schimpansen Untergruppen. Die Zusammensetzung dieser Untergruppen kann wechseln, und dies erweckte zunächst den Eindruck, als wären die Schimpansengruppen schlecht abgegrenzt und offen. So schreiben Reynolds und Reynolds (1965, S. 396): »Die Schimpansengruppen im Budongo-Forst bildeten keine geschlossenen Einheiten. Die Gruppen wechselten ständig ihre Mitglieder, sich aufspaltend, andere treffend und sich mit ihnen vereinend, sich versammelnd und sich verteilend.« (»Chimpanzee groups in the Budongo Forest were not closed social groups. Groups were constantly changing membership, splitting apart, meeting others and joining them, congregating or dispersing.«)

Reynolds Angaben betreffen nach unserem gegenwärtigen Wissen die Beziehungen der Mitglieder einer Gemeinschaft. Diese selbst ist untergliedert. Mutter und Kinder sind über mehrere Jahre enger verbunden, und es scheinen auch pseudofamiliäre Bande zwischen bestimmten Weibchen und Männchen zu bestehen. Man kann ferner feststellen, daß bestimmte Erwachsene untereinander als »Freunde« mehr Kontakt halten als mit anderen Tieren der Großgruppe, aber eine klare Abgrenzung besteht nicht. Gemeinschaften dagegen grenzen sich klar voneinander ab und bewohnen meist verschiedene Gebiete, die sich höchstens an den Grenzen überschneiden, oft aber auch durch Streifen von Niemandsland gegeneinander abgesetzt sind (Itani und Suzuki 1967).

Die von Jane van Lawick-Goodall beobachteten fünf Schimpansengemeinschaften zählen zwischen 15 und 40 Individuen. Sie haben an den Grenzen überlappende Wohngebiete und nutzen diese Überlappungsgebiete nur dann, wenn ihre Nachbarn abwesend sind. In der Kasakati-Senke, etwa 80 Meilen südlich von Gombe, beobachteten Nishida und Kawanaka (1972) zwei Gemeinschaften. Die größere, etwa 60 Individuen zählende, pflegte einmal im Jahr in ein anderes Gebiet zu wandern. Dort lebte eine 20 Tiere starke Gruppe, die sich jedesmal bei Annäherung der anderen Gruppe still in den 20 Meilen entfernten äußersten Zipfel ihres Wohngebietes zurückzog, wo sie blieb, bis sich ihre Nachbarn wieder entfernt hatten.

Van Lawick-Goodall (1975) beschrieb auch die allmähliche Spaltung einer Gemeinschaft von etwa 60 Individuen. Zwischen 1965 und 1967 kamen alle der heute auf zwei Gruppen verteilten Tiere zur Futterstelle, aber bereits von Anfang an tendierten einige dazu, mehr nach Süden und andere mehr nach Norden zu streifen. Möglicherweise waren die Gruppen schon damals im Prozeß der Trennung begriffen oder sogar getrennt und kamen nur über den gemeinsamen Futterplatz wieder zusammen. Auf jeden Fall trennten sie sich gänzlich, als man weniger fütterte. In die gleiche Zeit fiel der Wechsel des Alpha-Männchens; Humphrey löste Mike ab. Er fürchtete jedoch die beiden höchstrangigen Männchen der Südgruppe und mied diese nach Möglichkeit. Seit Mitte 1972 hat nur ein Männchen der Südgruppe den Futterplatz besucht.

Die Mitglieder der verschiedenen Gemeinschaften meiden oder verjagen einander. Van Lawick-Goodall (1975) beobachtete oft, daß Schimpansen auf die Rufe von Fremden mit Gegenrufen, Angriffsimponieren, Trommeln gegen Bäume oder stummem schnellem Ausweichen antworteten. Zweimal beobachtete sie, daß Männchen einer Gruppe ein fremdes Weibchen angriffen. Dabei wurde ein Kind des Opfers getötet und anschließend teilweise aufgefressen (Bygott 1972).

Ein anderes Mal sah sie, wie zwei Weibchen ein fremdes Weibchen attackierten:

»Als wir gerade dabei waren, ein paar Bananen für die Fremde auszulegen, bemerkten wir, daß Flo und Olly mit wild gesträubtem Fell zu ihr hinaufstarrten. Es war Flo, die sich als erste in Bewegung setzte. Olly folgte ihr. Sie gingen ruhig und langsam auf den Baum zu, und ihr Opfer nahm sie erst wahr, als sie bereits ganz nahe waren. Unter ängstlichem Quieken und Keuchen kletterte die Verfolgte höher in die Zweige hinauf ... Dann sprang Flo wie ein Blitz in den Baum, packte mit beiden Händen den Ast, an dem sich das – inzwischen laut schreiende – Weibchen festklammerte, und schüttelte ihn mit zornig aufgeworfenen Lippen heftig hin und her. Halb abgeschüttelt, halb springend flüchtete die Bedrohte in den nächsten Baum ... Die Jagd ging so lange weiter, bis Flo das fremde Weibchen vom Baum heruntergescheucht und eingeholt hatte und mit beiden Fäusten bearbeitete. Dann jagte sie, mit den Füßen stampfend und von der noch immer bellenden Olly gefolgt, ihr Opfer davon« (van Lawick-Goodall 1971, S. 107).

Bei den Gemeinschaften handelt es sich demnach um geschlossene Gruppen, was nie bedeutet, daß keinerlei Austausch von Individuen stattfindet*. Heranwachsende Weibchen im Oestrus besu-

---

* Geschlossene Gruppen sind nie so geschlossen, daß keinerlei Genaustausch mit Individuen fremder Gruppen stattfindet. Entscheidend ist, daß

chen oft andere Gruppen, lassen sich dort von den Männchen begatten und wandern nach Abklingen der Schwellung wieder in ihre Gruppe zurück. Gelegentlich bleiben sie auch in der neuen Gruppe. Nishida und Kawanaka (1972) beobachteten Ähnliches. In diesem Punkt weichen die Schimpansen von anderen Affen ab. Bei Pavianen und Rhesus-Affen sind es nämlich die jungen Männchen, die für einen Genaustausch zwischen den Gruppen sorgen.

Interessant ist die Beobachtung van Lawick-Goodalls (1975), daß Schimpansen die peripheren Gebiete ihres Wohnareals meist nur in einer größeren Gruppe besuchten. Dabei hörten oder erblickten sie Fremde, was Meideverhalten oder aggressives Imponieren und Kämpfen auslöste: »Die Schimpansen machten den Eindruck, als würden sie absichtlich die Grenzen ihres Wohngebietes patrouillieren.« (S. 64: »The chimpanzees gave the impression that they were making deliberate excursions to patrol the boundaries of the community's range.«)

Innerhalb der Schimpansengemeinschaft besteht eine deutliche soziale Rangordnung. Man erkennt ranghohe Männchen daran, daß sie selten das Ziel von Angriffen, oft jedoch Adressat submissiver Verhaltensweisen sind. Sie haben Vortritt beim Wettbewerb um Nahrung, Weibchen oder auch um Rastplätze und zeigen häufiger aggressives Imponieren als andere. Die Rangstellung wird sowohl durch Kämpfe als auch durch Imponieren erobert. So beschrieb van Lawick-Goodall, wie das Alpha-Männchen Goliath im Jahre 1964 im wesentlichen durch Bluff von Mike besiegt wurde. Schimpansen beeindrucken beim Drohen durch Lärmerzeugung. Sie trommeln z. B., indem sie mit den Händen und Füßen gegen Bäume schlagen. Mike kam darauf, daß er auf leeren Benzinkanistern, die er in der Nähe von Goodalls Lager fand, besonders laut Krach schlagen konnte; er entwickelte diese Technik zur Perfektion, so daß er zuletzt drei Kanister zur gleichen Zeit vor sich her stieß, und das imponierte Goliath so sehr, daß er schließlich aufgab.

Mike behielt diese eroberte Alpha-Stellung nach van Lawick-Goodall über sechs Jahre. Anfangs war er ziemlich aggressiv gegen andere Gruppenmitglieder und griff niederrangige Männchen oft

---

einem Austausch von Individuen verschiedener Gruppen Grenzen und Widerstände gesetzt sind, die sich aus der grundsätzlich feindlichen Einstellung gegen Gruppenfremde ergeben. Darin unterscheiden sich geschlossene von offenen Gruppen, wie sie etwa Fischschwärme repräsentieren, denen sich neue Fische nach Belieben anschließen können.

ohne sichtbaren Grund an. Diese Intoleranz gab sich jedoch. 1971 griff das Männchen Humphrey Mike plötzlich an und entthronte ihn. Er wurde seinerseits 1973 von dem jüngeren Figan nach mehreren Angriffen gestürzt. Figan wurde in seinem Bemühen von Faben, seinem Bruder, unterstützt, ohne dessen Hilfe er sich – nach Lawick-Goodall – kaum in der Alpha-Stellung hätte halten können.

Bei den Weibchen hängt die Rangstellung meist von dem Vorhandensein erwachsener oder halberwachsener Jungtiere ab. Gelegentlich verbünden sich zwei Weibchen gegen ein drittes, aber solche Freundschaften dauern im allgemeinen nicht so lange wie bei den Männchen.

Das Repertoire aggressiver Verhaltensweisen ist reichhaltig. Die Abbildungen zeigen einige der üblichen Verhaltensweisen des Angriff-Imponierens (Abb. 8, 9). Der Pelz auf der Außenkante der Arme und Schultern wird gesträubt, so daß der imponierende Schimpanse seinen Umriß vergrößert. Er schlägt gegen die Unterlage oder gegen Bäume und bellt und kreischt. Besonders eindrucksvoll ist das ›Uaah‹-Drohen (Waa bark), ein langgezogener hoch angestimmter reiner Ruf. Huuh-Laute dienen der Kontakterhaltung der Gruppenmitglieder. Objekte werden oft in das Drohen einbezogen. Äste werden abgerissen und nachgezogen, Stöcke in der erhobenen Hand geschwungen und gegen den Artgenossen geworfen, ebenso kleinere Wurfobjekte. Dabei verfolgt der Imponierende seine Opfer. Erwischt er sie, dann kann er sie stoßen, schlagen, beißen. Er kann auf den Rücken des Gegners springen und auf ihm herumtrampeln. Kleinere Opfer werden mitunter gepackt, in die Luft gewirbelt und auch über den Boden gezogen. Die Auseinandersetzungen mit Gruppenmitgliedern dauern meist nicht viel länger als eine halbe Minute, und selten wird einer dabei verletzt.

Männchen imponieren auch, wenn sie eine andere Gruppe besuchen, wenn sie Fremde hören oder wenn sie über irgend etwas frustriert sind, z. B. weil sie ein brünstiges Weibchen vergeblich verfolgten, aber auch, wenn sie einen Bergkamm zwischen zwei Tälern erstiegen hatten, bei starkem Regen und schließlich bei Rangkämpfen.

Van Lawick-Goodall (1975) zählt 12 typische Situationen auf, in denen man aggressives Verhalten beobachten kann:

1. Beim Rivalisieren um Rangpositionen. Dabei wird viel gedroht und relativ wenig gekämpft.

2. Als Radfahrer-Reaktion: Wurde ein Tier von einem Höherrangigen angegriffen, dann wagt es oft nicht zurückzukämpfen, sondern gibt seine Aggression an einen Niederrangigen weiter.

Abb. 8 Schimpanse, beim Drohen einen Prügel schwingend. Nach einer Aufnahme aus van Lawick-Goodall (1971). Nachzeichnung von H. Kacher.

3. Wenn ein Rangniederer nicht richtig auf die Aufforderungen eines Ranghohen reagiert, z. B. ein Weibchen dem Männchen auf Aufforderung nicht folgt, kann Angriff erfolgen.

4. Rangniedere Tiere (Jungtiere z. B.) bekommen Wutanfälle, wenn ein Höherrangiger auf Forderungen nicht eingeht. Das ist z. B. der Fall, wenn ein Junges an die Mutterbrust will, diese jedoch die Forderung des Säuglings nicht beachtet.

5. Mütter verteidigen normalerweise ihre Kinder. Ältere Geschwister greifen dabei gelegentlich helfend ein.

6. Hören Schimpansen Fremde, dann imponieren sie oft. Entdecken sie Fremde in ihrem Gebiet, greifen sie an.

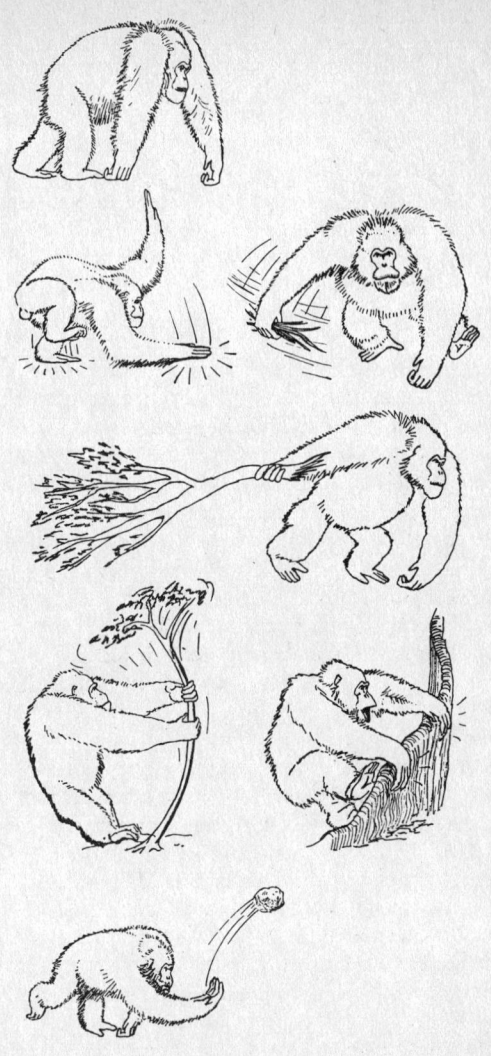

Abb. 9 Verhaltensweisen des aggressiven Imponierens bei Schimpansen. Aus J. van Lawick-Goodall (1975) nach Originalen von David Bygott.

7. Kämpfen wirkt ansteckend. Andere, ursprünglich nicht direkt Beteiligte mischen sich häufig ein, wenn zwei raufen.

8. Gelegentlich wird um Nahrung gestritten, obgleich das nicht oft geschieht. Am Futterplatz stritten sie öfter um Bananen. Ferner sah van Lawick-Goodall sie gelegentlich auch um die Jagdbeute kämpfen.

9. Als Außenseiterreaktion: Sich abweichend verhaltende Gruppenmitglieder lösen Aggressionen aus. Die Ausdrucksbewegungen der Angreifer lassen darauf schließen, daß sie das abweichende Verhalten des Gruppenmitgliedes ängstigt. Nach einer Epidemie von Kinderlähmung bewegten sich einige halbgelähmte Tiere nur sehr mühsam und in abweichender Form. Pepe konnte z. B. nur auf dem Gesäß rutschen und schleppte einen Arm nach. Als er sich zum erstenmal nach seiner Erkrankung zum Futterplatz schleppte, umarmten sich die bereits dort anwesenden Schimpansen mit Angstgrinsen und starrten dabei den Krüppel unverwandt an, der selbst nicht wußte, daß er der Anlaß für die Aufregung war und seinerseits Gefahr witterte. Alle mieden ihn. Der noch viel schlimmer gelähmte McGregor löste das Imponiergehabe zweier Männchen aus, als er sich dem Futterplatz näherte, und Goliath griff ihn schließlich an und hämmerte auf seinen Rücken ein. Hätte sich nicht Hugo van Lawick schützend dazwischen gestellt, dann wäre auch das andere Männchen über McGregor hergefallen. Später gewöhnten sich die Gesunden an den Anblick des Kranken, sie schlossen ihn jedoch von allen sozialen Aktivitäten aus. Van Lawick-Goodall beschrieb das sehr eindrucksvoll:

»Der, von meinem Standpunkt aus gesehen, allerschmerzlichste Augenblick der ganzen zehn Tage kam eines Nachmittags. Acht Schimpansen hatten sich in einem Baum versammelt, der etwa sechzig Schritt von dem Schlafnest entfernt war, in dem McGregor lag, und lausten sich gegenseitig. Das kranke Männchen sah unentwegt zu ihnen hinüber und ließ dann und wann ein leises Grunzen vernehmen. Schimpansen widmen normalerweise einen großen Teil ihrer Zeit der sozialen Hautpflege, und das alte Männchen hatte seit dem Ausbruch seiner Krankheit auf diesen wichtigen Kontakt verzichten müssen.

Schließlich erhob sich McGregor mühsam von seinem Lager, ließ sich auf den Boden hinab und machte sich, wieder und wieder innehaltend, auf den langen Weg zu seinen Artgenossen. Als er endlich den Baum erreichte, ruhte er eine Weile im Schatten aus und zog sich dann mit letzter Kraft hinauf, bis ihn nur noch ein kurzes Stück von zwei der Männchen trennte. Mit einem lauten Grunzer der

Freude streckte er grüßend die Hand nach ihnen aus, aber noch bevor er sie berührt hatte, sprangen sie weg, ohne sich nach ihm umzusehen, und setzten ihre Hautpflege auf der anderen Seite des Baumes fort. Volle zwei Minuten lang saß der alte McGregor regungslos da und starrte ihnen nach, dann ließ er sich langsam wieder zur Erde herab« (van Lawick-Goodall 1971, S. 185).

Als ein Weibchen vom Baum fiel und sich das Genick brach, fürchteten sich die anderen Schimpansen und begannen danach aggressiv um den Körper des Weibchens zu imponieren. Ein Männchen warf einen Felsbrocken nach dem Leichnam.

10. Schmerz macht die Schimpansen reizbar. Ein Männchen mit einer gebrochenen Zehe griff des öfteren in seiner Nähe spielende Schimpansenkinder an.

11. Gelegentlich kam es zwischen zwei Männchen beim Werben um ein besonders attraktives brünstiges Weibchen zu Streit. Das führte zur vorübergehenden Bildung von Gattenpaaren (»consort pairs«), eine wichtige Entdeckung jüngeren Datums.

12. Schimpansen imponieren auch gegen Paviane und Menschen in grundsätzlich gleicher Weise wie gegen Artgenossen. Kortlandt (1962, 1963, 1967) und Albrecht und Dunnett (1971) beobachteten, daß Schimpansen ausgestopfte Leoparden in ähnlicher Weise bedrohen.

Die Aggression spielt im Leben der Schimpansen zweifellos eine große Rolle, auch wenn sie sich innerhalb der Gruppe im allgemeinen auf Auseinandersetzungen auf dem Niveau des Imponierens beschränkt. Imponieren ist mit einem hohen Dominanzstatus positiv korreliert (Reynolds und Luscombe 1969). Nur Männchen zeigen das Angriffsimponieren (»charging display«). Aufgrund von Cluster-Analysen unterschied Hooff (1971) ein Angriffs- und ein Bluffsystem, die zwar beide nahe miteinander verwandt sind, aber doch erkennbare Subsysteme darstellen.

Potentiell sind die Schimpansen sicherlich recht aggressiv, das geht schon aus der Fülle der beschwichtigenden Verhaltensweisen hervor, die übrigens recht menschlich anmuten. Rangniedere strecken z. B. die Hand aus, wenn sie einen Ranghohen beschwichtigen wollen. Berührt der Ranghohe die Hand, dann geben sie sich beruhigt. Weibchen, die gerade ein Junges geboren haben, führen das Junge in die Gruppe ein, indem sie es mit ängstlichem Gebaren jedem Gruppenmitglied zeigen. Dabei strecken sie eine Hand gegen das Gruppenmitglied aus; berührt dieses die Hand, dann löst sich die Spannung des Weibchens, und es sucht das nächste Gruppenmitglied auf. Das unbekannte Junge könnte zunächst als gruppenfremd leicht Aggression auslösen, daher die Vorstellung mit beschwichtigenden Appellen. Beschwichtigend wirken auch Zusammenkauern vor dem Ranghohen, Küsse des Ranghohen und sexuelles Präsentieren der Gesäßregion. Auf solche Verhaltensweisen der Unterwerfung antworten Ranghohe, indem sie den Partner kurz betätscheln, seine ausgestreckte Hand berühren, ihn küssen, umarmen und auch kurz lausen. All dies beruhigt den Rangniederen und schafft eine entspannte Atmosphäre. Die Tatsache, daß man beschwichtigende Verhaltensweisen sehr oft zu sehen bekommt, ist nur ein weiterer Beleg für die große aggressive Bereitschaft der Schimpansen.

Sie kommt sicher nicht von ungefähr, sondern ist als Ergebnis von darauf hin auslesenden Selektionsdrucken zu verstehen. Die Vorteile, die sich aus der Abgrenzung von Gruppen, ihrer territorialen Verteilung und der Ausbildung von Rangordnung mit Führertum und nach Rang gestuftem Fortpflanzungserfolg ergeben, diskutierten wir bereits.

Gorillas leben in kleinen, bis zu dreißig Individuen umfassenden Gruppen, über die ein ranghohes Männchen herrscht. Möglicherweise handelt es sich um polygyne Familien. Die ranghohen, über 12 Jahre alten Männchen zeichnen sich durch einen silbergrauen Rückenpelz aus. Die Zahl der Weibchen überwiegt in den Gruppen. Anders als bei den Schimpansen sind es die jungen Männer, die ihre Gruppe verlassen und Anschluß an andere Gruppen suchen. Mitglieder verschiedener Gruppen bedrohen einander und weichen einander aus. Rangkämpfe werden oft unblutig durch Trommeln der Fäuste gegen die eigene Brust ausgetragen. Ferner wird Anstarren als Drohung und Submission durch Wegschauen, Kopfsenken und Zusammenkauern beschrieben (Schaller 1963, Fossey 1971, Kawai und Mizuhara 1959).

Über die Gruppenstruktur der freilebenden *Orangs* ist zu wenig Gesichertes bekannt, um darauf näher einzugehen. Von den *Gibbons* weiß man, daß sie die Familienterritorien durch Rufen, Drohen und Kämpfen freihalten. Carpenter (1940) berichtet, daß viele Gibbons Narben aufweisen, die von Kämpfen mit Artgenossen herrühren.

Aus dem bisher Mitgeteilten mag hervorgehen, daß die heute in der Sekundärliteratur so verbreiteten Aussagen über die besondere Friedfertigkeit und Nichtterritorialität der uns am nächsten stehenden Menschenaffen, insbesondere der Schimpansen, falsch sind. Ein Beispiel kritikloser Wiedergabe alter, durch neue Publikationen längst überholter Literatur bietet Schmidbauer, der immer wieder, zuletzt 1974, die Geschichte von den freundlichen, in offenen Gruppen lebenden Menschenaffen kolportiert:

»Schimpansen und Orangs leben überhaupt nicht in beständigen Gruppen. Sie bilden zeitweilige Aggregate, in denen die sozialen Bindungen freundschaftlich scheinen und auf gleichem Geschlecht und Alter, sexueller Anziehung, Mutter-Kind-Beziehung und möglicherweise Geschwisterbeziehung beruhen (V. und F. Reynolds 1965). Einer der überraschendsten Züge der Schimpansengesellschaft ist, daß – selbst wenn die zeitweilig gebildete Gruppe sich auflöst – die Beziehungen durch liebevolles Grüßen und Sich-wieder-Vereinigen gekennzeichnet sind, sobald sich die Individuen wieder treffen« (S. 178).

An diesen Aussagen ist so ziemlich alles falsch, und dementsprechend schwach fundiert sind die weiteren Folgerungen:

»Ich postuliere hier, daß dieses Merkmal der offenen im Gegensatz zu den geschlossenen Gruppen die hauptsächlich pongid-hominide Linie seit dem Voraffen-Stadium des Eozäns charakterisiert und für die Form verantwortlich ist, welche die menschliche Gesellschaft genommen hat« (S. 179).

2. Beute-Aggression

Schimpansen machen Jagd auf andere Säuger, z. B. auf kleine Antilopen, Colobus-Affen und Paviane. Die Opfer werden entweder gepackt und mit dem Schädel gegen einen Felsen oder Baumstamm geschleudert oder durch Bisse in Schädel und Nacken getötet. Männchen jagen mitunter in der Gruppe und arbeiten dabei zusammen. So beschreibt van Lawick-Goodall, wie ein Männchen einem von seiner Gruppe abgesprengten Stummelaffen in einen Baum nachstieg, während seine Gefährten sich unten postierten, um dem Opfer mögliche Fluchtwege abzuschneiden.

Das Fleischfressen ist sicherlich eine relativ junge Erfindung der Schimpansen. Von anderen Menschenaffen kennt man kein Jagdverhalten*, und auch dem Schimpansen fehlen jagdspezifische Anpassungen in Körperbau und Verhalten. Es ist jedoch nicht so, daß des-

---

* Wohl aber von Pavianen, die jedoch nicht systematisch jagen, sondern nur zufällig sich ergebende Gelegenheiten, eine junge Gazelle oder einen Hasen zu töten, wahrnehmen.

halb die Jagd im Leben der Tiere nur geringe Bedeutung hat. Schimpansen jagen größere Säuger systematisch und sicher mit Vorbedacht; zwischen 1960 und 1970 hat man im Gombe-Gebiet immerhin 95 Fälle erfolgreicher Jagd und 37 erfolglose Versuche beobachten können. In 56 Fällen konnte man die Beutetiere identifizieren. Die folgende Tabelle zeigt, daß Affen mit 65 Prozent den Hauptanteil der Beute ausmachten.

Zwischen Juni 1960 und August 1970 bestimmte Beutetiere der Schimpansen des Gombe-Gebietes:

Beute-Art	Anzahl	Prozent (%)
Pavian	21	38
Roter Colobus-Affe	14	25
Meerkatzen:		
Cercopithecus ascanius	1	1
Cercopithecus mitis	1	1
Buschschwein	10	19
Buschbock	9	16

Sicher wurden dabei nicht alle, sondern nur ein Bruchteil der Jagden erfaßt. Teleki (1973) kommt aufgrund seiner Untersuchungen zu dem Schluß, daß die Schimpansen als Räuber im Haushalt des Gebietes eine Rolle spielen. Welche ernährungsphysiologische Rolle die Fleischnahrung spielt, ist noch ungeklärt. Mit einem Mengenanteil von 1 Prozent der Gesamtnahrung ist der quantitative Anteil gering. Qualitativ handelt es sich jedoch um hochwertiges Eiweiß. Groß ist auf jeden Fall die soziale Bedeutung. Kurz nach der Jagd kann es Streit um die Beute geben, die dabei manchmal auch in mehrere größere Teile zerrissen wird. Hat aber ein Tier seinen Besitz über kurze Zeit behauptet, dann wird das von den anderen respektiert. Sie setzen sich um den Besitzer und betteln um Anteile. Die Besitzer teilen, wobei Ranghohe es gut verstehen, in kleinen Portionen abzugeben, so daß sie über lange Zeit im Besitz der Beute und damit im Zentrum der Aufmerksamkeit der Gruppe sind. Bei diesem Verteilen wird fast jedes der anwesenden Gruppenmitglieder bedacht. In einem von Teleki registrierten Fall bedachte das ranghohe Männchen Mike im Zeitraum von 8.00 Uhr bis 17.30 Uhr 13 der 16 anwesenden erwachsenen und halbwüchsigen Gruppenmitglieder. Auf diese Weise bleiben Ranghohe in einem positiven Sinne der umworbene Anziehungspunkt der Gruppe (Abb. 10). Diese große soziale Bedeutung des Beutemachens und -teilens sei hervorgehoben. Auch bei einer Reihe von Jäger- und Sammlervölkern, die in erster Linie von gesammelter Feldkost leben, wird über die Verteilung der Jagdbeute das Band der Gruppe gestärkt.

Schimpansen zeigen eine auffällige Vorliebe für das Gehirn ihrer Opfer. Sie öffnen die Schädelkapsel meist durch Einbiß von oben und angeln den Inhalt mit den Fingern heraus. Oft wischen sie sogar mit gekauten Blättern zuletzt die Schädelkapsel aus. Von dieser begehrten Nahrung geben sie nichts ab.

Bemerkenswert sind zwei in jüngster Zeit beschriebene Fälle von Kannibalismus (Bygott 1972). In beiden Fällen hatten erwachsene Männchen ein Jungtier in ihren Besitz bekommen und begannen es, noch während es lebte, aufzufressen. Im zweiten Fall beobachtete Bygott den Vorgang in allen Einzelheiten. Eine Gruppe von Gombe-Schimpansen war beim Weiden auf zwei Weibchen gestoßen. Das ältere von den beiden wurde sogleich von den fünf erwachsenen Männchen der Gruppe angegriffen. Bygott betont, daß er dieses Weibchen in den vielen hundert Stunden vorangegangener Beobachtung in dem Gebiet noch nie gesehen hatte, und er vermutet, daß es wohl auch den Angreifern fremd war. Die kämpfende Gruppe verschwand im Busch, und als die Tiere wieder sichtbar waren, fehlten das fremde Weibchen und das dominante Männchen. Humphrey hielt ein etwa eineinhalb Jahre altes strampelndes Jungtier am Bein, das aus der Nase blutete. Es war dem Beobachter ebenfalls unbekannt. Humphrey schlug das Schimpansenkind wiederholt mit dem Kopf gegen einen Ast und begann nach drei Minuten Fleisch von seinen Schenkeln zu beißen. Dann näherte sich das älteste Männchen Mike und riß ein Bein des Jungen aus, an dem er in den nächsten eineinhalb Stunden fraß. Als Humphrey zu fressen aufhörte, war der Körper des Jungen bis auf Teile der Beine intakt. Humphrey bestupste und lauste ihn. Nach diesem explorativen Spiel wurde er aggressiv, biß in den Körper und schleuderte ihn gegen den Boden. Schließlich ging Humphrey fort und ließ den Kadaver liegen. Mike übernahm ihn, fraß etwa eineinhalb Stunden daran und gab ihn an Humphrey ab, als dieser zurückkam. Der schleu-

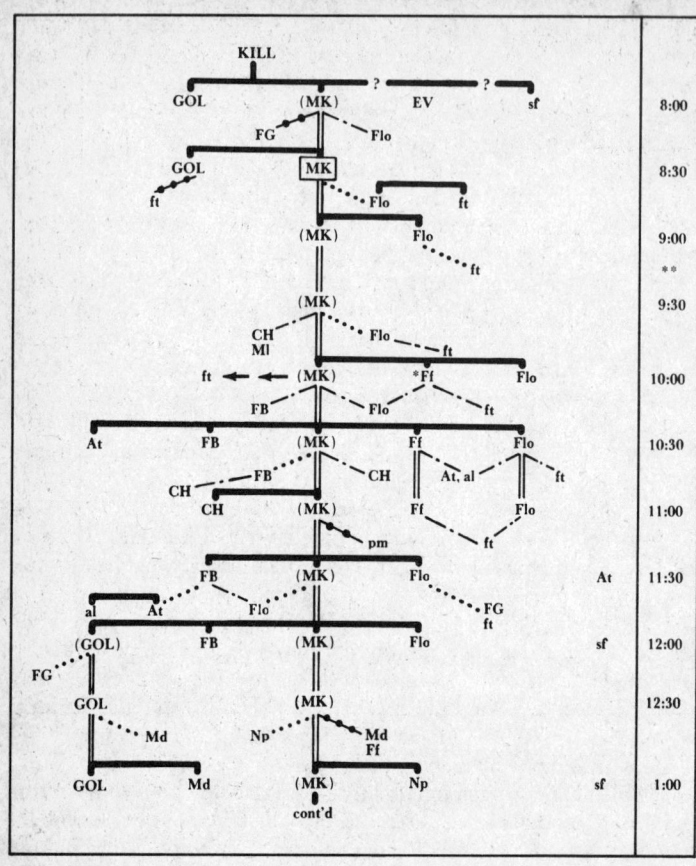

* Weibchen im Oestrus-Ff, mit beinahe voller Schwellung

** Die Schimpansen kehren 30 Minuten lang ins Lager zurück

*** FG stiehlt Fleisch von GOL in überraschendem Angriff

Abb. 10 Muster der Fleischverteilung durch ein hochrangiges Männchen. Aus Teleki (1973).

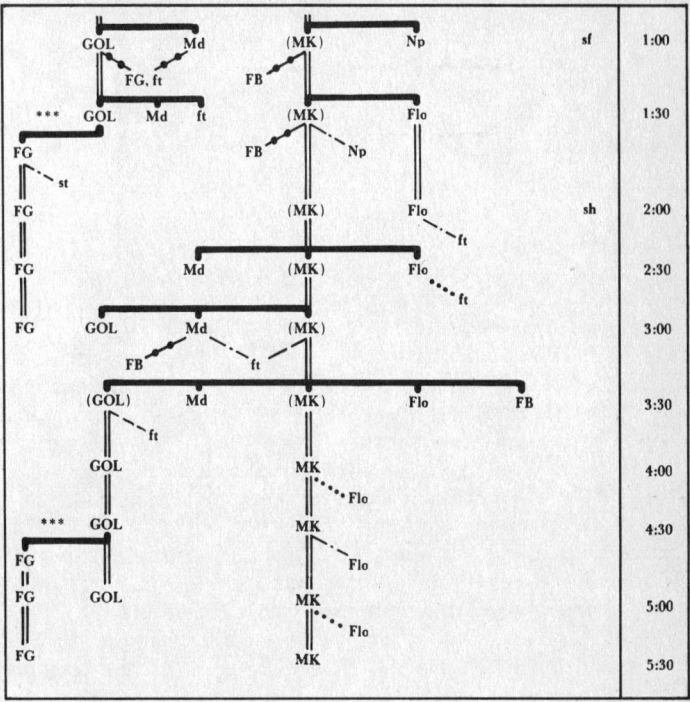

Teilung zu Beginn und späteres Teilen großer Portionen	
( ) Besitzer großer Portionen	
Verzehren des Hirns	
Fleisch berührt, aber nicht genommen	
Annäherung an den Besitzer des Fleisches und Beobachten desselben	
vergebliches Betteln um Fleisch durch Gesten und Laute	
erfolgreiches Betteln durch Gesten und Laute	
kurzes Kauen des Fleisches, das im Besitz eines anderen ist	
Fleisch wird freiwillig einem anderen hingehalten oder übergeben	

derte ihn gegen einen Felsen und ließ ihn dort liegen. Ein anderes Männchen (Romeo) benagte den Körper 10 Minuten lang, dann kamen wieder Humphrey und Mike, nahmen ihn kurz auf, überließen ihn aber anschließend den Männchen Figan und Satan, die mit dem Kadaver spielten und ihn auch lausten. Als sie schließlich nach 6 Stunden von dem Körper abließen, waren nur die Beine, eine Hand und die Genitalregion aufgefressen, obgleich der Körper durch sechs Hände gegangen war.

»Das läßt vermuten, daß die Beute als Nahrung weniger attraktiv war als andere Tiere, bei deren Verzehr man die Gombe-Schimpansen gesehen hat, und daß sie eher Gegenstand der Neugier war« (Bygott 1972, S. 411). (»This suggests that the prey was less attractive as a food object, and more an object of curiosity, than other animals which Gombe chimps have been seen to eat.«) In der Tat war das Verhalten der Schimpansen gegenüber ihrem getöteten Artgenossen eher ambivalent, wie der Wechsel von sozialer Fellpflege und Attacken zeigt.

Sicher ist die Beute-Aggression gegen einen Artgenossen bei Raubtieren etwas Ungewöhnliches, und die seltenen Berichte über Kannibalismus bei Schimpansen zeigen, daß solche Vorfälle nicht zum Alltag gehören. Vielmehr müssen besondere Umstände zusammentreffen, wie z. B. die Überraschung durch Gruppenfremde zusammen mit einem hohen Grad emotioneller Erregung, die es dazu kommen lassen, daß ein fremdes Jungtier getötet wird. Ist das Tier einmal tot, dann fehlen ihm auch wesentliche Signale, die eine Hemmung setzen könnten: es wird zur Beute. – Immerhin lehrt die Beobachtung, daß bei den Schimpansen die Grenzen zwischen Beute und Artgenossen nicht ganz so scharf sind wie bei Raubtieren. Das gilt auch für die Beziehung zu artfremden Beutetieren. Van Lawick-Goodall beschreibt, daß halbwüchsige Schimpansen mit halbwüchsigen Pavianen spielen, und man beobachtet ferner, daß jagende Schimpansen ihre Opfer nicht immer lautlos beschleichen, sondern oft mit Angriffsimponieren bedrohen, was sicherlich nicht zweckmäßig ist. Seiner Motivation nach ist das Beutefangverhalten der Schimpansen wahrscheinlich von der innerartlichen Aggression abgeleitet worden. Verhaltensweisen der innerartlichen Aggression werden noch beim Beutefang eingesetzt, und umgekehrt werden solche der zwischenartlichen Aggression – wie das Schleudern der Beute mit dem Kopf gegen Stämme oder Steine, das Drohen mit Stöcken, das Beißen in Rückgrat und Kopf und das Werfen mit Steinen – gelegentlich in die innerartlichen Auseinandersetzungen einbezogen, allerdings – und dies sei betont – keineswegs als Regel. Es dürfte sich eher um Unfälle handeln, die sich aus der stammesgeschichtlich noch nicht vollständig vollzogenen Trennung der beiden Bereiche ergeben. Beim Menschen scheint diese Trennung ebenfalls nicht sehr scharf. Ich werde das noch erörtern. Die unscharfe Trennung von Beutefangverhalten und Aggression betont auch Kortlandt (1972). Er geht jedoch sicher etwas zu weit, wenn er sagt, die Beutetiere würden von den Schimpansen nicht zum Zwecke des Beutemachens getötet, sondern um den anwesenden Gruppenmitgliedern die Fähigkeit zu töten zu demonstrieren, gewissermaßen als Terrorimponieren. Die Beobachtungen von Teleki (1973) lassen einen solchen Schluß nicht zu. Die Zusammenarbeit der Schimpansen beim Beschleichen und Töten zeigt, daß es wohl um das Beutemachen geht. Eine soziale Funktion wird erst beim anschließenden Teilen offensichtlich.

3. Aggression gegen Raubfeinde

Man hat zwar meines Wissens bisher noch nicht das Glück gehabt, Schimpansen im Freiland bei Auseinandersetzungen mit Raubfeinden zu beobachten, doch haben die Versuche von Kortlandt (1972) an freilebenden Schimpansen wahrscheinlich gemacht, daß Schimpansen Raubfeinde attackieren und dazu Waffen verwenden. Setzt man einen ausgestopften Leoparden in ein von Schimpansen bewohntes Gebiet, dann nähern sich die Schimpansen dem Raubtier. Sie bedrohen es, werfen mit Erdbrocken und Steinen gezielt nach ihm und attackieren es mit Holzprügeln, und zwar mit wirkungsvoll von oben herabgeführten Schlägen, wozu sie zweibeinig aufrecht heranlaufen.

Bei diesen Versuchen stellte Kortlandt bemerkenswerte Unterschiede im Verhalten von Savannen- und Waldschimpansen fest. Schimpansen der freien Savanne werfen gut gezielt mit Gegenständen und schlagen treffsicher mit Stöcken. Waldbewohnende Schimpansen zeigen zwar grundsätzlich die gleichen Verhaltensmuster, doch werfen sie schlecht oder gar nicht gezielt, und sie sind auch beim Stockgebrauch nicht sehr geschickt. Diese auffälligen Unterschiede weisen darauf hin, daß sich der Gebrauch von Stöcken und Wurfgeschossen als Waffen wohl in der weniger dicht mit Bäumen bewachsenen Savanne entwickelte. Im Wald würden sich diese Waffen immer wieder in den Zweigen der Umgebung verfangen. Kortlandt und Kooij (1963) nehmen an, daß die Waldschimpansen einst besser ihre Waffen zu gebrauchen wußten, aber nach Abdrängung in den Wald diese Fertigkeiten allmählich wieder verloren. Die beiden Forscher entwickelten die Hypothese, daß die Ahnen der heutigen Schimpansen generell viel weiter in Richtung Mensch hin entwickelt waren, jedoch in der Konkurrenz mit vormenschlichen Vorfahren um den Savannenbiotop unterlagen und in die Waldgebiete abgedrängt wurden, die eine Hominisation (Menschwerdung) nicht fördern.

4. Waffengebrauch

Schimpansen benützen bei agonistischen Auseinandersetzungen mit Artgenossen und Artfremden Objekte als Waffen. Stöcke werden vor allem bei Auseinandersetzungen mit Freßfeinden eingesetzt, ebenso Wurfgeschosse. Es hat noch keiner gesehen, daß ein Schimpanse einen anderen mit einem Stock geschlagen oder beschädigt hätte, auch sah man sie nie mit Stöcken jagen. Der Stock wurde wohl zuerst gegen Freßfeinde als Waffe eingesetzt, anders als beim Menschen, der auch seine Mitmenschen mit Waffen erschlägt. Zum Drohen verwenden die Schimpansen dagegen auch im innerartlichen Verkehr Stöcke, die sie in Schlagintention schwingen.

Kortlandt hat die verschiedenen Formen agonistischen Imponierens und Kämpfens mit Waffen beschrieben. In seiner bemerkenswerten Übersicht diskutiert er auch die Verbreitung der Verhaltensmuster bei Schimpanse, Gorilla, Orang Utan und Mensch. Wir wollen sie im Folgenden gekürzt wiedergeben:

a. Drohverhalten unter Einbeziehung stationärer Objekte

1. Schlagen mit der flachen Hand gegen den Boden oder gegen Äste. Bei allen vier Arten üblich.

2. Aufstampfen mit der Fußsohle gegen den Boden oder einen Baum. Von Schimpanse, Gorilla und Mensch bekannt.

3. Schnelles Trommeln gegen resonierende Gegenstände, entweder mit beiden Händen oder beiden Füßen, wobei abwechselnd einmal die Hände, dann wieder die Füße eingesetzt werden. Bei afrikanischen Affen und Menschen.

4. Schnelles Schütteln von Ästen mit den Händen oder allen vieren. Von Gorilla, Schimpanse, Orang und einigen niederen Affen bekannt. Der Mensch schüttelt – nach Kortlandt – seinen Gegner häufig so.

5. Langsames Schwingen von Ästen in Richtung des Gegners ent-

weder im Stand oder auf allen vieren, wenn das Tier sich im Gezweig befindet.

6. Energisches Ausreißen von Pflanzen oder Herabreißen von Zweigen, während das Tier imponierend über den Boden oder durch die Zweige stürmt. Bei den afrikanischen Menschenaffen und in verwandelter Form beim Menschen, dessen Zerstörungswut vermutlich hier seine Wurzel hat.

b. Drohverhalten mit beweglichen Gegenständen

1. Schwingen eines Astes oder Stockes in der Hand. Nur bei afrikanischen Menschenaffen und beim Menschen beobachtet. Savannenschimpansen laufen dabei aufrecht, Waldschimpansen auf drei Beinen, selbst wenn sie sich außerhalb des Forstes bewegen. Von dem unter a. 6. beschriebenen Verhalten abgeleitet, aber in einigen Fällen wohl auch als Zuschlagdrohung (c. 1. und 4.) aufzufassen.

2. Kortlandt unterscheidet vom vorhergehenden das Stockrasseln, das mit einer schnellen rhythmischen Auf-ab-Bewegung ausgeführt wird und vielleicht von a. 4. abzuleiten ist. Wird auf dem Boden ausgeführt (Schimpanse).

c. Kämpfen mit Waffen

1. Abbrechen und Herabwerfen von Zweigen und anderen Gegenständen. Ausgeführt mit einer von oben über die Schulter herabgeführten Bewegung des Armes. Entweder im Stand (auf zwei oder drei Beinen) oder von den Baumkronen herab. Die Hand wird dabei gestreckt; die Handfläche weist nach vorn. Im allgemeinen schlecht gezielt. Bei Schimpanse, Gorilla und Orang beobachtet. Beim Menschen bereits im Kindesalter ritualisiert als Zerschmettern von Gegenständen zum Zwecke des Imponierens.

2. Werfen von Objekten mit einer seitlich oder von unten nach oben geführten Bewegung (»underarm throwing«). Im Stand oder auf drei Beinen laufend. Der Daumen weist nach vorne, der Arm ist leicht gebeugt. Der Wurf zielt auf den Gegner, und die gekrümmte Wurfbahn wird eingerechnet. Wenn die Schimpansen einen Artgenossen bewerfen, sollen sie nach Kortlandt etwas nach der Seite zielen, also danebenwerfen. Das halte ich für recht bemerkenswert. Man beobachtet das auch, wenn Buschmannkinder einander bewerfen.

Nur beim afrikanischen Menschenaffen und beim Menschen beobachtet. Beim Menschen auch als »mädchenhaftes« Werfen bekannt. Beim Savannenschimpansen viel besser entwickelt als beim Waldschimpansen. Kortlandt vermutet, daß die ursprüngliche biologische Funktion wohl darin bestanden hätte, dem Gegner Sand in die Augen zu werfen. Das Werfen mit Felsbrocken entwickelte sich daraus sekundär.

3. Werfen über die Schulter (»overarm throwing«). Von 1. dadurch unterschieden, daß die Hand nicht hoch über die Schulter geführt, der Arm zuerst stark gebeugt wird und sich bei der Wurfbewegung streckt. Der kleine Finger weist dabei nach vorne. Der Wurf wird von einer drehenden Bewegung der Wirbelsäule und der Hüften und Beine begleitet und kann mit großer Kraft ausgeführt werden. Es handelt sich um eine für den Menschen typische Spezialisierung.

4. Schlagen mit einem Prügel. Der Stock schlägt in einer von oben herabgeführten Bewegung auf den Feind ein (siehe Leopardenversuche S. 93). Die Wucht des Schlages (80–90 km/Stunde Schlaggeschwindigkeit mit einem etwa 2 m langen Prügel) ist erheblich. Bei Savannenschimpansen gut, bei Waldschimpansen nur rudimentär entwickelt. Einjährige Kinder schlagen mit »Spielgesicht« (S. 112) spielerisch so auf Mitmenschen ein.

5. Zustechen mit einer von unten nach oben geführten Stoßbewegung (»underarm stabbing«). Der Daumen weist nach vorne. Bisher nur als exploratives Verhalten, aber nicht im agonistischen Zusammenhang beobachtet. Kortlandt weist darauf hin, daß beim Menschen starke Hemmungen gegen den Einsatz dieser Bewegung beim Kampf mit dem Artgenossen bestehen, die beim militärischen und Jiu-Jitsu-Training mit Gummidolchen und Strohpuppen überwunden werden müssen.

6. Von oben herabgeführtes Zustechen. Der kleine Finger weist nach vorne (»overarm stabbing«). Ebenfalls nur beim Menschen als Kampftechnik beobachtet. Die Bewegung unterliegt weniger Hemmungen. Vor allem bei Wutanfällen gehen Menschen auf Artgenossen mit dieser Bewegung los. Kortlandt erklärt diesen Unterschied im Einsatz der Bewegungen c. 5. und 6. mit der Annahme, daß der von oben herabgeführte Stoß mit den stumpfen Faustkeilen der Altsteinzeit weniger gefährlich war als der von unten heraufgeführte.

»›Thou may stab, but thou shalt not kill‹, was apparently the sixth commandment for paleolithic man« (Kortlandt 1972, S. 82).

Wenn Schuljungen mit Fäusten aufeinander einschlagen, tun sie es mit dieser Bewegung.

IV. Die Aggression beim Menschen

Das vorangegangene Kapitel hat gezeigt, daß die uns am nächsten stehenden Menschenaffen über ein beträchtliches aggressives Potential verfügen und überdies territorial sind. Noch vor wenigen Jahren glaubte man, gerade die Schimpansen würden da eine Ausnahme machen, aber die Ergebnisse der neueren Primatenforschung lehren es anders. Der Gedanke, unsere menschliche Aggressivität könnte altes Primatenerbe sein, drängt sich daher auf. Er wurde wiederholt ausgesprochen, stieß aber bis in die jüngste Zeit auf heftigen Widerspruch. Die menschliche Aggression sei einzig ein Ergebnis der gesellschaftlichen Bedingungen, heißt es bei den extremen Vertretern der Milieutheorie. Angeboren sei nur die Disposition, sich nach einem sozialen Vorbild zu orientieren und auf Entbehrungserlebnisse (Frustrationen) mit Aggressionen zu reagieren. Außerdem lerne der junge Mensch, daß Aggressionen zum Erfolg führen, und setze sie demnach aufgrund dieser Erfahrungen instrumentell ein, wenn er etwas durchsetzen wolle. Mehr sei nicht vorgegeben, insbesondere nicht ein Antrieb als primäre Motivation.

Nun zweifle ich nicht im geringsten an der außerordentlichen Bedeutung, die gesellschaftliche Bedingungen für die Formung des Menschen haben, insbesondere seine Einstellung zur Aggression betreffend, doch halte ich alle Theorien, die dem Erbe als determinierendem Faktor nur eine geringe Rolle zusprechen, für einseitig. Diese Einsicht möchte ich im Folgenden begründen. Bei der Lektüre des Schrifttums gewann ich den Eindruck, daß die Ablehnung biologischer Determinanten vielfach in der Furcht begründet scheint, daß deren Anerkennung einem Fatalismus den Weg bereiten würde – eine Folgerung, die ich nicht nachvollziehen kann (siehe dazu S. 199 ff.).

Das Spektrum menschlicher Aggressionshandlungen ist breit. Der Mensch kann seine Aggressionen direkt gegen einen Mitmenschen richten, indem er ihn schlägt oder verbal beleidigt oder verspottet. Er kann es indirekt tun, indem er ihm nachredet oder ihm eine Falle stellt. Er kann aggressiv handeln, indem er den Sozialkontakt verweigert, z. B. Gespräch oder Hilfe. Aggressionen können sich gegen Individuen und gegen Gruppen richten, sowohl im Streit der Ideologien als auch im kriegerischen Konflikt. Gemeinsam ist allen diesen Handlungen, daß mit ihrer Hilfe auf einen Mitmenschen oder eine Gruppe von Menschen ein Druck ausgeübt wird, der schließlich zu dessen Ausweichen oder zur Unterwerfung unter den Ranghohen oder unter die Gruppennorm führt. Die Aggression fügt oft Schmerzen zu, und sie kann beim Menschen destruktiv sein, eine Besonderheit, mit der wir uns noch auseinandersetzen.

1. Die Innergruppen-Aggression

Aggressive Auseinandersetzungen zwischen Gruppenmitgliedern sind keineswegs selten, doch pflegt die Auseinandersetzung im allgemeinen nicht ins Destruktive zu entgleiten. Es gibt eine Reihe typischer Situationen, in denen Innergruppen-Aggression auftritt. Wir zählen sie im Folgenden auf, wobei wir die Beispiele unserem Kulturbereich entnehmen. Später werden wir sehen, daß die Muster grundsätzlich auch in anderen Kulturen gelten.

a. Das Besetzen und Verteidigen von Raumbezirken (Individualrevier und Individualdistanz)

Menschen bilden schnell Platzgewohnheiten aus. Das kann man z. B. sehr schön an der Sitzordnung um einen Familientisch feststellen. Die Sitzplätze, die von den einzelnen Familienmitgliedern eingenommen werden, werden ziemlich konservativ eingehalten; aufgrund einer stillen Übereinkunft respektiert jeder den Platz des anderen. Bereits bei zweijährigen Kindern sind diese Platzgewohnheiten ausgeprägt, und die Kinder sind eindeutig verstört, wenn sie ihren Platz wechseln müssen. Solche Platzordnungen bilden sich unter Umständen sehr schnell, etwa in einem Zugabteil, und werden dort als territorialer Anspruch des Erstbesetzers durchaus anerkannt. Das geht so weit, daß jeder Neuankömmling, der ein Abteil betreten will, höflich, mit beschwichtigenden Ausdrucksbewegungen und Floskeln danach fragt, ob ein Platz frei sei, auch dann, wenn dies offensichtlich der Fall ist. Ebenso fragt man, ob »es gestattet sei«, wenn man sich an einen bereits teilweise besetzten Tisch in einem Restaurant setzt. Und man tut es nur, wenn wirklich keine freien Tische mehr zur Auswahl stehen. Würde man sich bei noch freien Tischen zu einem bereits besetzten gesellen, dann würde das in vielen Fällen als Zudringlichkeit empfunden, es sei denn, man habe sich zu einem gemeinsamen Fest zusammengefunden, etwa bei einer Kirchweih.

Die Individualdistanz, die man zu anderen einhält, hängt von der Stärke der Sinnesreize ab, die von dem Partner ausgehen. In einem Versuch veranlaßten Nesbitt und Steven (1974) bunt gekleidete Männer und Frauen, sich um Eintrittskarten in einem Vergnügungspark anzustellen. Die hinter ihnen stehenden Personen hielten ihnen gegenüber einen größeren Abstand ein als gegenüber konservativ gekleideten Personen in der gleichen Personenreihe. Parfüm und Rasierwasser wirkten ebenso auf die hinter ihnen Stehenden. Die Tatsache, daß der Mann in der Massengesellschaft sich heute gerne unauffälliger kleidet als früher, kann als Versuch einer Anpassung an das gedrängte Zusammenleben gedeutet werden (Eibl-Eibesfeldt 1970a). Das Prachtkleid vieler Fische und Vögel wirkt in analoger Weise distanzierend.

Félipe und Sommer (1966) untersuchten Individualdistanzen in Bibliotheken. Sie setzten sich, auch wenn noch andere Tische frei waren, an besetzte Tische, und zwar, wie zufällig, knapp in die Nähe der dort lesenden Person. Die Opfer suchten daraufhin regelmäßig vom Eindringling abzurücken. War dies aus räumlichen Gründen nicht möglich, dann errichteten sie aus Büchern, Linealen und anderen Utensilien Barrieren. Mißlangen solche Absetzversuche, dann verließen die Personen den Tisch, oft mit deutlichen Zeichen des Unmuts. Die »Individualdistanzen«, die Menschen gegenüber Mitmenschen einhalten, wechseln kulturell; es gilt jedoch überall die Regel, daß körperlicher Kontakt nur in genau festgelegten Situationen und nicht jederzeit gestattet ist.

Esser (1970) und Palluck und Esser (1971a, b) beobachteten das Verhalten von 21 schwer schwachsinnigen Knaben in einem reichgegliederten Versuchsraum. Jedes Kind besetzte in diesem Raum einen Raumbezirk für sich. Dabei stritten sie anfangs. Als der Raum schließlich aufgeteilt war, waren die Knaben recht friedlich. Sie brauchten nur ein wenig zu drohen, um ihren Platz zu behaupten. Das territoriale Verhalten der schwer lernbehinderten Knaben (IQ unter 50) war ausgeprägter als bei normalen Kindern. Es war auch durch verbale Bestrafung – die in anderen Zusammenhängen durchaus wirkte – kaum zu beeinflussen. Durch die Aufteilung des Raumes kommt es zu einer sozialen Ordnung, die den Kindern ein Gefühl der Sicherheit vermittelt. Jeder kennt seinen Platz und weiß, daß er dort in Ruhe gelassen wird bzw. daß er sich dort gegen Störung leicht behaupten kann, denn auch bei diesen schwachsinnigen Kindern gilt die vermutlich angeborene Übereinkunft, daß der Erstinhaber eines Platzes dort ein Vorrecht genießt, das man zu respektieren hat.

Edney (1972) fand bei einer Erhebung in Connecticut (USA) heraus, daß Personen, die auf ihrem Grundstück abweisende Schilder mit den Aufschriften »Private Property«, »Keep Out«, »No Trespassing«, »Warning: Keep Out« aufstellten, in diesem Gebiet länger wohnten oder zu wohnen beabsichtigten als ihre Nachbarn, die auf solche Schilder verzichteten. Sie beantworteten auch das Klingelzeichen des sie unter einem Vorwand (Erhebung über Umweltverschmutzung) Befragenden signifikant schneller als jene, die keine Zeichen aufgestellt hatten. Sie reagierten damit empfindlicher auf die Anwesenheit eines Fremden in ihrem Gebiet. Der gleiche Autor untersuchte (1974) die Verteilung von Personengruppen an einem homogenen Badestrand in Connecticut. Auch hier ist eine territoriale Gruppierung offensichtlich.

Fragt man nach der Bedeutung solch territorialen Verhaltens innerhalb der Gruppe, dann kann man feststellen, daß auf diese Weise in der Gemeinschaft eine gewisse Ordnung und Stabilität erreicht wird. Sie trägt zum Wohlbefinden der Individuen bei. Da außerdem Menschen im arbeitsteiligen Zusammenleben aufeinander angewiesen sind, sind stabile verläßliche Beziehungen zwischen Menschen vorteilhaft. Sie werden durch die dauerhafte territoriale Ortsbindung gefördert.

b. Streit um Objekte

Kinder streiten oft um den Besitz von begehrtem Spielzeug, Krabbelkinder versuchen sich meist ohne Umschweife in den Besitz des begehrten Gegenstandes zu setzen, indem sie ihn dem Partner wegnehmen. Der Gegenstand wird dazu einfach gepackt und den Händen des anderen entrungen. Der wehrt sich im allgemeinen, indem er den Gegenstand festhält und durch Protest um Beistand durch Dritte bittet. Er kann dabei versuchen, sich mit seinem Besitz fluchtartig vom Gegner abzusetzen. Ihres Besitzes Beraubte protestieren (weinen) und gehen oft zum Gegenangriff über. Sie versuchen, dem Räuber den Gegenstand zu entreißen, oder sie greifen den Übeltäter direkt an, indem sie nach ihm schlagen, ihn kratzen, an den Haaren zerren, sehr oft auch umstoßen. Diese Strategien werden spontan eingesetzt, und zwar nicht nur von Kindern unseres Kulturbereiches. Vermutlich handelt es sich um angeborene Verhaltensweisen, von denen die Technik des Umwerfens und Anrempelns besonders bemerkenswert ist, da wir es hier wohl mit einer spezifisch menschlichen Verhaltensweise zu tun haben, die sich erst mit dem aufrechten Gang ausgebildet haben dürfte.

Ältere Kinder respektieren Besitz. Raubt eines ein Spielzeug – was vorkommt –, dann kann der Beraubte durch verbalen Protest und durch die wiederholte Feststellung, es handle sich um sein Spielzeug, dieses oft mit Erfolg zurückfordern. Man wird im allgemeinen auch feststellen, daß derjenige, der ein Objekt begehrt, das sich im Besitz eines anderen befindet, um dessen leihweise Überlassung bittet, und erst wenn ihm die Bitte abgeschlagen wird, kommt es zum Raub, oft aber auch nur zu einem Angriff. Die Verweigerung des Teilens beleidigt. Es handelt sich um einen Verstoß gegen gute Sitten, der auch in anderen Kulturen Aggressionen auslöst. Wir erwähnten, daß Schimpansen, wenn sie einige Minuten lang frisch gejagte Beute behalten konnten, diese auch »besitzen«, d. h. nicht mehr verteidigen müssen, weil die anderen das Besitzrecht offenbar achten und nunmehr um Anteile betteln, anstatt sie zu rauben. Bemerkenswerterweise kennt man eine funktionell vergleichbare Hemmung, andere wegen eines Besitzes anzugreifen, auch vom Mantelpavian *(Papio hamadryas)*, wo Männchen ihren Weibchenbesitz aufgrund einer sozialen Hemmung respektieren (Kummer, Götz und Angst 1974). Es könnte sein, daß auch beim Menschen entsprechende soziale Hemmungen vorliegen, die verhindern, daß um Besitz, Gegenstände ebenso wie um Partner und Individualreviere dauernd gestritten wird. Der selektionistische Vorteil solcher Hemmungen ist ohne weiteres einzusehen.

c. Der Einfluß von Wettstreit und Kooperation auf Gruppenstruktur und Gruppenbeziehung

Ganz allgemein führt Wetteifer, ob es nun um Belohnung oder um andere Ziele geht, zur aggressiven Abgrenzung und zur Feindschaft zwischen zwei wettstreitenden Gruppen.

Sherif (1966) untersuchte die Entwicklung der Beziehungen zwischen Gruppen von elf- bis zwölfjährigen Jungen in Ferienlagern. Die Versuchsleiter fungierten als Lagerleiter. Die Kinder kannten einander vor diesem Lagerleben nicht. Zunächst schliefen sie im gleichen Holzhaus und konnten sich ihre Freunde frei wählen. Nach zwei bis drei Tagen hatten sich bereits kleine Gruppen von zwei bis vier Jungen gebildet, und die Kinder durften auf Befragen ihre besten Freunde nennen. Dann teilte man die Jungen in zwei Gruppen, wobei man Freunde absichtlich trennte. Die ursprünglichen Freundesbindungen lösten sich auf, und es bildeten sich neue Vorlieben innerhalb der Gruppe. In jeder Gruppe waren die Mitglieder wechselseitig aufeinander angewiesen, denn es galt Zelte zu bauen, Kanus zu tragen, zu kochen und anderes mehr zu tun. In jeder der beiden Gruppen entwickelten sich unabhängig voneinander Gruppenstrukturen nach dem Anführer-Gefolgschafts-Muster. Besondere Fertigkeiten Einzelner kamen zum Einsatz. Bemerkenswert war, daß die beiden Gruppen einen verschiedenen Stil entwickelten, um Aufgaben zu lösen. Dies wurde besonders in späteren Experimenten deutlich, die zu Auseinandersetzungen zwischen den Gruppen führten. Die Gruppe, welche einen harten Kurs verfolgte, freute sich auf körperliche Auseinandersetzungen, die andere Gruppe hingegen beschwor die Niederlage der ersten sogar mit Hilfe von Gebeten. Die Neigung zur kulturellen Pseudospeziation (S. 37, 147) zeigte sich im gruppenspezifischen Jargon, in der Pflege der gruppeneigenen Geheimnisse und der eigenen Witze.

Nachdem sich die beiden Gruppen in ihrer Eigenart genügend profiliert hatten, wurden Wettstreitsituationen herbeigeführt. Man ließ die Gruppen gegeneinander Baseball, Tauziehen und anderes spielen und belohnte die Sieger durch begehrte Preise. – Man ging von folgender Annahme aus: Wenn Mitglieder zweier Gruppen um ein Ziel wetteifern, das die eine Gruppe nur auf Kosten der anderen erreichen kann, dann wird es zwischen den Gruppen zu feindseligen Spannungen kommen. Das wurde in dem Versuch bestätigt. Die Verlierer schimpften, es kam zu Schimpfkanonaden und schließlich zu Rachefeldzügen, bei denen sich die Parteien mit grünen Äpfeln bewarfen. Die Jungen entwickelten zugleich ein negatives Bild von den Mitgliedern der anderen Gruppe. Man mochte die anderen nicht mehr und fühlte sich um so enger an die eigene Gruppe gebunden. Man überschätzte die eigenen Leistungen und unterschätzte die der anderen.

Nach einem Wettbewerbsspiel »Wer sammelt die meisten Bohnen« wurden Dias vorgeführt, auf denen die angeblich von den Jungen gesammelten Bohnen zu sehen waren. Es wurde immer die gleiche Anzahl von Bohnen gezeigt. Aber einmal gab man sie als eigene Sammelleistung, dann wieder als solche der anderen Gruppe aus. Die Leistung der Konkurrenten wurde von den Kindern unterschätzt, die eigene dagegen überschätzt.

Die durch Konkurrenz herbeigeführte Polarisierung der beiden

Gruppen wurde schließlich durch gemeinsame Aktionen, bei denen beide Gruppen ein übergeordnetes Ziel verfolgten, wieder abgebaut. Die Versuchsleiter inszenierten z. B. einen Defekt der Wasserleitung des Lagers. Die Jungen beider Gruppen beteiligten sich daran, den Schaden aufzuspüren. Danach fiel man allerdings wieder in die ablehnende Haltung zurück. Anschließend plante die Lagerleitung, begehrte Filme auszuleihen, erklärte aber, daß sie außerstande sei, die Leihgebühr zu bezahlen. Die beiden Gruppen besprachen den Fall miteinander, man sammelte das benötigte Geld und schaute sich den Film gemeinsam an. Über solche und ähnliche Situationen wurde die alte Feindschaft allmählich abgebaut. – Bevor diese zuletzt genannten Versuche gemacht wurden, hatte man die beiden Gruppen vorübergehend geeinigt, indem man einen gemeinsamen Feind einführte. Man verfolgte diese Strategie jedoch nicht weiter.

Augenfällig sind die strukturellen Gemeinsamkeiten zwischen dem Verhalten der rivalisierenden Kindergruppen und dem rivalisierender Nationen.

d. Wettstreit um Partnerbindung (Rivalität)

Daß Menschen um die Gunst bestimmter Mitmenschen mit anderen in Wettstreit treten, ist bekannt. Wenn Burschen um die Gunst eines Mädchens wetteifern, kommt es mitunter zu Kämpfen. Ein einmal etabliertes Band, etwa das zwischen Ehepartnern, wird verteidigt. Eifersucht ist eine beiden Geschlechtern eigene, universelle Emotion. Auch in polygynen Familien kommt es zu Eifersuchtsszenen zwischen Frauen. Sie sind durch den Umstand gemildert, daß die Frauen in solchen Kulturen weniger befürchten müssen, im Wettstreit den Partner zu verlieren. Dennoch gibt es Streit, und in vielen polygynen Kulturen heiratet der Mann bevorzugt Schwestern, da angeblich die Geschwisterbindung Aggressionen dämpft.

Die Mitglieder einer Gruppe wetteifern oft um die Gunst Ranghoher. Schließlich ist bekannt, daß Kinder um die Elternbindung wetteifern. Besonders ausgeprägt ist diese Geschwisterrivalität bei Kleinkindern, kurz nachdem ein Geschwisterchen geboren wurde. Auch diese Erscheinung kann man in vielen Kulturen beobachten.

e. Beistehen (Verteidigen des Sozialpartners)

Wenn Kinder von Erwachsenen angegriffen werden, dann löst dies fast automatisch Beistand aus. Ich habe einmal erlebt, wie ein jugendlicher Dieb, er war vielleicht zehn Jahre alt, von einem Mann verfolgt wurde. Die Passanten ergriffen sofort gegen den Erwachsenen Partei. Es dürfte sich um eine elementare Schutzreaktion handeln, die der Brutverteidigung vieler Wirbeltiere vergleichbar ist. Eltern verteidigen ihre Kinder und interessanterweise selbst Kleinkinder ihre Eltern. Es ist etwas Reflektorisches, Unüberlegtes in diesem spontanen Einsatz für uns nahestehende Bezugspersonen, das auf das Ansprechen angeborener Schemata hinweist (S. 64). »Familie oder Gruppe in Gefahr« ist dementsprechend ein gern genütztes Klischee, wenn es gilt, die Kampfbereitschaft von Mitgliedern einer Gruppe anzufeuern.

f. Rangstreben

Menschen streben nach Anerkennung. Sie sind bemüht, sich durch besondere Leistungen auszuzeichnen und damit wenigstens vorübergehend in den Blickpunkt der Aufmerksamkeit der Gruppe zu rücken. Danach trachten selbst die Vertreter egalitärer Gesellschaften. Nur führt dort das Streben des Einzelnen nicht zur Ausbildung einer festen Hierarchie mit absolutem Führungsanspruch. Der gute Jäger wird wegen seines Jagdgeschickes geachtet, und man folgt auch seinem Rat, wenn es dessen bedarf. Ähnliches gilt für den guten Trancetänzer, den Geschichtenerzähler oder die geschickte Herstellerin von Straußeneischeibchen. Die Einstufung der Mitmenschen nach ihren Begabungen ist sicher adaptiv. Geachtet werden heißt, die Aufmerksamkeit seiner Mitmenschen erlangen, und darauf kommt es dem Einzelnen an. Chance (1967) hat meines Wissens als erster darauf hingewiesen, daß sich bei höheren Affen der Rang eines Tieres am besten an der »attention structure« – der Aufmerksamkeitsstruktur – feststellen lasse, und dies gilt auch für uns Menschen. Man braucht nur die Sitzordnung an einem Tisch daraufhin zu untersuchen. Ranghohe sitzen im allgemeinen so, daß sie von allen anderen gesehen werden. Rangstreben beinhaltet Wetteifern, doch wird Überlegenheit meist nicht durch Einsatz von Gewalt erreicht. Wir erwähnten, daß bei Schimpansen Ranghöhe und Drohimponieren positiv korreliert sind, nicht aber Ranghöhe und physische Aggressivität. Das gilt ebenso für andere nichtmenschliche

Primaten und wohl auch für den Menschen. In den verschiedensten Kulturen erreicht und hält einer seinen hohen Rang z. B. durch sein Geschick im Verteilen von Gütern. Ferner sind die Fähigkeit, Frieden zu halten und zu stiften und Freunde zu gewinnen, also positive soziale Eigenschaften, eine Voraussetzung für eine hohe Rangstellung (siehe S. 254). Wenn eine Rangstellung aggressiv erobert wird, geschieht es meist über die ritualisierten Formen des Imponierens. Menschen setzen dazu auch ihre materiellen Güter ein. Prunksucht und Verschwendung charakterisieren nicht nur den Potlatsch der Kwakiutl* oder die Empfänge auf Fürstenhöfen, sondern auch die Staatsempfänge in westlichen Demokratien. Man spricht in der Völkerkunde sehr treffend von einer Prestigeökonomie, in der die Mittel einzig zum Zwecke des Rangimponierens verpulvert werden.

In hierarchisch gegliederten Gesellschaften wie der unseren entwickelten sich Statussymbole, an denen man den Rang des Trägers erkennen kann (Packard 1963). Dazu gehören Büroausstattung, Schmuck, Automobile und Kleidung. Gut brauchen die Dinge nicht zu sein – solange sie teuer genug sind. Wer nicht mitmachen kann, ist nicht »in«. Es spricht nicht gerade für diese »Geld-Eliten«, daß sie auf solch banale Äußerlichkeiten Wert legen. Aber durch ihr auffälliges Gebaren stellen sie sich eben in den Blickpunkt der Aufmerksamkeit, und sie haben ihr Publikum und ihre Nachahmer, wie die Boulevardblätter beweisen. Morris (1969) wies auf die merkwürdige Erscheinung der Rangmimikry hin. Was Adel und die sogenannte High Society tun und tragen, wird von der Mode imitiert und von den Massen nachgemacht – was wiederum bald die Vorbilder zwingt, Neues zu erfinden, um ihre Exklusivität zu wahren.

Gelegentlich führt das Rangstreben zu pathologischen Entartungen, so wenn jemand sich durch ein Verbrechen in den Blickpunkt der Gemeinde rückt. Harmloser ist es, wenn Menschen, die sonst keine hohe Rangstufe in der Gesellschaft erreichen können, sich Ersatzpyramiden schaffen, deren Spitze sie erklimmen, sei es als Taubenzüchter oder Bierfilzsammler (Morris 1969). Solche Beobachtungen lassen auf eine starke dem Rangstreben zugrunde liegende Motivation schließen.

---

* Diese Indianer veranstalteten Feste, bei denen sie – um ihre Gäste zu beeindrucken – wertvolle Kupferplatten vernichteten, kostbares Öl ins Feuer gossen, Boote zerschlugen und Sklaven töteten. Bei der Gegeneinladung mußten dann die anderen, um das Gesicht zu wahren, ebenso »verschwenderisch« auftreten.

Sieht man von diesen Randerscheinungen ab, dann bringt das Rangstreben der Gruppe sicher auch Vorteile. Im Grunde handelt es sich um eine Auslese nach Begabung, wobei die Ranghohen, zumindest bei den ursprünglichen Gesellschaften, mehr Nachkommen erzeugen als die Rangniederen. Sie erfüllen ferner eine Reihe von Aufgaben innerhalb der Gruppe; wir erwähnten das Friedenstiften. Auch führen sie dank ihrer Autorität bei Entscheidungsprozessen.

Jede Rangordnung setzt, wie ich an anderer Stelle ausführte, nicht allein ein Rangstreben, sondern auch die Bereitschaft zur Unterordnung und zum Gefolge voraus.

Gehorsam wird nicht erst durch strenge Erziehung erzwungen. Stayton, Hogan und Ainsworth (1971) fanden, daß Kinder in einer freundlich entgegenkommenden Umgebung ohne Druck folgen.

»Diese Befunde lassen sich nicht nach jenen Modellen der Sozialisation erwarten, die davon ausgehen, daß die sonst asozialen Neigungen der Kinder erst durch spezielle Interventionen modifiziert werden müssen. Offensichtlich erfordern solche Befunde eine Theorie, die annimmt, daß ein Kind von Anfang an dazu neigt, gesellig zu sein, und (etwas später) auch bereit ist, jenen Personen zu gehorchen, die in seiner sozialen Umgebung die größte Bedeutung haben. Das ethologisch-stammesgeschichtliche Modell, das Bowlby (1958, 1959) und Ainsworth (1967, 1969) vorlegten, bietet die geforderte Alternativhypothese« (Stayton, Hogan und Ainsworth 1971, S. 1066 [Übers. Ref.]). (»These findings cannot be predicted from models of socialisation which assume that special intervention is necessary to modify otherwise asocial tendencies of children. Clearly, these findings require a theory that assumes that an infant is initially inclined to be social and [somewhat later] ready to obey those persons who are most significant in his social environment. Such an alternative viewpoint is offered by the ethological-evolutionary model of early social development presented by Bowlby [1958, 1959] and Ainsworth [1967, 1969].«)

Gehorsam ist beim Menschen besonders stark ausgeprägt und als blinder Gehorsam, wie die Versuche von Milgram (1966) zeigen (S. 116), recht bedenklich. Auch die Entartungen des Rangstrebens – wir erwähnten Prunksucht und andere Formen der Angeberei – müssen uns zu denken geben. Wir reagieren wahrscheinlich auf sehr alte Klischees, wenn wir Verschwendungssucht als Großzügigkeit und Freigebigkeit interpretieren, wenn wir Prunk als imponierend empfinden. Sicher war das prunkende Auftreten einer Person einst unmittelbar mit deren positiven Eigenschaften verbunden, aber das ist heute sicher nicht mehr der Fall.

Es gibt Regulativa, die ausgleichend wirken. Neid wirkt nach der bemerkenswerten Untersuchung von Schoeck (1966) den Äußerlichkeiten des Imponierens entgegen und sorgt hauptsächlich in den kleineren, individualisierten Gesellschaften, wie etwa jener der Buschleute, für Ausgleich. Wer etwas besitzt, muß teilen, der Neid der anderen zwingt ihn dazu, und es ist für den Einzelnen nicht möglich, sich mit Hilfe von Besitz allzuweit über die anderen zu erheben. Auch in unserer Gesellschaft hat dieser Faktor und die durch ihn erzwungene Umverteilung von Besitz eine solche ausgleichende Funktion. Er ist sicherlich bei allen sozialen Revolutionen ein entscheidender Faktor gewesen. Schließlich sorgt das Rangstreben der Rangniederen dafür, daß Hierarchien nicht erstarren und daß die Rangordnung dynamisch bleibt.

Je anonymer die Gesellschaft wird, desto problematischer werden die Kriterien, nach denen die Auswahl der ranghohen »Führer« erfolgt, und die Mittel, mit denen sie ihre Rangstellung erhalten. Da niemand den Kandidaten der Wahl persönlich kennt, muß man dem Glauben schenken, was er in seinen Reden bzw. seine Presse über ihn mitteilt, was, wie die Geschichte lehrt, nicht immer stimmt. Interessant ist an dem Auswahlverfahren, daß überhaupt noch Zustimmung gesucht wird, offenbar gehört das zu unserem vorgegebenen Verhaltensprogramm. Wir bekunden Zustimmung und sind damit bereit, Gefolgschaft zu leisten, dann allerdings, ohne uns darüber Rechenschaft abzulegen.

Ich vermute, daß Herrschaft, die sich im wesentlichen auf Gewalt stützt, nicht der Natur des Menschen entspricht und Gegengewalt wachruft. Sicher hat es Tyrannen gegeben, die mit blutigem Terror herrschten, und vielleicht sind Notsituationen der Gruppe denkbar, in denen dieses Extremverhalten vorteilhaft ist (siehe auch S. 109 und das in ›Liebe und Haß‹ über Angstbindung Gesagte), doch habe ich den Eindruck, daß sich keine Herrschaft auf die Dauer durch Terror halten kann. Mir ist allerdings keine historische Untersuchung bekannt, die das belegen würde.

Rangordnungen bilden sich bereits in Kindergruppen. Ranghohe Kinder stehen im Mittelpunkt der Aufmerksamkeit einer Gruppe. Sie führen im Spiel und schlichten Streit (Hold 1974, 1977, S. 62).

g. Explorative Aggression

Aggressives Verhalten dient oft zur Austastung des sozialen Handlungsspielraumes. Kinder wenden sich mit ihren Aggressionen an Mitmenschen, um zu testen, was sie sich herausnehmen können. Aus der Antwort erfahren sie die Grenzen der Toleranz und was mithin von ihrer Kultur als Verhaltensnorm erwartet wird. Unterbleibt die Antwort, dann neigt die explorative Aggression zur Eskalation (Hassenstein 1973 b).

Explorative Aggression spielt auch bei den Auseinandersetzungen um Rangstellungen von Kleingruppen eine Rolle. Über die explorative Aggression werden die Schwächen der Partner herausgefunden. Wie die Studentenunruhen in den vergangenen Jahren zeigen, kommt es dabei leicht zu Eskalationen, wenn verunsicherte Führungsschichten keines konstruktiven Widerstandes fähig sind. Gleiches gilt für den Generationenkonflikt, das Tauziehen zwischen kulturverändernden und -erhaltenden Kräften (S. 37).

Nach Hassenstein (1973 a, b) ist bei dieser aggressiven sozialen Exploration nicht zu erwarten, daß die Provokationen durch das Erfüllen vorgetragener Wünsche und Forderungen zu beschwichtigen sind. Vielmehr wird solches Nachgeben zu weiteren Eskalationen führen. Der Aggressor möchte seine eigene Unter- oder Überlegenheit durch das Messen der Kräfte feststellen. Eine freiwillige kampflose Selbstbegrenzung ist nicht zu erwarten. Er sieht in dieser Tatsache eine der Wurzeln dafür, daß übertrieben nachgiebige Erziehung einerseits, konzessionistische Schul- und Hochschulpolitik andererseits nicht zur Befriedigung, sondern zur Steigerung der Aggressivität aller Beteiligten führen. »Daran dürfte sich auch in Zukunft nichts ändern. Denn die Strategie des Nachgebens, als deren Sinnbild – gegen jede verantwortliche Gesundheitspolitik – das Rauchzimmer in Schulen und Jugendherbergen gelten kann, trifft sicherlich in der Regel gar nicht auf frustrationsbedingte Aggressivität, sondern auf sozial exploratorische Provokationen. Diese können durch Nachgeben gar nicht beschwichtigt werden, sondern sie belassen die jungen Menschen, gerade auch nach der Erfüllung ihrer Forderungen, in einer orientierungslosen labilen Situation, aus der sie dann durch neue Aktivitäten auszubrechen versuchen« (Hassenstein 1973 a, S. 291). Allerdings darf über dieser Betrachtungsweise nicht vergessen werden, daß diese Art der Aggression auch ein entscheidender Motor der Kulturentwicklung ist, indem durch sie gegen Widerstände Änderungen durchgesetzt werden. Man sollte diesen positiven Aspekt im Auge behalten.

h. Erzieherische Aggression

Bei Verstößen gegen die Regeln des Zusammenlebens erfolgt Bestrafung. In Kinderspielgruppen weisen die älteren Kinder jene, die gegen die Spielregeln verstoßen, zurecht; sie schimpfen, und sie bestrafen sie oft physisch. Ähnliches gilt für das Zusammenleben der Erwachsenen: Rechtsbrecher werden verfolgt und bestraft.

Auch die von Trivers (1971) als »moralistisch« bezeichnete Aggression hat erzieherische Funktion. Moralistische Aggression entwickelte sich als Sicherung der Gruppe gegen »Betrüger«, die aus dem altruistischen Verhältnis einseitigen Nutzen ziehen. Ungerechtigkeit, unfaires Verhalten und Geiz lösen diese Form der Aggression aus. Daß der Mensch auf alle Formen des Betruges so heftig zu reagieren pflegt, ist nach Trivers sicher von selektionistischem Vorteil.

Häufig zielt erzieherische Aggression darauf ab, den Zögling in eine niedere Rangstufe einzustufen. Das gilt sowohl für den militärischen Drill als auch für die Initiationsrituale vieler Völker. Bei diesen Ritualen werden die jungen Menschen oft in einer erstaunlichen Weise gedemütigt und gequält und dann erst unterwiesen. Schließlich nimmt man sie in die Gemeinschaft als vollwertige Mitglieder auf. Den Initiationsritualen dürfte die Erfahrung zugrunde liegen, daß man eher bereit ist, vom Ranghöheren zu lernen. Die erzwungene Unterordnung ist unter diesem funktionellen Aspekt zu sehen*. Man weiß ferner bereits aus Tierversuchen, daß Strafreize, auch wenn sie vom ranghohen Sozialpartner kommen, keineswegs die Bindung an diesen schwächen, sondern eher kräftigen. Rangniedere Paviane suchen bei ranghohen Zuflucht, auch wenn diese die Ursache ihrer Angst sind. Entenküken folgen der Glucke oder Mutterattrappe noch intensiver, wenn sie dafür mit elektrischen Stromstößen bestraft werden. Mißhandelte Kinder sind eng an die mißhandelnde Mutter gebunden. Und auch der Tyrann nutzt diesen Bindemechanismus (Terrorbindung)**. Schließlich binden gemeinsam durchgestandene Entbehrungen eine Gruppe auf lange Sicht. Das Ziel der bereits erwähnten Initiation – die absolute Identifika-

---

* Der Nachweis einer Funktion rechtfertigt nicht die Existenz einer Einrichtung oder Struktur. Auch Krieg und Terror haben Funktionen, dennoch bemühen wir uns zu Recht um bessere Lösungen.
** Zum Thema Angstbindung siehe Eibl-Eibesfeldt 1970a.

tion mit der Gruppe und die Übernahme ihrer Normen und Regeln, die zum Teil als große Geheimnisse gehütet werden – wird auf diese Weise gesichert*. Mit der anschließenden feierlichen Aufnahme in die Gruppe der Erwachsenen endet schließlich die Phase der Entbehrung.

i. Die Außenseiterreaktion (normerhaltende Aggression)

Mitglieder einer Gruppe, die in Ansehen und Verhalten von der Norm abweichen, sind oft die Zielscheibe von Aggressionen. Diese zwingen den Abweichling, sich wieder der Gruppennorm anzugleichen, andernfalls erzwingt die Gruppe seinen Ausschluß. Die Aggression hat hier eine normerhaltende Funktion. Für das Leben in Kleingruppen ist das sicher vorteilhaft. Ein harmonisches Zusammenleben ist in kleinen Gruppen nur möglich, wenn man das Verhalten des Partners voraussagen kann. Jeder erwartet vom anderen normgerechtes Verhalten, Abweichung befremdet. Das Wort beschreibt sehr gut die einsetzende Entfremdung, d. h. den beginnenden Ausschluß aus der Gruppe. Der Mechanismus selbst arbeitet ziemlich blind. Auch wenn der Abweichende durch Krankheit oder Unfall entstellt und zum Krüppel wurde, wenn er zu dick ist oder stottert und gar nicht in der Lage ist, diesen »Fehler« zu korrigieren, ist er Zielscheibe des Spottes. In unverblümter Form tritt diese Reaktion in Schulklassen auf. Kindergruppen können in diesem Punkt sehr grausam sein. Ich erinnere mich an eine Abbildung, die in einem UNESCO-Bildband erschien: Sie zeigt einen kleinen verlegen lächelnden Jungen auf Krücken. Eine Meute von Buben folgt ihm und bewirft ihn mit Steinen. Da analoge Reaktionen auch bei Schimpansen beobachtet worden sind (S. 84), darf man auf altes Erbe schließen.

Die Außenseiterreaktion läuft nach einem bestimmten universellen Muster ab, das wir von Buschleuten noch beschreiben werden. Man spottet und stellt das anstoßerregende Verhalten durch »Nachäffen« heraus. Damit teilt man dem Partner zugleich mit, woran

---

* Man nützt bei den Jugendweihen und Initiationsritualen sicherlich auch die Tatsache, daß der Mensch in der Pubertät in einer sensiblen Phase der Wertsuche und damit bereit ist, sich mit den Gruppenwerten zu identifizieren (Eibl-Eibesfeldt 1973).

man Anstoß nimmt, und gibt ihm Gelegenheit, sich anzugleichen. Führt das Nachäffen, Spotten, Auslachen und Drohen nicht zur Verhaltensänderung des Adressaten, dann kommt es zu physischen Angriffen.

Im Grunde handelt es sich um eine besondere Form erzieherischer Aggression. Von besonderem Interesse sind die ritualisierten Ausdrucksformen, die dem physischen Angriff vorausgehen, wie Zungezeigen, Spucken, Gesäß- und Schamweisen und Auslachen. Letzteres dürfte die niedrigste Auslöseschwelle besitzen. Man lacht leicht über kleine Mißgeschicke von Mitmenschen, also über deren von der Norm abweichendes Verhalten, und empfindet das als sehr »lustig«, d. h. lustbetont. Allerdings lacht ein Kind erst dann über eine absurde oder ungeschickte Bewegung, wenn es das abweichend ausgeführte Verhalten selbst beherrscht (McGhee 1972). Die Witzindustrie nützt diese Bereitschaft, indem sie uns in einfachsten Attrappen auslösende Reizsituationen präsentiert. Der aggressive Humor, wie die Witzseiten der Illustrierten uns lehren, hat einen guten Markt. Man lacht auch jemanden aus, der durch sein Ungeschick leichten Schaden erlitten, sich leicht verletzt oder etwas zerbrochen hat. Diese »Schadenfreude« äußern bereits Kinder unter zwei Jahren.

Auslachen ist sicher aggressiv motiviert. Das empfindet auch der Ausgelachte. Zugleich verbinden sich die Gruppenmitglieder über die kollektive Angriffsreaktion des Lachens, das übrigens ansteckend wirkt. Über diese bindende Funktion kollektiver Aggression wurde das Lachen in bestimmten Situationen zum freundlichen Signal. Kinder lachen miteinander, wenn sie spielen. Das Lachen ist geradezu Spielsignal. Die darin verschlüsselte Aussage lautet: Wir lachen (drohen) gemeinsam gegen einen Dritten. Im Tierreich wurden in funktioneller *Analogie* wiederholt aus umorientierten Drohhandlungen freundliche Gruß- und Werbezeremonien (Lorenz 1963, Eibl-Eibesfeldt 1980). Lachen als Aufforderung mitzulachen und somit als freundliches Signal tritt ferner in Situationen plötzlicher Spannungslösung nach bestandener Gefahr, nach leichtem Erschrecken, nach verblüffenden unerwarteten Eindrücken und schließlich in gewissen Konfliktsituationen auf, die durch das gleichzeitige Wirken antagonistischer Reizsituationen ausgelöst wurden (Rothbart 1973). In allen diesen Situationen scheint das Lachen spannungslösend, aggressionsableitend zu wirken. Wir werden diese Frage noch diskutieren.

Den Zusammenhang zwischen Humor und Aggression hat bereits Freud gesehen. Er läßt sich auch stammesgeschichtlich begründen. Nach den Untersuchungen von van Hooff (1971) ist die Reaktion des Lachens vom »relaxed open mouth display« der Affen abzuleiten. Dieser Ausdruck wird als ritualisierte Beißintention gedeutet und signalisiert als »Spielgesicht« dem Spielpartner, daß nicht wirklich zugebissen wird. Zu den rhythmischen Lautäußerungen, die für das Lachen so typisch sind, gibt es ebenfalls Homologa bei Affen. Dort dienen rhythmische Lautäußerungen, die meist mehrere Gruppenmitglieder gleichzeitig äußern, dazu, gegen einen Gruppenfremden zu hetzen (»hassen«).

Eine besondere Form der normerhaltenden Aggression zielt darauf ab, Unterschiede im Besitzstand der Gruppenmitglieder auszugleichen. Vor allem in den individualisierten Kleingruppen der Naturvölker spielt das eine große Rolle. Wer besitzt, wird beneidet und ist einem aggressiven Druck ausgesetzt, der zum Teilen zwingt. Neid ist, wie erwähnt, eines der beherrschenden Motive in der Buschmanngesellschaft. Schoeck (1966), der dieses Phänomen untersucht hat, erwähnt in diesem Zusammenhang die Muru-Überfälle bei den Ureinwohnern Neuseelands. Muru heißt in der Maori-Sprache plündern. Die Angriffe richteten sich gegen Mitglieder der Gemeinschaft, die sich angeblich eines Verbrechens gegen die Gemeinschaft schuldig gemacht hatten. Das war jedoch im allgemeinen nur Vorwand. In Wirklichkeit konnte jeder, der einen das Plündern lohnenden Besitz hatte, mit Muru rechnen. Jede Abweichung von der Norm täglichen Lebens, jeder Ausdruck der Individualität, ja selbst ein Unfall, der den Betreffenden vorübergehend zum Invaliden machte, war ausreichender Anlaß für die Gemeinde, über den Unglücklichen und seinen persönlichen Besitz herzufallen.

Der Mann, dessen Frau Ehebruch beging, der Vater eines Kindes, das verunglückte, der Mann, dessen Grasfeuer sich über eine Begräbnisstätte ausbreitete – all dies waren Vorfälle, für die man geplündert werden konnte. Die Angegriffenen wehrten sich nicht. Es hätte ihnen nur Verletzungen eingebracht und ihnen außerdem die Möglichkeit genommen, ihrerseits bei nächster Gelegenheit an einem Muru-Überfall teilzunehmen. Man ließ sich von der Gemeinschaft berauben in der Hoffnung, das nächste Mal beim Plündern dabeisein zu dürfen. Auf diese Weise zirkulierte das meiste bewegliche Eigentum von Hand zu Hand und wurde allmählich öffentliches Eigentum.

2. Die Kontrolle der Innergruppen-Aggression

Aggressionen gegen ein Gruppenmitglied haben bei höheren Wirbeltieren höchst selten tödliche Folgen. Das Töten des Artgenossen wird bei vielen Tieren durch angeborene Aggressionshemmungen verhindert, die genau auf die Fähigkeit zu töten abgestimmt sind. Auslösend sind bestimmte Demutsstellungen. Oft ist der Kampfverlauf zu Turnieren ritualisiert worden. Darüber hinaus gibt es weitere Einrichtungen, die verhindern, daß die Aggression unter Gruppenmitgliedern eskaliert und damit den Zusammenhalt der Gruppe gefährdet. Wir erwähnten das aktive Einschreiten Ranghoher, die Streitigkeiten schlichten, und schließlich die Bereitschaft des Verlierers, sich vorübergehend in ein Rangsystem einzuordnen. Alle diese Mechanismen wirken auch beim Menschen. Das gilt allerdings nur bei Auseinandersetzungen zwischen Gruppenmitgliedern. Bei Kämpfen zwischen Gruppen kommt es zum Mord am Mitmenschen, aus Gründen, die wir noch besprechen (S. 148). Bis vor kurzem war man der Ansicht, daß dies für andere Hochprimaten nicht zutreffe. Neuerdings haben jedoch Goodall und Mitarbeiter (1979) festgestellt, daß Schimpansen einander beim Zwischengruppenkonflikt töten.

a. Aggressionshemmende Signale

Der Mensch verfügt über eine Reihe von beschwichtigenden Appellen, die Aggressionen hemmen und Beistandsverhalten aktivieren. Dazu gehören Verhaltensweisen wie Weinen, Wehklagen, Kopfsenken und Schmollen, das freundliche Lächeln und noch eine Reihe anderer Ausdrucksbewegungen sozialer Kontaktbereitschaft. Die Strategie ihres Einsatzes ist noch nicht genügend erforscht, doch zeigt eine kulturenvergleichende Untersuchung, daß die Verhaltenselemente, soweit bekannt, in allen Kulturen anzutreffen sind und in bestimmten Situationen, wie etwa beim Grüßen, nach gleichem Muster eingesetzt werden*.

---

* Schmidbauer (1972) behauptet, der Mensch hätte keine angeborenen Tötungshemmungen, da ja aus verschiedenen Kulturen bekannt sei, daß Mütter unerwünschte Kinder gleich nach der Geburt und »leichten Herzens« töten.

Dieser Schluß ist meiner Ansicht nach nur zwingend, wenn die Kindestö-

Um freundlich zu stimmen, bedient man sich oft der Signale des Kindes, von denen primär eine solche Wirkung ausgeht. So näherte man sich in Australien den gefürchteten Weißen, indem man Kinder vor sich her schob (Basedow 1906), und man begrüßt in vielen Kulturen, einschließlich der unseren, Gäste über das Kind. Beim Palmfruchtfest der Waika-Indianer tanzen Kinder neben den aggressiv sich selbst darstellenden Kriegern mit grünen Palmwedeln als beschwichtigendem Symbol (Eibl-Eibesfeldt 1973). Auch die deutsche Fernsehwerbung weiß um die aggressionsbeschwichtigende Wirkung des Kindchenschemas und streut, um freundlich zu stimmen, die kindlich drolligen Mainzelmännchen ein.

In ähnlicher Weise wird der Appell über die Frau eingesetzt, deren Signale ebenfalls Aggression unterdrücken, wie eine Untersuchung von Baron (1974a, b) nachweist. Bei verärgerten männlichen Versuchspersonen war der Grad ihres Unmuts stark reduziert, nachdem man ihnen sexuell aufreizende Mädchenakte aus dem Playboy-Magazin gezeigt hatte. Bilder neutralen Inhalts (Landschaften etc.) übten keinen solchen Einfluß aus. Auch die Werbung trägt ihre Appelle oft über sexuell attraktive Frauendarstellungen vor. Bis vor kurzem meinte ich, dies diene allein dem Blickfang, doch läßt mich die genannte Untersuchung nun annehmen, daß solche Bilder auch eine beschwichtigende Funktion haben (Baron und Ball 1974).

Beschwichtigend wirkt ferner das Überreichen von Gaben, vor allem von Essensgeschenken. Speisung der Gäste und Geschenketausch sind in vielen Kulturen anzutreffen, und wir können bereits bei kleinen Kindern spontanes Überreichen von Nahrung als freundliches Angebot beobachten. Ich habe ausgeführt, daß die mit der Fütterung verbundenen freundlichen Erfahrungen der Grund dafür sein könnten, daß Menschen Freundlichkeit überall durch Nahrungsüberreichen ausdrücken (Eibl-Eibesfeldt 1973), gab aber später der Alternativhypothese, es könnte sich um ein angeborenes Verhaltensmuster handeln, den Vorzug, weil bereits ganz kleine Kinder spontan und situationsgerecht – z. B. wenn sie mit einem Fremden Freundschaft schließen wollen – diese Verhaltensmuster einsetzen. Auch findet man im Tierreich in Analogie dazu, daß Ri-

tung wirklich leichten Herzens, also ohne Hemmung erfolgen würde. Dagegen spricht jedoch die Mehrzahl der anthropologischen Berichte (siehe dazu Eibl-Eibesfeldt 1984).

tuale des Futterüberreichens in Werbezeremonien und andere Rituale beschwichtigender Funktion eingebaut sind. Deshalb befremdet es mich, wenn Horn (1974) in seiner sonst sehr durchdachten Analyse der humanwissenschaftlichen Relevanz der Ethologie bei der Diskussion meiner Ableitung beschwichtigender Rituale nur eines der von mir angeführten Beispiele zitiert. Er bezieht sich auf das Kriegserlebnis eines Bekannten von mir, der im Angriff gegen einen Feindsoldaten gehemmt wurde, als ihm dieser spontan ein Stück Brot überreichte. Horn kritisierte dies als »naive Art der Beweisführung« und weist darauf hin, daß eine konkurrierende Interpretation nur nach einer gründlichen psychoanalytischen Exploration meines Bekannten sinnvoll wäre: »Es läßt sich nur vermuten, daß das Überreichen von Brot (Nahrung überhaupt?) für ihn eine zum Kriegführen derart kontrastierende, lebensgeschichtlich erworbene Bedeutung gehabt hat, daß er mit dem situativen Widerspruch nicht anders als auf diese Weise fertig wurde, allerdings im Verein mit dem Interaktionspartner« (Horn 1974, S. 207).

Diese Möglichkeit habe ich durchaus in Erwägung gezogen, und es war eben mehr als dieses eine Beispiel, was mich zur Annahme einer angeborenen Disposition bewog.

Horn meint weiter: »Soll man die Interpretation von Eibl-Eibesfeldt als Beweis ernstnehmen, müßte ethologisch auch ausgeführt werden können, warum sich auf diese Weise keine Kriege beenden oder gar vermeiden lassen, bzw. aufgrund welcher humanethologischer Gesetze andere gleiche Interaktionen gewissermaßen kriegerisch normal ausgingen und warum es bei dem Bekannten von Irenäus Eibl-Eibesfeldt und seinem Gegner zu einem glücklichen Durchbruch dessen kam, was der Ethologe für die erste Natur hält« (Horn 1974, S. 207). Auch darauf bin ich eingegangen, als ich über die Errichtung von Kommunikationsbarrieren und die Dehumanisierung des Gegners im Kriege sprach, und ich werde diesen Punkt noch differenzierter in diesem Buch entwickeln.

Innerhalb der Gruppe funktionieren die über die aufgezählten Signale aktivierten Aggressionshemmungen trotz der Entwicklung der Waffentechnik sehr gut. Nach Russel und Russel (1971) sterben nur 0,1 Promille der Menschen in unserem westlichen Kulturkreis durch Mord.

b. Die Rolle der Rangordnung

Wie bei den höheren Säugern ist schließlich auch beim Menschen die Bereitschaft offensichtlich, sich in eine Rangordnung einzufügen und dem Ranghöheren vorübergehend zu folgen. So haben die Versuche von Hokanson und Shetler (1961) als Nebenergebnis gezeigt, daß eine Verärgerung weniger lang anhält (gemessen am Blutdruckanstieg), wenn der Verärgernde eine ranghohe Person war. Gab der Versuchsleiter dagegen vor, nur Assistent zu sein, dann hielt die durch ihn verursachte Verärgerung bei im übrigen gleicher Versuchsanordnung lange an.

Man ist offenbar bereit, vom Ranghohen mehr einzustecken als vom Rangniederen. Daß Menschen ferner eher geneigt sind, von einem Ranghohen zu lernen, weiß man ebenfalls. Beim militärischen Training wird der Rekrut zunächst einem Schliff unterworfen, der eine niedrige Rangeinstufung und damit die Bereitschaft zum Ziel hat, vom Ranghohen zu lernen und ihm zu folgen. Der Rangniedere zeigt eine deutliche Bereitschaft zu Autoritätsgehorsam, die in Abrahams Beispiel, seinen Sohn zu opfern, ebenso wie in den Experimenten von Milgram (1963, 1974) zum Ausdruck kommt.

Milgram ließ Versuchspersonen an einem fingierten Lernexperiment teilnehmen. Die Eingeladenen wurden glaubhaft aufgefordert, die Wirkung von Strafreizen auf den Lernfortschritt eines Prüflings zu untersuchen. Ihre Aufgabe würde darin bestehen, dem Probanden immer dann, wenn er Fehler mache, einen elektrischen Strafreiz zu erteilen, und zwar mit von Fehler zu Fehler zunehmender Reizstärke. Dazu setzte man die Leute an einen Strafreizapparat, dessen Skala über 30 Stufen von 15 bis 450 Volt aufwies. Die starken Strafreize hätten, wenn sie wirklich appliziert worden wären, den Prüfling schwer verletzt. Obgleich den Prüfern das bewußt war und man ihnen zu Beginn gesagt hatte, daß sie ihr Experiment unterbrechen könnten, folgten die meisten den Anweisungen des anwesenden Versuchsleiters, weiterzumachen bis zur letzten Reizstufe; sie taten dies, obwohl sie auf Tonband vorgespielte, fingierte Protest- und Schmerzlaute des Prüflings hörten und daraufhin Bedenken gegen den Versuch geäußert hatten. Entkleidete man den Versuchsleiter seines Ranges, dann nahm die Anzahl derjenigen zu, die bei Anhören der Proteste den Versuch abbrach. Gab der Versuchsleiter die Anweisung über Telefon, dann weigerten sich ebenfalls mehr als im ersten Falle, den Anweisungen Folge zu leisten. Viele gaben zwar an, sie höben die Reizstufen weisungsgemäß an, sie taten es aber nicht, ein Beleg dafür, daß keine sadistische Motivation vorlag.

Nun bleibt bei diesen Versuchen offen, ob es sich hier um eine angeborene oder um eine erlernte Disposition handelt. Unter funktionellen Aspekten bleibt der Effekt der gleiche. Die Bereitschaft, sich zu fügen, sei sie andressiert oder angeboren, verhindert ständige zermürbende Rangkämpfe, die das Gruppenleben empfindlich stören würden*. Da aber nicht anzunehmen ist, daß es in der Entwicklung vom Affen zum Menschen eine Phase gab, in der er – etwa weil er einzeln lebte – nicht diesen Funktionszwängen unterlegen war, ist kaum einzusehen, weshalb gerade hier Angeborenes völlig abgebaut und gänzlich durch kulturelle Anpassung ersetzt sein sollte. Auch die schon erwähnten Beobachtungen von Stayton und Mitarbeitern (1971), denen zufolge Kindergehorsam nicht erst durch Gewalt erzwungen werden muß (S. 106), sprechen für eine angeborene Gehorsamsbereitschaft.

c. Ritualisierung der Auseinandersetzung

c. 1 Ritualisiertes Kämpfen

Durch die Erfindung verschiedenartiger Geräte, die als Waffen eingesetzt werden können, wurde der Mensch potentiell zum Affekttöter. Das heißt, er kann im Affekt einen Mitmenschen erschlagen, auch wenn er ihm an sich nahesteht. In kultureller Anpassung an diese Fähigkeit entwickelte der Mensch Regeln für den Umgang mit Waffen, vor allem für die Zweikämpfe unter Männern. Die Waffen werden danach so eingesetzt, daß die Wahrscheinlichkeit, den Gegner zu töten, herabgesetzt ist. Der Waffenkampf wird zum Turnier. So ist es z. B. bei den Walbiri und einigen anderen australischen Stämmen üblich, daß die Männer beim Kampf einander mit Holzspeeren bewerfen. Dabei dürfen sie nur auf die Beine des Gegners zielen. Waika-Indianer schlagen einander nach festem Ritual abwechselnd mit langen Hartholzkeulen auf den glattrasierten Schei-

---

* Diese Feststellung einer Funktion impliziert nicht, daß Rangordnungen daher generell und unkritisch zu akzeptieren seien. Wir wiesen bereits auf die Problematik hin, die sich aus dem Rangstreben in anonymen Gesellschaften ergeben. Es kann durchaus sein, daß für die neuen Bedingungen der Massengesellschaft bessere Gesellschaftsmodelle entwickelt werden.

tel. Einer erwartet den Schlag mit geneigtem Haupt; hat der andere zugeschlagen, dann muß er sich seinerseits zum Schlagempfang aufstellen. Außer blutenden Platzwunden tragen die Kämpfer im allgemeinen keine schweren Schäden davon. Die Beispiele ließen sich beliebig vermehren. Voraussetzung für das Funktionieren der kulturellen Aggressionskontrollen ist natürlich, daß der andere in die Regeln eingeweiht ist und beide Partner einander noch in gewisser Weise verbunden sind. Bei Konflikten zwischen Gruppen verschiedener Ethnien sind diese Bedingungen oft nicht mehr gegeben, ja es können sogar Gruppen gleichen Stammes Kommunikationsbarrieren errichten und sich wie Fremde gegenübertreten. In solchen Fällen werden die Waffen destruktiv eingesetzt. Das wird uns im Abschnitt über den Krieg noch genauer beschäftigen.

c.2 Verbalisierte Aggressionen

Gewisse Muster der Beschimpfung dürften über die Kulturen hinweg dem Prinzip nach gleich sein. Sie implizieren Degradierung bis Dehumanisierung mit der damit verbundenen Androhung des Ausschlusses. Der Partner wird mit Tiernamen belegt (in Europa: Schwein, Hund, Affe), oder man hängt ihm soziale oder körperliche Mängel an (Krüppel, Feigling, Schmutzfink, Gauner). Oft wird im Schimpfwort der Verstoß gegen ein Inzesttabu vorgeworfen. Bei den Streitigkeiten der Mbowamb (Neuguinea) hört man Schimpfworte, die sich beispielsweise auf körperliche Mängel des Beschimpften (du Frauenbrüstler!) beziehen oder jemandem seine Armut zum Vorwurf machen (du Hergelaufener!) oder auch seine Ungepflegtheit (du Ascheüberzogener, man muß sich erbrechen, wenn man dich sieht!) (Vicedom und Tischner 1943/48). Es sind im Prinzip die gleichen Bezeichnungen, die man hierzulande verwendet.

Der Mensch kann ferner mit Worten auslösende Reizsituationen präsentieren, etwa indem er sagt: »Mit dir rede ich nicht mehr!« und so zur Aggression herausfordert, oder indem er ein Wortklischee als auslösende Attrappe einsetzt. Solche verbalen Anreize fordern ihn schließlich heraus, ebenso zu antworten, und er praktiziert das sowohl bei der formlosen Beschimpfung, beim scherzhaften Necken des Scherzpartners (S. 125) und schließlich beim hochritualisierten Gesangsduell. Klischeeworte und Klischeesätze ersetzen Handeln und auslösende Reizsituationen. Das ist eine bemerkenswerte Form der Ritualisierung. Die Ritualisierung der Auseinandersetzung ist in diesem Zusammenhang sicher ein entscheidender, die Evolution der Sprache mit vorantreibender Faktor gewesen. Vielleicht kam aus dieser Richtung sogar der entscheidende selektionistische Anstoß.

Bei den Eskimos Westgrönlands werden Zweikämpfe nur durch Spottgesänge ausgefochten. Dabei stehen die Gegner einander gegenüber. Einer singt und schlägt dazu oft eine kleine Handtrommel. Sein Gegner läßt das scheinbar gelassen über sich ergehen, bis er an die Reihe kommt. Der Singende verhöhnt seinen Gegner nicht nur verbal. Er pustet ihm auch ins Gesicht, ja stößt ihn sogar mit der Stirn. Der andere antwortet mit höhnischem Lachen und fängt den Kopfstoß mit der Stirn ab. So wechseln sie sich ab.

König (1925, S. 314/315) hat in seiner Untersuchung über den Rechtsstreit einige Protokolle von Spottgesängen der Ostgrönländer abgedruckt, die wir hier als Beispiel wiedergeben:

1. Wechselseitiger Streitgesang zwischen den Ostländern Koungak und Erdlavik

Koungak: »Laßt mich auch dem Frauenboote folgen, als Kajakmann dem Boote folgen und den Singenden – obschon ich an sich furchtsam bin – obwohl ich von demütigem Wesen bin – wie wenn ich folge als Kajakruderer – folge mit den Singenden! – Es ist kein Wunder, daß er froh wurde – er, der beinahe seinen Vetter getötet hätte – beinahe seinen Vetter harpuniert hätte – kein Wunder, daß er sich zufrieden fühlte – daß er froh war.«

Erdlavik (tanzend): »Aber ich lache ja nur darüber – aber ich mache mich ja darüber nur lustig – Koungak, daß du ein Mörder bist – und daß du von Grund aus so zornmütig bist – zur Raserei geneigt – aber weil du nicht mehr als drei Weiber hast – und du denkst, das sei zu wenig – bist du so zornmütig – du solltest andere Männer sich mit ihnen verheiraten lassen – so würdest du alles erhalten, was ihre Männer fingen – Koungak, weil du dich nicht um anderer Meinung kümmerst – darum hungerst du beständig – weil deine Frauen dir alles wegessen – deswegen hast du angefangen, andere Leute totzuschlagen.«

2. Igsiaviks Trommelgesang

(Der Gegner ist Misuarinanga, der für seinen Stiefvater Ipatkajik eingetreten ist, weil dieser keinen Stoff zu Liedern mehr hat.)

»Du hältst viel von ihm, du hältst zusammen mit ihm. Wenn du singst, mußt du ihn um den Hals fassen, acht auf ihn geben und gut gegen ihn sein.« (Er setzt einen Pflock hochkant in des Gegners Mund.) »Ich weiß nicht, was ich tun soll, da mein Gegner weder singen noch einen Laut von sich geben kann.« (Er steckt dem Gegner einen Holzklotz in den Mund und tut, als ob er den Mund zunähen wollte.) »Was sollen wir machen mit meinem Gegner? Er kann weder singen noch seine Stimme herauslassen. Da man ihn nicht mehr hören kann, ist es vielleicht das beste, wenn ich seinen Mund ausziehe und versuche, ihn größer zu machen.« (Er zieht des Gegners Mund mit den Fingern nach den Seiten auseinander und stopft ihm Speck mit einem Holzpflock hinunter bis zum Hals.) »Mein Gegner hat mir viel zu sagen, er sagt, ich wolle etwas mit Akenatsiak machen und hätte ihn töten wollen. Als wir von Stararmiut nach Anitsuarsik von Süden her kamen, warst du es, der mit Akenatsiak Trommeltanz begann.« (Er legt einen Riemen um den Mund des Gegners und bindet ihn damit an dem Dachbalken fest.) »Ich weiß nichts davon, daß ich gegen Akenatsiak etwas hätte unternehmen wollen und ihn hätte töten wollen, und ich weiß auch nicht, warum ich das getan haben sollte. Das muß wohl sein, weil wir zwei hinter seiner (Ipatkajiks) Frau her waren, daß du mich damit beschuldigst. Wenn er wieder gegen mich singt, werde ich wieder gegen ihn singen.«

Jedesmal, wenn Igsiavik den Misuarinanga zwischen den Versen mit allerlei Narrheiten höhnt, gibt dieser seine Gleichgültigkeit zu erkennen, um den Zuschauern zu zeigen, daß er sprechen und sich über ihn lustig machen könne.

In einer bemerkenswerten Parallele haben sich bei den Tirolern und einigen anderen Volksgruppen Österreichs ähnliche Spottgesänge entwickelt. Sie werden bei verschiedenen Gelegenheiten gesungen. Beim geselligen Zusammensein im Wirtshaus – z. B. nach einer Hochzeit oder einem Viehmarkt – kann einer einen anderen – z. B. den Hochzeiter – ungestraft in Versen verspotten. Der Vortrag hat den Charakter einer wohl scherzhaften öffentlichen Rüge, und oft stellt er heraus, woran andere Anstoß genommen haben. Es können aber auch zwei miteinander auf diese Weise streiten. Früher wurde dadurch häufig eine Rauferei eingeleitet. Von Hörmann (1877) beschreibt, wie Tiroler Burschen einander im Wirtshaus zunächst ansingen, um dann schließlich zur Rauferei überzugehen, die allerdings nach vorher vereinbarten Regeln und nach Ablieferung des »Messerbestecks« erfolgt und bei der sich die Kämpfer keineswegs verfeinden. Hier die Textproben zweier Wechselgesänge (S. 24/25).

    A.   Kimm vom Unterland aufer,
         Koa Weg ist mir z'weit,

Hab' an Trager bei mir
Mit'r Kraxen voll Schneid.

B. Bald's regnet, regnet's strichweis,
Bald's schneibt, so schneibt's kluag (fein),
Dein Singen geht stichweis,
Das wert' i mir g'nuag.

A. Buxbaum und Ahornlaub,
Türkisch Papier,
Heut' hätt' i mei' glockspeisern
Raufzeug bei mir.

B. Hör' auf a so z'singen
Und nachi schnagglen,
I tät' mit dir schmeißen
Und Fingerhagglen.

A. Hör' auf a so z'singen,
Du spannlange Wurz',
Wenn d'abbrechen tätst,
Wärst zum Anknüpfen z'kurz.

B. Dort oben auf der Heach (Höhe)
Steh'n drei Zunterbuachen,
Wir wollen nit lang grein' (schelten)
Lieber d' Schneid versuachen.

A. A frischer Bua bin i
Han d'Federn aufg'steckt,
Im Raufen und Schlagen
Hat mi' koaner derschreckt.

B. Büebel, wenn d'schlagst,
Schlag grad nit auf d'Augen,
Daß i no sehen kann
Deine Scherben z'sammklauben.

A. Henneler, Henneler,
Pack' nur gleich z'samm',
Dein hochmütig's Reimen
Das dauert mir z'lang.

Bei dem hier wiedergegebenen Wechselgesang handelt es sich um die Begegnung zweier Robler, die auf Raufen aus waren. Normalerweise, und das betont z. B. Lürs (1919), bleibt es beim Gstanzl-Singen. Wird der Angreifer im Liede zu derb, so singt der Angegriffene oder ein Dritter (Neutraler) eine Warnungsstrophe:

Tua net a so singa,
Tua net a so sang,

Sinscht tua-r-i da 'n Schnabl*
Mit a Tennarauf'n zwang**.

Nach Kochman (1970) sind auch bei der schwarzen Bevölkerung
der USA verbale Wettkämpfe üblich. Einer fordert dazu heraus, indem er ein Mitglied aus der Familie des Partners beleidigt. Das
zwingt den anderen zu antworten, vor allem, wenn die Beleidigung
im Beisein von weiteren Personen erfolgte. Er schmäht seinerseits
die Familie des anderen und provoziert damit den Weitergang der
Auseinandersetzung, die meist ohne Rauferei endet. Verbaler Wettstreit spielt vor allem bei den 15- bis 17jährigen Burschen eine große
Rolle, wobei verbales Geschick geschätzt wird. Die Burschen sammeln Einzeiler; wer über das größte Repertoire verfügt, gewinnt im
Wettstreit und steigt im Ansehen. Beispiele für solche Einzeiler:
     Your mama is so bowlegged, she looks like the bite out of a donut.
     Your mama sent her picture to the lonely hearts club, and they
sent it back and said: »We ain't that lonely!«
     Your family is so poor the rats und roaches eat lunch out.
     Your house is so small the roaches walk single file.
     I walked in your house and your family was running around the
table. I said: »Why you doin that?« Your mama say: »First one
drops, we eat.«   (Kochman 1970, S. 159)
     (Deine Mutter hat solche O-Beine, daß sie wie ein Bissen aus ei-
nem Donut [amerikanisches Gebäck] aussieht. – Deine Mutter hat
ihr Bild an den Klub der einsamen Herzen geschickt, und sie sandten es zurück mit der Bemerkung: »So einsam sind wir nun doch
nicht!« – Deine Familie ist so arm, daß die Ratten und Küchenscha-
ben auswärts essen. – Euer Haus ist so klein, daß die Küchenscha-
ben im Gänsemarsch laufen. – Ich bin zu euch gekommen, und
deine Familie lief um den Tisch herum. Als ich fragte: »Warum
macht ihr das?«, antwortete deine Mutter: »Der erste der hinfällt,
den essen wir.«)
     Besonders Geschickten gelingt es in der Antwort, den Spieß um-
zudrehen. So antwortet einer, wenn jemand zu ihm die stehende
unanständige Phrase »fuck you« sagte: »Man, you haven't even
kissed me yet« (Kochman 1970, S. 159).

---

* Sonst tu ich dir deinen Schnabel (Mund)
** Tennarauf'n = eiserner Rechen, zwahen = waschen, säubern

122

d. Schlichten, Trösten, Partei-Ergreifen (Vermitteln)

Noch relativ wenig untersucht sind die Verhaltensweisen des Schlichtens und Tröstens, die bereits in Kindergruppen eine große Rolle spielen. Kinder ergreifen sehr spontan die Partei eines Angegriffenen, und zwar in einer Weise, die nicht zur Ausweitung des Streites führt. Sie argumentieren gegen eine Fortführung des Streites und trösten den Gekränkten durch Streicheln und andere Gesten der Ermunterung, wie z. B. durch Überlassung von Spielzeug, das Anbieten von Leckerbissen und Einbeziehung ins Spiel. Mir fiel wiederholt auf, daß bereits zweijährige Kinder auf fingierten Streit ihrer Eltern sehr stark ansprechen, und zwar ergreifen sie als Vermittler Partei. Als z. B. ein Vater die wiederholte Bitte der Mutter um Zucker – die Familie saß beim Kaffee – brüsk ablehnte, ergriff das dreijährige Mädchen sogleich die Partei der Mutter. Abwechselnd mit der Hand drohend und verbal bittend, setzte sie sich für das Anliegen der Mutter ein. Über die Ontogenese dieser sehr interessanten Interaktionsmuster ist bisher wenig bekannt.

Wir wollen festhalten, daß die individualisierte Aggression des Menschen durch eine Reihe von angeborenen Verhaltensweisen wirksam unter Kontrolle gehalten wird. Die Hemmung, einen Mitmenschen zu töten, ist in allen Kulturen ausgeprägt, und will man sich über sie hinwegsetzen, wie etwa im Krieg, dann bedarf es besonderer Indoktrinierung, damit die mitmenschlichen Appelle, die Mitgefühl wecken, nicht wahrgenommen werden. Mitleid als subjektives Korrelat zur Tötungshemmung wird in allen Kulturen empfunden und überall durch die gleichen Signale ausgelöst. Aggressionshemmungen sind uns demnach angeboren. Das Gesetz »Du sollst nicht töten!« ist bereits in dieser Anlage begründet. Mit der Erfindung der Waffe und damit der Möglichkeit zum Totschlag bedurfte es zusätzlicher kultureller Kontrollmuster.

e. Rituale der Bindung

In dem Repertoire der aus der Eltern-Kind-Beziehung abgeleiteten Verhaltensweisen der Gruppenbindung verfügen wir Menschen über weitere sehr wirksame Gegenspieler der Aggression. Auf diesem zum Teil recht alten Erbe baut sich eine Reihe von kulturellen Ritualen der Bindung auf wie die der Begrüßung und die Vielfalt der Feste. Wie wichtig der Gruß für das reibungslose soziale Zusammenleben von Menschen ist, habe ich an anderer Stelle ausgeführt (Eibl-Eibesfeldt 1970a, 1973), und wir erwähnten bereits, daß Grußverhalten und Fest grundsätzlich überall den gleichen Aufbau zeigen und darüber hinaus auch durch eine Reihe von universellen Verhaltensweisen charakterisiert sind.

Diese Verhaltensweisen können auch verbalisiert werden. So etwa in der stereotypen Grußformel der Afghanen, die mit einem guten Wunsch als Geschenk eröffnet und dann Anteilnahme bekundet. Begegnen zwei Afghanen einander, dann läuft dieses verbale Ritual stets in gleicher Weise ab (nach Dr. Schmidt Dumont, Kabul, briefl. Mitteilung):

Anrede	Erwiderung
1 Ich wünsche Ihnen Gesundheit!	Und ich wünsche Ihnen Gesundheit!
2 Wie geht es Ihnen?	Gott sei gedankt, es geht mir gut.
3 Geht es Ihnen gut?	Wie geht es Ihnen eigentlich?
4 Geht es den Kindern gut?	Dank Gott, es geht ihnen allen gut.
5 Geht es den übrigen Angehörigen gut?	Gott sei gedankt, es geht allen gut. Wir hoffen, daß es den Ihrigen auch gut geht!
6 Danke, es geht allen gut.	
7 Seit langer Zeit habe ich Sie gar nicht gesehen. Wo sind Sie, und was machen Sie?	Die Lebenssorgen sind groß. Ich habe keine Gelegenheit gefunden, Sie zu besuchen. Ich bin bei meiner ehemaligen Arbeit und halte mich hier in Kabul auf.
8 Mit Gottes Unterstützung werden Sie mit der Arbeit und den Bürden gut fertig?	Gott sei Dank, alles ist zufriedenstellend. Wie schaut es bei Ihnen aus?
9 Nicht schlecht.	

Es wäre verfehlt, in diesem Austausch von Floskeln leere Formeln zu sehen. Auch in dieser Form erfüllt der Gruß seine wichtige Funktion als Öl im Getriebe des sozialen Alltags. Das gilt auch für die Feste, die auf besondere Weise das Band zwischen Gruppenmitgliedern bekräftigen, und zwar auf Gruppenebene. Während der Gruß die individualisierte Beziehung zwischen einigen wenigen Personen glättet, bindet das Fest im allgemeinen eine größere Gruppe. Es gibt Familienfeste, Feste der Dorfgemeinschaft, Stammesfeste, um nur einige der sozialen Ebenen zu nennen. Im Aufbau sind sie grundsätzlich gleich. Über Speisung, Geschenketausch, beschwichtigende und betreuungsauslösende Appelle, Bekundung der Anteilnahme und gemeinsames Tun, z. B. im Tanz, wird das Band gestiftet und bekräftigt. Das geschieht des weiteren, indem man Aggressionen gegen Dritte umorientiert und damit die Verbundenheit gegen einen gemeinsamen, oft imaginären Feind dokumentiert.

Shokeid (1973) hat die Bedeutung von geselligen Veranstaltungen im Leben eines israelischen Dorfes untersucht. Zwischen den Einwohnern herrschten zum Teil sehr starke Spannungen. Man traf sich aber dennoch freundlich bei Zeremonien und Unterhaltungen. Vor allem dann, wenn Dorfbewohner niedrigen Ranges einluden, kamen viele zu Besuch, da diese Rangniederen ja mit der offiziellen Dorfpolitik weniger befaßt waren und als Neutrale fungierten. Verbitterte Gegner konnten sich damit auf neutralem Grund begegnen, und die entspannte Atmosphäre dämpfte die Feindseligkeit. Shokeid ist davon überzeugt, daß ohne solche eingeschobenen Entspannungsperioden das Leben in der Gruppe unerträglich wäre. Das gilt sicher ganz allgemein, und in manchen Gesellschaften wurden bestimmte Feste zur Institution. Weihnachten wäre in diesem Zusammenhang zu nennen. Die Betonung, die auf dem Geschenketausch liegt, läßt es klar als »Friedensfest« erkennen.

f. Ventilsitten

»Was sich liebt, das neckt sich!« Aggressive Spannungen drängen nach Entladung. Der Spannungslösung dient nun eine Reihe von Bräuchen, die von den Völkerkundlern in sehr treffender Weise als »Ventilsitten« bezeichnet werden. In ihnen werden Aggressionen auf harmlose Weise ausgelebt. Fast weltweit verbreitet sind z. B. die sogenannten Scherzpartnerschaften (Radcliffe-Brown 1940). Scherzpartner dürfen einander necken, oft sogar Grobheiten sagen und auf diese Weise in einer von der Gesellschaft anerkannten Weise ihre Aggressionen abreagieren. Scherzpartnerschaften zwischen Mitgliedern verschiedenen Geschlechts sind meist auch potentielle

Heiratspartner, während die Beziehungen zwischen Personen, die für sexuelle oder eheliche Bindungen tabu sind, meist stark formalisiert werden. Scherzbeziehungen sind in diesem Fall nicht erlaubt. Bei vielen Naturvölkern stehen Großvater und Enkel in einer scherzpartnerschaftlichen Beziehung. Das Verhältnis ist entspannt und besonders vertraut, da der Großvater in diesen Fällen keinerlei disziplinierende Autorität ausübt. Sie obliegt dem Vater. In der Beziehung zum Großvater findet das Kind Entspannung, während seine Beziehungen zu anderen Erwachsenen von Autorität belastet sind. Als Ausnahme von dieser Regel fand Nadel (1969) eine Gruppe der Nuba, die in Großfamilien leben, denen der Großvater als Autorität vorsteht. In diesem Fall besteht eine Scherzpartnerschaft zwischen Vater und Sohn. Diese Ausnahme bekräftigt die Ansicht, daß es sich bei der Scherzpartnerschaft um eine Ventilsitte handelt.

Scherzpartnerschaften können auch zwischen Gruppen bestehen. In unserem Lande bildet das Verhältnis zwischen Bayern und Preußen ein gut bekanntes Beispiel.

Aggressionen können ferner im sportlichen Wettkampf ausgelebt werden. Bekannt sind die bäuerlichen Kampfspiele aus den Alpenländern (v. Hörmann 1909). Im Berner Oberland war das Schwingen oder Hoselupfen üblich. An einem bestimmten Tag im Jahr pflegten sich die Burschen auf einer Grenzalpe der beiderseitigen Täler zu treffen: die Unterwaldner und Haslitaler z. B. auf der Alpe Breitenfeld. Zu dem festlichen Ereignis strömten Zuschauer aus beiden Orten. Das Fest wurde mit einem Trunk im Wirtshaus eröffnet. Jeder Kämpfer wählte einen Mann aus der Gegenpartei und zechte mit ihm. Dann wanderte er zu den Klängen der Musik Arm in Arm mit ihm zum Kampfplatz. Die Kämpfer trugen eine feste Schwinghose, die am Taillengurt mit einem Wulst zum Anfassen versehen war. Vor dem Kampf reichten die Gegner einander zum Zeichen der friedlichen Absicht die Hand. Dann versuchte einer den anderen auszuheben und umzuwerfen. Die Partner standen oder knieten sich dabei gegenüber. Jeder hatte seinen Kopf auf die rechte Schulter des Gegners gelegt und hielt Leibgurt und aufgerollten Hosenwulst des Gegners in seinen Händen. Wurde ein Gegner zweimal auf den Rücken geworfen, galt er als besiegt.

Ähnliche Kämpfe waren einst im ganzen Alpenland verbreitet. In Tirol kommt man heute noch zum Rangeln zusammen, das dem Schweizer Schwingen ganz ähnlich ist. Früher traf man sich dazu auf Grenzalpen, wie der Hohen Salve im Brixental. Die Ringspiele begannen mit dem Hangeln, bei dem die Burschen sich mit gekrümmtem Mittelfinger aus der eingenommenen Stellung zu ziehen

suchten – ein Brauch, der auch heute noch in Tirol und Bayern geübt wird. Danach ging man zum Rangeln oder Robeln über. Der
Sieger in diesem Ringen – er mußte alle Gegner werfen – wurde
»Hagmair« (Hogmoar). Er durfte die Birkhahnfeder des Besiegten
auf seinen Hut stecken.

Die Birkhahnfeder hatte große symbolische Bedeutung. Sie
wurde im Tirolischen Huifeder oder Schneidfeder genannt, und
wenn einer die Lust zum Raufen verspürte, dann steckte er sich die
Spielhahnfeder so auf den Hut, daß sie sich nach vorne neigte, und
zog zur Schenke ins Nachbardorf. Die Burschen dort kannten das
Zeichen, und es dauerte meist nicht lange, bis einer fragte: »Was
kostet die Feder?« »Fünf Finger und einen Griff«, war die stehende
Antwort, ergänzt durch ein Schnaderhüpfl.

Der andere antwortete mit einem Vierzeiler, und so steigerten
sich die beiden in die gehörige Kampfstimmung.

Die provokatorische Bedeutung des Federnaufsteckens kennt
man auch aus der Steiermark, dem Land Salzburg und aus Bayern.
Anstelle der Schildhahnfedern nahm man oft die Federn des Haus-
hahnes.

Vergleichbare Bräuche sind von sehr vielen Völkern bekannt.
Heute dürften Kampfsportarten wie Fußball weltweit die Funktion
von Ventilsitten erfüllen. Wir werden die Beziehungen zwischen
Sport und Aggression noch diskutieren.

Spannungen innerhalb einer Gesellschaft, die sich unter anderem
zwischen verschiedenen Klassen einer nach Rang starr strukturier-
ten Gesellschaft ergeben, werden ebenfalls oft über Ventilsitten ausgelebt, wobei die Unterdrückten vorübergehend befreit in die Rolle
der Oberen schlüpfen. Sie machen sich bei dieser Gelegenheit normalerweise über die Herrschenden lustig, wie das bei uns z. B. im
Fasching oder Karneval in den Büttenreden üblich ist. Man
schimpft über die hohen Herrn, spottet über sie, befreit sich inner-
lich von Spannungen und ist dann wieder bereit, das Joch zu tragen.
Weidkuhn (1968, 1969) sprach sehr treffend von der »Fastnacht als
Polemik zwischen sozialen Klassen« (S. 289). Die Kabaretts erfüllen
eine ähnliche Funktion. Sie werden daher ebenso wie der politische
Witz auch in den Diktaturen geduldet. Dabei wird auch im motorischen Vollzug des Lachens, das ja wie erwähnt ein aggressives Verhalten ist, Aggression ausgelebt (siehe S. 111).

Nach Oberem (1967) verkleiden sich die indianischen Landarbei-
ter Ekuadors auf Festen als Gutsbesitzer und ahmen deren Verhalten in lächerlich machender Weise nach. So entledigen sie sich ihrer
aufgestauten Haßgefühle.

Schließlich wurden verschiedentlich Rituale des Geschenketausches zu Ritualen umgewandelt, die der Abreaktion von Aggressivität dienen. So überhäufen die Bewohner der Goodenough-Inseln ihren Gegner mit Knollenfrüchten und Schweinen als Geschenk, um ihn zu beschämen und damit moralisch zu besiegen (Young 1971). Gleiches gilt für die Potlatsch-Veranstaltungen der Kwakiutl (S. 105, 156).

3. Vorprogrammierungen im aggressiven Verhalten des Menschen

a. Auslösende Reize: Schmerz, »Situationsklischees« und das Feindschema »Fremder«

Physischer Schmerz löst bereits bei Kleinkindern Flucht, Abwehr oder Gegenangriff aus. Die Reaktion dürfte universell sein und ist wohl auch stammesgeschichtlich alt, denn schon bei Tieren ist Schmerz ein starker aggressionsauslösender Reiz.

Des weiteren greifen Kleinkinder bereits im vorsprachlichen Alter Mitmenschen an, die ihnen etwas wegnehmen oder ihnen Wünsche versagen. In sehr verschiedenen Kulturen sah ich, daß Kleinkinder ihre Mütter schlugen, wenn diese sie nicht schnell genug an die Brust ließen oder von einem Leckerbissen nicht gleich abgaben. Sie protestierten auch, wenn man sie bei einem Spiel störte, etwa aufhob und wegsetzte. Jede Unterbrechung einer erstrebten Handlung, jede Blockade auf dem Weg zum Ziel, jede Wunschversagung löst zunächst Aggressionen aus. Das gilt wohl universell für uns Menschen und bildet die Grundlage der Frustrations-Aggressions-Theorie (S. 97). Es kann als erwiesen gelten, daß Entbehrungserlebnisse (Frustrationen) Aggressionen bewirken, mit deren Hilfe der Mensch dann seine Zielvorstellungen durchsetzt.

In diesem Fall reagiert der Mensch nicht auf einen einfachen unbedingten Schlüsselreiz, sondern auf eine komplexere Reizsituation. Ich habe den Sachverhalt mit dem Begriff »Situationsklischee« zu beschreiben versucht. Man muß annehmen, daß es Detektoren (angeborene Auslösemechanismen) gibt, die auf bestimmte Situationen, die sich durch bestimmte schematenhafte Personenbeziehungen und Abläufe auszeichnen, abgestimmt sind. Beistandsverhalten wird sowohl durch Signale, wie Rufe eines bedrängten Kindes, als auch durch die Situation ausgelöst. Vergleichbares gilt auch für die geschilderten Situationen, die Eifersucht auslösen, für das

Verteidigen und Erobern von Plätzen und für Besitz, sei er materieller oder geistiger Natur (Ideen).

Bemerkenswert ist unsere Reaktion fremden Menschen gegenüber. In allen Kulturen begegnet man ihnen mit einer gewissen Zurückhaltung. Wir erinnern in diesem Zusammenhang an das eingangs über die Ambivalenz der zwischenmenschlichen Beziehungen Gesagte. Bereits der Säugling hat vor dem Mitmenschen Angst, auch wenn er nie Böses von ihm erfuhr. Den Menschen ängstigen gewisse Signale des Mitmenschen, und dies um so mehr, je fremder er in seinem Äußeren erscheint. Das heißt nicht, daß er nur Ablehnung aktiviert. Wir können ja auch deutliche Reaktionen der Zuwendung beobachten. Und über Bekanntheit kann die Scheu abgebaut werden. Zunächst löst jedoch der Fremde Scheu und Mißtrauen aus, und das bereits beim Kind.

Bei diesem Reaktionsschema wirkt natürlich Fremdheit nicht als Reizschlüssel an sich. Vielmehr müssen wir annehmen, daß Artgenossen Träger von aggressionsauslösenden Signalen sind. Wir wissen z. B., daß fixierende Augen als bedrohlich empfunden werden. Diese Signale scheinen in den ersten Lebensmonaten noch nicht auf den Säugling zu wirken. Später, wenn das Reaktionsvermögen auf diese Reize heranreift, wird ihre Wirksamkeit bei den Bezugspersonen durch das Band persönlicher Bekanntheit unterdrückt. Das *Feindschema »Fremder«* ist also genauer das nicht durch freundliche Erfahrungen überdeckte *Feindschema Mensch*. Daß Verfremdungseffekte milde Formen der Aggression (Auslachen) auslösen, fügt sich in diesen Zusammenhang. Wer sich abweichend verhält, entfremdet sich bis zu einem gewissen Grade seinen Gefährten.

Die Reaktion fremd (= potentieller Feind) betrifft ganz spezifisch fremde Mitmenschen. Sicher fürchten Kinder auch ihnen unbekannte Tiere, doch selten mit der oft panischen Scheu, die sie fremden Menschen gegenüber zeigen. Und kennen sie einmal einen Hund, dann versuchen sie jeden fremden Hund, auch wenn er anders aussieht, zu streicheln. Auf dieser Fremdenfurcht gründet sich unsere Neigung, geschlossene Gruppen zu bilden und aggressiv auf Fremde zu reagieren, die in die Gruppe eindringen. Fremde können in solchen Fällen die kollektive Aggression einer Gruppe aktivieren. Adoption in die Gruppe setzt Angleichung des Zuwanderers an deren Normen voraus. Das wird schwierig, wenn der Fremde in seinem körperlichen Erscheinungsbild von der Bevölkerung des Gastlandes abweicht. Grenzt er sich überdies noch kulturell in Gruppen ab, dann sind die Chancen für eine langfristige friedliche Koexistenz nur bei klarer territorialer Trennung günstig. Menschen können lernen, den kulturell verschiedenen Nachbarn wertzuschätzen, ja es kann sich echte Freundschaft mit gegenseitigem kulturellem Austausch entwickeln. Voraussetzung ist, daß eine Beziehung des Vertrauens hergestellt ist, daß also keiner den anderen fürchtet.

Bei gemischtem Nebeneinanderleben sind die Prognosen für die Erhaltung einer inneren Harmonie allerdings recht ungünstig. Jede Ethnie fühlt sich dann von der anderen bedroht, auch wenn dafür keinerlei Gründe bestehen. Die Majorität fürchtet Überfremdung, die Minoritäten fürchten Dominanz der anderen. Mißtrauen und Abwehr sind die Folgen. Die Geschichte lehrt, daß in einer solchen Situation früher oder später Konflikte auftreten. Man sollte dieses unangenehme Wissen nicht verdrängen, wenn man das humane Ziel eines friedlichen Miteinanders im Auge hat.

In einer bemerkenswerten Untersuchung befaßte sich Schultze-Westrum mit der Entwicklung kommunaler Bindungen bei geselligen Säugern. Liegt keine kommunale Bindung vor, dann dominiert das Feindverhältnis. Das ist zwischen verschiedenen Gruppen, insbesondere auch beim Menschen, die Regel, und aus diesem Grunde ist der Kriegszustand nach Schultze-Westrum der Normalzustand in den Beziehungen zwischen getrennten Sozietäten. Daß wir ihn kulturell überwinden können, wollen wir noch ausführen.

b. Stammesgeschichtliche Anpassungen in der Motorik

Für viele der Droh- und Kampfbewegungen, die wir vom Schimpansen beschrieben haben, finden wir beim Menschen entsprechende Verhaltensweisen. Wir stampfen bei Ärger ebenfalls mit dem Fuß auf, schlagen mit der flachen Hand gegen die Unterlage und haben eine Drohstellung, bei der wir die Arme einwärts rollen. Bei dieser Gelegenheit sträuben wir sogar den Pelz, den wir nicht mehr besitzen. Wir empfinden die Kontraktion der Haaraufrichter als Schauer, der uns überläuft. Hätten wir einen Pelz, dann würde durch diese Stellung unser Körperumriß auffallend vergrößert. Generell gilt, daß Imponierende ihren Körperumriß auch unter Hinzuziehung kultureller Mittel (Schmuck, Kleidung) vergrößern, z. B. durch Schulterbetonung und Kopfschmuck, während sich Submissive in Antithese verkleinert darstellen. Die Anpassungen, die das bewirken, dürften nicht allein auf vorgegebenen motorischen Programmen beruhen, sondern auch auf einem vorgegebenen Ausdrucksverständnis (Eibl-Eibesfeldt 1980). Menschenaffen und Menschen drohen ferner mit Objekten (Stöcken etc.) in prinzipiell gleicher Weise (S. 94 ff.). Darüber hinaus gibt es sehr viele spezifisch menschliche Ausdrucksformen agonistischen Verhaltens, die weltweit verbreitet und uns daher wahrscheinlich angeboren sind. Das drohende Anstarren und das Aufgeben des Partners durch Blickausweichen, Kopfsenken und Schmollen gehört dazu. Daß bereits Krabbler einander gezielt umstoßen, kratzen, mit der Hand schlagen und beißen, haben wir ausgeführt. Als Beweis für die Existenz uns angeborener Bewegungsweisen im Dienste agonistischen Verhaltens kann man schließlich das Verhalten taub und blind Geborener anführen, die wichtige Elemente des Drohverhaltens zeigen, wenn sie verärgert sind. Sie ballen z. B. die Fäuste, stampfen mit dem Fuß auf, legen die Stirn in senkrechte Falten, entblößen die zusammengebissenen Zähne und beißen sich bei hoher Erregung selbst in die Hand.

Auf ein sehr altes Muster des Drohimponierens möchte ich an dieser Stelle der Vollständigkeit halber hinweisen, jedoch nur kurz, da ich in meinem Buch ›Der vorprogrammierte Mensch‹ ausführlich darauf eingegangen bin. Es handelt sich um das von einer sexuellen Dominanzgebärde (Aufreiten) abgeleitete phallische Drohen. Das Verhalten ist von einer Reihe von Alt- und Neuweltaffen beschrieben worden (Ploog und Mitarbeiter 1963, Wickler 1966). Bei Meerkatzen und Pavianen sitzen immer einige Männchen mit dem Rükken zu ihrer Gruppe Wache und zeigen dabei ihren auffällig gefärbten Penis und die mitunter ebenfalls farbenprächtigen Hoden. Kommt ein Gruppenfremder zu nahe heran, dann bekommen die Wache Sitzenden sogar eine Erektion. Auch sind sog. »Wutkopulationen« bekanntgeworden. Es fällt auf, daß dämonenabweisende Hauswächter und andere zum Schutz von Eigentum und Person geschnitzte Figuren (Amulette) bei den verschiedensten Kulturen phallisches Drohen zeigen. Es gibt ferner eine Reihe von Beobachtungen, die belegen, daß Aufreiten als Dominanzdemonstration direkt vollzogen wird.

c. Motivierende Mechanismen

Gibt es einen Aggressionstrieb und folglich eine Appetenz nach aggressiven Auseinandersetzungen, die abreagiert werden kann? Die Frage kann man grundsätzlich bejahen. Viele Menschen sind aggressiv motiviert. Sie suchen Auseinandersetzungen, und Möglichkeiten, Aggressionen in ritualisierter Form auszuleben, werden vielfach genützt. Man denke nur an die Kampfspielarten. Ventilsitten dieser Art sind weltweit verbreitet. Wir finden sie auch bei Kulturen, die durchaus friedliche Ideale vertreten.

Man kann ferner im Experiment nachweisen, daß aggressive Spannungen (Aggressionsstau) durch aggressive Akte ausgelebt, d. h. abreagiert werden können. Hokanson und Shetler (1961) verärgerten Studenten und stellten dabei fest, daß der Blutdruck der Verärgerten stark anstieg. Man teilte danach die experimentell Verärgerten in zwei Gruppen. Bei den einen gab der Versuchsleiter, der sie verärgert hatte, vor, er wolle nun Aufgaben lösen und die Verärgerten sollten ihm, wenn er einen Fehler mache, dies durch das Drücken eines Knopfes mitteilen. Der einen Hälfte wurde dabei glaubhaft gemacht, der Versuchsleiter würde einen elektrischen Strafreiz erhalten, der anderen Hälfte dagegen, er würde beim Fehler ein blaues Licht aufleuchten sehen.

Bei denjenigen, die Strafreize auszuteilen glaubten, die also aggressiv gegen den Versuchsleiter handeln konnten, sank der Blutdruck recht schnell ab, und auch subjektiv war ihre Verärgerung nach dem Versuch abgeklungen. Bei jenen dagegen, die mit der gleichen Bewegung nur ein Licht bedienen durften, hielt die Verärgerung noch lange an. In weiteren Versuchen fand man heraus, daß auch verbale Aggressionen und das Ansehen von Filmen aggressiven Inhalts spannungsentladend wirkten (Feshbach 1961).

Ferner wurde festgestellt, daß aggressiver und nichtaggressiver Humor die Verärgerung von Versuchspersonen reduzieren, wobei es Hinweise dafür gibt, daß aggressiver Humor in dieser Beziehung etwas wirkungsvoller ist (Berkowitz 1970, Dworkin und Efran 1967, Singer 1968). Landy und Mattee (1969) berichteten, daß das Ansehen von Witzzeichnungen aggressiven und nichtaggressiven Inhalts die Stärke der verbalen Aggressionen gegen den Versuchsleiter, der sie zuvor verärgert hatte, deutlich herabsetzte. Das spricht für eine kathartische Wirkung des Humors.

Die Untersuchungen von Baron und Ball (1974) zeigen, daß auch nichtfeindseliger Humor aggressionsmindernd wirkt. Es erscheint den Autoren in solchem Falle unangemessen, eine spezifische Aggressionsentladung anzunehmen. Vielmehr möchten sie die umstimmende Wirkung darauf zurückführen, daß Emotionen angesprochen werden, die der Aggression entgegenwirken. Die Versuchspersonen würden zum Lachen angeregt und damit in eine Stimmung versetzt, die sich mit den nachfolgend von ihnen geforderten Angriffen – sie mußten im fingierten Lernversuch Lernenden elektrische Strafreize erteilen – nicht vertrüge. Eine solche Umstimmung über die Aktivierung von Mechanismen, die Gegenspieler des

Aggressionssystems sind, könnte hier durchaus vorliegen. Wir erwähnten ja bereits im Kapitel Aggressionskontrolle, daß Aggressionen über freundliche Appelle beschwichtigt werden. Ob das bei den Experimenten von Baron und Ball wirklich der Fall ist, ist mit den Versuchen allerdings nicht entschieden. Da Lachen, wie auf Seite 111 begründet, primär aggressiv ist, könnte der motorische Vollzug zur Abreaktion gestauter Aggression führen, auch wenn das Lachen durch die Verblüffungseffekte und nicht durch den aggressiven Inhalt der Witzdarstellung ausgelöst wurde.

Die spannungslösende Wirkung von Sport, Fernsehsendungen aggressiven Inhalts und von Darbietungen aggressiven Humors wurde von verschiedenen Autoren in Zweifel gezogen, mit dem Hinweis, solche Darbietungen würden erst recht zur Aggression anregen (Bandura 1973, Berkowitz 1970, Berkowitz, Corwin und Heironimus 1963, Feshbach und Singer 1971, Sipes 1973). Nun habe ich wiederholt darauf hingewiesen (zuletzt Eibl-Eibesfeldt 1973), daß auch eine erwiesene spannungsentladende Wirkung, etwa eines aggressiven Films, nicht dazu verführen dürfte, solche nun als Heilmittel gegen Aggression zu propagieren, denn es sei anzunehmen, daß einer, der gerade nicht in einer aggressiven Stimmung ist, durch solche Filme erst zur Aggression angeregt werde. Auch wenn der Film so beschaffen ist, daß er ein Ausleben gestattet, muß man bedenken, daß die wiederholte Aktivierung eines physiologischen Systems zu dessen Training führt. Aus diesem Grunde sind auch Erziehungsprogramme naiv, die meinen, man müsse den Kindern gestatten, ja sie sogar dazu ermutigen, aggressiven Impulsen zu folgen und sie auszuleben, wenn man wolle, daß sie als Erwachsene friedfertig seien. Wie bei jedem Trieb ist der kathartische Effekt, die Spannungslösung, vorübergehend. Falsch wäre es jedoch, den Kindern Erfahrungen mit der Aggression vorzuenthalten, da sie ja ohne Erfahrung Aggressionen nur schwer verarbeiten und sozialisieren könnten.

Auch über die Rolle des Sportes wurde in letzter Zeit heftig diskutiert. Während die einen in ihm eine wertvolle Ventilsitte erblikken, über die man Aggressionen ausleben könne, halten ihn andere für gefährlich, da er Aggressionen trainiere. Auch dabei werden Lang- und Kurzzeiteffekte verwechselt. Manchen der Diskutanten mangelt es dabei an der Kenntnis selbst der elementarsten physiologischen Zusammenhänge. So geht Sipes (1973) bei seinen Versuchen, die Katharsis-Theorie der Aggression zu widerlegen, von der Annahme aus, daß man bei kriegerischen Völkern eigentlich weniger häufig Kampfsportarten antreffen müßte als bei nichtkriegerischen – falls die Katharsis-Hypothese zutrifft –, denn die kriegerischen Völker würden ja ihre Aggression anders abreagieren. Sipes ist auch der Ansicht, daß innerhalb einer Kultur in Kriegszeiten die Pflege aggressiver Sportarten abnehmen müßte*. Keine dieser »Erwartungen« fand Sipes bestätigt. Kriegerische Kulturen pflegen sogar mehr Kampfsportarten als unkriegerische, und in den USA war kein Abfallen der Kampfsportarten während des Zweiten Weltkrieges, des Korea-Konfliktes und des Vietnam-Krieges festzustellen.

Dazu ist zunächst zu sagen, daß kein Ethologe etwas anderes erwartet hätte. Kriegerische Gesellschaften trainieren auf Aggressivität. Folglich gibt es bei ihnen Kampfspielarten. Ihre Pflege trainiert langfristig die Aggression und sorgt gleichzeitig für eine Katharsis innerhalb der Gruppe als Kurzzeiteffekt. Wir wissen allerdings, daß Ventilsitten in Form von Spielen, Wettgesängen und dergl. mehr auch in den friedfertigen Kulturen anzutreffen sind; darauf hat Sipes nicht geachtet.

Die Buschleute, die Sipes beispielsweise in die Kategorie der friedlichen Kulturen ohne Kampfspielarten einstuft, haben sehr viele Spielformen, wie das Speerschnellen und eine Reihe von Tänzen, die durchaus Wetteifercharakter haben (Sbrzesny 1976). Sie jagen außerdem. Sipes hat das Ansteigen der Jagdaktivität in den USA (gemessen an der Zahl der Jagdlizenzen, dividiert durch die Zahl der potentiell möglichen Jäger) gemessen, um nachzuweisen, daß Kriege nicht zu einem Absinken der Kampfsportarten führen**. Sipes stufte also die Jagd als Kampfsport ein – es ist ihm dabei aber offenbar nicht aufgefallen, daß in seiner Liste friedlicher Ge-

---

* »The Drive Discharge Model predicts somewhat similar levels of aggressive behavior in all societies, although the mode of expression can vary. It predicts an inverse relationship between the presence of war and of warlike sports in societies, which we should find expressed in two ways:

1. An inverse synchronic relationship should exist between societies, with more warlike societies less likely to have (or need) such sports and less warlike societies more likely to have these sports.

2. A diachronic relationship also should exist within a given society, with periods of more intense war activity accompanied by less intense activity in warlike sports and periods of less intense war activity associated with more intense sports activity« (Sipes 1973, S. 64).
** Wir würden übrigens nicht so ohne weiteres Jagd mit aggressivem Verhalten gegen Artgenossen gleichsetzen. Wir erwähnten, daß beide oft von deutlich verschiedenen physiologischen Systemen abhängen. Beim Menschen könnte dies anders sein, da ja auch bei seinen nächsten Verwandten,

sellschaften, die er ohne Kampfsportarten wähnt, viele Jägervölker sind. Ganz abgesehen von diesen und anderen ganz grundsätzlichen Unstimmigkeiten, die Sipes' Erhebung fast wertlos machen, würden wir – wie erwähnt – nicht erwarten, daß kriegerische Kulturen weniger zu Kampfsport neigen. Angesichts dieser methodischen und theoretischen Mängel stört Sipes' anspruchsvolle Schlußfolgerung, derzufolge wir das Triebmodell der Aggression für den Menschen getrost über Bord werfen können.

»War and combative type sports therefore do not, as often claimed, act as alternative channels for the discharge of accumulable aggressive tensions. Rather than being functional alternatives, war and combative sports activities in a society appear to be components of a broader culture pattern.

However, the Drive Discharge Model is so entrenched in Western science that there should be investigation of other activities which conceivably could act as alternatives to war (and now, as we have seen, to combative sports as well) in the discharge of postulated drive tensions. Likely candidates are suicide, murder punishment of deviants, drug use, physical assault on family or other community members, gossip, psychoenic illnesses and malignant magic. Unless there are definite indications that they serve as alternatives to war and combative sports, we can set aside the Drive Discharge Model with full confidence that it is not applicable to humans« (Sipes 1973, S. 80). So einfach ist das!

Michaelis (1974) meint in seiner Kritik der Katharsis-Hypothese, daß man eigentlich zwei Hypothesen unterscheiden müsse. Die erste gehe auf Aristoteles zurück, der annahm, der Mensch werde durch das Anschauen der in einer Tragödie übertrieben dargestellten Probleme von seinen Affekten gereinigt. Freud griff diese Hypothese auf und erwartete, seiner Triebtheorie gemäß, daß die innere Spannung nach Ausführung einer Aggression nachlasse. Die Katharsis-Hypothese II besagt dagegen, daß die Wahrscheinlichkeit für die Ausführung weiterer aggressiver Akte nach aggressiver Betätigung sinke (Lorenz 1963). Ich bin der Ansicht, daß mit dieser verschiedenen Ausdrucksweise das gleiche Phänomen nur unter verschiedenen Gesichtspunkten betrachtet wird. Freud geht vom subjektiven Erleben aus, Lorenz vom beobachtbaren Verhalten.

---

den Schimpansen, keine saubere Trennung vorzuliegen scheint (siehe oben, S. 92).

Eine Verminderung innerer Spannung sollte demnach auch die Wahrscheinlichkeit für die Ausführung weiterer Aggressionshandlungen herabsetzen. Ein Experiment von Berkowitz (1962) scheint dem zu widersprechen. Verärgerte Versuchspersonen, die dem, der sie verärgert hatte, elektrische Strafreize erteilen konnten, fühlten sich spannungsfreier, doch beurteilten sie den von ihnen Bestraften anschließend noch immer schlechter, als es andere, ebenfalls zuvor Provozierte taten, die sich an ihm nicht hatten revanchieren können.

Diese Unstimmigkeit mag jedoch darin ihre Erklärung finden, daß die Verärgerten durch ihr aggressives Verhalten zwar ihre Wut abreagierten, zugleich aber auch ihr Feindbild bekräftigten und dies in einer späteren sachlichen Beurteilung zum Ausdruck brachten. Eine negative Beurteilung ist nicht ohne weiteres einem aggressiven Verhalten gleichzusetzen.

Allerdings gibt es eine Reihe von Variablen, die den Katharsiseffekt beeinflussen. So fand Hokanson (1970) bemerkenswerte Geschlechtsunterschiede. Er setzte zwei Versuchspersonen gleichen Geschlechts, von denen einer ein Verbündeter (Komplice) des Versuchsleiters war, in getrennte Zimmer. Die beiden Personen standen durch Telefon in Verbindung. Sie konnten auf das Verhalten des Partners mit Belohnung (blaues Licht), Strafreiz (elektrischer Schock) oder neutral reagieren. Die Reaktionen gegenüber der Versuchsperson waren immer von vorneherein programmiert. Es zeigte sich, daß bei männlichen und weiblichen Versuchspersonen der Blutdruck zunächst steil anstieg, nachdem sie von ihrem Partner (dem Komplicen des Versuchsleiters) einen elektrischen Schock erhalten hatten. Bei den männlichen Versuchspersonen fiel der Blutdruck nach Gegenaggression steil ab, nicht jedoch, wenn sie belohnten oder neutral reagierten. Dagegen reagierten die weiblichen Versuchspersonen umgekehrt mit steilem Blutdruckabfall, wenn sie Belohnungen erteilten, nicht aber, wenn sie aggressiv oder neutral reagierten.

Eine ähnliche Untersuchung mit Strafgefangenen ergab, daß jene, die nach Aktenauskunft auf Bedrohung mit Aggression zu reagieren pflegten, sich wie die Männer im eben zitierten Experiment verhielten, während jene, die gewöhnlich mit Passivität reagierten, dem weiblichen Muster folgten. Das kann auf hormonale Unterschiede oder auch auf Unterschiede in der Lerngeschichte der betreffenden Personen zurückzuführen sein.

Sicher spielen Lernerfahrungen eine große Rolle. Hokanson und Shetler (1961) wandelten die bereits geschilderte Versuchsanordnung so ab, daß die weiblichen Versuchspersonen vom Verbündeten des Versuchsleiters immer dann, wenn sie freundlich reagierten, einen Schock und immer, wenn sie Schock erteilten, eine freundliche Reaktion zur Antwort erhielten. Mit männlichen Versuchspersonen machte er es gerade umgekehrt. Im Verlauf dieses Versuches wurden die männlichen Versuchspersonen immer freundlicher, die weiblichen dagegen immer aggressiver, und am Ende des Versuches stellte sich bei weiblichen Versuchspersonen ein Spannungsabfall nach Aggression und nur ein langsames Absinken der Spannung nach Freundlichkeit ein, während die männlichen Versuchspersonen genau umgekehrt reagierten. Wenn in der Folge der Komplice des Versuchsleiters wieder »zufällig« – wie im ursprünglich beschriebenen Experiment – reagierte, dann stellte sich schließlich wieder das ursprünglich gezeigte Reaktionsmuster ein. Hokanson schließt daraus, daß offenbar alle Reaktionen einen Spannungsabfall verursachen können, die nach den Erfahrungen der betreffenden Person zur Beendigung oder zur Vermeidung zukünftiger Aggressionen führen. Das widerspricht keineswegs dem Triebkonzept. Spannung kann durch Beschwichtigung (freundliches Verhalten) oder Abreaktion gelöst werden. Das ist nach der ethologischen Theorie durchaus zu erwarten. In Tiergruppen akzeptiert der Rangniedere vielfach ohne nachweisliche Streßerscheinungen seine Rangstellung und reagiert seiner Rolle entsprechend. Das unterschiedliche primäre Reaktionsmuster der männlichen oder weiblichen Versuchspersonen könnte auf ererbten, hormonal determinierten, geschlechtsspezifischen Dispositionen beruhen, ist aber durch individuelle Erfahrungen modifizierbar.

Buss (1961) und Feshbach (1961) stellten schließlich fest, daß Aggressionsakte nur dann zu einer Katharsis führen, wenn sie vom »Wut-Affekt« begleitet sind. Ohne entsprechende emotionelle Beteiligung ausgeführte (kalte) Aggression erhöht sogar die Wahrscheinlichkeit, daß weitere Aggressionsakte folgen. Durch Provokation erzeugte Spannungen lösen sich, wenn man die Notwendigkeit der Provokation anschließend begründet (Mallick und McCandless 1966), diese also somit als gerechtfertigt eingeschätzt wird. Die Angriffstendenz sinkt ebenfalls, wenn eine dritte Person dafür sorgt, daß die Beleidigungen eingestellt werden, wobei die Beleidigten sich vor allem dann als besänftigt erweisen, wenn die Vermittler ihnen mitteilen, daß der Beleidiger inzwischen bestraft wurde (Baker und Schaie 1969, Bramel und Mitarbeiter 1968).

Umstritten ist heute weniger die Frage, ob es einen Aggressionstrieb gibt – nur wenige zweifeln wirklich an der Dynamik aggressiven Verhaltens –, als vielmehr die Frage, ob die Kampfappetenz verursachenden Antriebssysteme im Laufe der Jugendentwicklung erworben werden (Sekundärtrieb-Hypothese) oder ob sie dem Menschen angeboren sind (Primärtrieb-Hypothese). Die Vertreter der Sekundärtrieb-Hypothese nehmen an, daß die Aggression zur Durchsetzung anderer Triebe verhelfe und immer dann aktiviert werde, wenn diese unterdrückt seien. Arno Plack (1968) z. B. führt alle Aggressionen auf die Unterdrückung des Geschlechtstriebes zurück. Bei völliger Erfüllung der Primärtriebe würde es keine Aggressionen geben. Das ist jedoch eine Spekulation. Die Tatsache, daß Frustrationen jeder Art Aggressionen fördern, beweist noch nicht, daß solche die ausschließliche Ursache sind.

Nun gibt es zwar für die Annahme eines primären Aggressionstriebes ebenfalls keinen strengen Beweis, wohl aber spricht eine Reihe von gewichtigen Indizien für seine Annahme. Es handelt sich dabei nicht so sehr um die universelle Verbreitung aggressiven Verhaltens und das Vorkommen von Ventilsitten in friedlichen Kulturen, denn es gibt wohl keine Kultur, in der nicht Entbehrungen in irgendeiner Form erlebt werden. Auch führt aggressives Verhalten im Kindesalter überall zum Erfolg, und die Annahme, aggressives Verhalten würde so trainiert, wäre nach dem Sparsamkeitsprinzip sicher die am nächsten liegende. Die Ergebnisse der Nervenphysiologie sprechen jedoch für die Annahme zentralnervöser primärer Antriebe. Gibbs (1951), Moyer (1968, 1969, 1971 a, b) und Sweet und Mitarbeiter (1969) wiesen beim Menschen spontane Wutanfälle neurogenen Ursprungs nach. Sie sind von typischen hirnelektrischen Aktivitäten dieser Regionen begleitet, und man kann durch elektrische Reizung eben dieser Regionen die Wutanfälle auch reproduzieren. Die so hervorgerufenen Wutanfälle äußerten sich in spontanen Angriffen auf Personen, im Zertrümmern von Gegenständen, im mimischen Ausdruck der Wut und subjektiv in Gefühlen der Verärgerung. Die Wutzentren liegen im Schläfenlappen und in den Mandelkernen, und ihre spontane Aktivität löst bei Patienten Wut aus. Da man weiß, daß auch nervlich Gesunde über diese Strukturen verfügen, und da ferner bekannt ist, daß es keine Ganglienzelle gibt, die nicht Spontaneität zeigt (Roeder 1955, Bullock und Horridge 1965), darf man annehmen, daß Kampfappetenz im Normalfall u. a. auch auf der normalen Spontanaktivität dieser Zentren beruht. Man weiß auch, daß diese Zentren normalerweise durch andere Zentren unter Kontrolle gehalten werden. Gewalttätige Patienten kann man durch Reizung im ventromedialen Frontallappen und in der zentralen Region des Temporallappens beruhigen. Ja man hat Patienten mit chronisch eingepflanzten Elektroden und einer Selbstreizungsanlage ausgerüstet, so daß sie die Wut immer, wenn sie in ihnen emporquoll, durch Selbstreizung unterdrücken konnten. Dieser Weg ist wahrscheinlich besser als die wiederholt praktizierte völlige operative Entfernung der wutauslösenden Hirngebiete, die wohl hilft, aber doch sehr viele unerwünschte Begleiterscheinungen zur Folge hat, da durch den operativen Eingriff auch viele andere Zentren betroffen werden. Übrigens kommt es nach Zerstörung der Hemmzentren beim Tier, etwa durch Abtragung der Hirnrinde, zu spontanen Wutanfällen – ein Beweis dafür, daß die Spontaneität der Aggressionssysteme sich durchsetzt, wenn der sie normalerweise hemmende Einfluß entfällt. Wir erinnern in diesem Zusammenhang auch an das über den paradoxen Schlaf (S. 74 f.) Mitgeteilte.

4. Die Rolle von Lernprozessen in der Entwicklung aggressiven Verhaltens

Neben Reifungsprozessen spielen Lernprozesse bereits in der Entwicklung des aggressiven Verhaltens der Tiere eine große Rolle. Wir erwähnten, daß man Mäuse durch Kampferfolge, auch wenn diese zu nichts anderem als zum Sieg und zur Vertreibung des Artgenossen führen, zu aggressiven Mäusen dressieren kann und daß man umgekehrt durch Niederlagen oder andere Bestrafung der Aggression friedliche Mäuse heranziehen kann. Wenn dies bereits bei relativ niederen Säugern so ist, dann dürfen wir erst recht beim Menschen erwarten, daß Erfahrungen eine äußerst große Rolle spielen. Bei der Ausbildung aggressiven Verhaltens spielen vor allem das Lernen am Erfolg, das Lernen am sozialen Vorbild (Modell-Lernen) und schließlich gezielte Erziehung über Belohnung und Strafe eine große Rolle.

Bandura und Walters (1963) prüften die Wirkung von Aggressionsmodellen auf Kinder. Die erste Gruppe sah unmittelbar, wie ein Erwachsener eine Gummipuppe mißhandelte, die zweite durfte das über einen Fernsehschirm sehen. Eine dritte Gruppe sah einen Zeichentrickfilm, in dem eine Katze die gleiche Aggression vorführte. Eine vierte Gruppe sah in der Vorführung keinerlei aggressives Modell. Als man danach alle vier Gruppen frustrierte und dann ihr Spiel beobachtete, stellte sich heraus, daß alle drei Gruppen, die ein aggressives Modell beobachtet hatten, bedeutend aggressiver waren als die Kinder der Kontrollgruppe. Jene, die das Geschehen auf dem Bildschirm verfolgt hatten, waren dabei aggressiver als jene der ersten Gruppe, die die Aggression in Realität vorgeführt bekommen hatten.

Eine weitere Untersuchung von Hicks (1965) zeigte, daß es sich dabei um lange nachwirkende Effekte handelt. Er prüfte Kinder in einer ähnlichen Versuchsanordnung wie Bandura. Bei einer Nachuntersuchung, die er sechs Monate später durchführte, war die Modellwirkung eindeutig nachweisbar, allerdings nur in dem Fall, in dem ein Erwachsener als Modell gewirkt hatte.

Jugendliche, denen man einen Film mit einer Säbelfechtszene vorführte, verhielten sich im anschließenden Test* aggressiver als Jugendliche, die einen gleich langen Film neutralen Inhalts gesehen hatten (Walters und Thomas 1963).

Diese Beispiele mögen genügen, um die Bedeutung des Modell-Lernens für die Förderung aggressiver Einstellungen zu illustrieren. Sie belegen zugleich, wie auch viele andere Untersuchungen neueren Datums (Zusammenfassung bei Feshbach und Singer 1971), die aggressionsfördernde Wirkung von Fernsehfilmen, die Gewalt darstellen. Jene, die eine spannungslösende (kathartische) Wirkung solcher Filme nachwiesen und damit auch die Unschädlichkeit der Darstellung von Gewalt erwiesen zu haben glaubten, haben den Kurzzeiteffekt im Auge. Dabei übersehen sie den Langzeiteffekt, der in einer Steigerung der Aggressivität besteht, ganz ähnlich, wie das bei verschiedenen Formen des Kampfsports der Fall ist (siehe dazu unsere Ausführungen auf S. 134 ff.).

Im normalen Entwicklungsprozeß des Kindes spielt das soziale Imitationslernen sicher eine außerordentlich große Rolle. Kinder identifizieren sich auch ohne erzieherischen Druck mit dem gleichgeschlechtlichen Elternpartner. Sie ahmen ihn aus eigenen Stücken nach – wohl aufgrund einer angeborenen Lerndisposition.

Darüber hinaus wirkt Erziehung seitens der Erwachsenen auch direkt formend auf die Grundhaltung der Kinder. Bei kriegerischen Völkern – und wir Europäer gehören dazu – unterweist man die Knaben darin, sich nichts gefallen zu lassen und Aggressionen mit Gegenaggression zu vergelten. Bei den Himba, einem nicht akkulturierten Hererovolk im Kaokoveld (Südwestafrika), werden die Kinder ebenfalls so erzogen. Ich filmte u. a., wie ein Junge, der von

---

* Registriert wurden die verbalen Aggressionsäußerungen und die Anzahl elektrischer Schocks, die sie einem Lernenden in einem fingierten Lernexperiment erteilten.

einem anderen geschlagen worden war, heulend zu seiner Hütte lief. Seine Großmutter drückte ihm einen Stock in die Hand und wies ihn an, den Übeltäter zu schlagen. Der Junge getraute sich nicht, dies zu tun, sondern heulte nur noch lauter, worauf die Großmutter ihm eine kräftige Ohrfeige erteilte und ihn vor der Hütte liegen ließ. Viele Dokumente dieser Art sammelte ich bei den kriegerischen Waika-Indianern. Dort gilt als Regel, daß man sich zur Wehr setzt. Bereits kleine Kinder – gleich ob Mädchen oder Junge – werden von den Erwachsenen dazu angehalten. Einem weinenden Mädchen, das von seinem Bruder geschlagen worden war, reichte die Mutter einen Stock, leitete es an, den Bruder ebenfalls zu schlagen. Da dieser wesentlich größer und stärker war als das Mädchen, hielt die Mutter ihn fest. Anschließend führte sie dem kleinen Mädchen auch vor, wie man den Bruder beißen kann, und forderte es auf, das gleiche zu tun.

Ich habe viele Aufnahmen, die zeigen, wie Mütter ihre kleinen Kinder nicht nur zur Vergeltung, sondern generell zur Aggressivität ermuntern, indem sie sie hänseln und bis zur Wut reizen. Wenn sie dann ihre Peiniger angreifen, lacht man darüber. Chagnon (1971) berichtet, wie anläßlich eines Festes die 8- bis 15jährigen Waika-Jungen gezwungen wurden, im Kreise um das Shabono * herumzuziehen und dabei miteinander zu kämpfen. Diejenigen, die aus Angst vor Verletzungen nicht wollten und davonliefen, wurden von den Eltern zurückgeschleppt und gezwungen, einander zu schlagen. »Bei den ersten Schlägen kamen ihnen die Tränen. Aber allmählich schlug die Angst in Wut um, und zuletzt verdroschen sie einander mit wahrer Begeisterung und aus Leibeskräften schreiend, heulend und sich im Schmutz wälzend, während die Väter anfeuernd dabeistanden und ihren Kampfgeist priesen« (Chagnon 1971, S. 157).

Kampflust und Wildheit wird aktiv durch Erziehung gefördert. Darüberhinaus identifizieren sich die Waika-Kinder im Spiel mit der von ihrer Kultur erwarteten Erwachsenenrolle. Sie schießen mit Pfeilen ohne Spitzen aufeinander, imitieren die Imponiertänze und schlagen sich mit Weichholzprügeln auf den Kopf in einem Schlagabtausch, der den Regeln entspricht, welche die Erwachsenen bei ihren Turnieren (S. 117) befolgen.

Wie anders verläuft dagegen die Sozialisierung in einer Kultur mit friedlichem Ideal! Bei den Buschleuten der Kalahari sah ich bisher noch nicht, daß ein Kind dazu ermuntert wurde, einen Angriff durch einen Gegenangriff zu vergelten. Nur bei ganz kleinen Kin-

* Dorf

dern duldet man, daß sie andere spielerisch mit einem Stock schlagen, und lacht darüber. Man trennt Krabbler, die einander in die Haare geraten, und beschwichtigt sie. Können die Kinder laufen, dann gesellen sie sich zu den Kinderspielgruppen, in denen ihre weitere Sozialisierung stattfindet. Aggressionen werden von den älteren Kindern nicht geduldet. Sie schreiten ein, beschimpfen, schlagen sogar den Aggressor und beschwichtigen und trösten den Beleidigten. Sie unterweisen im Teilen und gemeinsamen Spiel und bekräftigen damit jene Verhaltensweisen, die der Aggression entgegenwirken. Es gibt zwar Kampfspiele, bei denen z. B. zwei Parteien darum wetteifern, in den Boden gesteckte Hölzchen der jeweils anderen Gruppe mit Stöckchen zu treffen und umzuwerfen. Diese Spiele sind jedoch hoch ritualisiert und nicht direkte Vorübung zu wirklichem Kampf (Sbrzesny 1976).

Bei der Ausbildung aggressiver Verhaltensmuster spielt schließlich das Lernen am Erfolg eine entscheidende Rolle. Kinder lernen schnell, daß sie eine Forderung durch aggressiven Protest durchsetzen können, und es ist anzunehmen, daß sie in sehr vielen Kulturen diese Erfahrungen in gleicher Weise sammeln und daß sie dementsprechend Aggression instrumental einsetzen, um etwa Hindernisse auf dem Weg zum erstrebten Ziel zu überwinden.

Daß Kinder Aggression explorativ einsetzen, erörterten wir bereits. Wenn den Forderungen keinerlei Widerstand entgegengesetzt wird, dann führt dieses Lernen am Erfolg zur Eskalation der Forderungen (Hassenstein 1973 b und S. 108).

Die menschliche Aggression ist in hohem Maße von individuellen Erfahrungen bestimmt – daran hat kein Ethologe je gezweifelt. Michaelis (1974) hat ein Funktionsmodell der Aggression entworfen, das besonders gut geeignet scheint, die Modifikationsmöglichkeiten aggressiven Verhaltens beim Menschen anschaulich darzustellen (Abb. 11). Die Interaktion von Anlage- und Lernkomponenten, hemmende und fördernde Einflüsse lassen sich an diesem systemtheoretischen Modell gut veranschaulichen. Das Modell bildet eine Verhaltenssequenz ab, als Kette von Binär-Entscheidungen (ja-nein) in einem Regelkreis. Nimmt der Organismus die Annäherung eines Artgenossen wahr, dann hat er zu entscheiden, ob er die Annäherung als Störung auffaßt oder nicht*. Befindet sich das Indivi-

---

* Michaelis spricht in diesem Zusammenhang von Störungen der Homöostase und definiert Aggression als ein Verhalten zur Erhaltung oder Herstel-

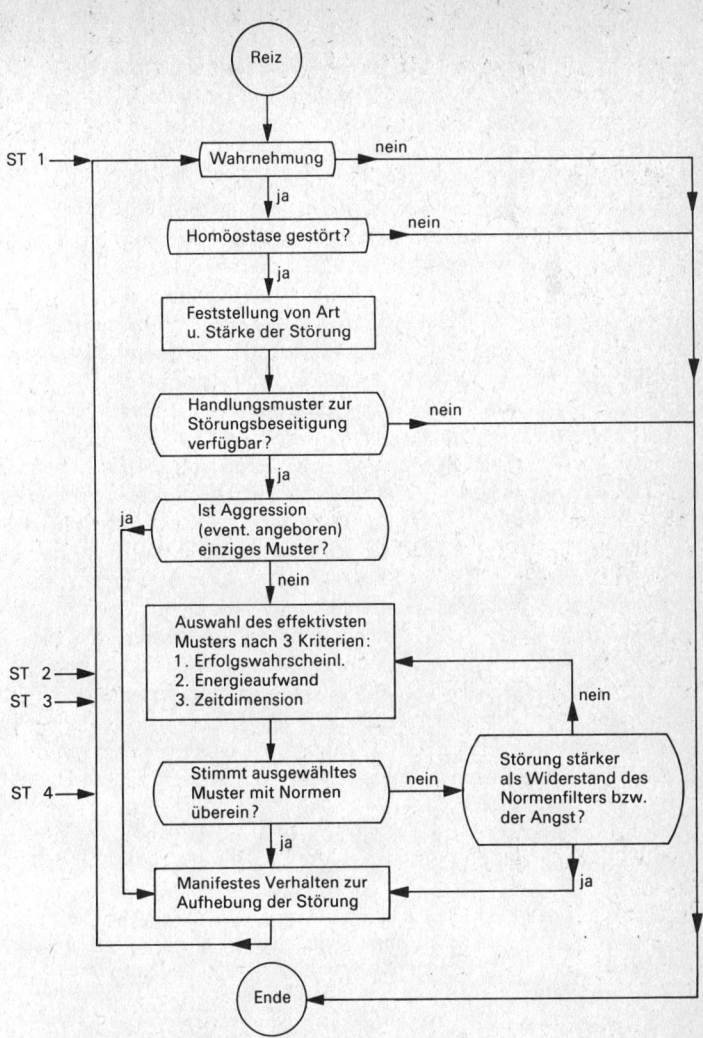

Abb. 11 Systemtheoretisches Funktionsmodell der Aggression mit Ansatzpunkten für außengesteuerte Verhaltensänderung (St). Aus Michaelis (1974).

duum z. B. außerhalb der Reviergrenzen, dann würde das nicht als Störung aufgefaßt, bei Überschreitung jedoch als solche festgestellt, und entsprechend der Intensität der Störung wird der Organismus aktiviert. Er wird nun im ersten Schritt prüfen, ob ihm überhaupt die Möglichkeit zur Verfügung steht, die Störung (Diskrepanz zwischen Ist und Soll) zu beseitigen.

Ist dies nicht der Fall (z. B. bei Bewegungsunfähigkeit des Organismus), erfolgt keine Handlung. Stehen mehrere Verhaltensweisen zur Wahl, dann wird – nach Michaelis – zunächst die mit der höchsten Erfolgswahrscheinlichkeit ausgewählt, und zwar die Aggression als das effektivste Mittel. Unsere Beobachtungen lehren allerdings, daß dabei zunächst Drohen als aggressives Verhalten eingesetzt wird und, erst wenn dies nicht zum Erfolg führt, auch physische Aggression. Dieses ausgewählte Verhaltensmuster wird einer Normenkontrolle unterzogen. Kann das Verhalten den Normenfilter passieren, läuft es nach Michaelis mit einer Intensität ab, die der Homöostase-Störung entspricht*. Nach jeder Handlung erfolgt die Prüfung, ob die Störung noch besteht (Pfeil zu Beginn der Systemkette). Wenn das Muster mit der höchsten Erfolgswahrscheinlichkeit (etwa Töten des Gegners) nicht den Normenfilter passieren kann, wird das nächstwirkungsvolle Muster geprüft. Ist nur ein einziges verfügbar, wird allein durch den Normenfilter, der als Hemm-Mechanismus wirkt, bestimmt, ob aggressiv gehandelt wird oder nicht. Die Störung kann jedoch so stark sein, daß sie den Widerstand des Normenfilters überwinden kann, daß also Aggression als ultima ratio auch bei negativem Ausgang der Normenkontrolle erfolgt. Endogene Motivationen sind in diesem Schema nicht

---

lung einer Homöostase auf Kosten und gegen den Widerstand eines anderen Organismus, wobei mit Homöostase das subjektive Wohlbefinden gemeint ist. Das subjektive Element in dieser Definition schränkt ihre Verwendung ein. Beim Menschen könnte man allerdings Unbehagen, das z. B. bei der Annäherung eines Fremden empfunden wird, durch Befragung feststellen. Wir können jedoch die Definition hier übernehmen, wenn wir die Störung einer Homöostase mit einer Störung eines »Soll-Zustandes« gleichsetzen, den der Organismus aufgrund seiner Erfahrung und seiner Stammesgeschichte zu erhalten oder zu erstreben sucht.

* Michaelis nimmt an, daß Aggression stets rein reaktiv sei, was sicher nicht unseren Vorstellungen entspricht. Wir würden auch eine spontane Komponente einführen, doch erübrigt es sich, dieses Schema damit zu belasten. Für die Veranschaulichung der Entscheidungsschritte und der Einwirkungsmöglichkeiten ist dies nicht erforderlich.

berücksichtigt, ebensowenig der Einfluß antagonistischer Triebsysteme.

Aus dem Funktionsmodell lassen sich Möglichkeiten der Verhaltenssteuerung durch weitere Außeneinflüsse ablesen. Zunächst wird keine Aggressionshandlung erfolgen, wenn keine Störung festgestellt wird. Folglich könnte man als Steuerungsmöglichkeit (im Funktionsschema St 1) dafür sorgen, daß die aggressionsauslösende Wirkung der einlaufenden Reize gemindert oder daß sie als unwichtig beurteilt wird und demzufolge keine Handlungen in Gang gesetzt werden. Nicht daß dies immer möglich wäre! Michaelis weist zu Recht darauf hin, daß es Bedürfnisse (Nahrung, Schlaf, Sex) gibt, die immer auf Erfüllung drängen. Ebenso sicher ist es aber, daß es sekundäre Bedürfnisse von geringerer Bedeutung gibt und daß man über eine Bedürfnissteuerung in diesem Bereich ebenso wie über eine Steuerung der Mittel zu ihrer Befriedigung bereits auf dieser Stufe den Aggressionen entgegensteuern kann. Auch über die Manipulation der Schlüsselreize (angeborener und erworbener) ist eine Kontrolle möglich. Durch Lerneinflüsse beeinflußte Bedürfnisse können Störungen verursachen, wenn sich ihrer Erfüllung Hindernisse in den Weg stellen. Erkennt das Individuum allerdings, daß ihre Befriedigung außerhalb seiner Reichweite liegt, also keinerlei erfolgbringende Mittel zur Verfügung stehen, dann wird es sich zunächst mit der Situation abfinden. Dazu paßt, daß Revolutionen anscheinend nicht dann erfolgen, wenn Not und Unterdrückung am härtesten sind, sondern erst, wenn eine Phase der Entbehrung durch eine des Wohlstandes abgelöst wird und wenn darauf wieder eine Notphase (z. B. durch eine Rezession bedingt) folgt.

Lernprozesse können die Aggression einmal dadurch steuern, daß das Individuum lernt, auch nichtaggressive Handlungsmuster einzusetzen. Würde eine Gesellschaft Wünsche auf Bitten hin eher erfüllen als auf Aggressionen, dann würde Aggression kaum mehr zur Durchsetzung von Wünschen eingesetzt (St 2 des Funktionsschemas). Der Mensch kann ferner lernen, daß Bedürfnisse nicht auf der Stelle befriedigt werden müssen. Eine solche Erweiterung der Zeitspanne bis zur Bedürfniserfüllung mag jedoch schwieriger sein, obgleich die Kindererziehung normalerweise erfolgreich in dieser Richtung wirkt.

Die vierte am Ende der Systemkette lokalisierte Modifikationsmöglichkeit ergibt sich über die Einflußnahme auf die Hemm-Mechanismen. Durch Erziehung ließen sich die Hemmungen gegen Aggressionen zweifellos verstärken. Tatsächlich setzt die Sozialisierung hier normalerweise an. Das Kind erfährt, welche Formen von Aggressionen in welchen Situationen gerechtfertigt und damit erlaubt sind und welche nicht. Angeborene Hemmungen können auf diese Weise gefördert oder auch ausgeschaltet werden.

V. Zwischengruppen-Aggression und Krieg

»Die Tiere und Vögel bekämpfen einander um den Besitz von Weibchen oder um die Verteidigung von Beutegrund oder um die Führerschaft der Herde, aber es heißt, daß sie einander nicht bis auf den Tod bekämpfen, wie Menschen es im Kriege tun ... Diese Tatsachen deuten darauf hin, daß die menschliche Institution des Krieges mehr ist als die menschliche Form des Aggressionstriebes, der jedem Tier innewohnt. Der Krieg muß eine menschliche Abwandlung oder Verschlimmerung des Aggressionstriebes sein. Er muß außerdem ein Produkt der Tradition und nicht des Instinktes sein« (Toynbee 1966, S. 39).

1. Die kulturelle Evolution zum Krieg

Im Abschnitt über die Funktionsgesetze stammesgeschichtlicher und kultureller Evolution habe ich ausgeführt, daß die kulturelle Evolution unter dem formenden Wirken ähnlicher Selektionsdrucke die biologische Evolution auf einem höheren Niveau der Entwicklungsspirale kopiert. So hat die Artenbildung in der kulturellen Pseudospeziation ihre Entsprechung. Die Kulturen grenzen sich voneinander ab, als wären sie verschiedene Arten, und passen sich so in verschiedene Nischen ein. In Kontrastbetonung bezeichnen sich die Vertreter der jeweiligen Gruppen selbst als Menschen, alle anderen dagegen als Nichtmenschen oder nicht vollwertige Menschen. Diese kulturelle Entwicklung beruht auf biologischen Präadaptationen, so vor allem auf der uns angeborenen Fremdenablehnung, die zur Abschließung der Gruppe führt.

Die Gruppenidentität wird durch Aggression gewährleistet. Zugleich sichert sich die Gruppe auf diese Weise ein Revier, das kollektiv gegen Fremde verteidigt wird. Bis zu diesem Punkt unterscheiden sich die menschlichen Verhältnisse nicht grundsätzlich von jenen, die wir bei Schimpansen kennengelernt haben. Allerdings ermöglicht es die Waffe dem Menschen, Mitmenschen zu töten.

Die Waffe war sicher ein entscheidender Faktor in der Entwicklung destruktiver Aggression. Die Waffentechnik hat unsere angeborenen Hemmungen bis zu einem gewissen Grade überlistet. Ein schneller Schlag mit der Waffe kann einen Mitmenschen ausschalten, bevor dieser Gelegenheit hat, durch entsprechende Unterwerfungsgesten an unser Mitleid zu appellieren. Noch besser gelingt dies, wenn das Töten auf Distanz etwa mit einem Pfeil erfolgt. Allerdings müssen wir feststellen, daß Innergruppen-Aggression trotz unseres Waffenbesitzes nur höchst selten ins Destruktive entgleist. Daß Zwischengruppen-Aggression als Krieg hingegen grundsätzlich destruktiv ist, muß also noch andere Gründe haben. Die kulturelle Pseudospeziation spielt dabei die entscheidende Rolle. Die Tatsache, daß häufig den anderen das Menschsein abgesprochen wird, verschiebt den Konflikt auf das Niveau einer zwischenartlichen Auseinandersetzung, und zwischenartliche Aggression ist auch im Tierreich meist destruktiv. Dem biologischen Normenfilter, der destruktive Aggressionen auch beim Menschen hemmt, wird ein kultureller Normenfilter überlagert, der zu töten gebietet. (Auf den daraus resultierenden Normenkonflikt werden wir noch eingehen.) Wichtig ist, daß wir uns darüber im klaren sind, daß der destruktive Krieg ein Ergebnis der kulturellen Evolution ist. Er ist allerdings nicht, wie verschiedentlich behauptet wird, ein pathologisches Phänomen, sondern erfüllt, wie noch im einzelnen ausgeführt wird, wichtige Funktionen (S. 217 ff.). Auch beschleunigte der Krieg durch die scharfen Selektionsbedingungen die biologische und die kulturelle Evolution. Das gilt für die rasche Hirnentwicklung ebenso wie für die Entwicklung altruistischen Verhaltens (Bigelow 1970). Offen ist die Frage, ob die Menschheit sich weiter passiv dem unterwerfen muß oder ob sie aus diesem sich selbst verstärkenden Prozeß zunehmender Aggressivierung aussteigen kann.

Es gibt Anlagen in unserer Motivationsstruktur, die eine Entwicklung zum Frieden hin ermöglichen. Unter anderem werden die Aggressionshemmungen auch beim Zwischengruppenkonflikt nicht völlig ausgeschaltet; darauf gehen wir noch ein. Ferner scheinen Selektionsdrucke ähnlich wie bei der innerartlichen Aggression der Tiere auf eine kulturelle Ritualisierung der Zwischengruppen–Aggression des Menschen hinzuwirken. Dieser Automatik in der Entwicklung sind allerdings Grenzen gesetzt, da Auseinandersetzungen auch im Tierreich nur dann gänzlich auf dem ritualisierten Niveau ausgetragen werden, wenn der Gegner zuletzt ausweicht und damit die Endsituation – Gegner nicht mehr vorhanden – erreicht ist. Gerade das ist jedoch beim Konflikt zwischen Menschengruppen heute kaum mehr möglich, denn es gibt auf unserem über-bevölkerten Planeten nur wenig Leerräume, in die geschlagene Gruppen ausweichen könnten.

Bevor wir uns diesen speziellen Fragen der möglichen Ritualisie-rung des Krieges und damit der Abkehr vom destruktiven Inter-gruppenkonflikt und den Möglichkeiten einer Weiterentwicklung zum Frieden befassen, müssen wir uns mit dem Phänomen Krieg auseinandersetzen und seine Verbreitung, Erscheinungsformen und vor allem auch seine Funktionen genauer untersuchen.

Aus dem bisher Gesagten dürfte hervorgehen, daß ich den Krieg als Produkt kultureller Evolution deutlich von den im wesentlichen biologisch determinierten Formen individualisierter Innergruppen-Aggressionen unterscheide. Seinen destruktiven Charakter entwik-kelte der Krieg kulturell Hand in Hand mit der Pseudospeziation. Das heißt nicht, daß er keine biologischen Wurzeln besitzt. Die uns angeborene Fremdenablehnung liegt ihm ebenso als Voranpassung zugrunde wie die uns angeborene Bereitschaft zu aggressivem Han-deln. Man kann sogar sagen, daß die Fremdenfurcht nach wie vor ein wichtiger, Gruppen-Aggression auslösender Faktor bleibt, der auch bei der kollektiven Aggression des Krieges genützt wird. Krieg entwickelte sich als kultureller Verdrängungsmechanismus, er ist in dieser territorialen Funktion durchaus biologisch determinierten Formen territorialer Aggression vergleichbar. Es ist falsch, ihn als pathologische Entartung etwa dem Mord gleichzusetzen, wie das u. a. Fromm (1973) tut, der im Sadismus und in der Nekrophilie die Wurzel des Übels sieht.

Conradt (1973) ist der Ansicht, die enthemmte Zwischengrup-pen-Aggression – der Krieg – sei ein artspezifisches Merkmal des Menschen. Hätte er statt artspezifisch universell gesagt, würde ich zustimmen. Conradt meint jedoch, es handle sich bei der enthemm-ten Zwischengruppen-Aggression um ein angeborenes Merkmal des Menschen. Er begründet dies mit der bereits erwähnten Tat-sache der nur auf der Basis der Zwischengruppen-Selektion ver-ständlichen Akzeleration der menschlichen Evolution, ferner mit der Tatsache, daß Mordraten mit zunehmendem Streß nicht zur kriegerischen Auseinandersetzung führen (»wie das die Milieutheo-rie erwarten ließe«), daß der Krieg vielmehr qualitativ etwas völlig anderes sei als eskaliertes Verbrechertum und daß Kriege auch ohne jede Streß-Situation auftreten – was alles stimmt. Conradt weist außerdem auf die Doppelbödigkeit der Tötungsmoral hin, nach der das Töten im Krieg selbst dann nicht bestraft wird, wenn ihm wehr-lose Frauen und Kinder zum Opfer fallen.

Auch differieren nach Conradt die Tötungsraten durch Mord und kriegerische Tötung außerordentlich, und das Konzept einer uns als Art eigentümlichen Intergruppen-Aggression erklärt ferner, »warum Heilslehren als Ausdruck überindividueller Willensbildung« unter Mißachtung der angeblich zu verbreitenden Maxime stets aggressiv verbreitet würden: »Die Religion der Nächstenliebe wurde mit dem Schwert verbreitet, im Namen von Freiheit und Demokratie werden den Völkern Militärdiktaturen aufgezwungen, und zur Befreiung der Arbeiterklasse errichtet man Parteidiktaturen« (Conradt 1973, S. 1017).

Die Notwendigkeit einer Unterscheidung zwischen Zwischengruppen-Aggression und Innergruppen-Aggression wird von Conradt ganz richtig erkannt, doch ist die Folgerung, der Krieg sei ein spezifisch menschlicher *phylogenetischer* Neuerwerb nicht zwingend. Die Mechanismen der Pseudospeziation, die zur Abschließung und Dehumanisierung des anderen führen, ebenso wie die Erfindung der Waffen – alles Voraussetzungen zur destruktiven Aggression des Krieges – sind eindeutig Ergebnisse der *kulturellen Evolution*.

Mit diesen Ausführungen hoffe ich klargestellt zu haben, daß ich das Phänomen Krieg weder als Ergebnis eines periodisch zur Entladung drängenden Aggressionstriebes noch in anderer Weise als uns angeborene Verhaltensweise betrachte. Verschiedentlich wird uns von Kritikern eine solche Ansicht unterschoben (Montagu 1968). Ich habe bei Lorenz keine Stelle gefunden, die eine solche Schlußfolgerung gestatten würde[*]. Es wurde vielmehr nur darauf hingewiesen, daß die stammesgeschichtlich erworbene aggressive Disposition des Menschen auch im Krieg genützt werden *kann*. Die Entscheidung zum Krieg selbst wird oft von Stammeshäuptlingen und Staatsmännern gleicherweise mit kühler Überlegung geplant

---

[*] Allerdings hat Lorenz (1963) nicht klar zwischen Innergruppen- und Zwischengruppen-Aggression unterschieden. In einem Interview (Psychology today, Nov. 1974, S. 90) sagt er diesbezüglich: »If I were to write ›On Aggression‹ again, I would make a much stricter distinction between individual aggressivity within a society and the collective aggressivity of one ethnic group against another. These may well be two different programs. They appear to be different in animals. The behaviour patterns of animals seeking status and fighting for rank order are entirely different from the behaviour pattern of the whole group fighting another group. I may have been wrong in not distinguishing precisely enough between these two factors.«

und beschlossen. Genausowenig ist aber daran zu zweifeln, daß man die einzelnen Kriegsteilnehmer emotionell zu engagieren sucht. In diesem Punkt bestehen in der Tat auch Zusammenhänge zwischen individueller Aggression und Krieg.

2. Vom Mythos der aggressionslosen Urgesellschaft

Die Vorstellung vom Paradies, aus dem wir Menschen vertrieben wurden, hat auch in die Aggressionsforschung Aufnahme gefunden. Der Mensch sei früher friedlich gewesen, heißt es bei einer ganzen Reihe von Autoren. Erst mit der Entwicklung des Garten- und Ackerbaus hätten sich Besitzstreben und Streit entwickelt; Unverträglichkeit entspräche demnach nicht der Natur des Menschen. Und diese Schlußfolgerung scheint viele zu beruhigen: Wir Menschen sind ja gar nicht so böse, also wird es schon gut gehen. In der Diskussion um die Natur des Menschen erlebt die Rousseausche These vom friedfertigen Urmenschen eine Renaissance. So kann man unter anderem bei Reynolds (1966) nachlesen, die Tatsachen würden darauf hinweisen, daß der altsteinzeitliche Mensch nicht territorial gewesen sei und in weitgehend offenen Gruppen gelebt habe: »Die Tatsachen zeigen an, daß der frühe altsteinzeitliche Mensch weder kooperativ noch territorial war und daß er soziale und sexuelle Beziehungen über weite Gebiete pflegte (die Angaben stützen sich auf Vallois 1961, S. 229). Gesellschaften, die heute noch als nomadische Jäger und Sammler leben, wie etwa die Buschleute der Kalahari oder die Hadza Ost-Afrikas, zeigen nur wenig Territorialität oder Zwischengruppen-Aggression« (Reynolds 1966, S. 449 *).

Die »Evidenz«, auf die sich Reynolds beruft, besteht allerdings nur in dem Hinweis von Vallois, daß die *heutigen* Jäger und Sammler angeblich nicht territorial seien, und unsere Vorfahren betreffend spricht Vallois die *Vermutung* aus, daß die jahreszeitlichen Klimaschwankungen und die durch sie verursachten Tierwanderungen während der Würmperiode sicherlich Wanderungen von Jagdgrup-

---

* »The evidence indicates that early paleolithic man was not cooperative, not territorial, and had social und sexual relationships over wide areas (evidence based on Vallois 1961, p. 229). Societies still living in a nomadic hunter-gatherer ecology, such as the Bushmen of the Kalahari, or the Hadza of East Africa, show little territoriality or intergroup aggression« (Reynolds 1966, S. 449).

pen erzwungen hätten, was sich seiner Meinung nach nicht mit der Existenz definierter Territorien vertrage. Ferner weise die große morphologische Ähnlichkeit zwischen einigen Cro-Magnon-Gruppen und Neandertalern darauf hin, daß es über die geographische Trennung hinweg direkte Beziehungen zwischen diesen Gruppen gegeben habe.

Die zuletzt angeführten Argumente sind zweifellos spekulativ und als Stütze für die vertretene These nicht sehr tragfähig. Daß sich Wanderungen durchaus mit Territorialität vertragen, bezeugen u. a. die subarktischen Indianer Kanadas (Rogers 1969), und daß Territorialität keine absoluten Kreuzungsbarrieren setzt, lehrt die Geschichte bis in die Gegenwart. Bleibt der Hinweis auf die heute lebenden Jäger und Sammler, mit denen wir uns noch auseinandersetzen werden. Es lohnt sich jedoch, noch etwas bei der von den Archäologen erarbeiteten Evidenz zu verweilen.

Dart (1949, 1953) wies bereits darauf hin, daß viele der von ihm gefundenen Australopithecus-Schädel Verletzungen aufweisen, die auf Gewalteinwirkungen schließen lassen. Roper (1969) untersuchte das bisher gesammelte Material über Knochenverletzungen von Australopithecinen, von Menschen der Pithecanthropus-Gruppe und von europäischen Vor-Würm- und Würm-Menschen und kam zu dem Schluß – wobei er sehr kritische Maßstäbe anlegte –, daß ein erheblicher Teil der Verletzungen auf Kampfeinwirkungen zurückzuführen sei. Das belegen auch die Untersuchungen von Mohr (1969, 1971). Die Autorin ermittelte aus Altsteinzeit, Mittelsteinzeit und Jungsteinzeit insgesamt 158 Knochenverletzungen. Die Mehrzahl von 96 Verletzungen stammt aus der Jungsteinzeit. Von diesen waren 62% geheilt; 47 der Verletzungen betrafen Schädelfrakturen, 16 Verletzungen wurden an den oberen, 14 an den unteren Extremitäten, 16 an der Wirbelsäule, 3 am Brustbein und eine am Becken festgestellt. Als Ursache für die Mehrzahl der Schädelfrakturen gibt Mohr Steinaxtverletzungen an. An Wirbelknochen und den Knochen der unteren Extremitäten fand sie Pfeilspitzenverletzungen, z. T. mit eingeheilten Pfeilspitzen aus Stein. Menschen haben einander also bereits in der Steinzeit getötet, und zwar in sämtlichen Perioden.

Dafür gibt es auch Darstellungen in den Felszeichnungen Westeuropas. Altsteinzeitliche Bildbelege, die Menschen in kämpferischer Haltung gegeneinander auftretend zeigen, finden wir bei Kühn (1929 und 1958, Abb. 12). Beim Anblick der Bilder in der Valltorta-Schlucht (bei Albocater/Spanien), Nische Cueva Saltadora, schreibt Kühn (1958, S. 105):

Abb. 12 Kampfszene, altsteinzeitliche Höhlenmalerei bei Mo-
rella la Vella, Castile, Spanien. Aus
H. Kühn (1929). Nachzeichnung
von H. Kacher.

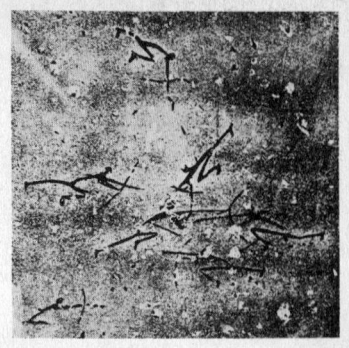

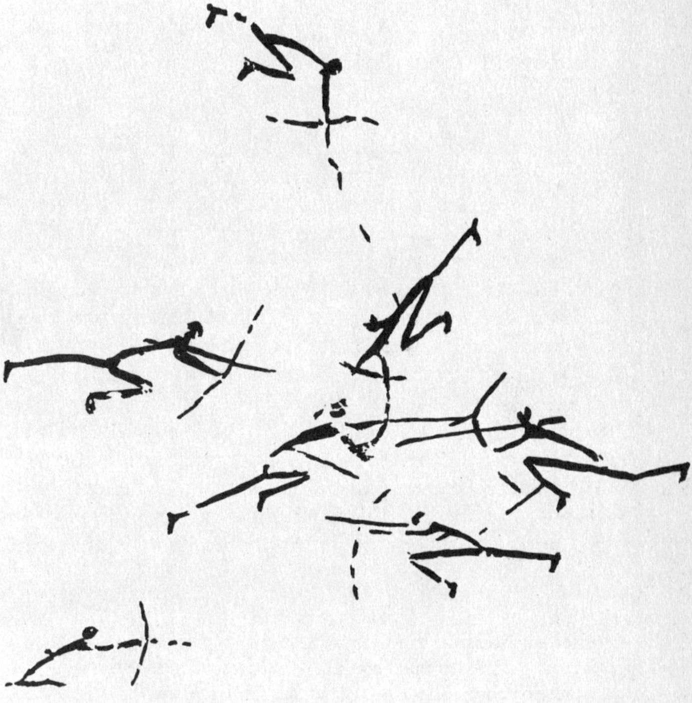

Vergrößerung aus obenstehender Abbildung.

»In einer anderen Nische sehe ich das Bild eines Jägers, der von Pfeilen getroffen zu Boden sinkt. Das eine Bein ist vorgestellt, die Hand ist auf das Knie gestützt. Ein Kopfputz, wie eine Krone, fällt vom Kopf, in der rechten Hand hält er noch den Bogen, aber die Pfeile des Gegners haben ihn schon durchbohrt, sein Leben ist zu Ende. Also haben sich die Menschen schon in frühester Vorzeit getötet. Das Paradies, wo flieht es hin? Ein Traum der Menschheit? Ist der Krieg, das Kämpfen ihr Sinn? Ist dies so ewig wie das Leben? Hier sind uralte Bilder der Menschheit auf dieser Erde. Uralte Bilder vor aller Erinnerung, vor allen Sagen, vor allen Märchen – und schon das Töten des Menschen durch den Mensch, schon der Kampf, schon der Krieg.«

Auch neusteinzeitliche Felsmalereien zeigen gelegentlich die Tötung von Menschen durch Mitmenschen. Zu Beginn der Neusteinzeit treten auch die ersten befestigten Siedlungen auf, von denen manche Spuren gewaltsamer Zerstörung aufweisen. Ferner kennt man aus dieser Zeit eine Vielzahl von Streitäxten, die zur Jagd wenig tauglich waren (Behrens 1974). Soweit die »Evidenz« der angeblichen Friedfertigkeit unserer steinzeitlichen Vorfahren.

Der kriegerische Wettstreit zwischen Menschengruppen hat bereits in der Frühzeit der menschlichen Geschichte eine große Rolle gespielt, und die Schwierigkeit, das zu erkennen, ist, wie Bigelow (1972) hervorhebt, weniger im Mangel an Fakten als in dem Widerstand, diese anzuerkennen, begründet[*].

Gelegentlich wird die »Unwahrscheinlichkeit« kriegerischer Auseinandersetzungen beim vorgeschichtlichen Menschen damit begründet, daß es damals doch nicht sehr viele Menschen gegeben habe. Das Argument ist schlecht durchdacht. Jäger und Sammler brauchen, wie man weiß, sehr große Reviere, und die Bedingungen sind überdies nicht überall gleich. Es gibt Gebiete, die reich an Wild und Pflanzennahrung, Brennholz und günstigen Wasserstellen sind, und andere Gebiete, die weniger günstige Lebensbedingungen bieten. Es gibt nicht den geringsten Grund für die Annahme, daß unsere Vorfahren nicht um die besseren Lebensräume

---

[*] »Difficulties in assessing the role of intergroup competition in human evolution are due mainly to our very strong reluctance to face the facts, not to a scarcity of evidence. There is overwhelming evidence of man's potential for violence, and this may be precisely why it frightens us« (Bigelow 1972, S. 8).

konkurriert haben sollten. Die archäologische Evidenz belegt geradezu, daß dieser Wettstreit unter anderem auch ein kriegerischer war.

3. Territorialität und Aggressivität bei Jägern und Sammlern

In einer Reihe von Publikationen wurden neuerdings »die Jäger- und Sammlervölker« als friedfertig, aggressionsarm und nicht territorial geschildert (Helmuth 1967, Lee 1968, Sahlins 1960, Woodburn 1968). Etwas poetisch drückt es DeVore (1971, S. 310) aus:

»The Bushmen and the hunter-gatherers generally have what in the modern idiom might be called the ›flower child solution‹. You put your goods on your back and you go. You do not have to stay and defend any piece of territory or defend fixed assets.«[*]

Diese generalisierende Feststellung überrascht – lehrt doch ein Blick in die völkerkundliche Literatur, daß es sicherlich nicht wenige durchaus kriegerische Jäger- und Sammlervölker gibt, die Territorien verteidigen. Von den zwölf in Bicchieris (1972) Buch über die heutigen Jäger und Sammler erwähnten Kulturen wird keine ausdrücklich als nichtterritorial bezeichnet. Dagegen wird von vier Kulturen exklusive Territorialität betont, und von weiteren fünf Kulturen kann man der Beschreibung entnehmen, daß die Gruppen Territorien besitzen. Die Angaben über drei weitere Gruppen sind unklar. Eine davon betrifft die !Kung-Buschleute, die aufgrund zahlreicher anderer Berichte als territorial angesehen werden müssen.

Nach Service (1962) gibt es bei allen Jäger- und Sammlervölkern Territorien, die normalerweise gegen Fremde geschlossen sind.

Ebensowenig läßt sich aus den Erhebungen der Anthropologen auf eine besonders ausgeprägte Friedfertigkeit der Jäger- und Sammlerkulturen schließen. Divale (1972) untersuchte das Ge-

---

[*] »Die Buschleute und die Jäger und Sammler ganz allgemein zeigen, was wir im modernen Jargon eine ›Blumenkinder-Lösung‹ nennen könnten. Man nimmt seine Sachen auf den Rücken und geht. Man braucht nicht zu bleiben und irgendein Stück eines Territoriums oder eines fixierten Besitzes zu verteidigen.«

schlechterverhältnis von 99 Jäger- und Sammlerhorden aus 37 verschiedenen Kulturen. Von diesen praktizierten 68 Horden aus 31 Kulturen zur Zeit der Datenerhebung noch Krieg. Zwanzig Horden aus fünf Kulturen hatten das Kriegführen 5 bis 25 Jahre vor der Erhebung eingestellt, elf Horden aus fünf Kulturen schon seit über 25 Jahren. Einige Kulturen waren in allen drei Kategorien vertreten. Alle untersuchten Horden hatten demnach zumindest eine kriegerische Vergangenheit! Das mag genügen, um die Unsinnigkeit der Behauptung zu belegen, daß die Jäger und Sammler in der Mehrzahl besonders friedfertig seien.

Viele weitere Angaben zur Territorialität der Jäger- und Sammlerkulturen findet man bei Hobhouse (1956) und Frobenius (1903). Forscht man nach, worauf sich die Vertreter der These vom ursprünglich friedfertigen Menschen stützen, dann kommt man schnell darauf, daß mit den angeblich friedlichen Jägern und Sammlern genaugenommen nur die Eskimos, die Hadza, die Pygmäen und die Buschleute der Kalahari gemeint sind. Schjelderup (1963) überrascht zwar mit der Feststellung, daß den Kwakiutl-Indianern der »Instinkt« zu kämpfen fehle, aber das ist wohl nicht ganz ernst zu nehmen, denn wir kennen durch Boas die Potlatsch-Feste, bei denen die Kwakiutl-Häuptlinge darin wetteiferten, die Gäste zu beschämen, indem sie prahlerisch wertvollen Besitz zerstörten. Sie nannten so ein Fest sogar Kampf, und die dabei gesungenen Gesänge waren aggressiv.

Ich habe Beispiele von solchen Gesängen, die ich Benedict (1934) entnahm, in ›Liebe und Haß‹ zitiert. Einige Proben seien hier wiedergegeben. So sprach ein Kwakiutl-Häuptling prahlend vor seinen Gästen: »Des weiteren erfordert es mein Stolz, daß ich in diesem Feuer meine Kupferplatte Dandalayu vernichte, die in meinem Hause ächzt. Ihr alle wißt, was ich für sie gezahlt habe: Für 4000 Decken habe ich sie erworben. Jetzt werde ich sie vernichten, um so meinen Rivalen zu besiegen. Ich werde mein Haus zum Kampfplatz für euch, meine Stammesgenossen, machen. Freuet euch ihr Häuptlinge, dies ist das erstemal, daß ein solch großer Potlatsch veranstaltet wird!« (Benedict 1934, S. 151)

Ein anderer sang: »Ich suche vergebens unter all den eingeladenen Häuptlingen nach einer Größe, die der meinen gleichkäme.

Ich kann nicht einen wirklichen Häuptling unter meinen Gästen finden.

Sie revanchieren sich nie. Diese Waisenknäblein, die armen Leute, die Herren Stammeshäuptlinge! Sie entehren sich selbst. Ich bin derjenige, der diese Seeotterfelle den Häuptlingen, den Gästen, den Stammeshäuptlingen gibt. Ich bin es, der diese Boote den Häuptlingen, den Gästen, den Stammeshäuptlingen gibt« (Benedict 1934, S. 148 f.).

Es fällt mir schwer nachzuvollziehen, wieso gerade diesen Stämmen Aggression fremd sein soll. Schmidbauer (1972) meint dazu zwar, die Kwakiutl zerstörten ja nur ihren eigenen Besitz. Ja gewiß, aber in diesem Besitz waren auch Sklaven inbegriffen, die man mit besonderen Keulen erschlug. Eine dieser Keulen ist im Washingtoner Museum ausgestellt.

Als Modelle aggressionsarmer Gesellschaften werden auch einige Ackerbauern und Pflanzer immer wieder genannt, so die Zuni, von denen Helmuth (1967) behauptet: »Aus keinem Satz der Schilderung R. Benedicts über das Leben der Zuni kann auf etwaige Aggressionen derselben geschlossen werden« (S. 269); worauf Weidkuhn (1968/69) erwiderte, daß er wohl unaufmerksam gelesen habe, denn die von Benedict beschriebenen Initiationsrituale wären doch sehr aggressiv. Von den angeblich nicht kriegerischen Arapesh weiß man mittlerweile, daß sie Kriege führen (Fortune 1939). Aber bleiben wir bei den Jäger- und Sammlerkulturen. Worauf stützen sich die Aussagen über die Friedfertigkeit der als Kronzeugen bemühten Eskimos, Pygmäen, Hadza und Buschleute? Halten sie einer kritischen Prüfung stand?

a. Die Eskimos

Die Berichte von der Friedfertigkeit der Eskimos gehen auf Fritjof Nansen zurück. Er schildert, daß Eskimos einander nicht töten und keine Kriege führen. Aber bereits König (1925) wies darauf hin, daß diese Berichte von dem Wunsche gefärbt seien, die Eskimos in einem milden Licht darzustellen. Er nimmt dabei auf eine Arbeit von Steinmetz Bezug.

»Um zunächst einmal das Letztere (die angebliche Friedfertigkeit, Ref.) zu beleuchten, so ist seine Quelle, auf die er dieses Urteil über das Volk stützt, einzig und allein Nansen. Dieser hat aber die Eskimos im Naturzustand nur sehr wenig kennengelernt, und sein moralisches Urteil über sie, das er besonders in seinem ›Eskimoleben‹ kundgibt, ist durchaus tendenziös gefärbt, da er Mitleid erregen wollte« (S. 294).

In der Tat kennt man gerade von den Eskimos eine Fülle mehr oder weniger ritualisierter Aggressionsformen, die von Ring- und Faustkämpfen bis zu den berühmten Gesangsduellen der West- und

157

Ostgrönländer reichen*. Auch berichten die Erzählungen und Specksteinschnitzereien der Eskimos von Gewaltakten und Mord (Abb. 13). Territorialität ist den Eskimos keineswegs fremd. Über die Jagdreviere der Westgrönländer (Sukkertoppen Distrikt) berichtet Petersen (1963), sie lägen um das Lager der Gruppe. Die Eskimos und ihre Nachbarn überschritten angeblich nur auf eigene Gefahr die Grenzen der Jagdterritorien. Die Strafe für eine solche Grenzüberschreitung konnte Tod bedeuten.

Das galt jedoch nicht nur für die Beziehung zwischen den Eskimos und den Indianern, z. B. für die Akudnirmiut und Tununermiut (Boas 1901/07, S. 443), die Cape-York- und Nordwestgrönländer (Rasmussen 1905, Einführung) und die Copper- und Netsilik-Eskimos (Rasmussen 1932, S. 10)**.

Petersen führt aus, daß Mörder ihre Gruppe verließen und sich außerhalb niederließen. »Wenn sie einen Platz entdeckten, wo sie nicht befürchten mußten, überrascht zu werden, blieben sie dort für immer ... Und hatten sie sich einmal niedergelassen, dann begann sich die Macht der Gewohnheit zu bestätigen: Sie betrachteten den Platz und das Gebiet als ihr Eigentum und andere Jäger, die sie antrafen, als eindringende Rivalen, ganz abgesehen von der Tatsache, daß es sich auch um Feinde handeln könnte. Das führte zu neuem Mord und zu neuen Feinden, die man ebenfalls töten mußte« (Petersen 1963, S. 273)***.

---

* Bereits 1970 wies ich darauf hin, daß die Eskimos keineswegs als besonders friedfertig gelten können. Ich erwähnte die verschiedenen Ritualisationsstufen von Zweikämpfen (Faustkampf-Singstreit), wies auf Königs Ausführungen Nansen betreffend hin und erwähnte schließlich auch das Vorkommen von Familienstreit. In einer Entgegnung schreibt nun Plack (1973, S. 34): »Die Eskimo-Männer, die Eibl-Eibesfeldt als gewalttätige, ihre Frauen verprügelnde Primitive uns vorstellt, sind nicht mehr diejenigen, die Nansen zur Zeit ihrer erst beginnenden Christianisierung beschrieben hat: die entsetzten sich noch darüber, daß die weißen Matrosen sich zankten und prügelten. Eibl stützt sich zwar auch auf Rasmussen, der eine Rauferei zwischen einem grönländischen Ehepaar geschildert hat: eine vereinzelte Entgleisung in Aggression, wie sie vermutlich nirgendwo fehlen wird ...«
Wer so zitiert, ist kaum ernsthaft an der Wahrheitsfindung interessiert.
** Zitiert nach Petersen.
*** »The picture was clearer when it was a matter of hunting territories between two settlements or camps, particularly when it was a case of ›inorersut‹ (tendency to homicide). Such persons liked to live outside the settle-

Petersen beschreibt ferner, daß bestimmte Familien ganz bestimmte Netzstellen für den Robbenfang über Generationen als ihr Jagdgebiet behaupteten; gleiches gilt für Forellenfischplätze. Auch die Rentierjäger sollen sich so ordnungsgemäß verteilen. Und Petersen zitiert, wie ein Eskimo seinen Sohn zur Rentierjagd unterweist: »On no account must you hunt in an easterly direction, for there Serquilisaq has his camp. He killed your elder brother, just when he was beginning to become a good hunter« (Petersen 1963, S. 278). (»Auf keinen Fall darfst du in östlicher Richtung jagen, denn dort hat Serquilisaq sein Lager. Er hat deinen älteren Bruder getötet, gerade als er anfing, ein guter Jäger zu werden.«)

Es gibt Jagd- und Fanggründe, die einzelnen Familien, und solche, die der Gruppe kollektiv gehören. Petersen erwähnt schließlich, daß es ihn überrascht habe, daß die Eskimos »private Territorien« besitzen, also Familienrechte über bestimmte Örtlichkeiten. Er erwähnt auch, daß es einen Konflikt zwischen dem auf Priorität beruhenden Familienvorrecht und dem Recht der Gruppe, überall zu jagen, gebe, aber das Familienrecht werde respektiert und erlösche erst bei Nichtgebrauch.

Schließlich erwähnt er die Schwierigkeiten, Einzelheiten über die Verhältnisse bei anderen Eskimos Grönlands zu erfragen: »My question as to whether some families had fixed summer camps nearly always elicited the reply that everybody knew that all were allowed to hunt anywhere. This answer is true enough, but further questions

---

ments as their killing had created enemies for them. Their habitations were chosen more for reasons of safety than for the number of animals available. If they discovered a place where there was but little chance of being surprised, they remained there permanently, even though the wild life of the district might not stand much thinning out. Having become settled, force of habit began to assert itself: they regarded the place and the district as their own, and other hunters they met as invading competitors, apart from the fact that they might be enemies. This led to fresh murders and new enemies who also had to be disposed of.

Tusilartoq first killed a man because he had ventured into the hunting territory of the Umanaq people (at Isortoq), and there met a man who attempted to kill him (Lynge 1939, pp. 66–67; Rasmussen 1924, p. 317). Sturdy Qagssuk had a dwelling place to himself, but was a peaceful man. His son was attacked by his brother-in-law, only escaped at the last moment. This enfuriated Qagssuk who exterminated the whole settlement. Thereafter he would not tolerate strangers in his area, but curiously enough did them no harm if they said they had lost their way« (Petersen 1963, S. 273 f.).

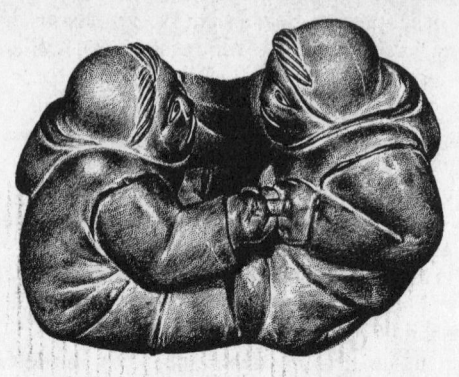

Abb. 13 Zwei Specksteinschnitzereien der Eskimos von Povungnituk (Hudson-Bucht). Sie zeigen einen durch Fingerhakeln ausgetragenen Wettkampf und einen Zweikampf mit Messern. Nach Aufnahmen aus Nungak und Arima (1969) von H. Kacher gezeichnet.

nevertheless showed a survival of fixed place rights and the right of use connected with it. From Northern Greenland there were a few who could remember that net places were reserved to their users as long as they occupied the site, but their right lapsed when they began to hang up nets by icebergs. South of Sukkertoppen I have not had the question confirmed and from Angmagssalik only received one uncertain confirmation. This suggests that it is something that is in process of being forgotten, and that earlier it was more widespread« (Petersen 1963, S. 280–281). (»Meine Frage, ob einige Familien feste Sommerlager hätten, löste fast immer die Antwort aus, daß jedermann wisse, daß alle überall jagen können. Diese Antwort ist in der Tat wahr, aber weitere Fragen zeigen nichtsdestoweniger, daß feste Ortsrechte und mit ihnen verbunden das Recht der Nutzung überlebt hatten. Von Nordgrönland konnten sich einige daran erinnern, daß Netzfangplätze bestimmten Benutzern reserviert waren, solange sie diesen Platz besetzt hielten. Aber ihre Rechte erloschen, wenn sie ihre Netze auf Eisbergen aufhingen. Südlich von Sukkertoppen erhielt ich keine Bestätigung dieses Sachverhalts, und von Angmagssalik erhielt ich nur eine unsichere Antwort. Dies läßt vermuten, daß es sich hier um eine Regelung handelt, die man jetzt zu vergessen beginnt, die aber früher einmal weiter verbreitet war.«) Weiteres über Sozialstruktur und Territorialität der Zentralen Eskimos kann man bei Damas (1969) nachlesen.

In der älteren Literatur wird die territoriale Aufteilung der Eskimos immer wieder betont. So schreibt Klutschak (1881): »Die Eskimos als Nomadenvolk hinstellen zu wollen, fehlt insofern der Grund, als sie durch sich von Generation zu Generation traditionell fortpflanzende Satzungen an gewisse Reservationen gebunden sind und die Grenzen dieser nur mit Einwilligung ihrer Nachbarn überschreiten dürfen. Nur innerhalb ihrer eigenen Jagdgründe wechseln sie mit den verschiedenen Jahreszeiten und dem damit wechselnden Tierreichtum des Landes ihren Wohnsitz« (S. 227).

Klutschak erwähnt ferner, daß Kriege manche Stämme dezimiert hätten. So seien die Ukusiksillik-Eskimos die Überreste eines einst großen Stammes, der vor nicht zu langer Zeit an der westlichen Küste der Adelaide-Halbinsel seine eigentliche Heimat hatte. Durch lang geführte Bekämpfung von seiten der jetzt ansässigen Ugzulik- und Netchillick-Stämme wurde die Zahl der Ukusiksillik sehr geschwächt, und sie sahen sich gezwungen, ihre alten Jagdgründe zu verlassen. Bei Klutschaks Besuch zählte der ganze Stamm nur noch

16 Familien. Er schreibt über Blutrache: »Seit langer Zeit schon standen die Netchillick- und Eivillik-Eskimos in einer Fehde, deren Ursprung in längst vergangenen Generationen zu suchen ist und nur durch die unter den Eskimos allgemein noch existierende Blutrache fortgepflanzt wird. Diese Blutrache war es, die unseren Eskimo Joe, wenn er in die Nähe der Netchillicks kam, stets in einer gewissen Furcht erhielt … Nach längerer Besprechung wurde dann auch beschlossen, daß die gegenseitige Aussöhnung der betreffenden Beteiligten in gemeinsamer Zusammenkunft erfolgen soll … Die einzelnen Personen, insgesamt Männer, kamen mit Messern bewaffnet, und die Verhandlung begann, wie alles andere, mit einem schon einmal beschriebenen Imbiß … Dem Mahle folgte eine lange Konversation, und erst nach Ablauf von etwa zwei Stunden legten alle die Messer weg, und die zwei feindlich gesinnt Gewesenen griffen einander gegenseitig an die Brust und sprachen das Wort ›ilaga‹ (laßt uns Freunde sein). Beide Teile gingen scheinbar befriedigt auseinander, und für den Abend wurde eine gemeinsame Unterhaltung veranstaltet« (Klutschak 1881, S. 150).

»In einem anderen Fall wurde ein Kinipetu-Eskimo, der zu Gast bei den Eivillik-Eskimos war, beim Scheibenschießen leicht verletzt. Seine Verwandten holten ihn ab und forderten Schadenersatz, der verweigert wurde. Daraufhin wurden von Seiten der Forderer drei Männer bestimmt, die drei anderen von ihnen bestimmten männlichen Individuen des Eivillik-Stammes als Repräsentanten des ganzen Stammes die Fehde erklärten. Während die zwei Stämme dann in Frieden weiterlebten, durfte jede der sechs Personen die Grenze der aneinanderstoßenden Jagdgründe nur auf die Gefahr hin überschreiten, von einem seiner Gegner getötet zu werden … doch solche Kleinigkeiten sind oft Grund zu langen Fehden, die sich dann als Blutrache durch Generationen ziehen … Wie genau die Pflicht, Blutrache auszuüben, befolgt wird, davon gab unser Eskimo Ikuma ein Beispiel, indem er mitten im strengsten Winter einen 400 Meilen weiten Marsch unternahm, um diese Pflicht an dem Mörder seines Oheims, einem Netchillick-Eskimo, zu erfüllen« (Klutschak 1881, S. 227).

Daß in dem zuvor zitierten Fall nur einige ausgewählte Männer stellvertretend für die Allgemeinheit kämpfen, ist eine interessante Form der Ritualisierung, die das Blutvergießen, wenn auch nicht verhindert, so doch einschränkt. Bei den Ostgrönländern gehen die Ritualisierungen so weit, daß im »Singstreit« selbst Mord gesühnt werden kann (Holm 1914, Hoebel 1967). Wir kommen darauf noch zu sprechen. Ein verbreiteter Grund für Mord und Totschlag ist der Streit um Frauen (Birket Smith 1948, Rasmussen 1924, 1930, 1932).

Wenn die Bering-Eskimos eines Dorfes auf Krieg ziehen wollten, sandten sie zunächst Boten zu befreundeten Gruppen, um sie über das Vorhaben zu informieren. Dann umstellten sie heimlich das feindliche Dorf. Nachts schlichen sie sich an die Häuser der Gegner heran, verrammelten die Eingänge von außen und erschossen die Eingeschlossenen ungestört durch die Rauchlöcher. Sie plünderten die Dörfer und die Leichen der Besiegten. Die Bristol-Bay-Eskimos nahmen sogar Kopftrophäen. Die Köpfe wurden auf Pfähle gesteckt und Pfeile kreuzweise durch ihre Nasen gestoßen. Das war nach Nelson (1896) bei diesen Eskimos »allgemein üblich«. Der gleiche Autor berichtet schließlich, daß einander gegenüberstehende Eskimo-Gruppen sich auch in offener Schlacht gegenseitig mit Pfeilregen überschüttet hätten und daß häufig die Männer einem Nadelkissen ähnlich gesehen hätten, ehe sie fielen. War die eine Seite der Kontrahenten erschöpft oder wünschte man zu essen, dann hob man eine Pelzjacke auf eine Stange und lud so zum Waffenstillstand ein. War die andere Seite damit einverstanden, dann machte man Pause. Eigene Wachen sorgten dafür, daß der Waffenstillstand eingehalten wurde. Nach der Pause wurde der Kampf fortgesetzt (Nelson 1896). Die Eskimos lassen sich also kaum als besonders friedfertige Jäger und Sammler bezeichnen. Das Wissen um ihre Aggressivität ist keineswegs neu, aber das wollen einige Vertreter der Neu-Rousseau-Mythologie offenbar nicht wahrhaben.

Wenn die meisten Eskimos – ausgenommen sind einige Gruppen Alaskas – in offenen, nicht territorialen Gemeinschaften leben, dann ist dies ein Ergebnis des Kontaktes mit der Zivilisation, der zum Bevölkerungsschwund, zu Wanderungen und damit auch zum Zerbrechen der alten Gruppenstrukturen geführt hat. Boas (1888) berichtet, daß bei den zentralen Eskimos mit dem Eintreffen der Walfänger in der Baffin-Bucht viele Familien ihre alten Wohngebiete verlassen hätten, da sie von den Gütern der Weißen angezogen wurden und mit diesen den Tauschhandel aufnahmen. Syphilis, Diphtherie und Lungenentzündung verbreiteten sich durch die Kontakte mit den Europäern und töteten viele Eskimos. Als die Weißen um 1840 im Cumberland-Sund ankamen, zählte die Eskimobevölkerung dort etwa 1500 Personen. 1857 waren es 300. Man weiß, daß solch drastischer Bevölkerungsrückgang zur Folge hat, daß die Überlebenden verschiedener Gruppen sich zusammentun. Nach Boas (1888, S. 424f.) waren z. B. die Oqomiut früher in vier Unterstämme aufgeteilt, die sich nach ihren Territorien benannten:

163

» ... their old settlements are still inhabited, but their separate tribal
identity is gone, a fact which is due as well to the diminuition in their
numbers as to the influence of whalers visiting them.« (»Ihre alten
Siedlungen sind noch immer bewohnt, aber ihre Stammesidentität
ist vergangen, eine Tatsache, die man sowohl auf den Rückgang der
Bevölkerungszahl als auch auf den Einfluß der sie besuchenden Walfänger zurückführen kann.«)

Service (1962) belegt diesen Prozeß anhand von weiteren Beispielen und kommt zu dem Schluß: »It seems clearly evident that aboriginal Eskimo society was not fluid, informal and composite, nor
was it a family level of integration caused by the nature of the game
hunted. The later composite groups of unrelated Eskimo known to
modern ethnology are readily explained as a consequence of direct
and indirect European influences that can only be described as cata-
strophic« (1962, S. 96). (»Es scheint offensichtlich, daß die ursprüngliche Eskimogesellschaft nicht in Bewegung [offen], infor-
mell und zusammengesetzt war; sie war auch nicht nur auf dem
Niveau der Familie integriert, verursacht durch die Art des Wildes,
das sie jagten. Die späteren zusammengesetzten Gruppen der Eskimos, die nichtverwandte mit einschließen, sind mühelos als Folge
von direkten und indirekten Europäereinflüssen zu erklären, Einflüssen, die man nur als katastrophal bezeichnen kann.«)

b. Die Pygmäen

Die Meinung, daß Pygmäen friedliche Jäger und Sammler seien,
geht auf Turnbull (1961, 1965) zurück. In seiner 1965 erschienenen
Monographie ist er allerdings vorsichtiger als jene, die ihn zitieren.
Er betont nämlich, daß über die Beziehungen der verschiedenen
Horden äußerst wenig bekannt sei. In einem Diskussionsbeitrag in
dem Sammelband von Lee und DeVore (1968) betont er die Friedfertigkeit der Pygmäen (S. 341)[*], um jedoch kurz danach klarzustel-
len, daß es immerhin innerhalb der Horde viel Streit gäbe, vor allem
zwischen Eheleuten. Ziehen wir die ältere Literatur zu Rate, dann
findet man dort durchaus Berichte von Krieg, Blutrache und Territorialität.

---

[*] » ... there is an almost total lack of aggression, emotional or physical, and
this is born out by the lack of warfare, feuding witchcraft, and sorcery ...«

So berichtet Schebesta (1941) über die Bambuti-Pygmäen vom Ituri, sie hätten Waldreviere (S. 126), und er spricht später von Schweif- und Jagdgebieten, die als Gruppeneigentum angesehen werden: »Das Schweif- und Jagdgebiet der Bambuti-Gruppe, das durch genau bekannte Grenzen umschrieben ist, eignet jeweils einer bestimmten Menschengruppe verwandter Familien, auf die sie allein Anspruch hat. Nur sie allein, mit Ausschluß jeder anderen Gruppe darf innerhalb dieses Gebietes ihrem regelmäßigen Nahrungserwerb nachgehen. Alle Mitglieder genießen dabei das gleiche und ungeschmälerte Recht. Das Eindringen Fremder zum Zweck der Jagd und Nahrungsbeuterei ist unstatthaft und führt zu Zwistigkeiten und Kriegen. Befreundeten und verschwägerten Nachbargruppen wird allenfalls das Recht zugestanden, die Grenzen gelegentlich zu überschreiten. Meine Beobachtungen lehrten mich immer wieder, daß die Bambuti fremde Bezirke nur höchst ungern betraten und sich dort nur auf mein Drängen oder das Geheiß des Wirtsherrn hin für kurze Zeit niederließen. Die Pygmäen sind auf fremdem Gebiet doppelt scheu und furchtsam ... In fremden Schweifgebieten angesiedelte Gruppen – wie es während meiner letzten Reise in den großen Lagern wiederholt der Fall war – begeben sich zur Jagd stets in ihre Jagdreviere« (Schebesta 1941, S. 274 f.).

Und zum Nomadismus schreibt er auf S. 280: »Unter Nomadismus ist aber kein wahl- und zielloses Umherschweifen zu verstehen, sondern eines, das sich in einem zwar weiten, aber durch die Nachbargruppen begrenzten Gebiet abspielt. Darauf möchte ich besonderen Nachdruck legen, weil bisweilen einem unbegrenzten Nomadismus der Bambuti das Wort geredet wurde. Die Bambuti wandern weder wahl- noch ziellos im Wald umher.«

Bicchieri (1969) betont ebenfalls ausdrücklich, daß die Bambuti-Pygmäen Territorien abgrenzen: »Concomitant to the abundance and uniformity of the distribution of resources throughout the vast forest and throughout the year, the Bambuti band is not ›forced‹ into a specific area. Yet, both net-hunters and archers are very definitely associated to specific territories. It could be suggested, furthermore, that a specific territory, delineated by natural boundaries, ›owns‹ its band (see Bicchieri 1963, 1965). Three conditions, (1) favourable people – land size ratio, (2) natural boundaries, and (3) plentiful and uniformly distributed resources led to the presence of discrete territorial areas. A specific band ›belongs‹ to these *discrete* areas and acts as if it had the resources of the particular territory in stewardship« (S. 68). (»Bei dem Reichtum und der gleichmäßigen Verteilung der

Naturgüter im ganzen Wald und während des ganzen Jahres sind (wären) die Bambuti nicht in ein bestimmtes Gebiet gezwungen. Dennoch sind beide, die Netzjäger und die Bogenjäger, in gleicher Weise genau mit bestimmten Territorien assoziiert. Man könnte sagen, zu einem bestimmten, genau abgegrenzten Territorium gehört eine bestimmte Horde. Für diese genau festgelegten Territorien sind drei Bedingungen ausschlaggebend: (1) eine günstige Relation zwischen Personenzahl und Landgröße, (2) natürliche Grenzen, (3) ausreichend und gleichmäßig verteilte Naturgüter. Eine bestimmte Horde gehört zu diesen bestimmten Arealen und verhält sich so, als hätte sie die Güter dieses Gebietes unter ihrer Verwaltung.«)

Er führt ferner aus, daß die Horden nach ihren Revieren benannt sind und daß der »Nomadismus« eigentlich in zyklischen Wanderungen innerhalb ihres Revieres besteht. »Because of the temporary nature of the camp and the easiness with which it can be set up at any point in the home territory, the Bambuti think of themselves as having a stable pattern of residence, more stable, in fact, than that of the people of the neighbouring village of the Negro agriculturist, who, because of soil exhaustion and forest encroachment, moves his ›stable‹ residence every few years« (Bicchieri 1969, S. 69). (»Wegen der vorübergehenden Natur ihrer Lager und der Leichtigkeit, mit der sie dieselben überall in ihrem Territorium errichten, glauben die Bambuti von sich, daß sie ein stabiles Residenzmuster aufweisen, in der Tat stabiler als das der Bewohner der Nachbardörfer, der Negerackerbauern, die wegen Bodenerschöpfung und Verwaldung ihren festen Wohnsitz alle paar Jahre wechselten.«)

Schebesta beschreibt auch, daß Pygmäen Kriege führen. In erster Linie handelt es sich um Überfälle aus dem Hinterhalt:

»Wie der Pygmäe als Jäger das Wild anpirscht und überlistet, beschleicht er auch seinen Feind, lauert ihm im Hinterhalt auf und schießt ihn aus sicherer Deckung mit einem Pfeil nieder. Ein anschauliches Bild eines solchen Überfalls gab ein Ältester der Mamvu-Efe. Es war in seiner Jugendzeit – erzählte er –, als seine Sippe sich jenseits Mambasa in einem fremden Gebiet zu schaffen machte. Er selbst, damals noch ein Knabe, klopfte zusammen mit seinem Bruder Nüsse auf. Sein Vater, der die Gegend nicht geheuer fand, warnte sie und mahnte zum Rückzug. Sie versprachen, nach getaner Arbeit ihm zu folgen. Wenige Minuten später tauchte im Gebüsch gegenüber ein Mombuti auf. Ihn gewahr werden und aufspringen war eins, doch schon saß dem Erzähler ein Pfeil in der

Flanke. Er zeigte mir die Narbe davon. Er brach zusammen, sein Bruder faßte ihn am Arm, als auch ihn ein Pfeil traf. Auf das Geschrei der Burschen hin eilten der Vater und seine Leute herbei. In dem sich hierauf entwickelnden Kampf blieben angeblich vier Tote am Platz, deren Leichen man liegen ließ.

Anlaß zu dieser blutigen Auseinandersetzung bildete das Eindringen der Mamvu-Efe in ein fremdes Gebiet; es war die Verletzung der Souveränität eines andern Clans. Das wird von den Bambuti allgemein als legitimer Grund für Feindseligkeiten untereinander angegeben. Aus diesem Grund führten die Bambuti auch Krieg gegen die in den Wald vordringenden Neger und letzten Endes auch gegen die Karawanen der Weißen.

Die Art der *Kriegsführung* der Bambuti ist von jener der Neger verschieden. Sie gehen niemals wie diese geschlossen vor, sondern zerstreuen sich wie bei der Jagd, pirschen sich durch das Dickicht an den Feind heran, schnellen die vergifteten Pfeile gegen ihn ab und verschwinden ebenso lautlos, ohne daß der Feind es ausmachen kann, aus welcher Richtung die Pfeile geflogen kamen oder wie viele Angreifer es waren. Auch sonst lassen die Bambuti den Feind dicht an sich herankommen, wobei sie wie leblos auf dem Boden liegen. Im gegebenen Augenblick jedoch schießen sie einige Pfeile ab und verschwinden im Urwalddickicht. Diese Kampfart darf man den Pygmäen nicht als Feigheit auslegen, sie ist ihrer Veranlagung als Urwaldjäger gemäß. Auch in privater Fehde oder bei Ausübung der Blutrache befolgen sie die gleiche Methode und erledigen ihre Gegner bzw. ihre Opfer aus dem Hinterhalt« (Schebesta 1948, S. 537).

Von den Kivu-Pygmäen nennt Schumacher (1950) als Kriegsausrüstung Lanze, Sichelmesser, Bambusbogen mit Pfeilen, Keule und den großen breiten Flechtschild. Gerade der Schild belegt die Angepaßtheit an innerartliche Konflikte. Für die Jagd braucht man ihn keineswegs.

Von einer besonderen Friedfertigkeit der Pygmäen kann nach alledem kaum die Rede sein.

c. Die Hadza

Als weitere Kronzeugen für die ursprüngliche Friedfertigkeit der Jäger und Sammler bemüht man neuerdings die Hadza Tanzanias. Woodburn (1968) berichtet von ihnen, sie würden keine Territorien besitzen, keinerlei Aggressionen zeigen und in offenen Gruppen leben. Er studierte die Hadza 1958 und in den Jahren darauf. Damals

aber war die Gruppe von ihrem ursprünglich 5000 km² bedecken-
den Gebiet auf ein nur 2000 km² großes Verbreitungsgebiet einge-
engt worden. Bei solcher Entwurzelung muß man Änderungen im
Verhalten und in der Sozialstruktur erwarten.

Kohl-Larsen (1958), der die Hadza in den Jahren 1934, 1936,
1937, 1938 und 1939 studierte, liefert uns denn auch ein von Wood-
burns Beobachtungen weitgehend abweichendes Bild. Zunächst berichtet er: »Die einzelnen Horden der Tindiga* schweifen nicht in
dem ganzen Lande umher, sondern jede der drei hält sich an ein ganz
bestimmtes Gebiet. Niemals sah ich die Matetehorde in dem Jagdgebiet einer anderen Horde jagen. Ihre Jagd ist im Nordosten durch
den Dumungiddah begrenzt. Im Osten schließt der letzte Ausläufer
der Irakuberge, den sie Kidabimbirigaah nennen, ihr Jagdrevier ab.
Im Süden dehnen sie ihre Jagdzüge nie über die Berge aus, die den
Njarasasee von dem Hohenlohegraben trennen. Doch wurde mir
auf der anderen Seite versichert, daß wenn der Führer der Horde am
Matete, Schungwitscha, zu seinem Bruder am ›Großen Wasser‹
geht, er dort auf die Jagd gehen darf. Und in Hungerzeiten werden
die Grenzen, denen die einzelnen Horden unterstehen, aufgehoben, so daß sie auch in Bezirken jagen dürfen, welche einer anderen
Horde zugesprochen sind**. Ganz abgesehen davon, daß ein reger
Verkehr zwischen den einzelnen Horden nicht besteht, scheint es in
jagdlicher Hinsicht ein Gewohnheitsgebrauch zu sein, daß jede
Horde die Jagdgrenze der Nachbargruppe respektiert« (S. 101).

Wie aus Kohl-Larsen (1958) ferner zu entnehmen ist, haben die
Hadza früher Kriege geführt***. Er zitiert dazu den Bericht eines
Hadza-Gewährsmannes. Das Protokoll vom 8. 7. 1938 lautet:

»In den alten Zeiten bekriegten sich die Hadzapi untereinander.
Eine Horde, die in Mangola saß, ging zu einer anderen Horde drü-
ben in Lubiro. Wenn sie dort ankam, wurde ein Mann ausgewählt.
Er geht zu der Lubiroschar und sagt: ›Wir sind heute zu euch ge-

---

* Tindiga ist eine weitere Stammesbezeichnung für die Hadza.
** Vergleiche damit das auf S. 180 über das Nexus-System der Buschleute
Mitgeteilte.
*** Bagshawe (1924/25, S. 123), der sie 1917 besuchte, erwähnt ebenfalls,
daß Fehden mit tödlichem Ausgang keineswegs selten sind.
»I do not mean to infer that the Kangeju (ein anderer Name für Hadza) are
entirely lawabiding, for I am well aware that numerous deaths have occurred as the result of feuds between individuals and families and between them
and the Dorroggo.«

kommen, um euch zu bekriegen!‹ Jetzt sagt einer aus der Lubiro-
horde: ›Ja, wenn ihr gekommen seid, um Krieg zu führen, wir sind
zufrieden damit.‹ Die Leute in Lubiro kommen zusammen und be-
reden sich. Sie wählen einen Mann aus, der sich mit dem Mann aus
Mangola schlagen soll. Ist er ausgewählt, bekommt jeder von beiden
zwei Stöcke. Mit diesen schlagen sie sich. Wird keiner von den
zweien besiegt, fangen beide Horden an, sich gegenseitig mit Pfeilen
und Speeren zu bekämpfen. Wenn sie sich so schlagen, tritt aus der
einen Schar eine alte Frau hervor, aus der anderen ein alter Mann.
Die beiden stellen sich in die Mitte der beiden kämpfenden Horden
und sagen: ›Setzt euch alle hin und ruht ein wenig!‹ Haben sie ein
wenig geruht, fangen sie wieder an, sich zu schlagen. Sie bekriegen
sich sehr lange. Wenn eine Horde besiegt wird, entflieht sie. Die
anderen, die Sieger, verfolgen sie ein Stück, dann gehen sie wieder in
ihr Lager zurück und schlafen. Am nächsten Tag geht die Horde, die
gesiegt hat, zu der besiegten. Die übernachtet bei ihr. Am Morgen
tun sich alle starken Männer und Jünglinge zusammen und gehen
auf die Jagd. Wenn sie einige Tiere erlegt haben, nehmen sie das
Fleisch, welches fett ist, und setzen sich zum Essen hin. Nur die
Männer dürfen dabei sein. Wenn eine Frau zu den Männern geht,
kann sie getötet werden. Hat aber die Frau ein Kind, das sie auf dem
Rücken trägt, dann kneift sie das Kind, daß es weint. Wenn die
Männer ein Kind weinen hören, können sie die Frau nicht schlagen.
Wenn sie nun zusammen das Fleisch essen, ist die Freundschaft wieder geschlossen. Haben sie viele Tage so gelebt und sie sehen, daß sie
umsonst leben (keine Arbeit und nichts zu tun haben), suchen sie
eine andere Horde auf, um auch sie zu bekriegen. Sie schlagen sich
so sehr, daß oft auch einige Leute getötet werden. Wer besiegt wird,
geht dann in die große Schar der Sieger über« (Kohl-Larsen 1958,
S. 35).

Dieses Protokoll ist nicht allein wegen seiner zahlreichen Einzelheiten bemerkenswert, es beweist auch, daß es eine falsche Verallge-
meinerung ist, wenn man aus dem heutigen Verhalten der Hadza auf
eine ursprüngliche Friedfertigkeit der Gruppe schließt (siehe auch
Kohl-Larsen 1943).

d. Territorialität und Aggressivität bei Buschleuten

d.1 Territorialität

Die Buschleute spielen in der Aggressionsdiskussion als Modell friedfertiger Kulturen eine große Rolle. Da ich das Glück hatte, auf sechs Reisen in die zentrale Kalahari und nach Südwestafrika Buschleute der !Ko, G/wi und !Kung selbst eingehend studieren zu können, möchte ich deren Aggressionsverhalten beispielhaft etwas ausführlicher referieren. Ich habe mich zwar dazu bereits in meiner Monographie (Eibl-Eibesfeldt 1972) geäußert, konnte aber mittlerweile weiteres Material sammeln. Auch erschienen einige bemerkenswerte neue Publikationen, auf die ich hier eingehen möchte. Der eigenen Arbeit liegen Filmdokumente ungestellter Interaktionen zugrunde. Abdrucke der Bilder, die Verhaltensweisen der Aggression, Aggressionskontrolle und der Gruppenbindung belegen, erschienen in der eben genannten Monographie. Ich verzichte daher hier auf deren Wiedergabe. Die Filme selbst werden als Gemeinschaftspublikation der Encyclopaedia cinematographica (Göttingen, Institut für den Wissenschaftlichen Film) und des Humanethologischen Filmarchivs der Max-Planck-Gesellschaft veröffentlicht. An dem Buschmannprojekt, das noch über einige Jahre weitergeführt wird, arbeite ich zusammen mit dem Anthropologen Dr. H.-J. Heinz. An dem Forschungsprojekt waren meine Mitarbeiter H. Sbrzesny und D. Heunemann beteiligt.

Von den Buschleuten behaupteten Sahlins (1960) und Lee (1968), sie hätten keine Territorien und würden in offenen Gesellschaften leben. So schreibt Lee über die !Kung-Buschleute: »The camp is an open aggregate of persons, which changes in size and composition from day to day. Therefore, I have avoided the term ›band‹ in describing the !Kung Bushmen living groups. Each water hole has a hinterland lying within a six mile radius which is regularly exploited for vegetables and animal food. These areas are not territories in a zoological sense, since they are not defended against outsiders« (Lee 1968, S. 31). (»Das Lager kann man als ein Aggregat von Personen bezeichnen, dessen Zusammensetzung und Größe von Tag zu Tag wechselt. Ich habe daher den Begriff ›Horde‹ nicht zur Beschreibung der !Kung-Buschmanngruppen übernommen. Jedes Wasserloch hat ein Hinterland, das in einem 6-Meilen-Radius regelmäßig auf tierische und pflanzliche Nahrung abgesucht wird. Diese Gebiete sind aber nicht Territorien im zoologischen Sinne, da sie nicht gegen Auswärtige verteidigt werden«.)

Nun liegt dieser Definition von Territorien die falsche Vorstellung zugrunde, Territorialität drücke sich immer im Kampf aus. Wie wir auf S. 57 ausführten, ist dies nicht der Fall. Territoriale Integrität kann auch über ritualisierte Formen der Besitzdemonstration gewahrt werden, wie das u. a. Rappaport (1968), Ortiz (1969) und Wilmsen (1973) betonen. Auch bedeutet das Bestehen von Reviergrenzen keinesfalls, daß es keinen Personenfluß über die Grenzen hinweg gibt. Er ist nur eingeschränkt durch die Tatsache, daß der Revierinhaber in seinem Gebiet dominiert, dort Vorrechte genießt und daß er sowohl Einlaß gewähren als auch verweigern kann.

Von Marshall (1961, 1965) werden die Buschleute als friedliche und harmlose Menschen geschildert, doch gibt die Autorin damit nur einen allgemeinen Eindruck wieder; sie berichtet andererseits von Vorrechten bestimmter Familien in gewissen Sammelgebieten.

In der Sekundär- und Tertiärliteratur werden diese Berichte wieder über Gebühr strapaziert, um die These von der friedlichen Natur des Menschen zu stützen. Beispielhaft dafür ist Schmidbauer (1971b, 1972, 1973), der zwar noch nie einen Jäger und Sammler auch nur von weitem sah, sich aber dafür nur um so ungezwungener über deren Friednatur äußert. Die Buschleute betreffend stützt er sich in erster Linie auf Lees ältere Arbeiten, offenbar ohne zu wissen, daß dieser seine Ansichten längst revidiert hat (Lee 1972, 1979, siehe auch S. 179).

Daß überhaupt die These vom nichtterritorialen Buschmann aufkommen konnte, überrascht, da ja aus der Literatur genügend Beispiele für territoriales Buschmannverhalten bekannt wurden und es überdies eine Fülle von Buschmannmalereien gibt, die Kämpfe zwischen Buschmanngruppen und zwischen Buschleuten und Bantus sowie Hottentotten darstellen. Bei den interethnischen Auseinandersetzungen waren die Buschleute oft Angreifer, da sie das Vieh der Hirtenvölker zu rauben suchten (Abb. 14, 15 und 16).

Die meisten Arbeiten, die Angaben über die Territorialität der Buschleute machen, erschienen in deutscher Sprache. So schreibt Passarge (1907), daß die !Kung-Buschleute kriegerisch seien, und er betont, daß nicht nur die Horden, sondern jede Familie ihre eigenen Sammelgründe besitzen würde: »Die Einteilung der Buschleute in Familien ist bereits seit langem bekannt …, dagegen habe ich noch nirgends eine Notiz darüber gefunden, daß auch der Grund und Boden gesetzmäßig verteiltes Eigentum der Familien ist. Das ist aber ein Punkt von ungeheurer Wichtigkeit, denn erst bei Berücksichtigung dieser Tatsache kann man einen klaren Einblick in die soziale Organisation der Buschmänner gewinnen« (S. 31).

Abb. 14 Buschmann-Felsmalerei aus Südafrika, einen Kampf zwischen Buschleuten und Basutos darstellend. Die Buschleute haben die Pfeile wie einen Kopfschmuck in ihr Stirnband gesteckt, um sie griffbereit zu haben. Die Basuto tragen Schild und Keule. Aus Bleek (1930).

Zastrow und Vedder (1930) berichten, daß !Kung-Buschleute nie im Gebiet einer anderen Gruppe jagen oder Nahrung sammeln dürfen: »Wo das Buschmanngelände noch nicht in Farmen aufgeteilt ist, sondern Sippengebiet sich an Sippengebiet schließt, weiß jeder Buschmann, daß er im fremden Gebiet nicht jagen oder Feldkost sammeln darf. Wird ein Wildjäger angetroffen, so hat er sein Leben verwirkt. Damit ist nicht gesagt, daß man ihn auf jeden Fall umbringt. Die Blutrache … hält vielleicht davon ab, die Todesstrafe zu vollstrecken. Es kommt darauf an, welchen Grad die Wut der Häscher erreicht hat und in welchem Grad man die Sippe zu fürchten hat. Von hier aus sind viele Übergriffe der Buschmänner zu erklären, die sie an Hab und Gut und Leben von weißen Farmern verübt haben. Besetzt der fremde Farmer die Wasserstelle, untersagt er zudem die Jagd, so ist damit der offene Kriegszustand ausgebrochen« (S. 425).*

---

* An diesem Zitat versuchte Schmidbauer (1972) zu zeigen, daß meine Zitate der älteren, noch von der »Landnahme-Ideologie« der Weißen geprägten Literatur entnommen seien und weniger die ursprüngliche Territorialität der Buschmänner als die Überheblichkeit des Kolonisators zeigen würden. Nach Wiedergabe des Zitats – die anderen übergeht er – schreibt er: »Sind die Human-Ethologen hier dem Zweck-Stereotyp vom ›aggressiven Wilden‹ aufgesessen? Schon allein die Rede vom ›Sippengebiet‹ und von den ›Häschern‹ zeigt deutlich, daß es sich hier nicht um in der Feldforschung gewonnene Information handelt, sondern eher um Gruselgeschichten über die ›grausamen Wilden‹, wie sie schon immer im Zug der Landnahme von

Abb. 15a und b Buschmänner, einander bekämpfend. Buschmann-Felsmalerei aus Südafrika. Aus Bleek (1930).

Abb. 16 Buschmann-Felsmalerei, einen Viehraub darstellend. Die Buschmänner sind im Begriff, die Rinder wegzutreiben. Einige haben als Nachhut den Schutz übernommen und bekämpfen die sie verfolgenden Bantu. Nach R. Andree aus Weule (1916).

Lebzelter (1934) beschrieb, daß die !Kung sehr mißtrauisch seien, wenn sie Mitgliedern fremder Horden begegnen: »Jeder Bewaffnete, dem sie begegnen, gilt von vornherein als Feind. Fremde Stammesgebiete darf der Buschmann nur unbewaffnet betreten. Selbst am Rande der Farmzone ist das gegenseitige Mißtrauen so groß, daß ein Buschmann, der als Bote auf eine Farm geschickt wird, in deren Bereich eine andere Sippe sitzt, den Fahrweg, der als eine Art neutrale Zone gilt, nicht zu verlassen wagt. Nähern sich zwei fremde, bewaffnete Buschleute, so legen sie zunächst auf Sichtweite die Waffen ab« (S. 21).

———————

Kolonisatoren erzählt worden sind, um die eigene, brutale Aggressivität zu rechtfertigen« (Schmidbauer 1972, S. 109). Schmidbauer, der sich gerne als Sprecher der Anthropologen hervortut, wurde übrigens von anthropologischer Seite die längst fällige Kritik zuteil. Auf seine Feststellung: »Zahlreiche Anthropologen haben festgestellt, daß die ›primitivsten‹ Kulturen sehr häufig auch die friedfertigsten sind« und: »Die relative Aggressionsarmut

Vedder (1937, S. 435) betont: »Jede Buschmannsippe besitzt ein von den Vätern ererbtes Sippengebiet. Manche Sippen besitzen sogar deren zwei – ein Sommerveld und ein Winterveld. Diese Gebiete haben ganz bestimmte Grenzen. Der Buschmann nun, der in einem fremden Sippengebiet der Jagd obliegt oder Feldkost sucht, kann sicher sein, daß ihn eines Tages ein vergifteter Pfeil treffen wird ...« Und in einer anderen Arbeit (1952, S. 49) schreibt der gleiche Autor: »Noch heute gibt es unter den Buschmannstämmen verfeindete Sippen, wo niemand wagt, die Sippengrenzen zu überschreiten.« Und er sagt, die Buschmannsippen hätten sich auch in alter Zeit untereinander dezimiert. Auf S. 51 spricht er davon, daß die Buschleute, um Grenzmarken festzulegen, seit alten Zeiten an bestimmten Orten umfangreiche Steinhaufen errichtet hätten, die wie alte Gräber aussähen.

Trenk (1910) berichtet, die Buschleute der Namib würden bestimmte Wasserstellen und Jagdbezirke als Familieneigentum betrachten. Niemand dürfe dort ohne Erlaubnis der Besitzer jagen. »So hat jede Familie ihren bestimmten Platz und Bezirk im Sommer in der Namib, und sobald dort das Wasser oder die Naras- und Tsamafrüchte zu Ende sind, in den Bergen ... Ist die Wasserstelle einer Familie leer, so darf sie an einer anderen Wasserstelle zur Miete wohnen. Dasselbe gilt auch von der Jagd, falls sich das Wild aus einem Familienbezirk verzogen hat; es muß dann durch Abgabe eines Teiles der Beute gewissermaßen Pacht gezahlt werden« (S. 168).

Auch Brownlee (1943) und Wilhelm (1953) beschreiben Territorialität, Wilhelm sogar Kämpfe zwischen verschiedenen !Kung-Stämmen. Er betont dabei, daß es mit der kriegerischen Tüchtigkeit

---

vieler Jäger- und Sammlervölker ... gehört nach wie vor zu den gesicherten Erkenntnissen der Kulturanthropologie« entgegnete Schindler (1974): »Jeder Ethnologe wird dies nur mit ungläubiger Verwunderung zur Kenntnis nehmen. Schmidbauer präsentiert sich hier als Sprecher einer Disziplin und verkündet Erkenntnisse, von denen die Fachleute nichts gewußt haben. Offenbar hat er das Schweigen der Ethnologen zu seinen bisherigen Ausführungen für Zustimmung oder sogar Beifall gehalten. Niemals scheint ihm in den Sinn gekommen zu sein, daß die Ethnologen seine Arbeiten darum nicht diskutiert haben, weil sie diese eben nicht als relevant betrachteten. Man mag die mangelnde Öffentlichkeitsarbeit deutschsprachiger Ethnologen für bedauerlich halten; dessen ungeachtet würde man sie überfordern, wollte man von ihnen verlangen, daß sie jede laut geäußerte Unkenntnis ethnologischer Fakten anprangern« (S. 275).

der Buschleute, die früher – als noch ganze Stämme zusammengeschlossen lebten – auf ziemlicher Höhe stand, in den letzten hundert Jahren ziemlich rasch abwärts gegangen sei*. Gegen Bantustämme würden sie nicht mehr Krieg führen, doch würden unter den einzelnen Stämmen der !Kung noch Zwistigkeiten vorkommen. »Beispielsweise kommen die Karakuwisa nach der Regenzeit weit den Omuramba uamatako herunter, um dort Buschkost und vor allen Dingen Honig zu suchen. Stoßen diese Horden bei dieser Gelegenheit mit anderen, die zum Otjituostamm** gehören, zusammen, kommt es zu erbitterten Kämpfen. Andererseits dringen die Karakuwisa während der Regenzeit in das Gebiet des Kaukauveldes nach Osten vor, und so gibt es auch dort heftige Zusammenstöße. Ferner befehden die einzelnen Sippen einander« (S. 156). Nach Wilhelms Schilderung überfallen die bewaffneten Männer im Morgengrauen die Werft der feindlichen Gruppe. Sie töten alle, die nicht fliehen können, auch Frauen und Kinder, stecken die Hütten in Brand und nehmen die Gegenstände, die sie tragen können, als Beute mit.

Marshall (1959) beschreibt die Furcht, die die !Kung des Nyae Nyae-Gebietes vor anderen !Kung-Buschleuten zeigen. Das gehe so weit, daß die Horden dieses Gebietes fast nie ihr Gebiet verlassen, weil sie in fremdem Gebiet weder auf Nahrungstausch mit den dort Ansässigen rechnen können noch mit der Erlaubnis, dort sammeln zu dürfen. Ja sogar das Fremdenfeindbild ist ausgeprägt. Die Nyae Nyae !Kung bezeichnen sich selbst als rein oder perfekt (Ju / oassi) im Gegensatz zu anderen !Kung, die sie für fremde, gefährliche (Ju dole), ja sogar mörderische Personen mit tödlicher Medizin halten. In einer anderen Arbeit berichtet die gleiche Autorin über Territorialität: »The !Kung say, that one can not eat the ground itself, so it does not matter to whom it belongs. It is these patches of ›veldkos‹ that are clearly and jealously owned and the territories are shaped in a general way around these patches … the strange concept of ownership of ›veldkos‹ by the band operates almost like a taboo. No external force is established to prevent one band from encroach-

---

* Wilhelm lebte zwischen 1914 und 1919 in Otjituo (Südwestafrika). Seine sehr ausführlichen Aufzeichnungen wurden erst 1953, nach seinem Tode, veröffentlicht.
** Mit Otjituo-Stamm meint Wilhelm diejenigen !Kung, die sich zu seiner Zeit bei Otjituo befanden.

ing in another's ›veldkos‹ or to prevent individuals from raiding ›veldkos‹ patches to which they have no right. This is just not done« (S. 248). (»Die !Kung sagen, daß man den Grund selber nicht essen kann und daß es deswegen auch unwichtig ist, wem er gehört. Es sind die Landstreifen mit Feldkost, die strikt und eifersüchtig behalten werden, und die Territorien sind in allgemeiner Weise um diese Landstreifen angeordnet ..., das eigentümliche Konzept der Aneignung von Feldkost durch die Horde wirkt fast wie ein Tabu. Keine äußere Macht überwacht eine Horde, um den Übergriff auf die Feldkost zu verhindern oder um einzelne abzuhalten, in Feldkostland, zu dem sie keinen Zutritt haben, einzudringen. Das wird einfach nicht getan.«)

Tobias (1964) betont, daß die Buschleute sich nur innerhalb ihres Territoriums bewegen: »Territoriality applies among bands of the same tribe and between different tribes. Intertribal bounds are sometimes reinforced by social attitudes such as the traditional enmity between the Auen and Naron. Under special conditions such as an abundance of food these bounds and the accompanying enmity are forgotten« (S. 206 des Neudruckes in Davis)[*].

Silberbauer (1972, 1973) fand, daß Territorialität für die G/wi der zentralen Kalahari typisch sei (Abb. 17). Er bezieht sich auf die ethologische Definition der Territorialität bei Willis (siehe S. 57) und schreibt: »Willis' description aptly describes the relationships between G/wi bands with regard to their territories; a visiting band, or a single visitor submits to the dominance of the host band either by waiting for an invitation or by seeking permission to enter and occupy the territory« (Silberbauer 1973, S. 117)[**].

---

[*] »Territorialität besteht sowohl zwischen verschiedenen Horden des gleichen Stammes als auch zwischen verschiedenen Stämmen. Die Grenzen zwischen den Stämmen werden manchmal durch soziale Einstellungen bekräftigt, wie z. B. durch die traditionelle Feindschaft zwischen den Auen und den Naron. Unter besonderen Bedingungen, z. B. bei reichlichem Nahrungsangebot, werden diese Abgrenzungen und die sie begleitende Feindschaft vergessen.«

[**] »Willis' Ausführungen beschreiben treffend die Beziehungen zwischen G/wi-Horden in bezug auf ihre Territorien. Eine Horde, die zu Besuch kommt, oder ein einzelner Besucher unterwirft sich der Dominanz der Gastgeber-Horde, indem er entweder auf die Einladung wartet oder um Erlaubnis bittet, das Territorium betreten zu dürfen.«

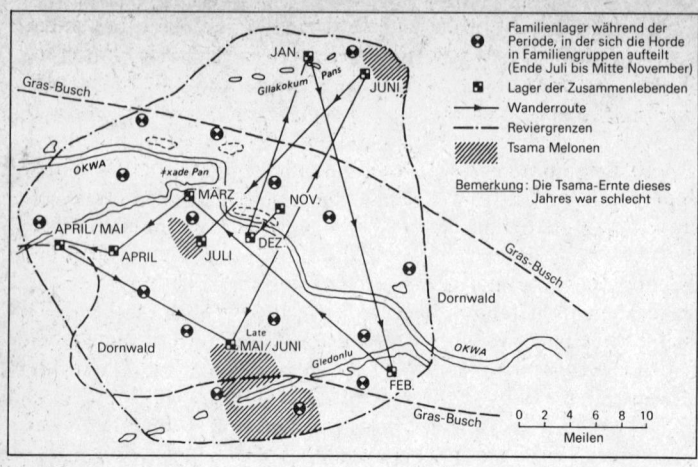

Abb. 17 Die Wanderungen einer G/wi-Horde während zweier Jahre.
Aus Silberbauer (1972).

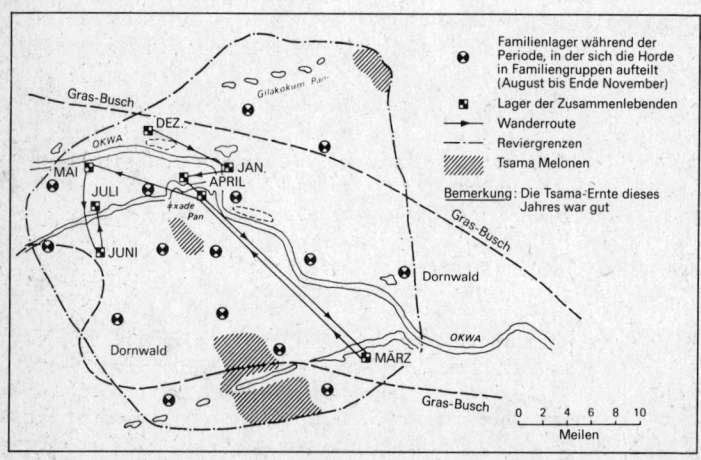

178

Silberbauer betont ferner, daß Besucher, die auf dem Weg in ein anderes Gebiet das Territorium einer anderen Horde passieren, ebenso wie jene, die zu einer solchen Gruppe auf Besuch kommen, beim Lager vorsprechen und um Erlaubnis bitten, in deren Land bleiben und deren Wasser trinken zu dürfen (»to stay in your country and drink your water«). Es handelt sich um eine stehende Phrase, die verwendet wird, obgleich die meiste Zeit des Jahres die Wasserlöcher trocken sind, vor allem zu der Zeit, in der man Besuche macht. Silberbauer schreibt weiter, daß in jeder Horde bestimmte Personen als Eigentümer bekannt seien (!u:ma, wenn es sich um einen Mann, !u:sa, wenn es sich um eine Frau handelt). Diese Eigentümer sind den Erzählungen zufolge die ursprünglichen Gründer der Horde oder deren männlicher oder weiblicher Nachkommen. »In each band there are individuals known as !u:ma (owner) or !u:sa in case of a woman. In the vernacular account the !u:ma is the original founder of a band or his male or female descendant« (Silberbauer 1972, S. 212).

Besucher können sich, nachdem sie formell um Erlaubnis gefragt haben, in einer Horde aufhalten und schließlich auch adoptiert werden. Doch soll dies – nach Silberbauer – nur relativ selten vorkommen. Darum verwundert es, daß Silberbauer die Horde dennoch als offene Gruppe bezeichnet. Es scheint, daß er den ethologischen Begriff der geschlossenen Gruppe im Sinne einer absoluten Geschlossenheit aufgefaßt hat. So extrem geschlossene Gruppen sind jedoch eine Ausnahme. Wir bezeichnen eine Gruppe bereits als geschlossen, wenn die Freizügigkeit des Gruppenwechsels eingeschränkt ist, im Gegensatz zu offenen Gruppen, wo die Gruppenzusammensetzung ohne Schwierigkeiten wechselt. Ein Beispiel für offene Gruppen sind z. B. die pelagischen Fischschwärme, zu denen jederzeit Fische der eigenen Art hinzukommen können. Geschlossen sind dagegen die Gruppen der Paviane, Makaken und Languren, obgleich einzelne Individuen durchaus die Gruppen wechseln können.

Lee (1972) hat mittlerweile in einer sehr viel ausführlicheren Arbeit die räumliche Organisation der !Kung beschrieben und doch eine echte territoriale Verbreitung nachgewiesen. Auch er stellte nunmehr fest, daß die Wasserlöcher im Besitz von Personen sind, die als Eigentümer (K"ausi) bezeichnet werden. Um jedes Wasserloch befindet sich das Hordengebiet (n!ore), aus dem sich die Gruppe ernährt. Eine Person kann sein n!ore von Vater- oder Mutterseite erben, manchmal auch von beiden. Unter Männern stellte Lee (1972) eine nachweisbare patrilineale Tendenz fest. Wer Verwandte in einem Lager hat, mag auch in dem Gebiet sammeln. Lee fand ferner, daß der Raum, aus dem sich eine Gruppe ernährt, begrenzt ist, aber daß dieses Gebiet nicht verteidigt werde. Wenn letzteres zutrifft – man müßte erst einmal ungestrafte Verletzung territorialer Regeln nachweisen, und dafür gibt Lee kein Beispiel an –, dann könnte dies wohl ein Ergebnis der mittlerweile einsetzenden Akkulturation sein. Schließlich werden in diesem Prozeß alle nicht akkulturierten Stämme allmählich unter die Kontrolle staatlicher Organe gebracht, die in Streitfällen Recht sprechen und offene Aggressionen unterdrücken.

Unsere eigenen Erhebungen konzentrieren sich bisher auf die !Ko-Buschleute der zentralen Kalahari, von denen heute noch viele als Wildbeuter und Sammler leben. Vergleichsdaten sammelten wir bei den G/wi und !Kung.

Heinz (1966) stellte bei den !Ko-Buschleuten drei Ebenen der sozialen Organisation fest. Sie besteht 1. aus der Familie und erweiterten Familie, 2. der Horde und 3. dem Horden-Nexus.

Alle diese Einheiten zeichnen sich durch eindeutig definierte Muster der Bindung und des räumlichen Abstandhaltens aus. Die Sitzordnung der Familienmitglieder um das Feuer ist zwar weniger ausgeprägt als bei den !Kung (Marshall 1960), aber wenn auch die Frau überall sitzen darf, so ist ihr eigentlicher Platz an der rechten Seite des Gatten. Von den Eltern wird erwartet, daß sie ihre Hütte mindestens 12 m von ihren verheirateten Kindern entfernt errichten und daß sie ihren Eingang so einrichten, daß sie die Kinder nicht beim Schlafen beobachten können. Obgleich jedes Mitglied der Horde im ganzen Hordenrevier sammeln und jagen kann, gibt es Areale, die als Familienareale anerkannt werden. Von einem Jäger, der einzeln jagt, wird erwartet, daß er auf der Seite des Hordengebietes jagt, an welche seine Hütte grenzt. Gleiches erwartet man von den Feldkost und Feuerholz sammelnden Frauen. Bei kollektiven Tätigkeiten ist diese Regel aufgehoben (Heinz 1972, S. 407).

Die Horden teilen sich außerdem periodisch in Familiengruppen auf und wandern dann zu ganz bestimmten Familienplätzen, die von den anderen als solche respektiert werden. Während die Familien keinen direkten territorialen Anspruch besitzen, hat die Horde ein eindeutig definiertes Hordenrevier. Die Kontrolle über dieses Territorium wird von einem »headman« im Auftrag der Gruppe ausgeübt.

Mehrere Horden sind in Allianz zu einem Nexus-System verbunden. Die Mitglieder eines Nexus betrachten einander als »unsere

Leute«, sie tauschen Heiratspartner und teilen gewisse Merkmale des Dialektes. Freundschafts- und Verwandtschaftsverbindungen halten den Nexus zusammen. Man trifft sich zu gewissen Ritualen, z. B. zu Trancetänzen. Innerhalb eines Nexus-Systems können die Mitglieder verschiedener Horden im Notfalle darum bitten, im Hordenterritorium einer anderen Horde sammeln und jagen zu dürfen. Sofern diese andere Horde dem Nexus angehört, wird dieser Bitte im allgemeinen stattgegeben. Gruppen außerhalb des Nexus-Gebietes dagegen würde niemand um ein solches Entgegenkommen bitten. Das Nexus-Territorium ist exklusiv. Ich halte diese Entdeckung von Heinz für äußerst wichtig, ist sie doch geeignet, eine Reihe von Unstimmigkeiten in bisherigen Beobachtungen zu klären, die vor allem die Gruppenexklusivität betreffen (Abb. 18). Innerhalb eines Nexus-Systems besuchen die Mitglieder verschiedener Horden einander relativ frei. Das mag dann auch den Eindruck offener Gruppen erwecken. Silberbauer fand das Nexus-System auch bei den G/wi. Er spricht von Hordenallianzen (Band Alliances). Eine Computerauswertung der Geschenkpartnerschaften und anderer Sozialkontakte der !Kung ergab, daß sich die Kontakte vor allem innerhalb von drei Gruppen abspielten (P. Wiessner, briefliche Mitteilung)*.

Der Zugang zu einem Territorium wird durch Geburt, Adoption in die Horde oder Heirat erworben. Kommen die Eltern von verschiedenen Horden, dann haben die Vermählten jeweils Zugang zu zwei Territorien. Der Bräutigam weilt zunächst eine Zeitlang in dem Gebiet der Braut und erwirbt damit den Zugang zu deren Territorium. Mit der endgültigen Übersiedlung des Paares in die Horde des Mannes erhält die Braut Zugang zu dessen Territorium. Diese doppelte Anrechtschaft wird dann auf die Kinder übertragen.

---

* Für den Nordwesten Botswanas fand sie drei solche Nexen. Jeder umfaßt ungefähr 100 bis 300 Personen. Die Verwandtschaftsbeziehungen gestatten es den Mitgliedern eines Nexus im allgemeinen, sich frei im Nexus-Gebiet zu bewegen. Die festgestellten Nexen umfassen: 1) Das Nxau Nxau, Tsodilo, /gada und Chenepu Gebiet; 2) das Dobe, !xabe, Mahopu, Bate, !ubi, !gose, !langwa, und /ai /ai Gebiet; 3) das Ghanzi Gebiet.
Es gibt zwar auch Verkehr und Heirat zwischen den Nexen, er ist jedoch viel seltener und weniger offen (alle Angaben von Polly Wiessner, die mir die Daten in dankenswerter Weise überließ).

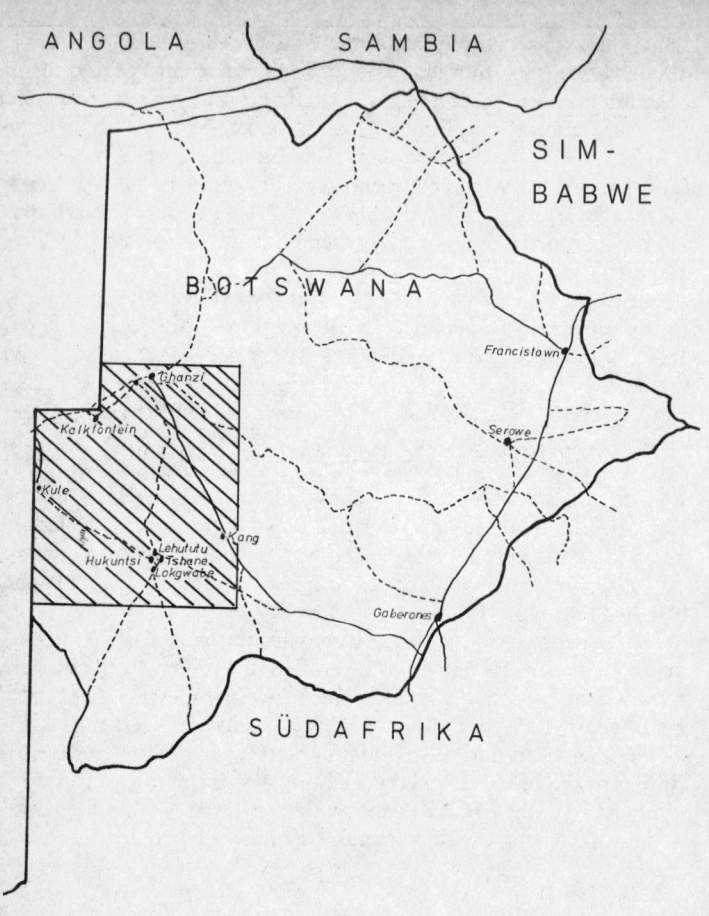

Abb. 18a   Übersichtskarte von Botswana. Schraffiert = der in Abb. 18b abgebildete Abschnitt.

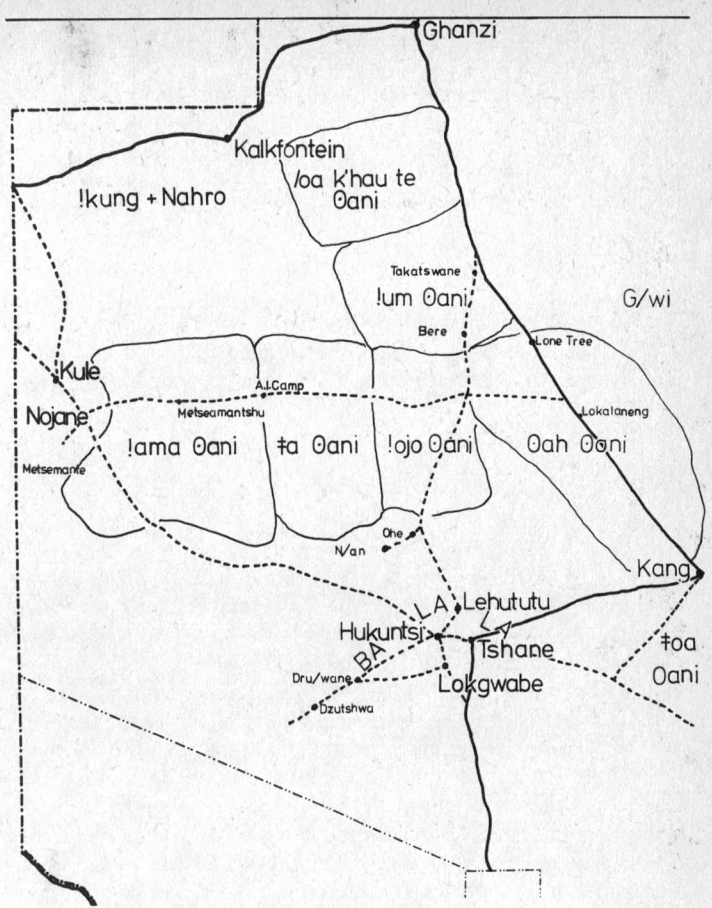

Abb. 18b Die von Heinz festgestellten Nexus-Territorien der !Ko-Buschleute. Jeder Nexus hat einen Namen (miate). So werden die Takatswane-Leute !um Ɵani: Leute, die der Eland-Antilope folgen oder die Elands-Leute genannt. Die Okwa-Leute nennen sich /oa K'hau te Ɵani: Leute des Rückgrats (= Name des Okwa Tals). Die Gruppe im Westen gegen Nojane zu nennt sich !amaƟani: Leute, bei denen die Sonne untergeht. Es folgen gegen Osten die ≠ a Ɵani-Leute: die (in bezug auf die !ama Ɵani) im Osten leben, dann die !ojo Ɵani-Leute, die aus der !ojo-Pfanne trinken, und schließlich die Ɵah Ɵani, deren Name nicht übersetzt werden konnte. Südlich von Kang leben die ≠ oa Ɵani: die Leute des Südens. Nach Heinz (1966, 1979).

183

d. 2 Innergruppen-Aggression

Auf der Grundlage unserer Dokumentation ungestellter sozialer Interaktionen (insgesamt stehen mir rund 25 km Film von den !Ko, 25 km von den !Kung und den G/wi zur Verfügung) kann ich belegen, daß

1. aggressive Auseinandersetzungen innerhalb der Horden durchaus häufig sind;

2. viele der bei diesen Auseinandersetzungen zu beobachtenden Verhaltensweisen denen gleichen, die man auch in anderen Kulturen unter den gleichen Umständen beobachten kann, und

3. die Situationen, in denen aggressives Verhalten auftritt, ebenfalls denen entsprechen, unter denen sie in anderen Kulturen anzutreffen sind.

Die wichtigsten Fälle möchte ich nachstehend anführen.

d. 3 Geschwisterrivalität

Vertreter einer Nonfrustration-Erziehung weisen gerne auf das angeblich glückliche, frustrationsfreie Heranwachsen von Kindern bei Naturvölkern hin, wohl weil sie diese nicht wirklich kennen. Wird bei den Buschleuten einem Kind ein Geschwisterchen geboren, dann besteht zwischen diesen zunächst eine intensive Rivalität. Die !Ko nehmen es als eine unabwendbare Gegebenheit hin, mit der man sich abfinden müsse. Die Rivalität beschränkt sich nicht auf ein bestimmtes Geschlecht. Mädchen rivalisieren mit dem neugeborenen Bruder ebenso wie mit der Schwester um die Bindung zur Mutter, und vice versa rivalisieren auch die älteren Buben mit dem Neugeborenen um die Gunst der Mutter. Ist das jüngere Geschwisterchen 8–10 Monate alt, dann verteidigt es seinen Platz energisch gegen die noch immer rivalisierenden Geschwister.

Einen besonders dramatischen Fall einer Geschwisterrivalität filmte ich bei den !Kung (Eibl-Eibesfeldt 1974 a). Ein etwa 4jähriger Junge rivalisierte um die Mutter mit seinem ca. einjährigen Bruder. Der Ältere suchte den Kontakt mit der Mutter, die jedoch auf seine Annäherungsversuche nicht einging, obgleich dieser die verschiedensten betreuungsauslösenden Appelle anwandte, sich zum Lausen anbot, die Fußsohle hinhielt, als hätte er sich einen Dorn eingezogen, und anderes mehr.

Außerdem versuchte er, seinen Bruder zu stoßen, zu kratzen,

wegzudrängen und zu schlagen. Er nahm ihm auch Spielobjekte weg, in der offensichtlichen Absicht, den Kleineren zu ärgern, denn er warf die Objekte demonstrativ wieder weg, nachdem er sie geraubt hatte. Die Mutter hatte viel zu tun, die Streitenden voneinander abzuhalten. Sie tat es mit viel Geduld, indem sie ihre Hand schützend zwischen die beiden hielt und den älteren bei seinen Attacken auch physisch zurückhielt, nie aber bestrafte. Der Kleinere wußte sich übrigens gut zu wehren. Auch da griff die Mutter schlichtend ein. Als er z. B. einen Stein ergriff, um ihn nach dem Bruder zu werfen, hielt die Mutter auffordernd die Hand hin, worauf er den Stein abgab. Die Mutter zeigte ihm danach mit dem Stein ein Spiel und gab ihn ihm dann zurück, worauf er, von aller Aggression abgelenkt, das Spiel fortführte (zur Bilddokumentation siehe Eibl-Eibesfeldt 1972, 1973).

d. 4 Fremdenfurcht

Im Alter von sieben Monaten beginnen Buschmannkinder zu fremdeln. Fremdenfurcht wird sowohl durch Europäer als auch durch dem Kind fremde Buschleute beiderlei Geschlechts ausgelöst. Ich habe den Eindruck, daß die Reaktion stärker ist als bei europäischen Kindern der gleichen Altersgruppe. Mit Abschluß des zweiten Lebensjahres nimmt die Fremdenfurcht allmählich ab. Unsere Beobachtungen decken sich völlig mit denen, die Konner (1972) an den !Kung-Buschleuten machte. Die stärksten Furchtreaktionen zeigten die zehn bis zwanzig Monate alten Kinder; sie eilten zu ihrer Mutter, klammerten sich an ihr fest und weinten oft auch. Ein !Ko-Junge, der im Alter von zehn Monaten ängstlich vor uns flüchtete, wehrte im Alter von 20 Monaten den sich nähernden Fremden ab, indem er nach ihm schlug.

d. 5 Aggression in Kinderspielgruppen

Kinder zeigen häufig beim Spielen Verhaltensweisen, die dem Ablauf nach als aggressiv zu interpretieren wären, da man sie regelmäßig bei ernsthaften Auseinandersetzungen beobachten kann. Daß es »Spiel« ist, erfährt man einerseits aus zusätzlichen Spielsignalen, wie dem begleitenden Gelächter, andererseits aus den Ablauffolgen. Gespielte Aggression führt nicht zum Kontaktabbruch, auch wechseln Verfolgter und Verfolger im Spiel, und starke soziale Hemmungen verhindern die Beschädigung des Partners. Wir wollen uns hier nicht näher mit der Spielaggression befassen (siehe dazu Sbrzesny 1976).

In den Kinderspielgruppen kommt es darüber hinaus auch zu echtem Streit. Die Kinder schlagen einander mit der flachen Hand, mit der Faust, mit Gerten, bewerfen einander mit Sand, boxen einander, treten mit den Füßen und tun dies alles oft so heftig, daß ein Partner weint und ausweicht. Sie haben eine starke Hemmung, mit Gegenständen zuzuschlagen, und verwenden Prügel eher zum Drohen. Gleiches gilt für große Wurfgeschosse. Weitere aggressive Akte sind das Rammen mit der Schulter in der Absicht, den Partner umzuwerfen, Stoßen aus der Hüfte, Zwicken, Kratzen, Haareausreißen, Ringen und Anspucken (siehe Eibl-Eibesfeldt 1972).

Wenn Buschmannkinder einander bedrohen, dann ballen sie die Fäuste, runzeln die Brauen und beißen die leicht entblößten Zähne aufeinander. Gleichzeitig starren sie ihren Gegner an, der den Blick meist in gleicher Weise erwidert. Solch ein Drohstarrduell endet, wenn einer den Blickkontakt aufgibt, wozu er die Lider niederschlägt, den Kopf leicht neigt und vielfach schmollt. Das ist zum Teil Submission, zum anderen aber Androhung eines Kontaktabbruchs bei Fortdauer des Konflikts, ein nichtverbales »Mit Dir rede ich nicht mehr« *.

Der Sieger wendet sich dann ab; oft kann man aber auch beobachten, daß er sich um freundlichen Kontakt in versöhnlicher Weise bemüht. Manchem wird erinnerlich sein, daß auch im europäischen Kulturbereich Anstarren als Drohung aufgefaßt wird. Man konnte in Deutschland so noch vor hundert Jahren einen Mann zum Duell herausfordern. Auch in anderen Kulturen gilt es als unschicklich, jemanden anzustarren, und man sieht bei einem Zwiegespräch immer wieder kurz weg; Gesprächspartner, die einen andauernd fixieren, sind unangenehm. Meist handelt es sich um Personen, die ihre Angsthaltung überkompensieren. Umgekehrt gibt es bis ins Pathologische Überängstliche, die dem Blick ihrer Mitmenschen nicht standhalten können und deshalb kommunikationsbehindert sind. Bekannt sind dafür die autistischen Kinder, über die Tinbergen und Tinbergen (1972, 1983) berichtet haben. Beim Zwiegespräch kommt es auf ein fein ausbalanciertes Zusammenspiel von Blickzuwendung und Blickvermeidung (»cut off«) an. Durch Blickzuwen-

---

* Solche Interaktionsstrategien gehören zu den Universalien.

dung signalisiert man Kontaktbereitschaft und Aufmerksamkeit – nur darf sie durch zu lange Dauer nicht in Anstarren ausarten. In Gesprächen wird gelegentlich das Anstarren benützt, um den Partner zu verunsichern und zu überreden. Dem Verhalten liegt dann aggressives Dominanzstreben zugrunde.

Bemerkenswert ist, daß das fein ausgewogene Zusammenspiel zwischen optischer Kontaktaufnahme und optischem »cut off« im Gespräch mit Vertretern anderer Kulturen ohne weiteres funktioniert. Meines Wissens liegt über dieses Phänomen noch keine Untersuchung vor. Es wäre reizvoll festzustellen, wie dieses Verhaltensprogramm erworben wird. Ich nehme an, daß es sich hier um ein phyletisches Programm handelt, das optische Zuwendung durch aufkeimende Angst immer wieder automatisch unterbrechen läßt. Das Phänomen wäre damit ursprünglich Ausdruck sukzessiver Ambivalenz.

Übrigens finden sich Drohaugen oft in menschlichen Artefakten, die zum Schutz und zur Abwehr des Bösen dienen. Dämonenabwehrende Figuren zeigen oft ausgeprägtes Drohstarren, man findet Abwehraugen ferner häufig auf Amuletten (siehe dazu Koenig 1970). Schließlich weiß man von Menschenaffen und einigen niederen Makaken, daß sie Anstarren als bedrohlich empfinden.

Auch die Gesten der Submission (Kopfsenken, Lidsenken, Schmollen) gehören zu den »Universalien«, d. h. sie sind, soweit bekannt, in allen Kulturen zu finden.

In den Buschmann-Kindergruppen sind aggressive Auseinandersetzungen ziemlich häufig zu beobachten. So zählte ich einmal in einer Zeitspanne von 191 Minuten in einer Spielgruppe, die sich aus sieben Mädchen und zwei Jungen zusammensetzte, 166 aggressive Akte: 96mal Zuschlagen mit der flachen Hand, Faust oder einem Objekt, 23mal Treten mit dem Fuß, 8mal Sandwerfen und eine weitere Anzahl verschiedenster Akte wie Ringen, Anspucken und dergl. mehr. Etwa ein Drittel der Akte waren als spielerisch zu erkennen. Der Rest führte zu Submission und Ausweichen eines Partners, und in zehn Fällen weinte der Angegriffene in der Folge.

Beim Streit ging es oft um den Besitz von Objekten. So versuchten die Buben den Mädchen ihre Melonen, mit denen sie Ball spielten, zu rauben. Das geschah vielfach, um den Partner zu ärgern und herauszufordern. Ging der Partner darauf ein, indem er angriff, dann konnte der Herausforderer seinerseits aggressiv antworten; in gleicher Weise wurde herausforderndes Necken benützt, um Angriffe zu provozieren, die dann oft massive Gegenangriffe gewissermaßen rechtfertigten. Nie sah ich, daß ein Kind ein anderes ohne ersichtlichen Grund unvermittelt heftig attackiert hätte. Angriffe hatten ferner oft explorativen Charakter. Vor allem kleinere Kinder schienen auf diese Weise ihren sozialen Handlungsspielraum und ihre Rangstellung den älteren Spielgefährten gegenüber auszutesten.

Das älteste Mädchen einer Spielgruppe trat meist als Spielleiterin auf. Sie initiierte und dirigierte die Spielaktivität der Gruppe. Darüberhinaus bestand ihre Aufgabe darin, Streit zu schlichten und bei Raufereien einzuschreiten. Sie setzte dazu ihre Aggression in erzieherischer Weise ein, indem sie Aggressoren bestrafte. Sie zeigte gelegentlich demonstrativ Aggressionen, die ihren Rang bestätigten. Wenn sie morgens zu den bereits spielenden Kindern kam, sah man regelmäßig, daß sie zunächst einmal den Spielenden die Melonen aus der Hand schlug oder sie verbal mit Drohmiene beschimpfte. Dann erst spielte sie mit. Es handelt sich dabei wohl um eine Rangdemonstration, die ihr Autorität verschaffte, was wiederum Voraussetzung für die Erfüllung ihrer aggressionsbeschwichtigenden Funktion innerhalb der Gruppe war.

Angriffe lösten in der Regel Verteidigung und Vergeltung aus. Vergeltung konnte auch geplant mit zeitlicher Verzögerung ausgeführt werden. So sah ich einmal, wie ein angegriffener Junge in den Busch ging, dort sorgfältig eine Gerte auswählte, sie abbrach und nach etwa 10 Minuten zur Gruppe zurückkehrte, um als Vergeltung den Angreifer zu schlagen.

Gelegentlich kann sich schließlich aus einer Spielrauferei eine ernste Auseinandersetzung entwickeln, z. B. dann, wenn einer den anderen, auch ungewollt, zu heftig tritt.

Die Kinder beschimpfen einander oft:

ma jonka = ich schlage dich
ma keija = ich bringe dich um

d. 6 Aggression zwischen Kindern und Erwachsenen

Auch bei Buschleuten gibt es erzieherische Aggressionen. Allerdings führen sie selten zu körperlicher Züchtigung. Daß Kinder ausgeschimpft werden, beobachtet man dagegen häufiger, z. B. wenn sie nicht mit anderen teilen. Körperliche Züchtigung sahen wir ebenfalls gelegentlich. Als das Schwesterchen eines etwa ein Jahr alten Jungen zum Defäkieren ging, folgte ihr der kleine Bruder und nahm einen Mund voll, da sie nicht aufpaßte. Die Mutter sah dies, eilte sogleich herbei und bemühte sich, den Mund des Kleinen mit dem Finger zu säubern. Gleichzeitig schimpfte sie mit der Tochter und gab ihr schließlich zwei feste Klapse auf den Kopf. Auch die Großmutter kam schimpfend dazu, half ebenfalls beim Säubern und gab der Enkelin einige Klapse. Als ein Mädchen einem kleinen Jungen ein Stück Fleisch raubte und dieser protestierend heulte, kam der Vater, nahm dem Mädchen das Fleisch aus der Hand und gab ihm einen Klaps auf den Kopf. Daraufhin warf sie Sand nach ihm, worauf er zurückkam und ihr einen zweiten Klaps gab.

Bemerkenswert ist schließlich ein Vorfall, den wir nicht selbst erlebten, von dem jedoch Heinz berichtete. Eine etwa Vierzehnjährige ließ sich zu oft mit verschiedenen Männern der Gruppe ein. Das erboste schließlich ihren Vater und ihren älteren Bruder, und sie schlugen das Mädchen.

Aggressiv sind die erwachsenen Männer während der Initiation. Sie schlagen die Knaben mit Ruten und erschrecken sie. Auf die Funktion dieser Aggression haben wir bereits hingewiesen (S. 109).

Kinder erdulden Aggressionen seitens der Erwachsenen keineswegs immer passiv. Wir erwähnten schon, daß ein Mädchen mit Sandwerfen auf eine Züchtigung reagierte. In einem anderen Fall warf ein Mädchen durch Unachtsamkeit einen Topf um und verschüttete einen Teil des Inhalts. Ihr Vater schimpfte, worauf die Tochter in Wut geriet, den Topf packte und auf den Boden warf, so daß auch der Rest verschüttet wurde. Der Vater sagte daraufhin nichts weiter.

In einem anderen Fall versteckte ein Mann einen Gegenstand vor einem Säugling, um zu verhindern, daß dieser ihn schluckte. Der Säugling und ein etwa sechsjähriger Junge suchten den Gegenstand am Körper des Mannes mit viel Gelächter. Aus der Sucherei entwickelte sich ein scherzhafter Schlagabtausch zwischen dem Mann und dem Sechsjährigen. Der Schlagabtausch eskalierte allmählich, und als schließlich der Mann einmal zu kräftig zuschlug, lief der Junge heulend davon und kam mit einem großen Antilopengehörn und anderen großen Knochen wieder. Er drohte, daß er sie auf den Mann werfen wolle. Der ebenfalls anwesende Vater des Jungen bog dies ins Scherzhafte und beschwichtigte den Erregten, der schließlich wieder lachte.

Ganz kleine Kinder läßt man gewähren, wenn sie mit Stöcken auf Mitmenschen einschlagen. Das erheitert sogar, und man lacht darüber, was die Kinder zu weiterem Tun ermuntert. Auf diese Weise stärkt man zunächst wohl das Selbstbewußtsein der Kleinen.

d.7 Die Sozialisierung kindlicher Aggression

Die Sozialisierung aggressiven Verhaltens findet im wesentlichen in der Kinderspielgruppe statt. Die älteren Kinder schreiten schlichtend ein, wenn zwei kleinere streiten, sie bestrafen den Angreifer und trösten den Angegriffenen. Sie achten darauf, daß die Regeln des Teilens eingehalten werden und daß beim Spiel keiner aus der Reihe tanzt. Verschiedentlich hat man die These vertreten, Kinder müßten sich selbst sozialisieren, ohne Eingriff seitens der Erwachsenen. Das geht, wie Sbrzesny (1976) betont, nur, wenn Kinder verschiedener Altersklassen in einer Spielgruppe vereinigt sind, so daß ältere erzieherische Funktionen erfüllen können. Das ist aber in unseren Kindergärten kaum je der Fall.

Erwachsene ergreifen nur dann verbal Partei, wenn das Geheul eines Angegriffenen zu lange anhält. Ich sah nie, daß ein älteres Kind zur Aggression ermuntert wurde. Dies fällt auf, wenn man mit der Erziehung in anderen Kulturen vergleicht. Eine Himba- oder eine Waika-Mutter wird ihren angegriffenen Sohn – bei den Waika auch die angegriffene kleine Tochter – nicht trösten, sondern wie erwähnt, ihm einen Stock in die Hand drücken und das Kind ermuntern, zurückzuschlagen. Ich sah, daß eine Himba-Mutter, deren Sohn dieser Aufforderung nicht Folge leistete, sondern weiter heulte, den Sohn energisch schlug. Bei den Waika-Indianern filmte ich, wie der Übeltäter festgehalten wurde, während man die kleinere Schwester darin unterwies, durch Beißen und Schlagen Vergeltung zu üben. Auch in unserer Kultur fordert man den Angegriffenen auf, doch kein Feigling zu sein und sich zu wehren.

Buschleute vertreten ein anderes kulturelles Ideal. Sie sind friedfertig, was aber nicht heißt, daß sie auffällig aggressionsarm seien. Sie kultivieren ihre aggressiven Anlagen nur nicht eigens. Ich sah die Kinder auch nie mit Spielpfeilen aufeinander schießen. Bei den kriegerischen Waika-Indianern ist dies hingegen ein beliebtes Spiel der Jungen.

d.8 Aggressionen unter Erwachsenen

Buschleute haben ein jähes Temperament, und obgleich sie friedfertige Ideale vertreten, kommt es relativ oft zum Streit, der sogar zum Totschlag führt. Für die !Kung hat Lee (1969, 1979) festgestellt, daß die Mordrate jene der Vereinigten Staaten übertrifft. Heinz (1967) beschreibt, daß die !Ko rangniedere Gruppenmitglieder mißhandeln und hänseln. Auch äußern sie oft verbale Morddrohungen gegeneinander: »Ich werde dich mit meiner Medizin töten!« Er beschreibt die Wutanfälle, die gelegentlich einen Buschmann überkommen: »An angry Bushman finally settles down with a face that shows an unbelievable degree of anger. It takes very little for this anger to cause a wrestling and punching encounter with sticks and knobkerries. If the reasons are serious the fight will deteriorate into one in which knives and spears are used ...« (Heinz 1967, S. 6). Verheiratete Paare und Frauen kämpfen oft aus Eifersucht, und Ehebruch führt gelegentlich zu Blutvergießen.

Bald nach der Übersiedlung unserer Buschmanngruppe von Takatswane an ein neu eingerichtetes Bohrloch bei Bere kam auch die zum gleichen Nexus gehörende Okwa-Talgruppe dorthin. Beide siedeln jetzt in engerer Nachbarschaft als üblich, wobei die Okwa-Gruppe im Hordengebiet der Takatswane-Gruppe wohnt. Das führte in letzter Zeit zu zahlreichen Konflikten. Im Dezember 1973 kam es zu einer heftigen Auseinandersetzung, die damit endete, daß ein Mann eine offene Kopfwunde, ein anderer eine schwere Bißverletzung an der Hand, einer eine gebrochene Rippe und einige Männer kleinere Bißverletzungen und Hautabschürfungen davontrugen. Einen Mann mußten wir zur ärztlichen Behandlung nach Ghanzi bringen.

Über einen Fall von Totschlag berichtete Heinz (1967). Ein Mann spielte auf einem Musikinstrument; ein anderer wollte es haben und sprach zu ihm: »Du hast lang genug gespielt, laß mich nun spielen.« Der Angesprochene reagierte überhaupt nicht, sondern spielte weiter. Als er auch eine weitere Aufforderung nicht beachtete, versuchte der Bittsteller, ihm das Instrument zu entreißen, und als ihm das nicht gelang, geriet er in Wut und schlug dem anderen mit seinem Grabstock so fest über den Kopf, daß der Stock zerbrach; dann nahm er das Instrument und ging davon. Der Geschlagene ergriff daraufhin den Köcher eines anderen Mannes, zog einen vergifteten Pfeil heraus, rannte hinter seinem Angreifer her und stieß ihm den Pfeil durch den Arm. Die anderen Gruppenmitglieder verfolgten den Angreifer mit Pfeil und Bogen, doch entwischte der in der Dunkelheit. Der vom Pfeil Durchbohrte starb am nächsten Tag.

Buschleute bemühen sich allerdings zu verhindern, daß aggressive Auseinandersetzungen zu Kämpfen eskalieren. Wenn es zu Spannungen zwischen zwei Familien einer Horde kommt, dann packt eine zusammen und verläßt für eine Weile die Horde.

Man versucht Streit auch verbal auszutragen. Ist jemand beleidigt, dann klagt er abends darüber, wenn er vor seiner Hütte sitzt.

Er nennt dabei keinen Namen, aber jedermann weiß in der kleinen Gemeinschaft, worum es geht, und der so Angeprangerte steht unter starkem sozialem Druck, die Versöhnung einzuleiten und am nächsten Tag freundliche Worte mit dem Beleidigten zu wechseln. Man ist auch bereit, Verstöße gegen die guten Sitten nach Möglichkeit zu übersehen.

Die von uns zunächst bei Takatswane beobachtete !Ko-Horde übersiedelte 1972 an einen Brunnen bei Bere und nahm die Rinderzucht auf. Die Übergangsperiode vom Sammler zum Rinderhirten erweist sich als schwierig. Es gibt viele Konflikte um Rinder, und der Streit zwischen Erwachsenen eskalierte in letzter Zeit öfter als vorher zu Schlägereien.

Man kann jedoch daraus nicht folgern, daß Besitz aggressiv mache. Es handelt sich vielmehr um Anpassungsschwierigkeiten beim Übergang von einer Erwerbsstrategie zu einer anderen. Angepaßte Rinderhirten, wie etwa die Himba des Kaokoveldes (Südwestafrika), zeigen keineswegs eine höhere Innergruppen-Aggression als die !Ko, bevor sie Rinder züchteten.

d. 9 Verbale Aggressionen

Buschleute beschimpfen einander im Streit. Die schon erwähnte Dehumanisierungstendenz (S. 118) und das Anspielen auf Mängel, vor allem im organisch sexuellen Bereich, wird in den üblichen Schimpfworten ausgesprochen. Frauen beschimpfen einander, indem sie sagen*:

a maga 'i	Du Scheiße!
a sa a tshxa	Geh und friß Scheiße!
n//aba kane ka a	Ich mag dich nicht!
a ba n/'a	Du wirst sterben!

Frauen benutzen häufig den Hinweis auf Tiere:

a ki n/u	Du bist eine Hyäne!

---

* Ich verdanke diese Information Frau Elizabeth Wiley, die 1973 als erste Lehrerin in Bere Buschmannkinder unterrichtete.

Oft beziehen sich die beleidigenden Ausdrücke auf die Sexualorgane:

a ǂ ñ ǂ gaba /i	Dein Penis ist schlecht!
ke ǂ a ′a ǂ auku bi ǂ uli	Dein Kitzler ist wie ein langer Stumpf!
a /anate ǂ auku be chune	Deine Schamlippen sind so lang wie die eines Pavians!

Eine Redewendung lautet:

n ki dzai ma a e	Ich bin hungrig, ich werde dich aufessen!

Oder freier übersetzt:

Ich bin über dich so wütend, daß ich dich aufessen werde.

Einfachere Beschimpfungen gegen einen Mann lauten – nach Heinz – nur: »Du Penis«, »Du Hoden« oder gegen eine Frau: »Du Scheide«. Auch wird gegen die Beschimpfte die Anschuldigung ausgesprochen: »Du verkehrst geschlechtlich mit deinem Vater (Bruder).«

d.10 Aufziehen (Scherzen) und Spotten

Buschleute spotten und lachen einander gerne über abweichendes Verhalten aus. Stößt jemandem ein kleines Mißgeschick zu, dann wird darüber gelacht. So lachte alles, als ein alter Buschmann, der bereits schlecht sah, über einen Gegenstand stolperte und hinfiel. Man lachte auch über uns fremde Besucher, wenn wir uns in auffälliger Weise abweichend verhielten. Sie spotten auch über körperliche Mängel ihrer Gefährten.

Bei den Buschleuten ist genau festgelegt, wer mit wem scherzen darf. Die Scherzpartner dürfen sich aufziehen und sich Dinge sagen, die außerhalb dieser Partnerschaft unstatthaft sind. In den Scherzpartnerschaften werden Aggressionen auf harmlose Weise ausgelebt.

Durch Auslachen und Spotten werden Außenseiter zur Angleichung an die Gruppennorm gezwungen. Spottende stellen zunächst durch Nachäffen des Verspotteten das heraus, woran sie Anstoß nehmen. Dabei lachen sie. Es gibt eine Reihe von spezifischen Ausdrucksbewegungen des Spottens, die deshalb bemerkenswert sind, weil wir sie auch in anderen Kulturen finden. Man spottet z. B. durch Zungezeigen, eine ritualisierte Form des Ausspuckens (Eibl-Eibesfeldt 1973). Mädchen spotten durch zwei Formen des Genitalpräsentierens. Sie schreiten an den zu Verspottenden entweder direkt heran und heben vor ihm das Schamschürzchen, oder sie drehen sich vor ihm um und machen eine tiefe Verbeugung. Dabei wird in primatenhafter Weise die Scham präsentiert. Die Bewegung kann leicht mit einem ebenfalls bei Buschleuten nachweisbaren Gesäßweisen verwechselt werden. Die Art der Verbeugung und das sie begleitende Verhalten weisen diese Bewegung jedoch als vom Sexualpräsentieren verschieden aus. So klemmen sich Mädchen vor dem Gesäßweisen Sand zwischen die Gesäßbacken, den sie dann bei der Verbeugung vor dem Verspotteten freigeben. Es dürfte sich um ein ritualisiertes Defäkieren handeln (dazu Filmdokumente HF 1 u. 2).

d. 11 Schwarze Magie

Gruppenmitglieder wie auch Gruppenfremde können durch schwarze Magie bekämpft werden. Bei meinem letzten Besuch erzählte man mir, daß ein Mitglied der Takatswane-Horde aus Verärgerung über einen Bantu Knochen geworfen habe, um dessen Tod zu verursachen (der allerdings nicht eintrat). Die Technik des Knochenwerfens ist übrigens die gleiche wie die, mit der man Orakel wirft*. Von den !Kung sind ferner seit langem die kleinen Bögen bekannt, die man ursprünglich als kleine Mordwaffe (Buschmannrevolver) ansah. Germann (1922) fand heraus, daß es sich hier um ein magisches Instrument handelt, das man auch verwendet, um einen Gegner zu schädigen. Nach Dornan (1925) tanzten die !Kung-Buschleute vor einem Kriegszug (!), und sie schossen bei dieser Gelegenheit ihre winzigen Pfeile in Richtung des Feindes oder gegen die Sonne. Vedder (1952/53) beobachtete zweimal die Verwendung der magischen Pfeile gegen Feinde: »In einem Falle wurde einem Buschmann, der einen anderen verraten hatte, ein Pfeil in den Pon-

---

* Man nimmt Gelenkknöchelchen von Antilopen und wirft sie vor sich auf den Boden. Aus der Lage liest man heraus, wo sich Jagdbeute befinden wird oder woher Besuch zu erwarten ist. Man kann schließlich die Knochen so werfen, daß sie in eine Richtung weisen, und damit Ereignisse beschwören. Vor dem Werfen werden die Knöchelchen mitunter bespuckt.

tok (Buschmannhütte, Ref.) geschossen. Als dieser Buschmann nun, zufällig allerdings, wie ärztlich festgestellt wurde, an dem Wiederausbruch von Syphilis starb, waren sämtliche Buschleute davon überzeugt, daß dieser Pfeil seinen Tod verursacht hatte« (S. 167). Wilhelm berichtet auch, daß Viehräuber einen solchen Pfeil gegen das Haus eines weißen Siedlers schossen, um diesen durch Krankheit und Tod von der Verfolgung abzuhalten. Schließlich sah er, wie ein Buschmann, der an Rheumatismus litt, sich selbst mit einem Pfeil auf beide Oberschenkel schoß. »Er schien also den Urheber des Gebrechens auch für einen Feind zu halten, der durch die Wunderkraft des Pfeiles getötet werden könnte« (Wilhelm 1953, S. 167).

Man kann auch jemanden behexen, indem man seine Spur oder seinen Kot vergiftet.

4. Mißverständnis und Vorurteil in den Wissenschaften vom Menschen

Die vielzitierte Friedfertigkeit der Jäger- und Sammlerkulturen entpuppt sich bei genauerem Hinsehen als freundlicher Mythos. Es gibt Kulturen mit friedlichen Idealen und solche mit kriegerischen, und zwar bei Wildbeutern und bei Ackerbauern gleichermaßen. Ausgesprochen aggressive Wildbeuter und Sammler sind z. B. die Negritos der Andamanen. Auch die Australier kämpften viel, obgleich sie sich ihre Territorien auf andere Weise (S. 259) sicherten. Schindler (1974) hat weitere Beispiele für aggressive Jäger und Sammler aus dem südamerikanischen Raum beigebracht. Kürzlich besuchte ich die Agta auf Luzon (Philippinen). Ich fragte diese Leute über unseren Dolmetscher, ob sie etwas dagegen einzuwenden hätten, wenn jemand anders hier auf ihrem Uferstreifen Nahrung sammeln würde, oder ob sie ihr Gebiet in irgendeiner Weise abgrenzen würden. »Nein, durchaus nicht«, sagten sie mir, »allerdings wenn diese und jene«, und sie nannten einige Namen, »kommen würden, ja, dann würden wir kämpfen, denn diese haben uns schon immer durch Hexerei geschadet, und schon unsere Väter haben sie bekriegt.« – Nun, das waren ausgerechnet die Nachbarn.

Gardener (in Lee und DeVore 1968, S. 341) wies auf einen interessanten Zusammenhang hin, den man genauer prüfen sollte. Er meint, daß vor allem die Jäger und Sammler in Rückzugsgebieten friedliche Ideale vertreten, während sie in anderen Gebieten durchaus kriegerisch seien. Sicher ist die oft kolportierte Aussage, Jäger und Sammler wären generell friedlicher als auf höherer Kulturstufe stehende Völker, falsch, und zwar so offensichtlich falsch, daß man sich fragt, wie sich die These – angesichts der überwältigenden Fülle bereits seit langem bekannter Fakten – dennoch so hartnäckig halten konnte. Forscht man nach dem Grund, dann stößt man auf den Wunsch der Milieutheoretiker, den Menschen nach ihrem Ermessen zu wandeln, und die gleichzeitige Furcht, Angeborenes könne sich dem widerstrebend in den Weg stellen. Milieutheoretisch orientierte Anthropologen waren daher vielfach bemüht, die kulturelle Wandelbarkeit und zugleich die biologische Indeterminiertheit des Menschen zu belegen.

Von Margaret Mead stammt der vielzitierte Ausspruch, die menschliche Natur sei das undifferenzierteste und gröbste Rohmaterial, das erst durch die Gesellschaft ihre Form erhalte: »It ist, however, a more tenable attitude to regard human nature as the rawest, most undifferentiated of raw material, which must be moulded into shape by its society, which will have not form worthy of recognition, unless it is formed and shaped by cultural tradition« (Mead 1939, S. 212).

Und sie bekräftigt diese Ansicht mit der Behauptung, daß viele, wenn nicht alle Persönlichkeitsmerkmale, die wir als männlich oder weiblich ansprechen, nur so leicht mit dem Geschlecht verbunden sind wie die Kleidung, die Umgangsformen oder die Kopfbedeckung, die eine Gesellschaft zu einer bestimmten Zeit einem bestimmten Geschlecht zuteilt:

»The material suggests that we may say that many if not all the personality treats which we have called masculine or feminine are as lightly linked to sex as are the clothing, the manners, and the form of head-dress that a society at a given period assigns to either sex« (Mead 1939, S. 280).

Mead führt eine Reihe von Modellkulturen als Beleg für die obengenannten Thesen an. In den Arapesh Neuguineas schildert sie eine Kultur, deren die Erziehung steuerndes Ideal in beiden Geschlechtern verantwortungsvolle und gemeinschaftsbetonte Menschen ausbildet. Die Männer sollen dort wenig Kampfgeist haben; Kriege sollen praktisch unbekannt sein. Im Gegensatz dazu werden die Mundugumur Neuguineas als gewalttätig, ehrgeizig, rauh und maßlos bezeichnet, und zwar beide Geschlechter, denen auch zartere Gefühle nicht zustehen sollen. Als Grund für diese unterschiedlichen Charaktere werden frühkindliche Erfahrungen angeführt: Die Arapesh werden liebevoll aufgezogen. Man gewährt ihnen viel Körperkontakt, und körperliche Züchtigung ist unbekannt. Dagegen werden die Mundugumur bereits in früher Kindheit recht unsanft behandelt. Da sie den Eltern unerwünscht sind, werden sie bereits in eine feindliche Welt hineingeboren. Selbst der Vorgang des Stillens soll unter Ärger und Kampf vor sich gehen. Die Knaben lernen früh, ihre Geschlechtsgenossen als Feinde zu betrachten.

Nun ist nicht daran zu zweifeln, daß der Mensch sein Verhalten kulturell in sehr unterschiedlicher Weise gestalten kann und daß es dementsprechend Kulturen gibt, die ein friedliches und egalitäres Ideal verfolgen, und andere, die kriegerisch und rangbetont sind. Diese Wandelbarkeit belegt jedoch nicht, daß die menschliche Natur das undifferenzierteste von allen Rohmaterialien sei. Man kann durch Erziehung auch sehr spezifische und differenzierte angeborene Neigungen wie etwa Rangstreben und Aggression unterdrükken – ob restlos, das sei dahingestellt. Und keineswegs belegen Meads Beobachtungen, daß das menschliche Verhalten sich beliebig nach allen Richtungen gleich leicht modifizieren lasse.

Meads Beschreibungen erwecken zwar den Eindruck, daß dies so sei, aber hier muß an der die Kontraste über Gebühr betonenden Darstellung doch Kritik erhoben werden. So wissen wir durch die Untersuchungen von Fortune (1939), daß die Arapesh keineswegs so friedlich sind, wie Mead sie schildert. Sie führen u. a. auch Kriege.

Ohne Meads unbestrittene Verdienste um die Anthropologie schmälern zu wollen, muß in diesem Zusammenhang ferner auf Mängel in der Datenerhebung hingewiesen werden. Sie schildert z. B. die Samoaner als leichtlebig, heiter, seicht in den Beziehungen der Verliebten und der Familienmitglieder, als gewaltlos ohne strenge Rangordnungen und ohne kriegerische Tugenden. Als ich 1967 Derek Freeman in Saanapu (Samoa) besuchte, wurde ich von ihm auf gewisse Ungenauigkeiten in Meads Schilderungen hingewiesen. 1983 erschien seine Kritik als Buch.

»In Samoa the child owes no emotional allegiance to its mother and father«, heißt es bei Margaret Mead (1939, S. 239). Aber bereits am ersten Tag meines Samoa-Aufenthalts zeigte mir Derek Freeman, wie die Geschwister den Kleinsten, der heulend der Mutter ins Boot folgen wollte, zurückhalten mußten. Fast jeden Tag wiederholte sich das Bild. »Bravery in warfare was never a very important matter in Manua. War was a matter of village spite, or small revenge, in which only one or two individuals would be killed« (Mead 1928, S. 484); an anderer Stelle betont sie, daß Krieger nie einen bedeutenden Platz in der samoanischen Gesellschaft innegehabt hätten und daß man Mut nie als eine wichtige Sache erachtet hätte. Was ihr entging, ist, daß auf jeder Münze ›Malietoa‹ (tapferer Krieger) steht und daß dies der höchste Häuptlingstitel ist. Er entstand der Sage zufolge im Tonganer-Krieg. Die Tonganer hatten sich vor etwa 700 Jahren auf Sawaii, Upolu und Tutuila festgesetzt, nur Manua scheint verschont geblieben zu sein. Die Besatzer wurden schließlich vertrieben, und der Führer der abziehenden Tonganer Talaifei'i sprach der Sage nach beim Abschied diese Worte der Anerkennung:

Malie toa, malietau	Tapferer Krieger, tapfer gefochten!
'Ou te le toe sau	Ich komme nicht wieder
I Samoa i se aliulutau	Nach Samoa, um Krieg zu führen,
'A'o lè a 'ou sau	Sondern ich komme nur
I aliulafalau	Um eine Reise * zu machen.

(Aus Krämer 1902, S. 259)

Man findet bei Krämer auch andere Belege für kriegerische Tugenden und Bravour. Aber Mead wollte lieber das Bild einer tropischen Inselidylle zeichnen, zu welcher die Probleme der Zivilisation nicht durchgedrungen waren. »Romantic love, as it occurs in our civilisation, inextricably bound up with ideas of monogamy, exclusiveness, jealousy and undeviating fidelity, does not occur in Samoa«, heißt es in ihrem berühmten Buch ›Coming of Age in Samoa‹ (zitiert nach Penguin Taschenbuchausgabe 1966, S. 88).

D. Freeman wies mich darauf hin, daß gerade die Samoaner als »Puritaner« der Südsee bekannt wären. Sie sind dabei gewiß nicht standhafter als wir Europäer, aber ihrem Ideal nach sind sie keineswegs flatterhaft und schon gar nicht seicht und unromantisch.

Gerade in den Humanwissenschaften bestehen starke Vorurteile gegen die Annahme einer genetischen und stammesgeschichtlichen Determiniertheit menschlichen Verhaltens, wobei sich die Biologen einer Kampagne ausgesetzt sehen, in der sie mit erschreckenden Vorwürfen belastet werden. So hat Marwin Harris (1968) Charles Darwin als »Rassisten« eingestuft. Da man allerdings weiß, daß Darwin sich gegen die Sklaverei ausgesprochen hat und die Neger Brasiliens nach Charakter und Körperbau höher einstufte als die dort lebenden Weißen, daß man ihm also Rassismus im Sinne einer überheblichen Einstellung gewiß nicht nachweisen kann, prägte Harris den Begriff des »wissenschaftlichen Rassismus«. Jeder, der

---

* Zu Besuch in friedlicher Mission.

Rassen als Umweltanpassungen zu verstehen sucht und Korrelationen zwischen erblicher Ausstattung und Verhaltenseigentümlichkeiten untersucht, setzt sich dem Vorwurf aus, »Rassist« zu sein. Freeman (1970, 1974) hat gegen derlei Interpretationen energisch Stellung bezogen. Auch wer etwa auf die teilweise genetische Determiniertheit weiblicher und männlicher Geschlechtsrollen hinweist, wird angegriffen und als »Sexist« beschimpft. Wer angeborene Determinanten im aggressiven Verhalten feststellt, erntet leicht den Vorwurf, »Militarist« zu sein, und wer das Wirken der Selektion auch im kulturellen Bereich diskutiert, läuft Gefahr, zum Sozialdarwinisten gestempelt zu werden (Tobach und Mitarbeiter 1974).

Aber was ist der eigentliche Grund für die Ablehnung biologischer Determinanten im menschlichen Verhalten? Der Literatur glaube ich entnehmen zu können, daß es die Angst ist, biologisch Determiniertes sei zugleich unabänderlich, unbezwingbar und unkontrollierbar. In der Tat spricht Luria (1973) in seinem Buch von einem fatalistischen Biologismus, der angeblich behauptet, daß »Krieg, Kriminalität und Rassenhaß Äußerungen eines unbezwingbaren biologischen Dranges seien« (S. 182). Berkowitz (1962) äußert sich in seinem – in diesem Punkt wohl auch ernster zu nehmenden – Werk ähnlich, wenn er in bezug auf die Freudsche These des angeborenen Aggressionstriebes sagt: »Aber ganz abgesehen von der theoretischen Bedeutung hat die Freudsche Hypothese auch einige bedeutsame Folgerungen für die menschliche Führung. Ein angeborener Aggressionstrieb kann weder durch soziale Reformen noch durch Beseitigung jeglicher Frustration zum Verschwinden gebracht werden. Weder völlige elterliche Nachgiebigkeit noch die Erfüllung jedes Wunsches wird diesem Konzept zufolge den Konflikt zwischen Personen völlig beseitigen können. Die Folgerungen für eine Sozialpolitik sind offensichtlich: Zivilisation und moralische Ordnung müssen letzten Endes auf Gewalt und nicht auf Liebe und Güte basieren« (1962, S. 4)*.

---

* »But aside from its theoretical significance Freud's hypothesis has some important implications for human conduct. An innate aggressive drive cannot be abolished by social reforms or the alleviation of frustrations. Neither complete parental permissiveness nor the fulfillment of every desire will eliminate interpersonal conflict entirely, according to this view. Its lessons for social policy are obvious: Civilisation and moral order ultimately must be based upon force, not love and charity.«

Die gleiche Angst wird an den Vorwürfen offenkundig, die den Ethologen die Intention unterschieben, Aggressionen zu verharmlosen, sie zu rechtfertigen, zu entschuldigen und sie schließlich als unabwendbares Geschick des Menschen hinzustellen. So schreibt Rattner (1970): »In politischer Hinsicht ist es nicht zu übersehen, daß die grandiose Verharmlosung des Aggressionsproblems für alle wohltuend wirken muß, die sich an den Massenverbrechen der letzten Jahrzehnte beteiligt haben ... Die Lehre vom ›Aggressionstrieb‹ bietet einer gesellschaftlichen Verschleierungstechnik Vorschub, die dem konservativ bürgerlichen Denken durchaus entspricht. Der Blick des Betrachters wird von den Mängeln innerhalb der Gesellschaft ... abgelenkt und richtet sich nur noch auf die hypothetische ›Instinktgrundlage‹ des Menschen, die sich menschlicher Willkür und Einflußnahme entzieht« (S. 35).

Ähnlich schreibt Denker (1966) über die Folgen des Lorenzschen Buches: »Da die Aggression als Naturanlage eine kausale Erklärung erfährt, wird nach Ansicht vieler Leser der Mensch weitgehend aus der Selbstverantwortung entlassen« (S. 95).

Lumsden (1970) meint: »The danger with the ›instinct of aggression‹ theory is, that far from emancipating man, it may enslave him to a reactionary ideology by apparently demonstrating the ›biological necessity‹ of an authoritarian social system organized for internal and external repression« (S. 408).

Und Lepenies und Nolte (1971) äußern in ihrer sonst sehr gut fundierten und lesenswerten Kritik den Vorwurf, der Rekurs auf das archaische (aggressive) Erbe des Menschen diene nicht der Reflexion oder den Bedingungen der Emanzipation, sondern sei antiaufklärerisch. Es findet sich ferner die Feststellung, daß der, der den Menschen für aggressiv halte, ihm auch aggressive Ziele setze. Ähnliche Vorwürfe kann man bei Selg (1971), Hollitscher (1973), Schmidt-Mummendey (1971) und in den Beiträgen lesen, die Montagu (1968) herausgab.

In recht vergröbernder Weise äußert sich dazu Schmidbauer (1973): »Es ist leicht einzusehen, wie vielfältige ideologische Funktionen die Annahme ›angeborener‹ sozialer Verhaltensweisen des Menschen erfüllen kann. Nahezu alles, was den Informationskonsumenten dauernd beunruhigt, wird erklärt, ohne daß verlangt wird, sich mehr anzustrengen oder mehr zu verändern, als bedauerliche Reste von Tierheit im Menschen zu erkennen – ererbte Merkmale oder Folgen einer Selbstdomestikation. Krieg und Völkermord, Kriminalität und Umweltverschmutzung, sexuelle Libertinage und Neurosen – sie alle beruhen auf fehlgeleiteten

›instinktiven‹ Dispositionen des Menschen. Und wenn erst alle Menschen diese angeborenen Verhaltenstendenzen durchschaut haben, wird es schon besser werden« (S. 18).

Diese Darstellung ist ungerecht, angesichts der von uns Ethologen wiederholt ausgesprochenen Notwendigkeit einer Aggressionskontrolle (siehe dazu das Zitat von Lorenz auf S. 13).

Ethologen haben keineswegs die Ansicht vertreten, daß man die Aggression als unabwendbares Schicksal hinzunehmen habe. Ich habe in verschiedenen Schriften betont, daß stammesgeschichtliche Anpassungen ihre ursprüngliche Angepaßtheit unter den Bedingungen der Neuzeit eingebüßt haben könnten und dann nur als historische Belastungen, ähnlich wie der Blinddarm, mitgeschleppt würden. Mit solchem Erbe müssen wir uns keineswegs passiv abfinden. Als Kulturwesen von Natur aus sind wir in der Lage, den kulturellen Überbau zur Kontrolle auch der uns angeborenen Verhaltensweisen zu schaffen. Einsicht in die Zusammenhänge wird uns dabei helfen, die am wenigsten belastenden Erziehungsstrategien zu finden. Schließlich läuft der, der annimmt, es gäbe keine angeborenen Dispositionen, und der daher auf solche keine Rücksicht nimmt, weit eher Gefahr, den Menschen durch mangelnde Rücksichtnahme zu überfordern. Das trifft vor allem für Skinner (1971) zu, mit dem ich mich an anderer Stelle auseinandergesetzt habe (Eibl-Eibesfeldt 1973).

Aus all diesen Gründen ist es wichtig zu wissen, wie menschliches Verhalten konstruiert ist. Beim Bestreben, dies herauszufinden, darf eine vorgefaßte Weltanschauung den Prozeß der Wahrheitsfindung nicht behindern. Lorenz hat mir in meinen frühen Jahren immer wieder eingeschärft, ein Naturwissenschaftler müsse bereit sein, bei jedem Frühstück eine Hypothese über Bord zu werfen, wenn sich Unstimmigkeiten ergäben. Sollte es sich erweisen, daß unser evolutionistisches Denken auf falschen Voraussetzungen beruht, daß wir mit der Annahme stammesgeschichtlicher Anpassungen als Determinanten menschlichen Verhaltens irrten und daß alles, was wir an Taubblinden und im Kulturen- und Artenvergleich dazu als Beleg erarbeiteten, auf Wahrnehmungstäuschung beruht, dann würden wir unsere Hypothesen verwerfen und uns der Erforschung der Frage zuwenden, wie es wohl komme, daß alle Menschen so schnell zur rechten Zeit das Richtige im Sinne der Arterhaltung lernen.

Es ist uns völlig klar, daß wir Menschen in unserem Bestreben zu verstehen, wie der Apparat arbeitet, der unser Verhalten steuert, eben auf jenen Apparat angewiesen sind, den wir erforschen. Dieser ist als stammesgeschichtlich gewordenes Instrument in seinen Leistungen eingeschränkt. Er spiegelt zwar eine reale Umwelt wider, aber keineswegs immer verzerrungsfrei. So wie wir auf dem Gebiet der Wahrnehmung auch gegen besseres Wissen gewissen Wahrnehmungszwängen unterliegen – die verschiedenen optischen Illusionen sind dafür ein gutes Beispiel –, so unterliegen wir wohl auch gewissen Denkzwängen. Sie erleichtern uns die Orientierung in unserer Welt, weil sie auf stammesgeschichtlichen Erfahrungen beruhen, aber wir müssen wohl damit rechnen, daß es so etwas wie Denkillusionen gibt, Täuschungen, die in der Verrechnungsweise unseres Denkapparates liegen. So ist das Denken in Gegensatzpaaren »oben – unten«, »heiß – kalt«, »ja – nein«, »entweder – oder« als Ordnungsprinzip sicher denkerleichternd – wir erörterten das Prinzip der Antithese auch bei Besprechung des Ausdrucksverhaltens –, aber es führt uns doch dazu, daß wir auch in der Wissenschaft zur Schwarz-weiß-Malerei neigen, mehr zum »entweder – oder« denn zum »sowohl als auch«. Daß wir so oft gerade jene Facette der Wirklichkeit, die sich dem Instrumentarium unserer Disziplin offenbart, mit solcher Verbissenheit als die Wirklichkeit – und nicht bloß als einen Aspekt davon – propagieren, dürfte darauf beruhen.

Die Frage, wie wir Menschen unsere Verhaltensprogramme erwarben, kann nur in interdisziplinärer Zusammenarbeit geklärt werden, da jede Disziplin andere Facetten der Wirklichkeit zu sehen pflegt.

Die Kommunikation wird erschwert, wenn Meinungsgegner zum Zwecke einer Kontrastbetonung das ethologische Konzept in einer Weise vergröbert wiedergeben, die einer Fälschung gleichkommt, um es dann zu bekämpfen. Das stört mich z. B. an dem kürzlich erschienenen, sonst anregenden Beitrag von Michaelis (1974), der von einem »populären« oder »Vulgärkonzept« der Aggression spricht und die ethologische Position wie folgt schildert:

»Durch die Chronik verheerender Kriege und die Berichterstattung tagtäglich sich häufender Gewalttaten zur Kenntnisnahme der Sinnlosigkeit von Aggressionen geradezu gezwungen, ist es doch beruhigend, für dieses Phänomen eine plausible und scheinbar unantastbare Erklärung zur Verfügung zu haben: ein *biologischer* ›Trieb‹ ist dafür verantwortlich, daß wir wider bessere Einsicht weiterhin Aggressionen begehen. Gleichwie die Natur uns zwingt, einen erheblichen Teil des Lebens zu verschlafen, unser Geld für Nahrung aufzuwenden und zur Herstellung eines zuträglichen biologischen Klimas, so wenig steht es auch in unserer Entscheidung, friedlich miteinander zu leben. Je länger wir nicht gegessen haben, desto dringender benötigen wir Nahrung; und je länger wir keine Aggressionen ausgeführt haben, desto mehr sind wir geneigt, auch auf den geringfügigsten Reiz aggressiv zu reagieren oder gar nach Gelegenheiten einer aggressiven Betätigung zu suchen.«

»Die Gesellschaft ist zu Übereinkünften gelangt (soziale Normen), wie sie die naturgegebenen Zwänge in allgemein akzeptable Bahnen lenken kann ... Folglich müßte man auch dem Aggressionstrieb adäquate Kanäle schaffen, die als gesellschaftsunschädlich erachtet werden: Sport, Jagd, ›gerechte‹ Kriege« (Michaelis 1974, S. 253).

Michaelis wendet sich dann gegen das Triebkonzept, da die Wissenschaft ja »schon längst« erwiesen habe, daß Aggressionen »schlicht eine Reaktion auf bestimmte Außen-Reize« seien, und auch er erklärt den angeblichen Anklang, den das biologische Konzept gefunden habe, damit, daß es befriedige, weil es von einer moralischen Schuld freispreche.

Wir sind uns völlig darüber im klaren, daß ein so komplexes Verhalten wie das aggressive Verhalten sicherlich nicht in seiner Gänze angeboren ist und es daher unsinnig wäre, die Frage als Alternativfrage »angeboren oder erlernt« zu stellen. Wir stellten vielmehr die Frage, ob man im Bereich der Motorik, der Rezeptorik der Antriebssysteme und der Lerndispositionen stammesgeschichtliche Anpassungen als mitbestimmende Faktoren nachweisen kann und in welcher Weise diese mit Erlerntem zusammenwirken, so daß sich ein funktionelles Ganzes ergibt. Aus dieser Fragestellung geht bereits hervor, daß wir erzieherischen Einflüssen eine große Bedeutung vor allem bei der Ausbildung menschlichen Aggressionsverhaltens zusprechen. Den Krieg schließlich erklären wir keineswegs aus einem uns angeborenen Aggressionstrieb. Er ist das Ergebnis der kulturellen Evolution, die allerdings durchaus auf der stammesgeschichtlichen Evolution aufbaut und diese weiterführt.

Im Prozeß der kulturellen Pseudospeziation schlossen sich Menschengruppen voneinander ab, als wären sie Vertreter verschiedener Arten. Die dem Menschen angeborenen Aggressionskontrollen, die innerartliche Aggression wie beim Tier entschärfen, wirken damit nur mehr im Innergruppenkonflikt. Der Zwischengruppenkonflikt nahm Züge an, die an den zwischenartlichen Konflikt bei Tieren erinnern, er wurde destruktiv. Das führte allerdings zu einem Normenkonflikt. Der kulturell aufgeprägten Norm »Töte den Feind!«, der – wie gesagt – als Nichtmensch betrachtet wird, steht die biologische Norm »Du sollst nicht töten!« entgegen. Nun kann kulturell Aufgeprägtes das Angelegte durchaus unterdrücken und selbst den

Rest »schlechten Gewissens« (S. 226 ff.) verarbeiten. Der Mensch kann jedoch auch aus Einsicht in die wirkenden Mechanismen der biologischen Neigung entsprechen, und Anzeichen dafür, daß die Entwicklung in dieser Richtung läuft, kann man erkennen. Kriege werden ritualisiert, Konventionen der Menschlichkeit entwickelt, ja der Angriffskrieg selbst wird offiziell mit Bann belegt. Auf dem Wege der Ritualisierung kopiert die kulturelle Evolution die biologische, was es uns erlaubt, die zukünftige Entwicklung vorauszusehen. Der Krieg kann sich jedoch, wie bereits kurz erwähnt, nur dann von selbst zum unblutigen Turnier entwickeln, wenn der Geschlagene ausweichen kann. Diese kampfabschaltende Reizsituation muß erreicht werden. Auf unserem übervölkerten Planeten gibt es jedoch keine Ausweichgebiete mehr, und damit besteht nur geringe Hoffnung, daß die Automatik der Evolution die vollständige Ritualisierung des Krieges herbeiführen wird. Wir können nur auf eine vernunftgesteuerte Evolution hoffen, motiviert von unserem Gewissen, das uns drängt, in Übereinstimmung mit unserem biologischen Normenfilter zu handeln (S. 272).

Voraussetzung für die Entwicklung zum Frieden ist das Bewußtsein, daß auch die Vertreter anderer Kulturen Mitmenschen sind. Das setzt nicht notwendigerweise eine Amalgamierung aller Kulturen zu einer Weltkultur voraus. Man kann zur Wertschätzung des Andersseienden, zur Toleranz und Wertschätzung anderer Wertsysteme erziehen und damit die Vielfalt der Kulturen als Wert erhalten. Kommunikation ist dafür notwendig, und unser Bemühen muß dahin gehen, Menschen, die Kommunikationsbarrieren errichten und »Gegner« verteufeln, über die Gefährlichkeit ihres Tuns aufzuklären und ebenfalls über Aufklärung weite Bevölkerungskreise gegen solche Indoktrinierung zu immunisieren. Der Weltfrieden brauchte keine Utopie zu sein, er entspricht durchaus unseren Anlagen, und wir können uns für ihn entscheiden. Als zusätzliche Bedingung müssen allerdings die Lebensgrundlagen der verschiedenen Volksgruppen international garantiert werden – Funktionen, die bisher durch Kriegsdrohung und Krieg erfüllt wurden.

5. Erscheinungsformen, Ursachen und Funktionen des Krieges

a. Formen bewaffneter Konflikte

Wir definieren Krieg im Anschluß an Wright (1965) als bewaffneten Konflikt zwischen Gruppen. Wie wir ausführten, ist er ein Ergebnis kultureller Evolution, und seine Ursprünge reichen wohl tief in die Urgeschichte der Menschheit zurück. Die Theorie der Diffusionisten, die annahmen, der Krieg sei im prädynastischen Ägypten erfunden und sekundär von den nichtzivilisierten Völkern nachgeahmt und verbreitet worden, gilt schon lange als überholt. Ebensowenig hält die Neu-Rousseausche Variante dieses Gedankens, derzufolge bewaffnete Konflikte erst mit der Entwicklung des Acker- und Pflanzenbaues auftreten, der altsteinzeitliche Jäger und Sammler jedoch der ursprünglichen Natur des Menschen entsprechend friedlich gewesen sei, wie wir zeigten, einer kritischen Überprüfung stand.

»Zu keinem Zeitpunkt der Menschengeschichte gab es ein goldenes Zeitalter des Friedens«, schreibt Wright (1965, S. 22), einer der führenden Experten auf diesem Gebiet. Nur wenn man den Krieg enger faßt, etwa im Sinne von Clausewitz als rational eingesetztes Instrument einer Außenpolitik, mit dem Ziel, dem Gegner gewaltsam den Willen aufzuzwingen, nur dann ist er eine Erfindung der Zivilisation. Er ist dann, wie Clausewitz sagt, »die Fortsetzung der Politik mit anderen Mitteln«*. Ein solcher zivilisierter Krieg setzt Gesetze voraus, die den Kriegs- und Friedenszustand definieren und für jeden entsprechende Verhaltensregeln festlegen. Aber der Unterschied zum Krieg der Naturvölker ist nur ein gradueller, denn auch bei diesen bestimmen häufig Konventionen den Verlauf der Auseinandersetzung, vor allem bei Kriegen zwischen Stammesverwandten. Auf jeden Fall ist der Krieg auch auf dieser Stufe eine sozial anerkannte Form des Zwischengruppenkonflikts, der Gewalt beinhaltet. Sowohl die juristische als auch die soziale Definition unterscheiden zwischen Kriegs- und Friedenszuständen.

Es scheint jedoch unter den Naturvölkern Gruppen zu geben, die

---

* » ... ein Akt der Gewalt, um den Gegner zur Erfüllung unseres Willens zu zwingen ... eine Fortsetzung des politischen Verkehrs, ein Durchführen desselben mit anderen Mitteln«.

organisierte und vorausgeplante Kriege nicht kennen. Sie wehren oder rächen sich nur als Antwort auf unmittelbar vorangehende Ereignisse. So kennen die erst kürzlich auf Mindanao (Philippinen) entdeckten Tasaday weder Jagd- noch Kriegswaffen. Sie leben in kleinen Gruppen, die – wie es scheint – wenig Kontakt miteinander pflegen. Den Kontakt mit Stammesfremden scheuen sie. Manuel Elizalde, Minister für die Minoritäten der Philippinen, erzählte mir, daß eine Gruppe von Tboli, die zur Jagd in die Wälder der Tasaday eingedrungen war, von einigen Tasaday angegriffen wurde. Gewährsleute hätten ihm berichtet, daß die Tasaday jedoch kaum zu kämpfen verstünden und daß einige von ihnen getötet worden seien. Der Grund des Angriffs war nicht genau bekannt. Die Tboli hatten in diesem Gebiet zuvor einige Affenfallen aufgestellt, und man vermutete, daß ein Tasaday in einer solchen Falle zu Schaden kam. Man weiß im übrigen nicht, ob diese noch kaum untersuchte Gruppe über Jagd- und Sammelreviere verfügt. Sie erinnert in manchem an die Phi Thong Luang (Mrabri), die – als Bernatzik (1941) den Kontakt aufnahm – ebenfalls keine Jagd- und Kampfwaffen besaßen. Mir ist jedoch keine andere Gruppe bekannt, die nicht wenigstens Jagdwaffen besitzt, und wir wissen, daß Streitäxte bereits aus der europäischen Steinzeit vorliegen, Waffen also, die gar nicht für die Jagd taugen.

Vielfach beschränkt sich die Kriegsführung der Naturvölker auf Überfälle, wobei man den Gegner häufig beschleicht, mit einer Taktik, die an die der Jagd erinnert. Wilhelm (1953) schildert z. B. einen Überfall einer !Kung-Buschmanngruppe auf eine andere. Die Parteien hatten sich über ein Stück Wild zerstritten, und dabei wurde ein Mann getötet. Die Horde, die den Mann verloren hatte, rächte sich. Heimlich umstellten die waffenfähigen Männer die Werft der anderen.

»In der Werft ahnt niemand die drohende Gefahr. Singend kommen die Weiber mit Sonnenuntergang aus dem Felde zurück und machen sich ans Zubereiten des Abendmahls. Weit hallt das Stampfen der Mörserstößel, mit denen sie die Kost zerstampfen, und verraten dadurch dem Feinde die Anwesenheit der Bewohner. Plaudernd sitzen die Familien beisammen und verzehren das Mahl. Die letzte Abendröte ist längst verblaßt, und die Nacht hüllt alles in tiefes Dunkel. Hier und da flackert noch einmal ein Lagerfeuer auf. Ein kleines Kind weint sich in den Schlaf.

Indessen gleiten lautlos wie die Schlangen die Feinde von allen Seiten heran. Doch nicht sogleich, sondern erst bei Morgengrauen soll der Überfall stattfinden. Immer enger zieht sich der Kreis um die

Werft. Noch wacht hier und da einer der Bewohner. Auch die Hunde schlafen noch nicht und dürfen nicht beunruhigt werden. Still verläuft die Nacht. Das Zodiakallicht kündet den neuen Tag an. In tiefem Schlafe liegt alles, selbst die Hunde haben jetzt ihre Wachsamkeit vergessen und sich frierend an das glimmernde Feuer zum Schlafe gelegt. Näher und näher kriecht der Feind heran. Jetzt beginnt der Morgen zu grauen. Plötzlich bricht es von allen Seiten über die unglücklichen Schläfer herein. Mit gellendem Geschrei brechen die Gegner mit erhobenem Assagei* hervor. Hier und da greift einer der so plötzlich erweckten Männer zur Waffe. Aber er sinkt bald dahin. Dort verteidigt sich einer mit dem Mut der Verzweiflung gegen die anstürmenden Feinde mit seinem Assagei, jedoch die Übermacht ist zu groß, von mehreren Assageistichen durchbohrt, fällt er. Entsetzt raffen die Frauen die Kinder auf und versuchen zu entfliehen. Doch grausam und unerbittlich werden sie erschlagen. Hier ist es einer Mutter gelungen, ihr Jüngstes zu retten. Fast ist sie den Verfolgern entkommen, da bohrt sich ihr ein schwingender Pfeil in die Seite. Im Schmerz wirft sie ihr Kind von sich und sucht sich weiterzuschleppen. Bald versagt ihr die Kraft, stöhnend stürzt sie nieder, und mit bestialischem Geheul nahen die Verfolger. Einige Hiebe mit dem Kirri zertrümmern dem Kinde den Schädel und töten auch die Mutter. Nur wenigen Glücklichen gelingt es durch Zufall, zu entkommen und nach einer befreundeten Werft zu entfliehen. Rot erhebt sich die Sonne im Osten und beleuchtet mit ihren ersten Strahlen die Stätte des Grauens. Die Sieger stehen auf der Werft und machen Beute. Alles Brauchbare wird mitgenommen. Die Tontöpfe werden zerschlagen und die Hütten in Brand gesteckt. Mit Beute reich beladen, treten die Buschleute den Heimweg an. In der Ferne heult noch ein Hund, der sich den Verbleib seines Herrn nicht erklären kann, dann herrscht Totenstille. Bald kreisen die ersten Steppenweihen über der Unglücksstätte, Aasgeier folgen, und des Nachts schwelgen Hyänen und Schakale an den Leichen der Erschlagenen. Nahen sich nach einigen Tagen die wenigen Überlebenden, so liegen nur noch einige zerstreute Knochen als Überreste ihrer Verwandten umher. Aber auch für sie naht einst die Stunde der Vergeltung, wo gleiches mit gleichem vergolten wird, und mögen Jahre darüber hingehen.

So herrscht fortwährend Krieg unter den feindlichen Sippen und Stämmen. Für das Vergehen des einzelnen müssen alle mitbüßen« (S. 160 f.).

---

* = Speer.

Die Aranda-Stämme Zentralaustraliens führen ihre Kriege – nach Strehlow (1915) – auf folgende Weise: Die kriegslustigen Häuptlinge laden zunächst befreundete Häuptlinge durch Boten zur Teilnahme ein. Die Boten überbringen eine aus dem Haar Verstorbener angefertigte Schnur, einen Knochen, den sie in der Nasenscheidewand tragen, eine Adlerfeder und eine kleine Tjurunga*. Sie brauchen nichts weiter zu sagen. Die Nachricht wird verstanden, und will die Gruppe sich nicht die Feindschaft des Freundes zuziehen, dann muß sie auf einer Männerversammlung den Entschluß zum Beistand fassen. Hat die Gruppe einen Beschluß gefaßt, dann gibt der Häuptling dem Boten die überbrachten Gegenstände zurück und läßt ihn zur nächsten Gruppe ziehen. Weitere zum Kampf eingeladene Krieger versammeln sich am Ort des zuerst geladenen Häuptlings. Bevor man zum Einladenden aufbricht, schickt man Boten, die die Ankunft melden. Die Häuptlinge und ihre Truppen folgen; unterwegs werden Feuer angezündet, um die Ankunft zu verkünden. Darauf veranlaßt der kriegführende Häuptling seine Krieger, sich zu schmücken. Brust und Bauch werden mit weißgeränderten, schwarzen Strichen dekoriert. Die ankommenden Krieger sind ebenso geschmückt. Mit Rufen »Wa wa wa bau« begrüßen die Krieger der verschiedenen Gruppen einander. Dann sagt der einladende Häuptling: »Wir wollen noch eine Nacht hier schlafen; morgen wollen wir aufbrechen, um die Feinde zu schlagen.« In der Nacht versetzen sich die Krieger durch Absingen von Kriegsgesängen in Kampfwut. Strehlow übersetzte einen der Gesänge:

1. Von wo sind die, die sehr weit wandern?
   Sie haben sich sehr schwarz bemalt.
2. Stoß seinen Penis mit dem spitzigen Knochen,
   An den Rand des Penis setze den Knochen an!
3. Wie Wasser floß das Blut aus dem langen Penis
   Über die Schulter des Davorsitzenden.
4. In meinen eigenen Speerwerfer
   Lege ich den Speer hinein, lege ich den Speer hinein.
5. Der Speerwerfer wirft den Speer, der Speerwerfer wirft,
   Der Speer trifft den Feind, der Speer trifft.
6. Der Speer mit dem Widerhaken
   Zerfleischte die Feinde.

---

* Eines der heiligen Bretter, die die Symbole des Totemahnen des Stammes und dessen Geschichte in stark stilisierter Form eingraviert tragen.

7. Der Speer klatschte, er klatschte,
   Der Speer klapperte.
8. Er traf ihn tödlich, er traf ihn tödlich,
   Er kann den Speer nicht aus seiner Wunde herausziehen.
9. Wie ein Jackarro* stürzte der Getroffene zu Boden,
   Wie der Himmel brach er zusammen.
10. Wir reißen ihnen die Eingeweide heraus und fressen ihr Fett,
    nachdem wir die Haut weggezogen haben.
    Wir zerreißen ihre Eingeweide.

Die Gesänge spielen einerseits auf ein Ritual an, das die Krieger in der Nacht vor dem Angriff durchführen: Sie öffnen mit spitzen Knochen ihre Beschneidungswunde** und lassen sich gegenseitig Blut auf die rechte Schulter fließen, damit der rechte Arm stark werde. Des weiteren machen sich die Krieger in einer Art Selbstindoktrinierung mit dem Gedanken und der Situation des Tötens vertraut. Außerdem enthält der Gesang kannibalistische Drohungen.

Am anderen Morgen versammeln sich die Männer und stimmen sich weiter ein. Sie spielen mit dem Speerwerfer und brüsten sich damit, daß sie unverwundbar seien. Sie reden es sich ein – sicher eine Methode, die eigene Furcht zu überwinden. Dann marschieren sie voll bewaffnet ab. Sie lagern nachts in der Nähe des Lagerplatzes der Feinde und greifen erst unmittelbar vor Tagesgrauen an, wenn alles im tiefsten Schlafe liegt. Vor dem Angriff verteilt der Häuptling an jeden Krieger eine aus dem Haar Verstorbener angefertigte Schnur und steckt jedem ein Beuteldachs-Schwanzende in den Mund und in das rechte Armband, damit ihr Bauch entbrenne und sie die Feinde besser treffen können. Alle malen sich einen weißen Streifen über Stirn und Nasenrücken, dann schleichen sie sich an, umstellen den Lagerplatz des Feindes, greifen mit dem Ruf »wai, wai, wai« zuerst die schlafenden Männer an und speeren sie. Darauf schlagen sie mit dem Ausruf »kukukukuku« mit Stöcken die Weiber tot und ergreifen zuletzt die kleinen Kinder, packen sie an den Füßen und schmettern ihre Köpfe an Steine oder auf den Boden. Nachdem sie dieses Mordwerk vollbracht haben, schlitzen sie den Erschlagenen die

---

* Eine Würgerkrähe *(Cracticus)*, die sich pfeilschnell auf ihre Beute stürzt.
** Die Stämme Zentralaustraliens schlitzen sich die Harnröhre der Länge nach auf (Subinzision).

Bäuche auf und verzehren etwas von dem rohen Bauchfett. Sie umkreisen die Erschlagenen und lassen sie unbestattet zurück. An einem Wasserloch reinigen sie die Speere vom anhaftenden Blut. Das Blut-Wasser-Gemisch trinken die jungen Krieger, um stark zu werden.

Auch die Maoris kannten mit dem geschlagenen Gegner kein Pardon. » ... sobald die Widerstandskraft des Gegners gebrochen war und er dicht gedrängt davonzulaufen begann, konnte ein schneller Verfolger in einer kurzen Zeit ein Dutzend auf den Kopf schlagen. Und es war das große Ziel der schnell laufenden Krieger ... geradewegs, ohne anzuhalten, zu verfolgen und im Vorbeilaufen jeden der Feinde nur durch einen Schlag so zu verletzen, daß die nachfolgenden ihn leicht überholen und töten konnten. Es kam nicht selten vor, daß ein schneller und starker Krieger, wenn der Feind im vollen Rückzug war, zehn oder ein Dutzend Mann mit seinem Speer spießte, so daß sie mit Sicherheit von anderen eingeholt und getötet werden konnten«[*] (Bericht eines alten Maori aus F. E. Maning 1876, S. 147). Die getöteten Feinde wurden verspeist. Bei den Maoris trugen die Kriege den Charakter von Racheakten für Diebstahl und andere Vergehen.

Die Menschen scheinen allerdings schon sehr früh gelernt zu haben, daß so massive Vergeltung auf sie selbst zurückfallen kann. Wir können auf jeden Fall feststellen, daß bereits auf der Kulturstufe der Jäger und Sammler und auf der Stufe der neolithischen Pflanzer Konventionen entwickelt wurden. Besondere Regeln reduzieren die beiderseitigen Verluste. Man kämpft zum Teil turnierhaft, etwa mit Stöcken, wie wir das von den Hadza beschrieben haben. Die Kämpfe der Australier sind oft ähnlich geregelt. Lumholtz (1890) schildert sehr anschaulich einen stammesinternen Kampf aus dem nordöstlichen Australien. Wie zu einem Fest geschmückt und mit Spießen, Keulen, Bumerangs und Holzschwertern bewaffnet, traten die gegnerischen Parteien auf, von Frauen und Kindern begleitet, stürzten die Angreifer unter Kriegsgeheul auf ihre Gegner los.

---

[*] »... when once the enemy broke and commenced to run, the combatants being so close together, a fast runner would knock a dozen on the head in a short time; and the great aim of these fast-running warriors ... was to chase straight on and never stop, only striking one blow at one man, so as to cripple him, so that these behind should be sure to overtake and finish him. It was not uncommon for one man, strong and swift of foot, when the enemy were fairly routed, to stab with a light spear ten or a dozen men such a way as to ensure their being overtaken and killed.«

»Die fremden Stämme auf der anderen Seite standen scharenweise vor ihren Hütten, die sehr malerisch unter den buschbelaubten Höhen lagen. Gleich nachdem unsere Wilden haltgemacht hatten, traten drei der Feinde herausfordernd mit dem Schild in der Linken und dem erhobenen Schwert* in der Rechten hervor. Ihre Köpfe waren dicht besetzt mit den eleganten weiß und gelben Schöpfen des weißen Kakadus ... Die drei Männer näherten sich den Unseren, indem sie in langen, elastischen Sprüngen vorwärts liefen. Ab und zu schnellten sie wie Katzen in die Luft und fielen hinter ihren Schilden nieder, die sie so gut verbargen, daß wir sie im hohen Grase kaum sehen konnten. Dieses Manöver wiederholte sich, bis sie den Unsrigen auf etwa 20 Meter nahekamen, worauf sie haltmachten ...

Nun sollten die Zweikämpfe beginnen. Drei Männer traten aus unserer Schar hervor, um die Herausforderung anzunehmen; die übrigen verhielten sich bis auf weiteres ruhig. Die gewöhnliche herausfordernde Stellung ist, wie bereits angedeutet, den Schild in der linken Hand und das erhobene Schwert in der rechten. Das Schwert ist indessen so schwer, daß es nach der Art eines schweren Schmiedehammers benutzt werden muß, um den Schild des Feindes mit voller Wucht treffen zu können. Der Kämpfende senkt dazu das Schwert vornüber gegen die Erde, zieht es nach hinten und schwingt es aus dieser Richtung her gegen das Haupt des Gegners. Hat der eine seinen Hieb getan, so kommt die Reihe an den anderen, und auf die Art geht es abwechselnd Schlag auf Schlag, bis es damit endigt, daß der eine ermüdet und sich verloren gibt, oder der Schild bricht, wodurch der Betreffende für kampfunfähig erklärt wird.

Noch während die ersten drei Paare aushielten, begannen manche anderen zu kämpfen. Das Ganze ging unregelmäßig zu, doch wurde der Kampf meist mit Wurfwaffen eingeleitet, worauf man sich auf den Leib rückte, um sich mit dem Schwerte zu bearbeiten. Nicht selten wurde die Sache auch ganz auf Abstand gemacht, indem Bumerangs, Wurfkeulen und Spieße gegen die Schilde geworfen wurden. Die Wilden sind sehr geschickt im Parieren, und selten werden sie durch die beiden erstgenannten Wurfwaffen verwundet. Dahingegen durchbohren die Spieße mit Leichtigkeit die Schilde und dringen so tief durch, daß sie den Träger verwun-

---

* Es handelt sich um Holzschwerter.

den, der dann als kampfunfähig angesehen wird und sich für überwunden erklären muß. Immer waren mehrere auf dem Kampfplatz,
oft sieben bis acht Paare zugleich, aber die Kämpfenden wechselten
beständig.

Die Weiber sammeln die Waffen auf, und hat ein Streitender mehrere Duelle abzumachen, so versieht ihn seine Frau während des
ganzen Kampfes mit neuen Waffen … Auch alte Frauen nehmen am
Kampfe teil. Mit denselben Stöcken versehen, die sie zum Ausgra-
ben der Wurzeln benutzen, halten sie sich hinter den Kämpfenden
auf … Hetzend und kreischend umringen oft vier oder fünf alte
Weiber einen Mann und machen einen wahnsinnigen Lärm. Die
Männer werden dadurch mehr und mehr angefeuert … Wird der
eine von ihnen überwunden, so scharen sich die alten Weiber um ihn
und halten ihre Stöcke beschützend über ihn, um die Schwerthiebe
von ihm abzuwehren, indem sie schreien: ›Töte ihn nicht, töte ihn
nicht!‹

Ich ging dicht an den Kampfplatz heran und folgte als Zuschauer
lebhaft gefesselt den Auftritten, die nun dreiviertel Stunden dauer-
ten, … Bumerangs und Wurfkeulen sausten an meinem Ohr vorbei,
was mich aber nicht hinderte, mit größtem Interesse die Ausbrüche
der Leidenschaft bei diesen wilden Naturkindern zu beobachten …

Nach einem solchen Kampfgetöse müßte man annehmen, gefal-
lene, im Blut schwimmende Krieger zu sehen, doch gehört dies
dank der Einmischung der Verwandten und Freunde zu den größten
Seltenheiten. Nur einer hatte durch einen Bumerang eine leichte
Wunde am Oberarm bekommen und war deswegen der Gegenstand
allgemeinen Mitleides. Beim nächsten Borbobi wurde einer mit einem Spieße durchbohrt, und da dieser mit Widerhaken versehen
war, konnte er nicht herausgezogen werden. Sein Stamm führte den
Verwundeten drei Tage mit sich umher, ehe er starb. Gleich nach
Sonnenuntergang endete der Kampf, und während die Erregung
über die Begebenheiten des Tages noch bei allen Teilnehmern nach-
wirkte, suchte jeder Stamm sein Lager auf. Nachts wurde nicht viel
geschlafen, desto mehr aber geschwatzt, und viele Familienrevolu-
tionen gingen vor sich, indem Männer ihre Frauen verloren und
Weiber andere Gatten bekommen hatten. Früh in der Morgenkühle
wurden die Duelle fortgesetzt, und darauf war allgemeiner Auf-
bruch, indem jeder nach seinem eigenen ›Lande‹ zog« (Lumholtz
nach Weule 1916, S. 24–28).

Kampfregeln entwickeln sich verständlicherweise zunächst zwischen Gruppen, die einander ethnisch nahestehen und sich daher
auch leichter verständigen können. So unterscheiden die Kiwai-Pa-

212

puas sehr genau zwischen Feinden, die verwandten Dorfgemein-
schaften angehören, und solchen anderer Stammesherkunft, die man
als Erbfeinde ansieht (Landtman 1927). Während man letztere immer
zu töten sucht, wird bei Kämpfen innerhalb des Stammes sehr wenig
Blut vergossen. Dem europäischen Betrachter erscheinen die
Kämpfe, die mit viel Tumult und Geschrei ausgetragen werden, als
überaus gefährlich. In Wirklichkeit kommt es selten zu tödlichen
Verletzungen. Man bombardiert sich mit Prügeln und schießt mit
Pfeilen, zielt allerdings dabei auf die Beine. Auch hat man nicht die
Absicht, Kopftrophäen zu sammeln.

Die Kämpfe der Dugum Dani des Baliem-Tales in Westirian – dem
indonesischen Teil Neuguineas – laufen ebenfalls nach Regeln ab, die
ein übermäßiges Blutvergießen vermeiden. Allerdings werden die
Toten verrechnet: Für jeden Toten der eigenen Seite muß einer der
Gegenseite fallen. Man trachtet stets nach Ausgleich und hört zu
kämpfen auf, wenn der Ausgleich hergestellt ist. Da sich jedoch der
andere meist im Rückstand glaubt, ziehen sich die Fehden über Jahre
hin; und wenn auch die Zahl der Todesopfer pro Auseinandersetzung
gering ist, die Verluste summieren sich über die Jahre. Matthiessen
(1962) und Gardner und Heider (1968) haben die Verhältnisse bei den
Dugum Dani (Baliem-Tal, Westirian) beschrieben.

Gruppen von Dörfern bilden bei diesem Papuavolk Allianzen.
Jede Gruppe bevölkert ein Gebiet von ungefähr 35 Quadratmeilen.
Das ganze Baliem-Tal mit seinen etwa 50 000 Einwohnern ist auf diese
Weise in einige Dutzend Bündnisgruppen aufgeteilt. Jede ist von der
anderen durch eine bewachte Grenze und einen Streifen Niemands-
land abgesetzt. An den Grenzen erheben sich hohe Wachttürme aus
Pfählen, auf denen den ganzen Tag über ein Mann Ausschau hält.
Nehmen sie eine sich nähernde Feindgruppe wahr, dann geben die
Wächter Alarm. Die Wachttürme stehen in Abständen, die ein Läufer
leicht in fünf Minuten zurücklegt.

Die Dugum Dani sind bei den Kriegen, die sie führen, nicht auf
Landgewinn aus. Als Hauptmotiv geben sie an, die Geister der Ver-
storbenen (Getöteten) rächen zu müssen. Würden sie das nicht tun,
dann würden diese sie mit Krankheiten und Unfällen plagen; Über-
schwemmungen oder Trockenheit würden die Pflanzungen heimsu-
chen.

Die Männer sind von früher Kindheit an auf ihre Rolle als Krieger
vorbereitet; sie sind Experten, die den Krieg fast sportlich betreiben.
Sie können in der Tat auf ihr Geschick vertrauen. Wenn einer in diesen
Kämpfen stirbt, dann trägt dies eher den Charakter eines Unfalls.

Die Kämpfe der Dani lassen sich in zwei Kategorien einteilen: das formalisierte Treffen und den Überfall. Zum Treffen wird der Feind herausgefordert. Eine Gruppe von Männern geht morgens zur Grenze und ruft zum Feind hinüber. Die Herausforderung wird fast stets angenommen und die Nachricht weiter ausgerufen. Die Männer der naheliegenden Dörfer können sich noch für denselben Tag zum Kampf entscheiden. Sie putzen sich dazu in vollem Schmuck heraus. Einige tragen Hauer von Ebern in der Nase, andere Paradiesvogelfedern als Kopfschmuck oder weiße Reiherfedern, und alle schmieren ihren Körper mit Schweinefett ein.

Allmählich versammeln sich die Kampftruppen auf dem traditionellen Schlachtfeld. Es herrscht absolutes Einverständnis darüber, daß der Kampf erst beginnen kann, wenn beide Seiten mit ihren Vorbereitungen fertig sind.

»Um Mittag sind die meisten Krieger eingetroffen, und die verschiedenen Kampfgruppen haben mehr oder weniger feste Positionen eingenommen. Einige sind mit Bogen und Pfeilen bewaffnet, andere mit Speeren. Die gegnerischen Kampfgruppen sind so voneinander abgesetzt, daß sich zwischen ihren jeweils vordersten Gruppen ein Schlachtfeld von ungefähr 500 Yards (etwa 460 m) befindet. Eine Stimmung stiller, aufgeregter Erwartung erfüllt alle Ränge. Von jetzt an wird der Tag für einige hundert auf beiden Seiten die Freuden des Kampfes bringen und vorübergehenden Schrecken für jene Handvoll, die den plötzlichen Schmerz eines gegnerischen Pfeiles spürt, und schließlich ganz selten den unbeschreibbaren Schock des Todes für einen, der dumm oder ungeschickt handelte« (Gardner und Heider 1968, S. 138)*.

Die Krieger warten mit wachsender Spannung darauf, daß ein Trupp einer Partei einen Vorstoß auf das Schlachtfeld wagt und damit den Kampf eröffnet. Dann antwortet die Gegnergruppe, indem sie sich vorsichtig laufend und zwischendurch anhaltend ihrerseits auf das Schlachtfeld wagt. Sind die Gegner etwa 50 m voneinander

---

* »By noon, most of the warriors have arrived and the various formations have taken more or less final positions. Some are armed with bows and arrows, some with spears. The opposing armies are deployed so that between the most forward elements of each there lies a battleground of perhaps five hundred yards. A mood of silent but excited expectation pervades all ranks. From this point on, the day will bring the pleasures of the fight to several hundred on both sides, momentary terror for the handful who will feel the sudden pain of an enemy arrow, and, rarely, the unmentionable shock of death to someone who acts stupidly or clumsily.«

entfernt, schießen einige ihre Pfeile ab und ziehen sich wieder zurück. Nach mehreren Vorstößen dieser Art, die mehr ein einleitendes Geplänkel darstellen, kommt es zum Kampf; beide Seiten stürmen, rhythmisch mit den Füßen aufstampfend, zum Schlachtfeld. Für etwa 10 bis 15 Minuten kämpfen ungefähr 100 bis 200 Krieger an der offenen Front miteinander. Pfeile und Speere fliegen durch die Luft, aber man weicht ihnen geschickt aus. Manchmal gelingt es einer Gruppe, die andere von zwei Seiten anzugreifen, wenn Deckung eine unbemerkte Umgehung möglich macht, aber meist werden diese Bemühungen entdeckt, und der Überfall scheitert.

In ihrem Bemühen, den Pfeilen und Speeren auszuweichen und ihre Kameraden, die ihre Speere verschossen haben, zu decken, sind die Kämpfer dauernd in Bewegung. Sie werden immer wieder durch neue Krieger ersetzt, damit sie sich erholen können.

Gardner und Heider weisen auf einen bemerkenswerten Umstand hin. Ihnen fiel auf, daß die Pfeile schlecht Kurs halten, weil sie nicht gefiedert sind – dies, obgleich die Vogelfedern in der Kultur der Dani eine große Rolle spielen. »Eine mögliche Erklärung wäre, daß die Dani verstehen, daß mehr Krieger getroffen würden, wenn ihre Pfeile gefiedert wären. Vielleicht wissen sie, daß selbst eine so geringfügige Änderung der Kampfregeln die feine Balance stören würde, die sie zwischen Zufall und Leistung erreichten« (Gardner und Heider 1968, S. 139).

Zwischen den feindlichen Kräften kommt es an einem Tag zu 10 bis 20 solcher Treffen. Am Abend stellt man die Kämpfe ein, damit jeder noch vor Dunkelheit nach Hause kommt. Bevor man sich trennt, ergeht man sich in langen Spott- und Schmähreden. Da die Leute ihre Gegner mit Namen kennen und auch um Details aus ihrem Leben wissen, wird auf Persönliches angespielt, was von beiden Seiten viel Gelächter einbringt.

Neben dieser Art der Kriegsführung kennen die Dani noch den Überfall, bei dem es zum Unterschied vom geordneten Kampf darauf ankommt, den Gegner zu überraschen und ein Leben zu nehmen*.

Für ein solches Unternehmen werden besonders erfahrene Krieger ausgesucht. Sie schleichen in das gegnerische Gebiet und versuchen dort jemanden zu überraschen. Es kann aber passieren, daß die

---

* »A raid is a desperate attempt to take an enemy life and has none of the theatricality of a formal battle« (Gardner und Heider 1968, S. 142).

Bemühungen entdeckt werden und daß die Angreifer erwartet und ihrerseits aus dem Hinterhalt überfallen werden.

Solche Überfälle finden statt, wenn es einer Gruppe auf andere Weise nicht gelang, einen Ausgleich für einen Verlust zu erzielen. Man rechnet sich ja die Toten gegenseitig auf, was übrigens die Fehde weiter in Gang hält. Gardner und Heider schätzen, daß auf jeder Seite pro Jahr etwa 10 bis 20 Männer fallen. Damit ist keine der Gruppen ernsthaft gefährdet. Versucht man, die Auseinandersetzungen unter einem funktionellen Gesichtspunkt zu sehen, dann würden diese Demonstrationen der Kampfbereitschaft an der Grenze eine ritualisierte Form territorialer Grenzmarkierung darstellen.

Ähnlich wie die Dani haben viele andere Völker ihre Auseinandersetzungen geregelt. Bestehen Verwandtschaftsbindungen, dann dämmt dies im allgemeinen die Aggression ein. Layard (1942) hat die Eskalationsstufen zwischen verschiedenen Gruppen der Bewohner der Neuen Hebriden beschrieben. Streit zwischen Mitgliedern des gleichen Clans wird nur mit Holzkeulen ausgetragen, und man bemüht sich ernstlich um eine friedliche Beilegung. Beim Streit zwischen Dörfern der gleichen Inselseite verwendet man Keulen und Speere, trifft sich aber sehr formell auf eigens dazu bestimmten Kampffeldern. Beim Kampf mit Bewohnern benachbarter Inseln überfällt man den Gegner aus dem Hinterhalt. Es gilt jedoch die lex talionis, d. h. man sucht im Töten einen Ausgleich und verrechnet Toten gegen Toten, was allzugroße Blutopfer verhindert. Dieses Gesetz wird nicht mehr beachtet bei Auseinandersetzungen zwischen einander völlig fremden Gruppen. Weitere Beispiele für kriegerische Auseinandersetzungen bei Naturvölkern finden wir bei Frobenius (1903), Mühlmann (1940), Turney-High (1949), Bohannan (1967), Fried, Harris und Murphy (1971). Wie Naturvölker Konflikte verhindern, beenden oder deren Ablauf unblutig gestalten, wollen wir in einem gesonderten Kapitel behandeln.

Häufig tritt im Gefolge eines bewaffneten Konfliktes Kannibalismus auf. Die Motive dafür wechseln. Oft wird der Getötete als Nahrungsmittel betrachtet. Die Jalé (Westirian) versicherten Koch (1970), sie würden den toten Feind verzehren, »weil er gut schmecke, so gut wie Schweinefleisch, wenn nicht sogar besser«. Man hat dem Toten gegenüber keine besonderen Hemmungen, es sei denn, man hätte ihn gekannt. »Leute, deren Gesicht man kennt, dürfen nicht gegessen werden«, sagen die Jalé. Profaner Kannibalismus war früher ziemlich weit verbreitet. Beispiele dafür liegen u. a. aus Südamerika, Afrika, Neuguinea, Australien und Ozeanien vor

(Volhard 1939). Unter bestimmten Umweltbedingungen spielt dieser Kannibalismus sogar eine Rolle im Ernährungshaushalt der Gruppe, da bei manchen Gruppen großer Mangel an hochwertigem Eiweiß herrscht (Dornstreich und Morren 1974). Ein weiteres Motiv des Kannibalismus ist die Rachsucht. Man will den Gegner auf diese Weise völlig vernichten. So war auf den Salomonen die äußerste Erniedrigung, die man einem Feind zufügen konnte, die, daß man ihn verspeiste.

Ferner liegen dem Kannibalismus oft magische Vorstellungen zugrunde. Man glaubt, daß man sich mit dem Gegner einen Teil seiner Eigenschaften einverleibt, etwa seinen Mut und seine Stärke. Gemeinsam mit Volker Heeschen durchgeführte Befragungen bei den Eipo in West-Neuguinea ergaben, daß hier jeder Mann verpflichtet ist, am Verzehr eines getöteten Feindes teilzunehmen. Das verteilt die Schuld.

Die Einstellung der Menschen zum Kannibalismus wechselt. Die weite Verbreitung des profanen Kannibalismus in vergangenen Zeiten läßt darauf schließen, daß die Menschen einen toten Feind oft nur als ein Stück Fleisch betrachteten. Der tote Mensch scheint demnach wichtiger Signale zu entbehren, die Regungen wie Mitgefühl auslösen. Erst auf einer höheren Ebene der Reflexion wird dem Menschen bewußt, daß es sich auch bei dem toten Feind um einen Menschen handelt, und es bilden sich Hemmungen aus, ihn zu verzehren.

b. Funktionen des Krieges

Will man den Krieg überwinden, dann muß man wissen, ob und – wenn ja – welche Funktionen er im zwischenmenschlichen Zusammenleben erfüllt. Wir haben bereits den Standpunkt vertreten, daß der Krieg ein Ergebnis der kulturellen Evolution ist, wobei die Richtung dieser Entwicklung durch die Selektion bestimmt wurde. Dieser These zufolge muß der Krieg nachweisbar zur Erhaltung einer Kultur beitragen. Ihr steht die Ansicht entgegen, daß der Krieg nur als Beiphänomen anderer funktioneller Systeme auftritt oder als deren krankhafte Entartung. So äußert Walsh (1971) die höchst spekulative Ansicht, die Väter würden ihre Söhne in den Krieg schikken, um sie für ihre ödipalen Wünsche zu bestrafen. Der Krieg ist demnach das Ergebnis väterlichen Hasses, ohne weitere Funktion. Fromm (1973) unterscheidet zwischen nützlicher (»beneficial«) und schädlicher (»malignant«) Aggression. Erstere liegt vor als phylogenetisch programmierter Impuls anzugreifen, wann immer vitale Interessen des Individuums oder der Art gefährdet sind. Diese defensive Aggression trägt also zur Individuen- und Arterhaltung bei, und sie hört auf, wenn die Bedrohung aufhört. Die schädliche Aggression dagegen zeichne sich durch Destruktivität und Grausamkeit aus und sei auf Sadismus und Nekrophilie begründet – Charakterzüge, die sich gelegentlich als Fehlentwicklung beim Menschen heranbilden würden*.

Nun gibt es sicher den Sadismus als pathologisches Phänomen, und er ist vielfach für die Greueltaten, die manche Herrscher anordneten, verantwortlich. Sieht man aber davon ab, dann erklärt er keineswegs das Phänomen Krieg, in dem zwar mitunter Greueltaten vorkommen, aber doch nicht die entscheidende Rolle spielen. In vielen Kriegen werden sogar Regeln der Ritterlichkeit befolgt.

Die Diskussion des Phänomens Krieg leidet an einer gewissen Verwirrung der Begriffe »Ursache« und »Funktion«. Man spricht von Ursache und meint einmal damit den unmittelbaren Anlaß oder das, was einzelne Personen als Grund angeben. Man verwendet andererseits den Begriff im evolutionistischen Sinne als Frage nach dem Selektionsdruck, der die Entwicklung »verursachte«. In diesem Sinne zielt unsere Frage nach der »Funktion«, und wir orientieren uns dabei an den feststellbaren Folgen kriegerischer Konflikte.

Ein weiterer Punkt des Mißverständnisses im Streit um die »Funktion« wurde mir beim Lesen einer Arbeit von Hallpike (1973) klar. Hallpike wendet sich gegen die Funktionalisten unter den Anthropologen, die annehmen, der Krieg der Naturvölker erfülle eine Funktion. Er kritisiert die Funktionalisten, die der Ansicht sind, eine Institution existiere nur, weil sie eine Aufgabe erfülle und daher auch nötig sei. Hallpike spricht in diesem Zusammenhang von einer »Illusion der Funktionalisten« und weist anhand einiger Beispiele nach, daß Institutionen nicht immer adaptiv seien.

Ich weiß nicht, wem er damit etwas Neues erzählen will. Ganz sicher nicht den Biologen, die schon lange darauf hinweisen, daß in der Evolution Funktionsverlust und Funktionswandel auftreten können, ja, daß Strukturen, die eine Funktion erfüllten, unter geän-

---

* Fromm stellt sich – wie so viele andere vor ihm – gegen die *angeblich* von Ethologen aufgestellte These, der Krieg werde durch einen angeborenen Aggressionstrieb verursacht, eine angeborene Neigung zu töten. Davon war jedoch nie die Rede.

derten Umweltbedingungen nur mehr als historische Belastung mitgeschleppt werden. Das gilt sicherlich ebenso für kulturelle Einrichtungen. Der Nachweis jedoch, daß eine Institution wie der Krieg in
einigen Gesellschaften keine oder keine bestimmte Funktion habe,
besagt nicht, daß sie diese nie erfüllt hat. Hallpike faßt seine Thesen
am Ende seiner Arbeit in vier Punkten zusammen:

1. Die Tatsache, daß eine Institution existiert, bedeutet noch
nicht, daß keine andere an ihrer Stelle ausgereicht hätte.

2. Aus ihrer Existenz läßt sich auch nicht folgern, daß diese notwendigerweise zustande kam.

3. Aus der Tatsache ihrer Existenz ist ferner nicht abzuleiten, daß
es sich hier um die bestmögliche Institution handelt.

4. Die Tatsache, daß eine Institution nötig ist, damit eine Gesellschaft überleben kann, heißt noch nicht, daß sich die Institution
heranbildet.

Punkt 1 und 3 besagen praktisch dasselbe. Die Biologen haben
sich mit diesem Problem befaßt. Kramer (1949) stellte u. a. die
Frage, ob die Natur immer die vom technischen Standpunkt best-
möglichen Lösungen produziere, und er kam zum Schluß, daß dies
keineswegs immer der Fall sei. Vielmehr mache die Natur »Konstruktionsfehler«, die sich einfach aus der Tatsache ergeben, daß in
der Evolution auf Vorhandenes zurückgegriffen wird. So entwickelten sich luftatmende Landwirbeltiere aus fischartigen Vorfahren,
deren Blutkreislauf in Anpassung ans Landleben umgebaut werden
mußte, und zwar durch sekundäre Einschaltung eines Lungenkreis-
laufes. Der Umbau vollzog sich in mehreren Schritten, und bei den
Amphibien ist als Folge der Kreislauf des venösen und des arteriel-
len Blutes nur unvollständig getrennt. Es kommt zur Mischung, die
die Leistung beeinträchtigt. Bei völliger Neuentwicklung wären
technisch bessere Lösungen möglich. Man kann den Thesen 1 und 3
durchaus zustimmen. Die Thesen 2 und 4 dagegen haben keinerlei
heuristischen Wert, da es sich hier um Behauptungen handelt, die
gar nicht überprüft werden können. Ob eine Struktur, die nun einmal existiert, sich auch nicht hätte entwickeln können – darüber zu
streiten ist wirklich müßig; auch lohnt es sich nicht zu überlegen, ob
eine zum Überleben benötigte Institution wirklich entstehen wird.

Schwer verständlich ist schließlich, daß Hallpike sich darüber
wundert, daß man »selbst bei einer solchen Institution wie Krieg«
nach der Funktion fragt. Schließlich handelt es sich doch um ein
recht auffälliges, weit verbreitetes und durchaus altes Phänomen,
von dem kaum anzunehmen ist, daß es selektionistisch neutral sein
sollte. Bleibt die Möglichkeit, daß es der Erhaltung der Kulturen

abträglich oder nützlich ist. Würde ersteres grundsätzlich und immer zutreffen, dann müßte eine Gegenselektion längst eingesetzt haben. Das ist jedoch – wie die Geschichte lehrt – keineswegs der Fall.

Untersuchen wir deshalb einmal die Folgen des Krieges. Für den Verlierer waren sie in sehr vielen Fällen zweifellos katastrophal; wo sind schließlich die Indianer Nordamerikas oder die Tasmanier geblieben? Im Krieg erobert der Sieger Räume, dafür gibt es bis in die Gegenwart unzählige Beispiele. Neuer Siedlungsraum und Bodenschätze werden ihm zugänglich. Er kann sich ausbreiten, vermehren und die eigenen Kriegsverluste ausgleichen. Das hat sicher selektiv in Richtung auf Aggressivität hin gezüchtet. Wenn Fromm (1973, S. 19) meint, dies könne nicht so sein, denn der Aggressivere würde sich stärker exponieren und damit selbst vernichten – ein Argument, das man verschiedentlich hört –, dann verrät diese Denkweise unzureichende Information über den Mechanismus der Evolution. Wie bereits erwähnt, findet diese beim Menschen in geschlossenen Gruppen statt. In ihr erhält sich das Genom auch desjenigen, der fällt, sofern nur die Gruppe überlebt, denn die Gruppenangehörigen sind seine nahen Verwandten. Und es überlebten letztes Endes immer die Gruppen, die die meisten kampfbereiten, mutigen Männer aufbieten konnten. Der Besiegte wird entweder ausgerottet, vertrieben oder unterjocht und dabei kulturell vernichtet. Im letzteren Fall geht sein Erbgut meist in der Siegerpopulation auf. Der Krieg hat damit die Auslese von Kampflust und Aggression zumindest für eine lange Zeit der menschlichen Geschichte begünstigt. Der Mensch wurde aber in diesem Zusammenhang nicht nur auf Kampftüchtigkeit, sondern auch – wie Bigelow (1970, 1971) betont – auf Kooperationsfähigkeit und Intelligenz hin selektiert, und zwar in der Konkurrenz der Gruppen.

Die Geschichte der Menschheit ist bis heute die Geschichte der erfolgreichen Eroberer. Ob der Territorialgewinn als subjektives Kriegsmotiv eine Rolle spielt oder nicht, ist dabei völlig nebensächlich. Was zählt, ist das Ergebnis.

Wir betonen dies, weil Chagnon (1968, 1971) in seinen im übrigen ausgezeichneten Untersuchungen immer wieder hervorhebt, die kriegerischen Waika-Indianer seien gar nicht auf Territorialgewinn aus. »Territoriale Gewinne werden beim Austragen dieser Konflikte weder beabsichtigt noch erzielt. Das hat gewisse Konsequenzen für die Aggressionstheorien, die sich am Territorialverhalten ausrichten, vor allem in der Form, wie sie in den in der letzten Zeit erschienenen Büchern von Ardrey und Lorenz entwickelt worden sind« (Chagnon 1971, S. 132). Erklärter Hauptgrund der Kriege sind Frauenraub und das Bedürfnis, andere Gruppen davon zu überzeugen, daß sie bereit sind, ihre Souveränität mit Gewalt zu verteidigen. Nachweisbares Ergebnis ist jedoch – neben Frauen- und Prestigegewinn –, daß die Sieger häufig die Unterlegenen ausrotten oder zum Abwandern zwingen.

Dieses Ergebnis zählt, wenn auch die von den Ausführenden vorgebrachten Beweggründe andere sind. In anderen Kulturen ziehen die Männer in den Krieg, um sich auszuzeichnen. Das Ergebnis bleibt das gleiche. Der selektionistische Vorteil für die Gruppe ergibt sich völlig unabhängig von der jeweiligen Intention des einzelnen. Der junge Mann, der um ein Mädchen wirbt, verbindet ja damit keineswegs immer auch gleich die Absicht, möglichst schnell Vater eines gesunden Säuglings zu werden. Wright (1965) hat dies bereits klar ausgesprochen: »The function of an activity may be broader than its intention« (S. 76). Ähnlich äußert sich Corning (1973).

Wir führten aus, daß viele Stämme Neuguineas sich nach festem Ritual befehden. Nach Rappaport (1968) entwickeln sich bei den Tsembaga Neuguineas die Kriege aus dem Streit zwischen einzelnen Personen der Gruppen. Hat jemand eine Frau genommen, ohne die Erlaubnis der Verwandten einzuholen, hat einer eine Frau vergewaltigt, ein Schwein einer anderen Gruppe getötet, das in seinen Garten eindrang, Feldfrüchte gestohlen oder besteht die Vermutung, daß einer aus der anderen Gruppe durch schwarze Magie Schaden stiftet, dann versucht man den Übeltäter zu töten. Das fordert wiederum Rache heraus, und kriegerische Konflikte sind oft die Folge. Sie sind um so wahrscheinlicher, je dichter das Gebiet bevölkert ist. Wenn nur zwanzig Männer ein Schwein und einen Garten haben, dann gibt es – nach Rappaport – 400 Möglichkeiten für die Schweine, durch Beschädigung eines Gartens einen Konflikt auszulösen. Sind es 40 Männer mit je einem Schwein und einem Garten, dann ist die Zahl der Möglichkeiten, in denen Schweine Streit veranlassen könnten, auf 1600 gestiegen. Das gilt auch für die anderen Konfliktmöglichkeiten. Mit anderen Worten, die Wahrscheinlichkeit, daß es zum Streit kommt, steigt in einem größeren Umfange, als die Bevölkerung wächst, und zwar bei linearem Populationszuwachs etwa in geometrischer Progression.

Die sich steigernde Reizbarkeit sollte demnach, lange bevor eine Überbevölkerung eingesetzt hat, zum Konflikt führen. In Dauerfehden werden zunächst die Schwächen des Gegners abgetastet – es handelt sich um ein Phänomen, das der explorativen Aggression innerhalb einer Gruppe funktionell vergleichbar ist. Steigt die Reizbarkeit, kommt es zu ernsthafteren Auseinandersetzungen, die mit der Vertreibung einer Gruppe enden können. Es kann sich allerdings auch ein Gleichgewichtszustand zwischen zwei Gruppen einpendeln, etwa wenn beide auf irgendeine Weise – z. B. durch Geburtenkontrolle – ihre Bevölkerung auf gleichem Niveau halten. In solchen Fällen können sich Regeln entwickeln, die ein Nebeneinanderleben ermöglichen. Der Krieg wird dann immer mehr zu einem unblutigen Ritual der Grenzmarkierung.

Die territoriale Funktion des Krieges wurde von vielen Anthropologen auch klar gesehen (Wright 1965, Vayda 1960, 1961, 1967, 1971, dort auch weitere Literatur). Nach Morey und Marwitt (1973) führten die zentralisierten Stämme der südamerikanischen Flachlandindianer Kriege, die der Landnahme und Tributerhebung dienten und die bereits vor der Einflußnahme der Europäer eine Antwort auf den Populationsdruck und das nur beschränkt zur Verfügung stehende bestellbare Land darstellten. Die Aggressivität der Gruppe hatte eine eindeutig ökologische Basis.

Die endemischen Stammeskämpfe der Yuma-Gruppen im Gebiet des Colorado und Gila Flusses (USA) sind ebenfalls als Kämpfe um kultivierbares Land zu deuten. Man kämpfte nur um die den Fluß umgebenden Ebenen. Gruppen, die angrenzendes Land bewohnten und eine andere Lebensweise führten, wurden nicht als Konkurrenten betrachtet. So führten die Mohave-Yuma keinerlei Kriege mit den auf den benachbarten Hügeln lebenden Yarapai, West-Apachen, Chemehuevi und Cohuila (Castetter und Bell 1951, Graham 1973).

Die geschlossenen Kleingruppen der Maoris reagierten auf die leichtesten Provokationen des Nachbarn – gleich ob eingebildet oder wirklich – mit Krieg. Die Auseinandersetzungen waren jedoch im allgemeinen kurz, und auch wenn die Sieger so viele Gegner zu töten suchten wie nur möglich, war die Gesamtzahl der Toten nicht außergewöhnlich hoch. Die wichtigste Folge des Krieges war vielmehr, daß sich die Gruppen verteilten. Der Druck der Nachbarn erzwang die Kultivierung von Neuland.

Dieses adaptive System zerbrach, als die Europäer Flinten einführten, bei deren Anwendung es zu großen Verlusten kam. Gewiß waren die Verluste auch in früheren Zeiten hoch gewesen, da die Sieger kein Pardon gaben, sondern die Fliehenden meistens ermordeten, aber die Verluste nach Einführung der Flinte waren katastrophal (Vayda 1970).

Gleiches berichtet Layard (1942) von den Bewohnern der Neuen Hebriden. Die Einführung der Gewehre führte zu Massenmassakern, bei denen selbst die normalerweise formalisierten Konflikte zwischen benachbarten Dörfern eskalierten. So rüsteten sich die Bewohner der der Küste von Malekula gegenüber liegenden »Kleinen Inseln« als erste mit Gewehren aus. Sie bekamen diese leichter als andere Gruppen, die an Stellen lebten, an denen die weißen Händler weniger leicht landen konnten. In der Folge rotteten die Bewohner der Kleinen Inseln die Bevölkerung ganzer Distrikte aus, die vordem reich besiedelt waren, was heute die Einsichtigeren unter der Bevölkerung durchaus bedauern, da sie durch diese Selbstzerfleischung den Europäern schlechter trotzen konnten:

»In this way, during the latter part of the nineteenth century the small Islanders practically wiped out the whole population of what was once a flourishing district, containing innumerable villages immediately inland from the adjacent Malekulan coast. The sites of these villages, including the mainland village of Tolamp, are now pointed out in what is thick jungle. Not only were the mainland villages thus decimated however. The same tragedy occurred even in warfare between two of each individual Small Island. The first villages to acquire muskets were in all cases those situated on the ›superior‹ side of each island, which, being in possession of best beaches, were first to come in contact with white men. These muskets they then used against the members of the other side of their own Island, with the result that the villages on the ›inferior‹ side were severely handled. This was the case with the two villages of Emil Marur and Emil Lepon Atchin, both of which were nearly wiped out. The more far-seeing of the small Islanders now bitterly regret these suicidal ravages which have so seriously reduced the numers in face of the growing menace of the whites*. But the measure of their regret still depends, however, on the degree of kinship ties between themselves and their victims. For, while muskets are now with common consent banned in warfare against their fellow small islanders, they are still used against the few remaining inhabitants of the adjacent mainland« (Layard 1942, S. 603).

Kriege werden um Jagdgründe, Weideland und bestellbares Land geführt, und wenn in früheren Zeiten Klimaänderungen das Gebiet einer Gruppe unwirtlich machten, dann war die Bevölkerung sogar zur kriegerischen Eroberung neuer Gebiete gezwungen. So brachte

---

* Erläuterung des Ref.: Der Berichterstatter hielt sich in den Jahren 1917 und 1918 auf den Neuen Hebriden auf.

die Austrocknung der zentralasiatischen Steppen die Mongolenvölker in Bewegung. Bis nach Europa führten ihre Kriegszüge. Ihr Zusammenstoß mit den germanischen Völkern zwang diesen wiederum eine Wanderbewegung auf. Überbevölkerung – etwa im Gefolge einer durch technische Erfindungen oder medizinische Entdeckungen bewirkten Massenvermehrung – können Menschengruppen ebenfalls zur Abwanderung zwingen.

Daß es bei Kriegen um Land geht, wird übrigens oft auch von den Kriegführenden klar erkannt. In den mosaischen Kriegsgesetzen heißt es: »... hingegeben aus den Städten dieser Völker, die Jehova, dein Gott, dir als Erbeigentum geben wird, lasse nichts leben, was atmet, sondern weihe sie der gottverschworenen Vertilgung, die Hethiter und Amoriter, die Kanaaniter, Pherisiter, die Hewiter und Jebusiter, wie Jehova, dein Gott, dir geboten hat« (5. Mose 20,16).

»Und sie gaben alles, was in der Stadt war, der gottverschworenen Vertilgung preis, Mann und Weib, Knabe und Greis ... mit der Schärfe des Schwertes« (Josua 6,21).

Wer diese Gesetze erließ, war sich völlig darüber im klaren, daß sein Volk das Land der Nachbarn als Siedlungsland brauchte.

Da der Mensch gegenüber Frauen und Kindern im allgemeinen starke Aggressionshemmungen besitzt, mußte der auf kalten Nützlichkeitserwägungen beruhende Vernichtungsplan als göttliches Gebot hingestellt werden. Es wurde dennoch nicht immer befolgt.

Mit der Höherentwicklung der Zivilisation setzten sich humanitäre Erwägungen immer mehr durch. Man begnügte sich, den Gegner zu unterjochen, tributpflichtig zu machen und ihm die eigene Kultur aufzuprägen. Außerdem schätzte man seine Arbeitskraft, für die auf niederer Kulturstufe sonst keine Verwendung war. Der Besiegte wurde zwar nicht biologisch, wohl aber kulturell vernichtet. Kulturen entwickelten damit allmählich eine von ihren Trägern unabhängige eigene Dynamik. Auch unabhängig von ihren biologischen Trägern konnten sich Kulturrezepte als erfolgreich erweisen und durchsetzen.

Krieg ist also ein Mittel, mit dessen Hilfe Gruppen um lebensnotwendige Güter (Land, Bodenschätze etc.) konkurrieren. Man hat auch gesagt, er sei dazu da, die Bevölkerungszahl auszugleichen. Dabei handelt es sich sicher um einen Nebeneffekt. Man hat ferner behauptet, er diene der Regulierung psychischer Variablen (Abreaktion psychischer Spannungen). Hier werden individuelle Beweggründe mit dem selektionistischen Vorteil verwechselt.

Fragt man sich nun, ob auch der moderne Krieg noch Funktionen wie die oben genannten erfülle, dann lautet die Antwort bis auf den heutigen Tag »ja«, sofern er mit den bis zum Zweiten Weltkrieg üblichen Mitteln geführt wird. Auch der moderne Krieg führt zur Landnahme und zur Eroberung von Rohstoffquellen und Arbeitskräften. Wie ein Atomkrieg ausgehen mag – ob er sich für den Sieger lohnt –, darüber gibt es verschiedene Ansichten. Die lebhafteste Phantasie dürfte jedoch kaum ausreichen, um sich die Verheerungen wirklich vorzustellen.

Der Krieg ist weder auf entartete, fehlgeleitete, tierische Instinkte noch auf Nekrophilie oder andere pathologische Entartungen des menschlichen Antriebslebens zurückzuführen. Es handelt sich nicht um eine funktionslose Entgleisung, sondern um eine spezifisch menschliche Form der Zwischengruppen-Aggression, mit deren Hilfe Menschengruppen um Land und Naturgüter konkurrieren. Über diese unangenehmen Fakten sehen wir gerne hinweg. Wir wollen eigentlich in Frieden leben, und nach dem Prinzip, daß »nicht sein kann, was nicht sein darf«, ergeben wir uns der Selbsttäuschung und schließen die Augen vor dem Problem. Das Erwachen ist allerdings um so fataler. Es ist darum besser, klar zu sehen, daß der Krieg bestimmte Funktionen hat, und sich mit dieser Tatsache auseinanderzusetzen. Der Krieg erfüllt Aufgaben, was jedoch nicht heißt, daß diese nur durch Krieg erfüllt werden können. Man kann sich bessere Lösungen ausdenken. Sie setzen jedoch voraus, daß man die Funktionen des Krieges auf unkriegerische Weise wahrnimmt. Niemand kann schließlich erwarten, daß Völker, die in Not geraten, weil ihnen der Zugang zu lebensnotwendigen Rohstoffen verwehrt wird, diesen Zustand passiv erdulden werden. Niemand kann verlangen, daß eine Bevölkerung in einem durch Klimaänderung immer unwirtlicher werdenden Land bis zum Hungertode verweilt, ohne etwas zu unternehmen. In solchen Situationen wird eine Gruppe früher oder später die Flucht nach vorn antreten. Es bliebe ihr sonst nur die Möglichkeit, sich mit dem Schicksal abzufinden und unterzugehen. Wenn die Völker der Erde den Frieden wollen, dann müssen sie wohl weiter als bis zum magischen Jahr 2000 planen und u. a. dafür Sorge tragen, daß nicht alle Leerräume be- und übervölkert werden, damit jenen, die wegen klimatischer Änderungen in absehbarer Zeit zum Auswandern gezwungen sind, Leerräume zugeteilt werden können. Auch müßte eine Weltorganisation für die gerechte Verteilung der Rohstoffe sorgen. Wir kommen darauf noch einmal zu sprechen. Sicher ist, daß wir heute noch weit von vernünftigen Lösungen entfernt sind. Noch lohnt sich Gewalt für den Siegreichen, wie die Ereignisse in Zypern gezeigt haben. Sie ist damit moralisch keineswegs gerechtfertigt.

VI. Auf dem Weg zum Frieden

1. Krieg und Gewissen

»Als wir Major Cuellar heute morgen in seinem Haus besucht hatten und zum Frühstück mit seiner Familie eingeladen waren, da hatten wir seine Frau gefragt: ›Wissen Sie, was Ihr Mann zu tun hat?‹ ›Ja‹, antwortete sie knapp. ›Wissen Sie, daß Ihr Mann mit seinen Raketen Hunderttausende, ja Millionen anderer Menschen vernichten kann?‹ ›Ja‹, hatte sie gesagt. ›Stört Sie dieser Gedanke?‹ ›Nein, nicht sehr, das ist schließlich sein Job.‹ Jetzt fragten wir Major Cuellar: ›Bedrückt Sie der Gedanke nicht, daß Sie hier unten eigentlich immer nur darauf warten, Ihre Raketen abzufeuern, um damit viele andere Menschen zu töten, ein anderes Land zu vernichten?‹ ›Nein‹, antwortete Major Cuellar, und Hauptmann Gillespie bestätigt diese Antwort mit einem Kopfnicken. ›Ich weiß doch, wenn ich den Schlüssel hier je umdrehen müßte, dann wäre dies, nachdem mein eigenes Land angegriffen worden ist. Ich würde mein Vaterland nur verteidigen. Ich werde daher vernichten, was ich vernichten muß‹« (Portisch 1970, S. 147).

Der Krieg erfüllt Aufgaben: Völker breiten sich kriegerisch aus. Sie erobern Land, machen sich andere untertan, um sie auszubeuten, und erzwingen Zugang zu Rohstoffquellen. Sie verbreiten ihre Kultur oder wichtige Aspekte derselben (Religion). Durch kriegerischen Einsatz werden die Grenzen geschützt, und der Kampf fördert schließlich die Solidarität und Geschlossenheit der Gruppe. Aber obgleich er für den, der ihn gewinnt, nützlich ist, können wir ihn nicht akzeptieren. Ist es die Angst, oder ist es das Gewissen, das uns den Frieden suchen läßt?

Beide spielen wohl eine Rolle. In der Gegenwart verhindert sicher die Angst vor der atomaren Selbstvernichtung, daß die Weltmächte gegeneinander aufmarschieren. Eine Zeitlang mag dieser »Friede durch Angst« (Portisch) ausreichen, aber Angst sichert ihn keineswegs auf Dauer. Sie ist heute jedoch ein starker Ansporn, nach Lösungen zu suchen. Diese können allerdings auch darin bestehen, sich sogar gegen atomare Überfälle und die Folgen der radioaktiven Verseuchung so wirksam zu schützen, daß der Krieg wieder Gewinnchancen bietet und damit rentabel wird. Angst ist daher ein unsicheres Fundament für den Frieden. Aber ist das Gewissen ein besseres Fundament? Die uns angeborenen Gebote »Du sollst nicht töten!« und »Du sollst nicht stehlen!«, die bereits bei einigen Primaten befolgt werden (S. 88), können wir durch kulturelle Normenfilter wirksam überlagern:

Wir können uns einreden, andere seien keine Menschen, und handeln danach (S. 148). Wenn das nicht funktioniert, enthebt man sich der Verantwortung, indem man sich auf einen Befehl beruft. Das Kriegshandwerk wird zum Job. Oder man rechtfertigt seine Aggression als Verteidigung oder Vergeltung. Dann kann man sie sogar fast konfliktfrei heroisieren. Dagegen, daß man seine Gruppe verteidigt, gibt es nur geringe Bedenken. Bedrohung ist offenbar ein so starker auslösender Reiz, daß er jeden Skrupel überrollt.

Wir führen heute daher auch keine Eroberungskriege, wir verteidigen uns nur – oder wir befreien Mitmenschen und begehen damit eine gute Tat. Neben dem Klischee vom bedrohten Heimatland mißbrauchen wir die Klischees der Gerechtigkeit, Gleichheit, Freiheit und Brüderlichkeit, ja wir kämpfen sogar für den Frieden. Wenn wir Landraub als Motiv der Aggression hinstellten, würde das die rechte Begeisterung nicht wecken.

So wurde auch der deutsche Einmarsch in Polen 1939 als Akt der Notwehr dargestellt, und es wurden die vergeblichen Bemühungen um den Frieden betont.

»Sie kennen die endlosen Versuche, die ich zu einer friedlichen Verständigung über das Problem Österreich unternahm und später über das Problem Sudetenland, Böhmen und Mähren. Es war alles vergeblich. Ich habe in Besprechungen mit polnischen Staatsmännern die Gedanken, die Sie von mir hier in meiner letzten Reichstagsrede (28. April 1939) vernommen haben, erörtert, und ich muß noch einmal wiederholen, daß es etwas Loyaleres und Bescheideneres als diese von mir unterbreiteten Vorschläge nicht gibt. Und ich möchte das jetzt der Welt sagen. Ich allein war überhaupt nur in der Lage, solche Vorschläge zu machen, denn ich weiß ganz genau, daß ich mich damals mit der Auffassung von Millionen von Deutschen im Gegensatz befunden habe. Diese Vorschläge sind abgelehnt worden … Und ich bin dann mit meiner Regierung zwei volle Tage dagesessen und habe gewartet, ob es der polnischen Regierung paßt, nun endlich einen Bevollmächtigten zu schicken oder nicht … Meine Friedensliebe und meine endlose Langmut soll man nicht mit

Schwäche oder gar Feigheit verwechseln! ... Ich habe mich daher nun entschlossen, mit Polen in der gleichen Sprache zu reden, die Polen seit Monaten uns gegenüber anwendet! ...

Polen hat nun heute nacht zum ersten Male auf unserem eigenen Territorium auch durch reguläre Soldaten geschossen. Seit 5.45 Uhr wird jetzt zurückgeschossen, und von jetzt ab wird Bombe mit Bombe vergolten« (Rede Adolf Hitlers am 1. September 1939, zitiert nach W. L. Shirer).

Das Töten selbst wird im Falle der Gruppenverteidigung als edle Tat gewertet. Mut und die Bereitschaft, das Leben für die Gruppe einzusetzen, zählen und siegen im Funktionskonflikt von Liebe und Haß. Allerdings wird durch diese Überlagerung der biologische Normenfilter nicht ausgeschaltet, und wir erleben einen Normenkonflikt. Alle die eben erwähnten Rechtfertigungen, mit deren Hilfe Menschen destruktive Aggression begründen, verhindern nicht, daß das Gewissen sich regt, vor allem nachdem der aggressive Affekt abgeklungen ist. Das mag unwahrscheinlich klingen angesichts der Greueltaten, von denen man täglich hören kann und von denen die Geschichtsbücher voll sind. Selbst Frauen und Kinder werden mitunter bei Überfällen ermordet, doch gilt dies im allgemeinen als grausige Entgleisung, von der auch die Chronisten als Greueltaten berichten. Die Hemmungen, Frauen und Kinder zu töten, sind sicher stärker als die Hemmungen gegenüber gleichgeschlechtlichen Artgenossen.

Von den im Affekt begangenen Greueltaten muß man jene unterscheiden, die auf Anordnung von Autoritäten begangen werden. Sie können auf kaltblütigen Erwägungen beruhen und als geplanter Terror zur Einschüchterung der Unterworfenen befohlen werden. Der assyrische Herrscher Assurnasirpal II. (883–859 v. Chr.) ist für die brutale Offenheit bekannt, mit der er die Greueltaten an seinen Unterworfenen schildert. Auf seinen Denkmälern sieht man, wie er gefangene Könige blendet und sie auf die verschiedenste Weise verstümmelt. Assurnasirpal II. ließ gefangenen Häuptlingen die Haut abziehen und hängte sie an die Stadtmauern, pfählte 700 Feinde vor dem Stadttor, weitere auf den Türmen der Stadtmauer und vergaß nicht zu betonen, daß sie dabei noch lebten. 20 Gefangene mauerte er in seinem Palast ein, andere köpfte er und häufte die Schädel auf (Oberhuber 1972). Es gab sicher gewissenlose Herrscher, die sich so an der Macht berauschten und als Sadisten ihre Grausamkeit genossen. Aber zumeist liegen dem Terror kaltblütige Nützlichkeitserwägungen zugrunde. Das hat Edwards (1970) klar herausgearbeitet. Der blutige Terror, mit dem Oliver Cromwell während der puritanischen Revolution die Iren einschüchterte, ist in die Geschichte eingegangen, und bis zum heutigen Tage ist für die Iren der schrecklichste Fluch: »The curse of Cromwell be upon you!« Dennoch lehrt die statistische Evidenz, daß Cromwells Irland-Eroberung die am wenigsten blutige in dessen langer Geschichte war. Cromwell verordnete zu Beginn des Krieges zwei Massaker, die er in spektakulärer Weise ausführen ließ, und versetzte damit die Iren in so große Angst, daß sie ihm nicht mehr zu widerstehen wagten. Cromwell sorgte dafür, daß genügend Iren dem Gemetzel entgingen, um davon überall in Irland zu berichten.

»The deliberate massacre of forty-two hundred men, twothirds of them English, was his solution of the problem. By that action he subdued the island in less than nine months. He lost only a few hundreds of his own troops, and three large Irish armies, then in the field, dissolved from mere terror as soon as the Puritan army approached them. If Cromwell had conducted his campaign according to the usual methods he would have had to fight all three of the Irish armies. There cannot be any doubt that he would have been victorious, and there is equally little doubt that he would have killed at least thirty thousand Irishmen and lost probably ten thousand of his own troops, while the war would have lasted two or three years. Cromwell claims in his official reports that his policy resulted in a great saving of life« (Edwards 1970, S. 178f.)[*].

Bemerkenswert ist, daß Cromwell sein Vorgehen rechtfertigt, was auf einen Gewissenskonflikt hinweist. Dafür gibt es aus der Geschichte noch mehr Beispiele.

Von Gewissensbissen der kriegerischen Waika-Indianer im Anschluß an ein Massaker berichtet Helena Valero (in Biocca 1972), die viele Jahre als deren Gefangene lebte. Sie beschreibt, wie die Krieger

---

[*] »Das bewußte Massaker von 4200 Mann, zwei Drittel von ihnen Engländer, war seine Lösung des Problems. Durch diese Aktion unterwarf er die Insel in weniger als neun Monaten. Er verlor dabei nur ein paar hundert von seinen eigenen Truppen, und drei große irische Armeen lösten sich im Felde aus Schrecken auf, als die Armee der Puritaner nahte. Hätte Cromwell seinen Feldzug mit den üblichen Methoden geführt, dann hätte er drei irische Armeen bekämpfen müssen. Zweifellos wäre er auch dann siegreich gewesen, aber ebensowenig ist zu bezweifeln, daß er mindestens 30000 Iren getötet und wahrscheinlich 10000 seiner eigenen Truppen verloren hätte, während der Krieg drei Jahre gedauert hätte. In seinen offiziellen Berichten versichert Cromwell, daß er so, wie er vorging, viele Leben gerettet habe.«

sich nach einem Überfall, bei dem sie auch Frauen getötet hatten, Vorwürfe machten: »Der Schamatari-tuschaua aber war kein schlechter Mensch. Unterwegs sagte er: ›Warum habt ihr alle diese Leute umgebracht? So viele hättet ihr nicht töten sollen!‹ Die Männer antworteten: ›Du hast uns selbst gesagt, daß wir sie alle töten sollen!‹ ›Das habe ich nur so hingesagt. Es waren ja nur wenige Männer da.‹ Die anderen aber meinten: ›Es sind nur wenige. Es waren eine ganze Menge, die auf der Jagd waren. Sie haben ja noch Frauen, und von denen werden sie andere Kinder bekommen und dann wieder sehr zahlreich sein‹« (S. 62). Sie beschreibt dann, daß diejenigen, die getötet hatten, eine Zeitlang abgesondert waren, nur bestimmtes Essen bekamen und mit niemandem reden durften. Später bei den Namoeteri – einem anderen Waika-Stamm – sah sie, daß die Krieger sich täglich badeten und mit rauhen scharfen Blättern abrieben, »um sich schneller von ihrem Vergehen zu reinigen«. Wir wiesen bereits darauf hin, daß vergleichbare Sühnerituale wiederholt beschrieben worden sind und von Freud als Ausdruck des schlechten Gewissens gedeutet wurden.

In einem alten Aufsatz (Hahn 1870) fand ich den Bericht eines Mannes abgedruckt, der sich an der Niedermetzelung von Buschleuten beteiligt hatte*.

»Ich schaudre oft – so erzählte ein ehrenhafter Veldcornet –, wenn ich an eine meiner ersten Szenen dieser Art denke, der ich in meiner Jugend beiwohnen mußte, als ich meinen Burgher-Dienst (Bürger-

---

* Zwischen den Neusiedlern und den angestammten Buschleuten bestand damals der Zustand ständiger Fehde. Die Neusiedler, die als Rinderzüchter unter extremen Bedingungen um ihre Existenz kämpften, betrachteten die Buschleute als existenzbedrohende Plage, da diese – von ihrem Standpunkt aus mit gutem Recht – die auf ihrem Land weidenden Rinder als ihr Eigentum ansahen und ohne Hemmungen töteten und verspeisten. Es gab auch Bemühungen um einen friedlichen Ausgleich, die jedoch zu der damaligen Zeit wenig Erfolg hatten. So schreibt Lichtenstein 1811 (S. 183): »Vor vier Jahren hatte man, um sie ganz zufrieden zu stellen, aus den sämtlichen nördlichen Distrikten eine Herde von mehr als 1600 Schafen und 30 Stück Rindvieh als freiwillige Geschenke der Einwohner zusammengebracht, damit sie damit ordentlich haushalten, die Herde weiden, die Jungen aufziehen und eine regelmäßige Lebensart anfangen möchten. Der Versuch ist aber ganz fruchtlos ausgefallen. Da sie nämlich ohne Regierung, ohne feste Wohnplätze, ohne geselligen Vertrag, ja selbst ohne persönliches Eigentum leben, so waren bald die entfernten Landsleute herbeigekommen und hatten ihnen so lange zehren geholfen, bis nichts mehr da war.«

wehr) anfing. Ich befand mich in einem Kommando unter Karel Kotz. Wir hatten einen großen Kraal Buschmänner überfallen und niedergemetzelt. Als das Feuer aufhörte, fanden wir noch fünf Weiber am Leben. Nach einer langen Beratung wurde beschlossen, ihr Leben zu schonen, weil ein Boer eine Sklavin für dieses, ein anderer für jenes Geschäft brauchte. Die unglücklichen Geschöpfe erhielten Befehl, vor dem Kommando vorauszutraben; aber bald fand man, daß sie unseren Marsch behinderten, da sie nicht schnell genug gehen konnten. Man gab den Befehl, sie niederzuschießen. Die Szene, die sich dann darbot, verfolgt mich auch jetzt häufig. Die hilflosen Opfer sprangen auf uns los, als sie unsere Absicht merkten, und klammerten sich so fest an einige der Partei, daß es lange Zeit unmöglich blieb, sie zu erschießen, ohne auch das Leben derer zu gefährden, die sie hielten. Vier waren endlich abgetan, aber die fünfte konnte in keiner Weise von dem einen unserer Kameraden weggerissen werden, den sie in Todesangst umklammerte. So gab man endlich seinen Bitten nach, das Weib nach Hause zu nehmen« (S. 155).

Die Zahl der Beispiele dieser Art ließe sich mehren. Man weiß, daß die zu den Exekutionskommandos kommandierten Soldaten sich mit Alkohol betäubten und viele anschließend der psychiatrischen Behandlung bedurften. Obgleich sie sich auf Befehlsnotstand berufen konnten, quälte sie das Gewissen. Der Mensch vermag unter bestimmten Umständen grausam zu handeln, aber das Gewissen verfolgt ihn. Sicher gibt es auch Menschen, denen Liebe, Mitgefühl und Gewissen fremd sind, doch handelt es sich hier um psychisch Kranke.

Wenn ein kultureller Normenfilter einen biologischen überlagert und dabei mit diesem in Konflikt gerät, erleben wir diese Unstimmigkeit; sie berührt uns unangenehm. Da Angeborenes beharrlich ist und der Modifikabilität einen größeren Widerstand entgegensetzt als Erworbenes, wird ein Druck erzeugt, der uns drängt, den kulturellen Normenfilter mit dem biologischen in Einklang zu bringen. Wir können zwar dem kulturellen Gebot auch dann gehorchen, wenn es dem biologischen zuwiderläuft, doch wird uns in diesem Normenkonflikt das Gewissen mahnen. Das Gewissen wird einem kulturellen Tötungsgebot immer entgegenstehen, und wenn es – was wir hoffen – einmal einen Zustand des Weltfriedens geben wird, dann deshalb, weil wir ihn nicht nur aufgrund rationaler Nützlichkeitserwägungen, sondern stärker noch aufgrund der uns angeborenen Normen unmittelbar ersehnen.

Die christliche Norm der Feindesliebe kann man als einen Versuch ansehen, die kulturelle Norm der biologischen anzupassen.

Daß wir der biologischen Norm »Du sollst nicht töten!« den Vorzug geben, leuchtet unmittelbar ein. Wir stellen diese Norm nicht in Frage, weil sie, da angeboren, sowohl unserem Gefühl als auch unserem Verstand entspricht. Man kann eben auch rational begründen, daß es für die Spezies Mensch auf lange Sicht schädlich ist, Streit durch destruktive Kriege auszutragen. Die kulturelle Norm »Töte Deinen Feind!« wird ferner durch die zunehmenden Kommunikationsmöglichkeiten immer schwerer zu vertreten sein. Wir erleben durch die zahlreichen Kontakte, selbst wenn sie über technische Medien (Television) vermittelt werden, daß auch der Fremde Mitmensch ist. Tatsächlich sind wir Menschen uns über die kulturelle Aufsplitterung hinweg in unserem Repertoire angeborener Verhaltensweisen bis in die Einzelheiten gleich geblieben. Wir repräsentieren verhaltensbiologisch eine Art und haben damit eine uns Menschen gemeinsame Bezugsbasis, auf der wir uns begegnen und verstehen können. Nur kulturell haben wir die anderen als Nichtmenschen definiert und können das nicht länger mit gutem Gewissen tun. Durch die vielen Kontakte mit Menschen verschiedenster Kulturen hat sich ein verbindendes Menschheitsbewußtsein entwickelt.

Was aber, wenn Einsicht für eine kulturelle Norm spricht, während unser Gefühl – als subjektive Entsprechung zu einer angeborenen Norm – dem entgegensteht*? Wenn biologische und kulturelle Norm sich derart widerstreiten, wie sollen wir uns dann entscheiden? Gibt es etwa eine Rangordnung der Normen?

Bereits im biologischen Bereich stoßen wir auf das Phänomen des Normenkonflikts. Den Motivationen, die beim Tier nach Brutfürsorge drängen, können andere entgegenstehen. Der Feind kann z. B. übermächtig erscheinen; dann wird die Selbsterhaltung im Vordergrund stehen, und das Tier wird flüchten, anstatt seine Jungen zu verteidigen. Auch Hunger kann mitunter so vorrangig sein, daß die Tiermutter ihre Kleinen verläßt oder gar auffrißt. Das Tier steht dabei in einem Konflikt, nach welchen Normen es sein Verhal-

---

* Den Unterschied des Reagierens aufgrund uns angeborener und rational abgeleiteter Normen charakterisiert sehr gut ein kurzes Sinngedicht von Friedrich Schiller: »Gerne dien' ich den Freunden, doch thu' ich es leider mit Neigung, und so wurmt es mir oft, daß ich nicht tugendhaft bin.« Während die biologische Moralität unseren Neigungen entspricht und damit permissiv ist, kann eine vernunftbegründete Moral auch repressiv sein, d. h. unseren Neigungen entgegenstehen.

ten ausrichten soll: ob es fliehen oder angreifen soll. Welche Impulse sich in dem Parlament der Instinkte dann durchsetzen, das hängt sowohl von der Stimmungslage des Tieres als auch von der Stärke der auslösenden Reizsituationen ab.

Beim Menschen liegen – wie erwähnt – Gehorsam und Mitleid oft im Konflikt, und die erwähnten Versuche von Milgram zeigen, daß je nach Nähe und Ranghöhe der Autorität einmal der Gehorsam, das andere Mal das Mitleid siegt. In ähnlicher Weise kommt es mitunter zu einem Konflikt zwischen Mitleid und Intoleranz gegen Außenseiter.

Unreflektiert geben wir einmal dem einen, dann wieder dem anderen den Vorzug. Eine strenge Rangordnung der Normen läßt sich ebensowenig angeben wie eine strenge Hierarchie der Triebe. Die Rangordnung ist relativ. Bei Einsicht in diese Zusammenhänge können wir jedoch eine Rangordnung herstellen und z. B. Toleranz über die Intoleranz stellen. Um das verständlich zu machen, seien ein paar Worte über das Werten und die Normenfindung im kulturellen Bereich gesagt.

Über das Verhältnis von angeborenen zu kulturell tradierten ethischen Normen gibt es eine sehr umfangreiche philosophische Literatur; der Versuch, die Verbindlichkeit von Normen zu begründen, ist alt. Nun haben die Anthropologen eine Vielfalt verschiedener Kulturen und Wertsysteme beschrieben und neigen heute daher im Sinne eines kulturellen Relativismus oft dazu, die Normen, nach denen Menschen sich richten, für kulturspezifisch und relativ zu halten. Für viele kulturelle Normen gilt dies in der Tat, biologische Normen sind hingegen universell.

Die Versuche, ein Naturrecht zu begründen, ebenso wie die Versuche der katholischen Kirche, Gottes Willen aus der Natur abzulesen – zu diesem Thema hat sich Wickler (1969) sehr klar geäußert –, zeigen, daß wir die universelle Norm im allgemeinen auch für die stärker verpflichtende halten.

Es stellt sich jedoch die Frage, ob man nicht auch universell verbindliche kulturelle Normen entwickeln könne. Kant bemühte sich um eine vernunftbegründete Moral, indem er fragte, ob man die Leitsätze des persönlichen sittlichen Handelns zum allgemeinen Gesetz erheben könne. Allgemeiner meint diese Frage, ob das Verhalten das soziale Zusammenleben störe. Das kann man auch als Frage nach dem Arterhaltungswert des Handelns umformulieren: Würde es die Art Mensch schädigen, wenn alle so handeln, wie ich jetzt im Begriff bin, es zu tun? Definiert man die Art Mensch eng, indem man »Menschsein« der eigenen Gruppe vorbehält, dann entwickelt man Normen, die nur am Überleben der Gruppe ausgerichtet sind und die keine universelle Gültigkeit haben.

Definiert man dagegen die Spezies Mensch biologisch, so daß sie alle Rassen mit erfaßt, dann werden die Normen auch allgemeine Gültigkeit haben. Die kulturelle Norm der Arterhaltung wird dabei einen höheren Stellenwert innehaben als diejenigen Normen, die kulturell relativ sind. Man kann letztere gelten lassen, solange sie dem Menschheitsinteresse nicht entgegenstehen. Ja, man sollte sogar mehr als bisher das Recht kulturellen Eigenlebens im Rahmen der Menschheit sichern, aus Gründen, die ich gleich anführen werde.

Mit der Frage nach dem Überlebenswert würde eine vernunftgesteuerte Evolution sich nach den gleichen Richtlinien orientieren, nach denen die biologische Evolution über den Mechanismus der Mutation und Selektion verläuft. Auch die nicht einsichtig gesteuerte kulturelle Evolution wird durch die Selektion an ihrem Beitrag für die Arterhaltung geprüft. Der Vorgang ist jedoch risikobehaftet. Was sich nicht bewährt, verfällt der Auslese, war eben ein »Irrtum«, und das haben viele Arten mit ihrem Untergang bezahlt. Vernunftgesteuerte Evolution kann uns vor solchen Irrtümern bewahren.

So ist unsere Intoleranz gegen Außenseiter in unserer pluralistischen Gesellschaft keineswegs adaptiv. Gerade von den genialen Außenseitern empfing die Gesellschaft viele Impulse. Zusammen mit dieser Einsicht können wir, gestützt auf unsere biologischen Aggressionshemmungen, die Außenseiterreaktion wirksam kontrollieren. Im Konflikt zweier biologischer Normen – die wir als Intoleranz und Mitleid erleben – verhilft die Einsicht dazu, der letzteren größeres Gewicht beizumessen.

Der Überlebenswert ist die verbindliche Richtschnur, allerdings bleibt zunächst offen, ob man nur das Überleben einer bestimmten Kultur, Rassengruppe oder der ganzen Menschheit ins Auge faßt. Das ist letztlich eine ethische Entscheidung. Die schon hervorgehobene Tatsache, daß wir uns über alle kulturellen Unterschiede hinweg in allen Details des angeborenen Verhaltens gleichen, belegt, daß wir biologisch noch eine Art sind und folglich die Erhaltung der Menschheit unser Ziel sein muß. Als vernünftigen Grund kann man ins Feld führen, daß ein atomarer Krieg heute die Menschheit in ihrer Gesamtheit gefährden würde. Die These, daß es dann keinen Sieger geben wird, ist gut begründet.

Die weitere Evolution der Menschheit könnte mit der Frage nach der Arterhaltung vernunftgesteuert und vom uneinsichtigen Versuch-und-Irrtum-Lernen weitgehend entlastet werden. Natürlich birgt dies auch Risiken, denn das bisherige blinde Abtasten aller Möglichkeiten ist ein bewährter Mechanismus der Evolution, der jene »hopeful monsters« schafft, über die neue Entwicklungswege eingeleitet werden. Die Menschheit muß sich eine gewisse adaptive Variabilität bewahren und Neues erproben. So gesehen, ist die oft propagierte vollständige Amalgamierung der Kulturen problematisch, da mit der Beseitigung der Vielfalt die evolutiven Chancen eingeschränkt werden. Es scheint daher vernünftig, auch diesen Gesichtspunkt zu berücksichtigen und kulturell verschiedene Wertsysteme zu tolerieren, solange diese nicht gegen die als Leitlinie dienende Norm der Erhaltung der Art Mensch verstoßen. Eine menschheitverbindende Humanität darf nicht absolut gleichschaltend sein, sie muß mit Toleranz gepaart sein, damit auch neue Ideen erprobt werden und sich bewähren können.

2. Ein Trauerritual im Hochland Neuguineas

Im August 1972 kam es zwischen zwei Stämmen der Mbowamb zu einem Kampf, in dessen Verlauf drei Männer getötet wurden. Die Jika hatten Land von den Yamaka (Yamkapepka) in Besitz genommen, indem sie es nachts bestellten. Das lag einige Monate zurück; es sollte eine gütliche Grenzbereinigung stattfinden, und zwar in Form eines Gebietstausches. Die Yamaka gaben Land ab, aber die Jika hielten sich nicht an die Vereinbarung, sondern verhöhnten die Yamaka*. Am 11. September verwundeten sie einen Yamaka-Mann, und damit eskalierte der Konflikt. Am nächsten Tag standen sich 400 Yamaka und 600 Jika kampfbereit gegenüber, und in der folgenden Auseinandersetzung wurden ein Jika-Mann und zwei Yamaka-Männer getötet. Der Kampf wurde durch das Eingreifen der Polizei beendet. Am Nachmittag waren bereits alle Männer entwaffnet und die meisten inhaftiert. Am 16. und 17. September filmte ich die Trauerfeier der Yamaka bei Tega, einem Sing-Sing-Platz etwa fünf Meilen östlich von Mt. Hagen (s. HF 75). Sie trauerten damals bereits zwei Tage, aber erst am Tage unserer Ankunft wurde einer der Toten von der Polizei der Trauergemeinde übergeben. Anläßlich der Totentrauer wurde der Vorfall in Reden und Gesängen erörtert

---

* Alles nach Angaben der Yamaka, die den Vorgang natürlich aus ihrer parteiischen Sicht darstellten.

und beklagt. Diese von uns aufgenommenen Reden wurden von Martin Wimb, einem Mbowamb, unter Aufsicht von W. Straatmans von der Australian National University in Port Moresby übersetzt. Die Texte geben Einblick in die Denkweise eines Papuastammes, was ihre Einstellung zu Krieg und Frieden betrifft. Ich möchte daher die Texte vorlegen und das Fest beschreiben.

Zuvor jedoch einige Worte über die Hagenbergstämme. In den frühen dreißiger Jahren kamen die Brüder Leahy als Goldsucher in das Hochland. Sie nahmen den ersten Kontakt auf (Leahy und Crain 1937) und bauten in der Nähe vom heutigen Mt. Hagen mit einem Vertreter der australischen Verwaltung einen Flugplatz. Kurz danach, im Jahre 1934, kam Pater W. Ross (katholische Mission), der heute noch in Hagen lebt. Auch die Lutheraner eröffneten bald ihre Missionen. Die Pazifizierung der Region wurde durch den Ausbruch des Zweiten Weltkrieges unterbrochen und erst nach 1945 wieder aufgenommen. Die Bevölkerung ist nunmehr weitgehend christianisiert, braucht jedoch ihr Brauchtum nicht aufzugeben. Viele sind in der Verwaltung tätig und haben im Alltag Bekleidung, Umgangsformen und Geld der Europäer übernommen.

Zu ihren Moka-Ritualen, dem Tanim Hed (einem Werberitual – siehe Eibl-Eibesfeldt 1973, 1974b) und den Trauerritualen legen sie ihre traditionelle Tracht an, die die ländliche Bevölkerung immer trägt. Es ist vielleicht gerade ein Merkmal der progressiven Stämme, daß sie ihre Kultur nicht pauschal über Bord werfen, sondern dank einem gesunden Selbstgefühl das Eigenständige bewahren, ohne sich dem Fortschritt zu verschließen. Diese positive Schilderung soll jedoch die negativen Folgen europäischen Einflusses nicht verschleiern. In erster Linie ist hier der Alkohol zu nennen.

Als wir* am Morgen des 16. September in Tega ankamen, hatte sich bereits eine Trauergruppe im Zentrum des Platzes versammelt. Der Sohn eines der Getöteten kauerte mit gesenktem Haupt laut klagend am Boden. Einige Frauen hockten um ihn und beklagten ihn. Sie betätschelten den Trauernden und strichen ihm tröstend über die Haare. Um diese Gruppe schritten Frauen und Männer. Sie hatten Gesicht und Oberkörper mit gelbem Lehm beschmiert. Um die Leibesmitte trugen sie einen Schurz aus grünen Blättern (Cordy-

---

* Dieter Heunemann und mein Sohn Bernolf wirkten an den Aufnahmen mit.

linen). Einige Frauen hatten Kleider westlicher Machart an, und einige Männer trugen Shorts. Die Frauen hielten Cordylinen-Schößlinge in der Hand, die Männer trugen als Ersatz für die von der Polizei konfiszierten Speere lange, zugespitzte Stöcke. Sie sangen im Chor Lieder, in denen der Tote gepriesen wurde. Man stellte heraus, wie schön er war und wie gut er seine Felder bestellt hatte.

In kleinen Gruppen kamen immer wieder neue Gäste an. Dann löste sich der Kreis der Trauernden auf. Frauen und Männer bildeten je einen Block. Nachdem sie sich kurz auf der Stelle stampfend und »uäh uäh« rufend eingestimmt hatten, stürzten die Männer, ihre Stöcke schwingend und von zwei in Schlangenlinie vorantanzenden Männern angeführt, auf die Gäste zu. Der Block der Frauen folgte ihnen. Das Gebaren der Männer glich einem Scheinangriff. Die Frauen folgten und schwenkten die grünen Cordylinen-Wedel. Drohgruß und Friedensgruß wurden so kombiniert (siehe Eibl-Eibesfeldt 1973). Krieger und Frauen umrundeten die Gäste und tanzten wieder zur Trauergruppe zurück, einige geleiteten die Gäste. Diese klagten laut, als sie bei der Trauergruppe ankamen, Männer und Frauen rauften sich das Haar, als wollten sie es büschelweise ausreißen. Manche Männer mißhandelten so auch ihren Bart. Einige der Frauen weinten bitterlich, so daß die Tränen tiefe Spuren in die lehmverschmierten Wangen zeichneten. Alle bekundeten so ihre Anteilnahme. Zuletzt umarmten und betätschelten sie die Angehörigen des Toten. Im Zentrum stand der junge Mann, dessen Vater gefallen war. Er erhob sich jedesmal, wenn neue Trauergäste ankamen, und klagte dann laut. Das wiederholte sich an beiden Tagen. Am frühen Nachmittag sonderten sich Gruppen von Männern ab. Während immer nur einer eine Rede hielt, kauerten die Zuhörer am Boden, gaben Kommentare und spendeten Beifall. Der jeweilige Redner schritt erregt auf und ab. Hatte einer geendet, dann trat ein anderer an seine Stelle.

Der letzte Trauertag folgte im Muster des Ablaufes dem des Vortages. Am Nachmittag allerdings kamen Besucher mit Geschenken für die Trauernden. Um 17 Uhr brachte man den Sarg mit dem Toten aus der Hütte. Die Trauergemeinde kauerte sich davor nieder, während ein Vorbeter christliche Gebete verlas. Danach trug man den Sarg zum Begräbnis.

An diesem Tag ereignete sich ein kleiner Zwischenfall, der sich jedoch auf nette Weise wieder auflöste. Ein Mann, den unsere Anwesenheit störte, montierte einen Anhänger meines Kamerakoffers ab und bedeutete mir, ich könne ihn wiederhaben, wenn ich endlich abzöge; unser Filmen würde ihn stören. Wir erklärten daraufhin über unseren Dolmetscher, daß wir wissenschaftliche Aufnahmen für Universitäten und Schulen anfertigen würden. Wir seien nicht als neugierige Touristen gekommen, um unser Sensationsbedürfnis zu befriedigen, sondern in der Absicht, uns mit dem Brauchtum anderer Völker vertraut zu machen. Darauf gab er mir das Schildchen zurück und wurde sehr freundlich. Es kam nun eine Reihe von Frauen und Männern herbei, um uns direkt auf Tonband ihre Ansichten zu diesem Ereignis mitzuteilen. Auch diese Stellungnahmen waren aufschlußreich.

Übersetzungen der unbemerkt aufgenommenen Reden anläßlich der Trauerfeier

Erster Sprecher (Tonband 7)*
»Der Jika-Stamm ist nicht gut und der Stamm der Yamaka ... (Tonbandaufnahmen durch den Lärm der Trauernden gestört) ... die anderen Stämme haben Leute getötet, aber ich hätte nicht von diesem Stamm (Jika) erwartet, daß sie ihn töten würden. Nun beweine ich das Opfer hier in der Sonne. Aber ich werde keine Rache nehmen. Ich finde mich damit ab, daß einer der Meinen getötet wurde, und erwarte eine Rückzahlungszeremonie (»pay back ceremony«) anstelle eines Kampfes.«

Zweiter Sprecher
»Die Jika und Yamaka kämpfen, und der ganze Platz und die Leute wandern umher, als hätten sie keine Häuser und Schweine. Und was die Sache verschlimmert, die meisten Männer sind im Gefängnis. Darum Brüder hört damit auf und laßt uns eine gütliche Regelung finden. Der weiße Mann brachte uns Recht und Ordnung, so laßt uns in Frieden übereinkommen. Mir tun die Leute leid, die Frauen und die Kinder, so Brüder bitte hört zu kämpfen auf und laßt uns in Frieden übereinkommen.«

Dritter Sprecher
»Der Kampf hat stattgefunden**. Ich hörte davon, als ich noch ein Junge war, und nun sehe ich hier in Hagen den Kampf zwischen den

---

* Unter diesen Nummern sind die Tonbänder archiviert.
** Die Redner beziehen sich auf frühere Zeiten.

Jika- und Yamaka-Stämmen, und das wird das Recht und die Ordnung, die der weiße Mann brachte, zerstören. Meine Leute, die an den »Gumach ringi«* angrenzen, und ich kommen von weit her. Wir hörten diese schlechte Geschichte über einen Kampf ausgerechnet in einer Stadt, in der die Verwaltung sitzt. Und wie könnt ihr Stadtleute da von uns erwarten, daß wir Recht und Ordnung einhalten? Nun ist der Kampf im Herzen von Hagen ausgebrochen, und alle Männer sind im Gefängnis. Ich möchte die anderen Stämme um Hagen, die Moges, Kimis, Kulis, Kuklikas, Kelis usw., ermahnen, gut auf ihre Frauen und Kinder aufzupassen. Ich, der Sprecher, bin vom Dei-Gemeinderat, und ich lasse nur meinen Gefühlen freien Lauf. Es ist Sache der Nachbarstämme, etwas in dieser Angelegenheit zu unternehmen. Ich kann nur Dinge sagen, aber nichts unternehmen, weil ich von weit her komme. Wir von den äußeren Stämmen gewinnen den Eindruck, daß alle Stämme in der Umgebung von Hagen kämpfen, nicht nur die Jika und Yamaka. Die kämpfenden Männer haben alle ihre Habe und ihre Frauen und Kinder zurückgelassen und sind ins Gefängnis gegangen. Deshalb möchte ich, daß alle Männer, die hier sind und nicht in die Kämpfe verwickelt waren, gut auf sie aufpassen.«

Vierter Sprecher

»Ich weiß das, was du** gesagt hast, zu schätzen. Ich werde versuchen, mein Bestes zu tun. Du kommst vom Dei-Gemeinderat und ich, vom Hagen-Gemeinderat, will mich um eine Lösung bemühen. Ich empfinde das gleiche wie du …« (Die Rede wird nun durch die Trauerbekundungen neu ankommender Gäste unverständlich. Es werden dabei Trauerlieder – vom Dolmetscher als »mourning cry« übersetzt – gesungen. Der Text lautet in der Übersetzung:
    »Die Sonne hebt sich im Osten. Und ich höre, ich höre die Geschichte der Opfer. Wenn dieser Mann mein Mann ist, wenn ja, mit wem soll ich dann leben? Oh, mein Mann, mit wem soll ich dann leben? Oh, mein Mann …« Der Gesang geht so weiter bis zum Ende des Tonbandes.)

---

* Die Bedeutung dieser wohl geographischen Bezeichnung konnte ich nicht erfahren.
** Er wendet sich an den Vorredner (3. Sprecher).

Erster Sprecher

»Die Yamaka sind (ein) gefügiger Stamm. Sie waren früher Unruhe-
stifter, aber jetzt, zwischen den großen Stämmen, zählen sie nur als
kleiner Stamm. Ich sehe, daß der Jika-Stamm ein bißchen auf Schau
aus ist, weil der Jika-Stamm so groß ist wie der der Moge, und er
sollte (sich mit) den Moges (messen). Warum bekämpfte er die Yamaka, die nur einen kleinen Stamm verkörpern? Ich sehe, daß der
Jika-Stamm vor dem Moge-Stamm Angst hat und deshalb kehrt-
machte und den kleinen Stamm bekämpfte. Nun hört mich. Die
Männer haben ihre Frauen und Kinder, Schweine, Kaffeebäume
und alles zurückgelassen. So muß jeder Stamm, der nicht am Kampf
teilnahm, aufpassen auf die Dinge, die die gefangengehaltenen Männer zurückließen.«

Zweiter Sprecher

»Du (von den) Menebi, du (von dem) berühmten und bekannten
Stamm, der du hier redest. Ich glaube dir. Was du gesagt hast, ist
alles wahr. Um andere Sachen zu bekämpfen, dafür bist du *der
Mann* und (von dem richtigen) Stamm, aber ich glaube, daß Recht
und Ordnung etwas Wirkliches sind. Die Regierung ist hier, und
wir werden bald die Selbstverwaltung bekommen. Sorge dich nicht
über Sachen, die die Männer zurückließen, die ins Gefängnis gingen, denn sie (die Sachen) werden sicher sein. Schau, die Jika und
Yamaka kämpften gestern, aber heute (sind sie) im Gefängnis, weil
Recht und Regierung sehr mächtige Dinge sind. Worüber wir also
sprechen sollten, ist, wie man nun (den Vorfall) richtig bereinigt und
Gesetz und Ordnung hält …« (Ein Stück des Tonbandes wird nun
unübersetzbar, da mehrere Männer gleichzeitig reden, bis der Dritte
beginnt.)

Dritter Sprecher

»Ich, Leute hört mich. Der Mann Makura liegt tot hier. Ihr anderen
Leute, ihr ergießt euch nur in falschen Reden. Mein Stamm, zu dem
das Opfer gehört, ist nicht klein. Denn mein Bruder Makura liegt
tot hier. Und ihr jungen Männer, die ihr Reden haltet, sagt nicht,
was ich möchte, so bin ich der alte Mann, der nun reden wird.« (Ein
Mann im Hintergrund sagt: »Die Polizei kommt, bitte beruhigt
euch!« Die Trauernden beginnen plötzlich zu weinen und zu rufen,
als die Polizei kommt. So bis zum Ende des Tonbandes.)

Erster Sprecher (Tonband 9, erste Hälfte)

»Walimulk Nori (Führer des kämpfenden Jika-Stammes) hat bereits das Montila-Land für sich beansprucht. Nun möchte er auch noch das Punthulk-Land. Ich habe ihm bereits Land gegeben und mehr. Ich war ein wenig verärgert, als er Punthulk-Land wollte, weil du (er wechselt in die direkte Ansprache) all mein Land gefordert hast, und wo möchtest du denn, daß ich hingehe? So kam es zum Ausbruch des Kampfes. Ich ging, um wegen des Punthulk-Landes zu kämpfen, und Walimulk Nori hat Makura geötet, und nun bin ich wieder traurig. Die Leute, die das Opfer kennen, wissen, was für ein Mann Makura ist (war), aber (für) diese, welche Makura nicht kennen: (er) ist ein Mann, dem die Männer seines Stammes Respekt und Ehren erweisen. Aber nun ist er getötet worden, und ich erzähle meine Geschichte, die aufgenommen wird.«

Zweiter Sprecher

»Nun werde ich ein Gesetz machen. Das habe ich getan, als der Councellor hier war. Ihr mögt mich fragen, was ich machen werde? Ich mache das, wenn mich die Weißen oder die Eingeborenen zum Gericht mitnehmen wollen. Und den Leuten ist es recht. Ich werde Essen austeilen! Als der Councellor hier war, gaben wir diesen Leuten Essen, und nun werde ich das auch in Abwesenheit des Councellors tun. So möchte ich, daß alle zuhören und aufnehmen, was ich sage. Was ich mache, machen die vom Jika-Stamm nicht und auch kein anderer Stamm. Wenn der große Offizier um vier Uhr kommt, so wie das Moge Paia veranlaßt hat, werde ich Nahrung austeilen. Europäer und Eingeborene sollen kommen und zusehen. Das ist alles.« (Es folgt ein Trauergesang. Ein Mann leitet ihn ein:)

»Alle Männer sind ins Gefängnis gegangen, und ich blieb nur deshalb zurück, weil ich krank war. Ich werde in das Radio (er meint Tonbandgerät) weinen:

›Vater, ich sehe nicht den Mann, der dich getötet hat. Dieser Mann hat getötet und ging fort unter die anderen. Oh! Vater, Vater, mit wem soll ich leben?‹«

Ein Sprecher gibt nun dem Trauernden 30 Dollar als Geschenk und entschuldigt sich, daß es nicht mehr ist, da sein Councellor im Gefängnis sei. Dann beginnen die Frauen mit einem Klage- und Trauergesang. Sie schildern zunächst den Vorfall aus ihrer Sicht (Tonband 9, zweite Hälfte):

»Von unserem Dorf sind alle Yamaka Pepka Knaben und Männer ins Gefängnis gegangen. Es gibt jetzt keinen Mann in unserem Dorf, nur wir, die verheirateten Frauen des Yamaka Pepka Clans sind hier versammelt. Keine Männer sind hier, um die Aufgabe der Männer zu erfüllen, statt daß Männer trauern und Verwandte begrüßen, die zu Besuch kommen, um an der Trauerfeier teilzunehmen. Was normalerweise bei einer solchen Zeremonie von Männern gemacht wird, wird nun von uns verheirateten Frauen getan. Wir trauern um diese Männer, die im Gefängnis sind. Wir werden jetzt Trauergesänge singen. Mein Name ist Vunt und meines Vaters Name Muramul. Hier ist der Trauergesang:

›Vater, der du Punthulk (Puntumbulk) Land besitzen wolltest,
    eh ... eh ... eh ... eh ...
Dein Kind ist traurig und einsam eh ... Was soll ich tun?
    eh ... eh ... eh ... eh ...
Vaters Fußspur geht nach Westen nach Punthulk
    eh ... eh ... eh ...
Die Männer des Feindes hatten geschickte Hände
    eh ... eh ... eh ... eh ...
Vater, der du Punthulk Land besitzen wolltest,
    eh ... eh ... eh ...
Dein Kind ist traurig und einsam, was soll ich tun?‹«
(Wird so immer wieder wiederholt.)
Wieder sprechend:

»Das ist genug, wäre ich ein Mann, dann hätte ich mit den Männern gekämpft und wäre ins Gefängnis gegangen wie sie. Aber ich bin als Frau geboren, und so leide ich nun und leide für meinen Vater und weine. Jetzt werden zwei Frauen meiner Brüder weinen.«

»In unserem Dorf gibt es viele Männer, die auf Recht und Ordnung achten. Wir Frauen, die wir mit diesen Clanmännern verheiratet sind und Schwestern dieses Clans, sind immer glücklich alle Zeit. Nun ist dieser Kummer ausgebrochen, aber unser Councellor hatte keinen schlechten Ruf. Und mit diesem unerwarteten Kummer mußte nun der Councellor nach Madang ins Gefängnis, und wir Frauen, die wir mit seinen Söhnen verheiratet sind, leiden viel mit ihm, und wir werden weinen. Mein Name ist Kagle von Ronidan.«

»Nur Kagle sagt: Jika, Nori, Nema und Kalimba (alles Anführer des Feindesstammes) haben Anspruch auf alles Yamaka-Land erhoben und alles Land genommen. Wir (Yamakas) haben ihnen Schweine gegeben, die sie nahmen. Und damit sollten sie zufrieden sein, aber nun haben sie sich gegen uns gewandt und Pangal getötet.

Weshalb sie hungrig waren und ihn töteten, wissen wir nicht. Wir haben sie nie vernachlässigt. Nun sind die Männer von zu Hause ins Gefängnis gegangen.«

»Früher kämpften die Jika und der Rest der Yamaka, aber kein Yamaka Pepka Mann war daran beteiligt. Nun haben sie Mappulk Pangal getötet, und alle Männer des Clans kamen ins Gefängnis, jeder von ihnen.«

»Was Männer normalerweise bei solchen Zeremonien tun, wird nun von uns Frauen getan, und ich glaube, die Besucher werden heimkehren und den Leuten von der seltsamen Aufführung von uns Frauen erzählen, (davon, daß) wir Frauen (die Gäste) begrüßen und um die Toten trauern. Der Kiap* ist hier, daher werden wir nicht wegen der Toten zurückkämpfen. Wir denken aber noch an Kul Ponya, der nach Tembeka geht, der unseren Mann getötet hat und der nach Tembeka geht. Das ist alles.«

Es folgt nun ein Trauergesang:

»Mein Name ist Rangil. Genug.

Hallo Mann Kainip! Ich hätte ihn in einem besonderen Behälter aufbewahren sollen**. Eh ... Hallo mein Gatte, eh ... Gatte, Gatte mit wem soll ich (nun) leben? Mann der Walimil, Noki tötete und ging nach Madang eh ... eh ... Ich habe die Geschichte nur gehört. Oh ... eh ... eh« (wird wiederholt).

Ein Mann spricht:

»Ich als ein Yamaka, ein großer Name Yamaka, arbeite und gehorche Recht und Ordnung. Ich wurde von der Mission der Lutheraner getauft, und alle (meine) Leute sind zusammengekommen, um miteinander in Dörfern zu leben, die aus Reihen von Häusern bestehen.«

»Ich als Yamaka habe die Ankunft des weißen Mannes begrüßt. Ich habe mich über den Frieden gefreut, den der weiße Mann brachte. Ich habe mich noch nicht endgültig niedergelassen, aber seit der weiße Mann kam, lebe ich gut und genieße die bessere Lebensart, aber Jika Nori stört (verdirbt) mich***. Der Streit zwischen Jika Nori und mir Yamaka Kera hat nun begonnen. Streit brach aus dort, wo der Yamaka-Stamm seinen Ursprung nahm. Ich

---

* Ursprünglich Name für die Patrouillenoffiziere, hier ist damit die Verwaltung gemeint.
** Besser auf ihn aufpassen sollen.
*** Er meint den Stamm der Yamaka.

habe den Frieden gesucht und die Bevölkerung der Yamaka mit vielen Söhnen vermehrt. Nun hat Noris Stamm meinen ersten Sohn getötet, und ich bin der Vater, der um seinen ersten Sohn trauert. Jika Nori und Nema sind schuld, daß das Opfer Pangal getötet wurde. Nun ist der Kummer oder Kampf ausgebrochen, und meine Brüder und Söhne sind im Gefängnis, und ich leide für sie. Ich Yamaka Nang sage das. Genug.«

Ein anderer Sprecher:

»Mein Name ist Yamaka Kundump Kumbati. Mein Bruder wurde getötet, darum beginne ich zu klagen. Sohn, eh ... Kul Porya tötete (den) Sohn eh ..., Sohn eh ... Sohn eh ... Rakim Bkong hat getötet. Sohn eh ... Sohn eh ... Sohn eh ... Wäre der erste Sohn hier, würde er es heimzahlen. Sohn eh ... Sohn eh ..., Sohn eh ... Sohn, den sie töteten ohne Gegenrache*, Sohn eh ..., Sohn eh ... Sohn eh ...« (Die ganze Gruppe singt mit und wiederholt dies.)

Sowohl in den Ansprachen an die Trauergemeinde, die wir unbemerkt aufnahmen, wie auch in den Reden, die mit Wissen der Redner aufgenommen wurden, kommt der Wunsch nach Frieden und Ordnung deutlich zum Ausdruck. Der Europäer erscheint in diesem Gebiet als Friedensbringer: Als die australische Verwaltung nach dem Zweiten Weltkrieg die kriegerischen Stämme pazifizierte, geschah dies gewaltlos durch Überredung und sicheres Auftreten der Mission und der Regierungspatrouillen. Bemerkenswert ist, daß in den Trauerreden relativ wenig Haß zum Ausdruck kommt. Man bedauert den Konflikt, bietet einen Ausgleich durch Bezahlung an, und nur wenige lassen erkennen, daß sie auf Blutrache sinnen.

Des weiteren geht aus den Reden hervor, daß auch Gäste anderer Stammesherkunft, die nicht direkt am Konflikt beteiligt sind, diesen bedauern und daß sie den Beteiligten Vorwürfe machen. »Wenn ihr euch hier in der Nähe der Verwaltung so aufführt, wie sollen dann die entfernten Stämme Frieden halten?« Immer wieder wird auf die leidenden Frauen und Kinder hingewiesen. Ein Redner fordert die befreundeten Stämme auf, auf die zurückgebliebenen Frauen und Kinder gut zu achten, solange deren Männer im Gefängnis sind. Es wird ihm jedoch geantwortet, das sei nicht nötig, da ja die Verwaltung für Ordnung sorge. Es hört sich an, als

---

* Ohne daß wir uns rächen.

wären die Yamaka zu stolz, um eine solche Hilfeleistung anzunehmen. Es könnte auch sein, daß ein wenig Mißtrauen dabei im Spiele ist. Ich halte es für bemerkenswert, daß die Äußerungen der Betroffenen klar belegen, daß es bei dieser Auseinandersetzung um Landbesitz ging.

Die von uns aufgenommenen Tonbänder bezeugen eine der unseren sehr ähnliche Empfindungs- und Denkungsart, in der der Friede einen hohen Stellenwert einnimmt.

3. Die Kontrolle der Zwischengruppen-Aggression

a. Ritualisierung der Kriegführung

In einer bemerkenswerten Parallele zur Ritualisierung tierischer Aggression beginnt sich auch für die Zwischengruppen-Aggression des Menschen eine Entwicklung zum unblutigen Krieg anzubahnen. Das heißt, es werden Regeln entwickelt, die verhindern, daß die kriegführenden Parteien allzu große Verluste an Menschenleben erleiden. Sie bestimmen, wie der Krieg eröffnet wird – z. B. durch eine formale Kriegserklärung –, damit der Feind nicht unvorbereitet getroffen wird. Häufig kommt man überein, zwischen Kriegern und Nichtkriegern (Zivilisten) zu unterscheiden. Der Unbewaffnete wird nicht bekämpft. Selbst der Kampf zwischen Bewaffneten kann entschärft werden, indem man nicht alle verfügbaren Vernichtungsmittel einsetzt, sondern nur diejenigen, deren Zerstörungskraft sich in Grenzen hält. Ich erinnere daran, daß die Dani ungefiederte Pfeile verwenden, die die Flugbahn nicht so gut wie gefiederte halten. Damit verringert sich die Zahl der Treffer. In anderen Regeln ist festgelegt, wie man sich unterwerfen kann und wie die Gefangenen zu behandeln sind. Friedensschluß, Sühne und Versöhnung werden ebenfalls durch Konventionen geregelt, und schließlich entwickelt der Mensch andere Muster der Konfliktlösung, so daß der Krieg nur mehr als letzte Notlösung in Frage kommt.

Solche Regeln sind nicht erst von den sog. zivilisierten Völkern erfunden worden. Bei den Murngin Australiens gab es ritualisierte Kämpfe, mit denen man den Konflikt möglichst unblutig zu lösen und damit Frieden zu stiften suchte. Hat eine Gruppe ein Mitglied einer anderen verletzt oder getötet und ist darüber so viel Zeit vergangen, daß sich die Gemüter beruhigt haben, dann schickt die Gruppe, welche Genugtuung sucht, einen Botschafter aus, der ausrichtet, sie seien nun bereit für ein »Makarata«*. Nimmt die andere Gruppe an, dann kommt es zum Treffen. Die Krieger bemalen sich weiß und stellen sich mit ihren Speeren einander gegenüber auf. Zur Sicherheit (falls der Kampf doch eskalieren sollte) suchen beide ein Gelände mit Büschen als Rückendeckung. Nun tanzt die herausfordernde Gruppe mit bestimmten Gesängen, die sich auf ihren Totemahnen beziehen, an die Gegner heran. Dann drehen sie ohne weiteres Zeremoniell um und gehen in ihre Ausgangsstellung zurück. Ebenso tanzen nun die Gegner. Sind schließlich beide wieder in ihren Ausgangsstellungen, beginnt der Kampf. Von den Herausgeforderten beginnen jetzt jene Männer, die mit dem Mörder befreundet sind und die ihn ermutigt haben (ohne unmittelbar am Mord teilzunehmen), in die Mitte des Kampffeldes zu laufen. Jeder wird von zwei Männern seiner Gruppe begleitet, die nahe Verwandte in der anderen Gruppe haben. Damit wird verhindert, daß die Speere zu heftig geworfen werden: aus Angst, man könne einen der Freunde treffen. Außerdem bemühen sich diese Männer, die Speere niederzuschlagen, damit sie diejenigen, denen sie gelten, nicht treffen. Die Speere sind übrigens entschärft: Man entfernt vor dem Wurf die Steinspitzen. Die beleidigten Mitglieder des herausfordernden Clans werfen, einer nach dem anderen, ihre Speere; diejenigen, die sich stark beleidigt fühlen, tun dies wiederholt. Während die einen werfen, schmähen die anderen den Gegner, der nicht antworten darf. Schließlich stellen die alten Männer des herausfordernden Clans fest, daß es nun genug sei.

Nun treten die am Mord unmittelbar Beteiligten in die Arena. Sie werden mit Speeren beworfen, die noch die Steinspitze tragen. Aber die alten Männer ermahnen die Werfenden, doch darauf zu achten, daß niemand getötet werde. Und auch auf der Gegenseite beruhigen die Alten die Gemüter und ermahnen die Männer, die Beleidigungen gelassen zu ertragen und nicht zum Speer zu greifen, denn sie seien ja in der Schuld. – Hat die beleidigte Gruppe schließlich genug, dann tanzen beide Gruppen aufeinander zu. Dem Mörder wird nun ein Speer durch den Schenkel gestoßen, und damit ist die Auseinandersetzung beendet. Selbst der Mörder kann danach, wenn er sich wieder erholt hat, ungefährdet in das Feindgebiet kommen. Ist die zugefügte Wunde allerdings nur gering, dann ist dies Ausdruck dafür, daß die andere Gruppe doch noch Rache nehmen will. Wenn die

---

* Name dieses Kampfes.

Wunde zugefügt worden ist, tanzt die Gruppe als Einheit und drückt damit aus, daß wieder Frieden herrscht (Warner 1930).

Weitgehend ritualisierte Kriege beschrieb Rappaport (1968) von den Tsembaga (Sprachgruppe Maring) Neuguineas. Kriege zwischen zwei Tsembaga-Gruppen ergeben sich meist aus dem Streit zwischen einzelnen Mitgliedern einer Gruppe, in dessen Verlauf einer getötet oder verletzt wird. Ein solcher Vorfall kann zum Krieg führen. Der Konflikt kann jedoch auch friedlich beigelegt werden.

Gehörten die Gegner verschiedenen Sub-Clans des gleichen, ein gemeinsames Territorium bewohnenden Clans an, dann war eine unblutige Lösung des Konflikts wahrscheinlich. Als die einander nahestehenden Clans der Tomegai und Merkai einander gegenüber standen, drängten sich die Angehörigen eines dritten Clans zwischen die Schilde der gegnerischen Partei, ermahnten sie, daß es für Brüder ungehörig sei, miteinander zu kämpfen, und baten sie eindringlich, den Kampf abzubrechen, was sie daraufhin taten.

Das Einschreiten Dritter als Friedensstifter und Vermittler spielt – wie erinnerlich (S. 123) – bereits im individualisierten Innergruppenkonflikt eine große Rolle.

Bei der Lösung des Zwischengruppenkonfliktes greifen Menschen offensichtlich auf Verhaltensmuster zurück, die sich beim Innergruppenkonflikt bewährt haben und die möglicherweise sogar einem angeborenen Reaktionsmuster entsprechen. Bei den Tsembaga werden so vor allem Bruderkriege zwischen Gruppen verhindert, die durch zahlreiche Heiratsbindungen verwandtschaftliche Beziehungen aufgebaut haben. Es ist ein interessantes Ergebnis der Exogamie, daß über Heiraten Bindungen zu anderen Gruppen hergestellt werden, die helfen, Konflikte zu vermeiden. Verschiedene Autoren sahen in der Allianzen schaffenden Funktion auch den Grund, der für die Ausbildung der Exogamie verantwortlich war. Sicher ist, daß Bündnisse selbst bei den Hochkulturen durch Heiraten etwa der Herrscherfamilien bekräftigt wurden.

Eine friedliche Regelung des Konfliktes ist bei den Tsembaga allerdings in Frage gestellt, wenn es sich um benachbarte Gruppen handelt, die nicht mehr rechtlich am nichtkultivierten Land eines gemeinsamen Territoriums beteiligt sind, selbst dann, wenn die Gruppen normalerweise freundliche Beziehungen pflegen und ebenfalls durch Heiratsbande verschwägert sind. Es sind aber weniger Verwandtschaftsbindungen vorhanden und damit auch weniger Kanäle verfügbar, über die vermittelt werden könnte. Auch sind diese Einheiten klarer voneinander geschieden, so daß im Falle einer Auseinandersetzung die innere Ordnung der einzelnen Gruppen nicht ernsthaft gestört wird. Bestehen dagegen viele Verwandtschaftsbindungen zur anderen Gruppe, dann würde ein Konflikt die innere Harmonie erheblich stören, da Verwandte gegeneinander auftreten müßten.

Kriege zwischen Gruppen werden auf der Basis der Gegenseitigkeit geführt. Für jeden Toten der eigenen Seite muß auf der Gegenseite ein Ausgleich geschaffen werden, und solange das nicht geschehen ist, bleibt der Friede unwahrscheinlich. Zwar macht man Pausen, doch tragen diese den Charakter eines Waffenstillstandes. Da der Ausgleich schwer zu erzielen ist, ziehen sich die Fehden in die Länge, und jede Kampfesrunde legt – wie Rappaport sich ausdrückt – den Keim zur nächsten. Allerdings gibt es wiederum Einrichtungen, die dieses Gesetz umgehen helfen und damit den Konflikt mildern. So können mehrere zur Blutrache Verpflichtete – wenn schließlich ein Gegner getötet wurde – diese Tötung jeder für sich buchen und damit ihre Blutrache als ausgeglichen betrachten. Man kann ferner durch magische Praktiken das Töten ersetzen. Eine Auseinandersetzung kann allerdings auch eskalieren, da man für einen Getöteten die andere Gruppe pauschal haftbar macht, irgend jemanden zu töten sucht und damit bisher völlig Unbeteiligte in die Auseinandersetzung zieht.

Die Kampfgruppen setzen sich aus Männern lokaler Gruppen zusammen, zwischen denen der Konflikt ausbrach. Dazu kommen Verbündete, die sich aus anderen lokalen Populationen rekrutieren. Sie sind meist mit Mitgliedern der kriegführenden Parteien verschwägert. Wenn einer von diesen Verbündeten fällt, dann trägt die Gruppe, mit der er verbündet war, die Verantwortung und nicht der Feind. Sie muß den Angehörigen ihres Verbündeten eine Frau abgeben, deren erstes Kind den Namen des Gefallenen trägt. Die Tatsache, daß nicht der Feind für den Tod eines Verbündeten verantwortlich gemacht wird, trägt sicher dazu bei, eine Eskalation des Krieges zu verhindern.

Die Kriege beginnen meist mit einem »kleinen Kampf«. Die geschädigte Gruppe ruft zum Feind hinüber, er möge sich auf einen bestimmten Kampfplatz stellen. Der Krieg wird also formal erklärt, und man läßt dem Gegner auch ein bis zwei Tage Zeit, sich vorzubereiten. Dazu gehört, daß man das Kampffeld von Unterwuchs säubert, eine Aufgabe, in die sich beide Parteien teilen. Trifft eine Gruppe allerdings ein, während die andere bereits arbeitet, dann zieht sie sich zurück und wartet, bis die andere aufhört. Dann setzt sie die Arbeit fort. Am Vorabend zum Kampf setzt der Schamane in Trance die Ahnen von dem Vorhaben in Kenntnis und versichert sich ihrer Hilfe. Bemerkenswert ist ein Schweißritual: Er nimmt die Hand jedes Kriegers und wischt damit Schweiß aus seiner Achselhöhle auf. Durch besondere Magier wird dann ein Segen über die Waffen ausgesprochen. Andere Zauber schützen den Krieger und nehmen ihm die Angst.

Für den Kampf verwenden die Tsembaga zunächst nur Pfeile und Wurfspeere. Die Pfeile sind ungefiedert und töten nur selten. Nach Rappaport können diese verhältnismäßig harmlosen Geplänkel als Versuch betrachtet werden, den Konflikt möglichst unblutig auszutragen. Man zieht daher diese »Kleingefechte« über mehrere Tage in die Länge. Darüber mag eine Abkühlung der erhitzten Temperamente stattfinden. Dazu trägt bei, daß die Verbündeten an dem Konflikt kein unmittelbares Interesse haben und ihrerseits bemüht sind, einen dämpfenden Einfluß auszuüben. Neutrale Dritte, die mit beiden Gruppen befreundet sind, bemühen sich während der Phase der Kleingefechte als Vermittler.

Als der Dimbagai-Yimyagai und der Merkai-Clan der Tsembaga einander bekämpften, standen Neutrale auf einem kleinen Hügel, von dem man das Kampffeld überschauen konnte, und ermahnten beide Seiten, daß es für Brüder schlecht sei zu streiten, forderten, daß sie das Feld räumen sollten, und warfen mit Steinen nach den Streitenden. Alles in allem erinnert das sehr an die Verhaltensmuster, auf die auch moderne Staaten zurückgreifen.

In der Phase der Kleingefechte nähern sich die Gegner schließlich auf Rufdistanz. In Schmähreden und Beschimpfungen können sie einerseits ihrem Ärger freien Lauf lassen, ohne dem anderen physischen Schaden zuzufügen, sie können darüber hinaus auch verhandeln und so einen friedlichen Ausgleich suchen. Während dieser Kleingefechte sind diese Möglichkeiten offengehalten. Zugleich messen sich die Gegner, und einer mag dabei entdecken, daß er dem anderen im wirklichen Gefecht nicht gewachsen wäre, und wird sich deshalb um Frieden bemühen. Gibt sich eine Partei als unversöhnlich, dann kommt es zum »eigentlichen oder wirklichen Kampf«, bei dem auch Streitäxte und Spieße eingesetzt werden.

Auch dieser Kampf wird durch besondere Rituale eingeleitet, die wir hier nicht alle aufzuführen brauchen. Besondere Kampfsteine*,

---

* Es handelt sich um kleine Steinmörser und Stößel, die von einer älteren ausgestorbenen Siedlerschicht stammen. Man mißt ihnen magische Kräfte bei.

die man bisher in einem Netzsack auf dem Boden eines kleinen Hauses aufbewahrte, werden nun an dem mittleren Pfahl der Hütte aufgehängt. Mit diesem Akt begibt sich die Gruppe in die Schuld der Ahnen und Verbündeten für deren Hilfe in dem kommenden, wirklichen (Axt-)Kampf – eine Schuld, die später durch besondere Rituale eingelöst wird. Auch werden zwei Schweine geopfert und die Geister angerufen.

Die Mitglieder der anderen Gruppe, die man bisher – wenn es sich bis dahin um Freunde gehandelt hatte – als Brüder bezeichnete, werden nun formell zu »Axtmännern« und damit zu Feinden erklärt. Nur im Kampf darf man den Gegner fürderhin berühren, und man darf ihn weder ansprechen, noch soll man ihm ins Gesicht sehen; Nahrung, die der Gegner gepflanzt hat, darf nicht gegessen werden. (In diesem Zusammenhang erinnere ich an das über die Funktion der Kommunikationsbarrieren Gesagte.) Auch gegenüber den Verbündeten der Feinde legt man sich gewisse Restriktionen im sozialen Verkehr auf. Hat man sich einmal zum wirklichen Krieg entschlossen, dann ist die Gelegenheit für eine schnelle Lösung des Konfliktes vorbei.

Im Verlauf der vorbereiteten Rituale benennen die Schamanen ihrem Clan die Feinde, die leicht zu töten sind, und die Gruppenangehörigen, die gefährdet sind. Sie geben vor, das von Geistern erfahren zu haben. Auch hier ist ein interessanter Aspekt der Ritualisierung zu beachten: Es werden nie sehr viele Feinde als Opfer genannt, und damit wird ein Wink gegeben, daß man sich mit der angegebenen Anzahl begnügen solle. Eine grobe »killing quota« (Rappaport) wird so festgelegt. Zugleich richten die Schamanen die Aufmerksamkeit auf ganz bestimmte Personen aus der Gegnergruppe.

Die Krieger haben eine Reihe von Verboten zu befolgen. Vor dem Kampf nehmen sie stark gesalzenen Schweinebauchspeck zu sich. Sie dürfen aber nichts trinken. Dadurch bekommen sie starken Durst, und das zwingt sie schließlich, den Kampf zu beenden.

Auch die »wirklichen« Kämpfe beginnen zurückhaltend. Beide Parteien sind zunächst etwa gleich stark. Jede wartet nun darauf, bis eine einmal von ihren Verbündeten im Stich gelassen wird, was vorkommt, wenn sich die Auseinandersetzung hinzieht. Die Verbündeten sind ja nicht unmittelbar engagiert. Findet sich eine Gruppe in der Überzahl, dann nützt sie dies zum massiven Angriff. Manchmal vermeidet die im Stich gelassene Gruppe den Kampf, packt Frauen, Kinder und Schweine zusammen und flieht aus ihrem Territorium.

Die Kämpfe können sich über viele Wochen hinziehen. Hat eine Gruppe Krieger der anderen Gruppe getötet, dann wird der Kampf unterbrochen, damit die feindliche Gruppe die Trauer- und Begräbnisrituale befolgen kann. Auch der Krieger, der getötet hat, befolgt unterdessen bestimmte Riten. Obgleich die Zeit, die dafür gebraucht wird, zwei Tage nicht überschreitet, dauert die Waffenruhe im allgemeinen mehrere Tage. Man nutzt die Zeit, um die verwahrlosten Gärten zu pflegen. Bevor der Kampf wieder aufgenommen wird, schlachten beide Seiten noch einmal zwei Schweine für die Geister. Wenn ein Krieger schwer verwundet wurde, legt man eine Kampfpause von mehreren Tagen ein. Die Kampfpausen tragen zur Beruhigung der Gemüter bei und ermöglichen die Neuaufnahme von Verhandlungen.

Der Krieg kann durch einen Waffenstillstand unterbrochen werden. Manchmal wird der Gegner in die Flucht geschlagen. Dabei erleidet er die meisten Verluste, weil die Sieger jeden töten, den sie fangen können, auch Frauen und Kinder. Die Felder der Besiegten verwüsten sie. Doch nehmen sie das Gebiet meist nicht gleich nach dem Sieg in Besitz.

Die Rituale des Waffenstillstandes vollzieht jede der kriegführenden Parteien für sich. Man opfert den Geistern und pflanzt Cordylinen*.

Wenn eine Gruppe vertrieben wird, dann pflanzt sie die Cordylinen im Gebiet der befreundeten Gruppe, bei der sie Aufnahme findet. Opfern sie in Verbindung mit diesem Pflanzenritual ein Schwein, dann laden sie die Ahnengeister ein, das alte Heimatgebiet zu verlassen und herzukommen. Das kommt einer Gebietsaufgabe gleich und schafft die Vorbedingungen dafür, daß die Feinde das verlassene Gebiet übernehmen.

Der Friede ist jedoch zunächst nur ein Waffenstillstand. Die Kampfsteine bleiben hängen. Eine Reihe von Tabus werden weiter eingehalten. Der Waffenstillstand kann Jahre währen. In dieser Zeit widmen sich beide Parteien der Schweineaufzucht. Hat eine Gruppe genügend Schweine herangezogen, dann veranstaltet sie ein Schweinefest, zu dem auch die Verbündeten eingeladen werden. Das Fest dauert viele Monate lang, und eine große Zahl von Ritualen wird absolviert. So werden zu Beginn Grenzpfähle gesteckt. Hat ein geschlagener Gegner sein Gebiet nicht wieder in Besitz genommen,

---

* Während diese rituelle Pflanze wächst, darf eine Gruppe nicht am Axtkampf teilnehmen. Will sie es dennoch, dann muß sie die Pflanzen zuvor entwurzeln.

sondern anderswo Cordylinen gepflanzt, nimmt man an, daß auch die Ahnen übergesiedelt sind, und pflanzt die Grenzpfähle im fremden Gebiet. Dann bereitet man den Tanzplatz und entwurzelt die gepflanzten Cordylinen. Das eigentliche Fest (Kaiko) kann beginnen. Man legt zunächst wieder die Kampfsteine auf den Boden der Hütte, was bedeutet, daß man von nun an wieder mit den Feinden Kontakt aufnehmen kann. Zum Fest tanzen die Besucher ein. Ihre mitreisenden Frauen und Kinder mengen sich unter die Zuschauer. Daraufhin tanzen die Gastgeber – nachdem die Schamanen Zauber aussprachen, damit sie nicht von den Gästen in der Vorführung übertrumpft werden. Außerdem soll der Zauber bewirken, daß die Mädchen der Gäste beeindruckt werden und ihre Partner unter den Tänzern wählen.

Auf dem Höhepunkt des Festes werden verschiedene Tabus gelöst, vor allem solche, die bisher den sozialen Verkehr mit den Feinden bzw. den Alliierten der Feinde belasteten. Wir erinnern daran, daß der soziale Verkehr durch Verbote eingeschränkt wurde, nachdem der Axtkrieg durch Aufhängen der Kampfsteine erklärt worden war. Man durfte keine Hütte des Gegners betreten, nicht über einem gemeinsamen Feuer kochen, keine Nahrung nehmen, die beim Feinde wuchs. Die Tabus werden zu diesem Zeitpunkt bereits von beiden Parteien als Belastung empfunden; denn zahlreiche Heiratsbande binden die Gruppen. Mit einer öffentlichen Auszeichnung der Krieger endet das Fest.

Wenige Monate nach dem Fest können die Kämpfe wiederaufgenommen werden. Aber die Gemüter sind in der langen Zeit, die vom Pflanzen der Cordylinen bis zum Schweinefest verging, meist abgekühlt, und so besteht gute Hoffnung, daß es zum Frieden kommt. Um Frieden zu stiften, braucht man Schweine, d. h. es müssen noch zwei bis drei Jahre vergehen, da das Schweinefest die Vorräte erschöpfte. Zum Friedensschluß treffen sich die Parteien mit Frauen und Kindern an der Grenze. Schweineleber wird ausgetauscht. Man tauscht auch Frauen oder verspricht sie den ehemaligen Feinden.

Erwünscht ist, daß für jeden Toten auf Gegenseitigkeit eine Frau ausgetauscht wird. Das bedeutet, daß um so mehr Verwandtschaftsverbindungen gestiftet werden, je höher die Verluste waren – eine gute Versicherung dagegen, daß Konflikte allzu schnell wieder in einen Krieg eskalieren.

Wie ein roter Faden zieht sich durch den ganzen Krieg das Bemühen, den Konflikt zu lösen, eine Eskalation zu verhindern und schließlich, wenn man ihn nicht verhindern kann, doch die Möglichkeiten neuer Kontaktaufnahme nicht ganz zuzuschütten. Man verhandelt und bietet in der ganzen Auseinandersetzung immer wieder Gelegenheit an, Frieden zu stiften, zuerst indem man vom Axtkampf absieht und zunächst ritualisiert kämpft, dann durch das Einschalten von Waffenstillständen als Abkühlungsperioden, deren längere Dauer durch das Pflanzen und Heranwachsen der Cordylinen gesichert ist. Die Tabus, die freundliche soziale Beziehungen unterbinden, werden zuletzt zunehmend als Belastungen empfunden, da sie Verwandte trennen, was den Friedensschluß weiter begünstigt. Kommt er schließlich zustande, dann werden die Bindungen durch Heirat bestärkt, und zwar proportional zu der Zahl der Gefallenen.

b. Vermitteln durch Dritte

Bemerkenswert ist das Einschreiten Dritter. Sie verurteilen den Kampf als schlechte Sache. Allerdings fehlt es ihnen an Autorität. Sie können nur versuchen zu überreden, jedoch keinen Waffenstillstand erzwingen. Das scheint ein entscheidender Grund dafür zu sein, daß die Lösung von Konflikten zwischen verschiedenen Gruppen oft so beschwerlich ist. Während im Verkehr innerhalb der Gruppe über das Rangordnungssystem und über das Eingreifen Ranghoher bei Tier und Mensch Frieden durch Autorität gesichert wird – in den modernen Staaten ist diese Funktion auf eigene Ordnungsorgane (Polizei) übertragen worden –, sind solche Entwicklungen für den Innergruppenverkehr erst angebahnt.

Daß Dritte durch ihr Einschreiten erfolgreich eine Eskalation verhindern können, weiß man von den Hagenbergstämmen Neuguineas (Vicedom 1937). Owa, ein Mann des Tika-Stammes, verging sich an der Frau eines anderen, auch vom Stamme der Tika. Dieser verging sich daraufhin an Owas Frau. Die Sippen standen sich kurz darauf in Waffen gegenüber, aber sofort traten einige andere Häuptlinge dazwischen und hielten die Speere gekreuzt. In dieser Situation darf keine Partei es wagen anzugreifen. Sie sind zum Verhandeln gezwungen, und in dem zitierten Fall einigte man sich auf Sühnegaben in Form von Schweinen. Häuptlinge, denen es gelingt, Konflikte zu schlichten, sind um dieser Fähigkeit willen hoch geachtet. Strathern (1971) zitiert dazu die Aussage eines Hagenberg-Mannes:

»Nimb war einer der größeren Großen Männer meines Clans, und er heiratete fünf Frauen. Er war ein großer Friedensmacher.

Er konnte deshalb so gut Frieden stiften, weil er alle Männer in Furcht versetzen konnte ... Als der ganze Kokei-Clan gegen die Yamka kämpfte, verbot er ihnen weiterzukämpfen, und sie hörten auf. Er schützte den Mundika Stamm und die Nengka Kwipanggil. Er pflegte jenen, die zu kämpfen drohten, Muscheln und Schweine zu geben und ihnen zu sagen, sie sollten nicht streiten, da sie ja alle Schwestersöhne und Brüder seien. Er unterbrach die Kämpfe immer dann, wenn sie gerade begonnen hatten ...« (S. 78).

Die »Großen Männer« wurden vor allem wegen ihrer Fähigkeit, Frieden zu stiften, geachtet. Hatte der Krieg allerdings bereits Opfer gefordert, dann mußte erst ein Ausgleich geschaffen werden, ehe die Parteien zum Frieden überredet werden konnten. Für Tote konnte man kein Sühnegeld leisten. Erst wenn auf jeder Seite gleich viel Tote waren, pflegte man zu sagen: »Jetzt sind wir gleich. Jetzt wollen wir uns ins Angesicht sehen« (Vicedom und Tischner 1943/48). Durch die australische Verwaltung wurde die Regelung eingeführt, für Tote ein Sühnegeld in Form von Schweinen zu zahlen, und das wird seither von den Hagenbergstämmen als gut anerkannt.

»Früher kämpften wir und töteten uns gegenseitig, und das war schlecht. Nun ist die gute Zeit gekommen, und wir können für Getötete zahlen ...« (Strathern 1971, S. 54). Die Moka-Feste, auf die wir noch eingehen, spielen bei solchem Ausgleich eine große Rolle. Der in der eben zitierten Feststellung ausgedrückte Wunsch nach Frieden kommt auch in den Trauerreden zum Ausdruck, die wir zitierten.

c. Formelles Friedenschließen

Besondere Aufmerksamkeit verdient die Tatsache, daß bereits auf sehr früher Entwicklungsstufe formaler Friedensschluß vorgesehen ist. Er setzt einen Endpunkt und baut zugleich für die Zukunft vor. Für den, der Gesetze verstehen will, nach denen kulturelle Rituale gestaltet werden, sind die Muster, nach denen Naturvölker Frieden schließen, recht aufschlußreich. Viele der Rituale basieren auf angeborenen Dispositionen. Das gilt u. a. für die Rituale des Geschenkaustausches (siehe unten) und des gemeinsamen Speisens. Darüber hinaus haben sich mit dem Austausch der Heiratspartner rein kulturelle Mechanismen entwickelt.

Will man einen Krieg beenden, dann muß man dem Gegner zunächst einmal diese Absicht mitteilen können. Das kann man auf verschiedene Weise tun. Die Jalé (Westirian) drücken ihren Friedenswillen in standardisierten Strophen aus, die sie an den Gegner richten. So berichtet Koch (1974), daß die Frieden suchende Partei immer wieder eine bestimmte Standardstrophe sang:

Kämpfen ist eine schlechte Sache, und so ist es der Krieg
Wie Bäume werden wir zusammenstehen
Wie die Bäume bei Fungfung*
Wie die Bäume bei Jelen**.

Gleichzeitig suchen die Jalé bei dieser Gelegenheit die Schuld abzuschieben, sie verwenden den Sündenbock:

Weli***, es ist deine Schuld!
Weli, es ist dir zuzuschreiben!
daß die Feuer Flußwasser verzehrten****,
daß die Feuer den Sévé Fluß verzehrten,
daß die Feuer den Jaxólé Fluß verzehrten.
Weli, es ist deine Schuld!
Weli, es ist dir zuzuschreiben!

Die Kiwai-Papua teilen dem Feind ihren Friedenswunsch dadurch mit, daß sie einen Zweig über den Pfad zum Weg des feindlichen Dorfes legen. Nehmen die Feinde das Angebot an, dann legen sie ihrerseits einen Zweig darüber; lehnen sie es ab, dann drehen sie den Zweig ihrer Feinde so, daß er in deren Richtung zeigt. Außerdem legen sie kleine Stöcke auf den Pfad ab, deren Zahl angibt, wie viele Feinde sie noch zu töten gedenken, bevor sie geneigt sind, Frieden zu machen.

Ist das Angebot angenommen worden, dann begeben sich einige Männer mit ihren Frauen zum feindlichen Dorf. Die Frauen werden einige Schritte vorausgeschickt. Es gilt bei diesem Stamm als ausgemacht, daß die Mitnahme der Frauen friedliche Absicht demonstriert, und die Aufnahme ist auf jeden Fall zumindest für diese Begegnung freundlich. Die Männer zerbrechen gegenseitig ihre Köpfmesser als Zeichen des Friedens und tauschen auch ihre Armbänder aus. In der Nacht schlafen die Gastgeber mit den Frauen der Besucher – ein Brauch, den man »das Löschen des Feuers« nennt. Es

---

* Platznamen auf den Bergrücken zwischen den Tälern der Verfeindeten.
** Platznamen auf den Bergrücken zwischen den Tälern der Verfeindeten.
*** Der Mann, der den Krieg begann.
**** Das heißt: Viele Leute und Schweine gingen in diesem Krieg verloren.

folgt daraufhin ein Gegenbesuch, der nach dem gleichen Muster abläuft. Man trinkt zusammen und erklärt die Feindseligkeiten für beendet. Als Kompensation für die Getöteten verheiratet man Mädchen an deren nahe Verwandte (Landtman 1927).

Nach ähnlichem Muster schließen die Hagenbergstämme Frieden. Haben beide Parteien die gleiche Zahl von Toten erreicht, dann schläft der Krieg allmählich ein, und man kann beschließen, Frieden zu machen. Man kommt zu Verhandlungen zusammen, tauscht Schweinefleisch aus und macht Friedensgelübde. Die beiden Parteien stehen einander dabei mit gekreuzten Speeren gegenüber, zwischen ihnen die Vermittler, ebenfalls mit gekreuzten Speeren. Haben die Parteien das Gelübde abgelegt, dann setzen sie sich gleichzeitig auf den Boden. Das Gelübde selbst wird in Form eines Wechselgespräches abgelegt:

Partei A: Die Vögel Towa und Kopetla sollen wieder ihre Spuren hinterlassen!

Partei B: Die Vögel Towa und Kopetla sollen wieder ihre Spuren hinterlassen!

A: Die Frauen und die Schweine sollen zwischen uns wieder hin und her laufen!

B: Die Frauen und die Schweine sollen zwischen uns wieder hin und her laufen!

A: Das zertretene Gras soll sich wieder aufrichten und alles überziehen!

B: Das zertretene Gras soll sich wieder aufrichten und alles überziehen!

A: So werden wir wieder friedlich miteinander verkehren!

B: So werden wir wieder friedlich miteinander verkehren!

A: Wir werden in Frieden wohnen und uns vermehren!

B: Wir werden in Frieden wohnen und uns vermehren!

A: Wir werden keinen weiteren Krieg mehr miteinander führen!

B: Wir werden keinen weiteren Krieg mehr miteinander führen.

Nach dem letzten Ausruf setzen sich alle nieder und beginnen die Verhandlungen.

Nach Ablegen des Gelübdes wird Fleisch ausgetauscht und über den Krieg geredet. Man trifft dabei Vereinbarungen über die gegenseitigen Entschädigungszahlungen. Trotz dieser Einigung bleibt zunächst noch ein Mißtrauen zwischen den Parteien bestehen. Frauen nehmen jedoch Besuche auf, und passiert ihnen nichts, dann wagen es auch die Männer. Sind die Toten schließlich bezahlt worden, dann gilt der Friede als endgültig hergestellt (Vicedom und Tischner 1943/48).

Bei den Friedensfesten kommt es mitunter zu ritualisierten Kämpfen. Helena Valero (in Biocca 1972) schildert anschaulich, wie zwei verfeindete Waika-Stämme einander in Versöhnungsabsicht besuchten. Nachdem sie gemeinsam Bananenmilch getrunken und ein berauschendes Schnupfpulver genommen hatten, sagten die Gastgeber: »Ihr seid aufgeregt, wir sind aufgeregt, wir müssen uns beruhigen«, und sie fingen mit Zweikämpfen an. Zunächst schlugen sie einander abwechselnd mit der Faust gegen die Brustmuskel. Dann nahmen sie lange Hartholzkeulen und schlugen sich damit abwechselnd auf den tonsurartig geschorenen Kopf. Dabei sagten sie: »Ich habe dich rufen lassen, um zu sehen, ob du wirklich ein Mann bist. Wenn du ein Mann bist, dann werden wir jetzt sehen, ob wir gleich Freunde werden und ob unsere Wut vergeht ...« Der Angesprochene antwortete: »Sprich ruhig so zu mir, sprich so zu mir, schlage mich, wir werden wieder Freunde.« Manche schlugen sich bis zur Besinnungslosigkeit. Zuletzt stellten sie fest: Wir haben euch tüchtig geschlagen, und ihr habt uns tüchtig geschlagen. Unser Blut ist geflossen, und wir haben euer Blut fließen lassen. Ich bin nicht mehr aufgeregt, unser Zorn ist vorüber (Valero in Biocca 1972, S. 138).

Noch stärker ritualisiert ist die Auseinandersetzung, die man anläßlich der Friedensfeier der Andamanesen beobachten kann. Beim Besuch ihrer einstigen Gegner tanzen die Männer der verzeihenden Partei in das Dorf ein. Sie machen Drohgebärden, während die Männer der Gegenpartei ruhig in Reihe stehen. Schließlich packt der Anführer der Tänzer einen der ruhig dastehenden Männer und schüttelt ihn, wild auf- und abspringend, gründlich durch. Dann geht er zum nächsten und macht es ebenso, während der erste vom nächsten durchgebeutelt wird. Das geht so lange, bis jeder Tänzer jeden der ehemaligen Feinde zweimal durchgeschüttelt hat, und zwar einmal von vorne und einmal von hinten zupackend. Dann dürfen die Frauen jeden Mann der Feindgruppe durchschütteln. Sind sie damit fertig, dann weinen beide Gruppen gemeinsam. Sie bleiben einige Tage beisammen, jagen und tanzen miteinander und tauschen auch Geschenke aus. Der Friede ist besiegelt (Radcliffe-Brown 1933).

d. Rituale zur Erhaltung des Friedens

Bei den Hagenbergstämmen finden im Anschluß an das Fest der Versöhnung Rituale des Geschenketausches statt (Moka-Rituale), bei denen eine Gruppe der anderen Perlmuscheln und Schweine übergibt. Damit wird eine Obligation aufgebaut. Man erwartet nach einiger Zeit ein mindestens gleichwertiges Gegengeschenk, das wiederum im Rahmen einer großen Feier übergeben wird. Allerdings bemüht sich die das Geschenk erwidernde Gruppe im allgemeinen, mehr zurückzugeben, als sie erhielt. Das erfordert das Prestige, und es findet eine Art Wetteifer statt (siehe auch Codere 1950, Sahlins 1972 und Mauss 1968). Oft nehmen mehrere Gruppen an einer Moka-Zeremonie teil, wobei die Gruppe a an b, diese an c, diese weiter an d gibt, und so fort bis zum letzten Glied der Kette. Hat eine Gruppe der anderen gegeben, dann bekommt sie von dieser nach einiger Zeit wieder ein Gegengeschenk, und die Moka-Kette kommt zum Abschluß.

Anläßlich einer solchen Moka-Zeremonie werden Tänze und Reden gehalten. Eine solche Rede nahmen wir im August 1973 bei Mt. Hagen auf. Martin Wimb hat auch dieses Tonband übersetzt. Ich gebe von den Reden und Gegenreden die Ansprache des Big Man wieder, der dieses Fest stiftete:

»Bei den Maninga und Keli Kämpfen starben viele Männer. Wegen dieser Kämpfe haben viele Zeremonien stattgefunden, und dieses ist die letzte davon. In der Gegenwart einiger alter Männer, die an diesen Kämpfen teilnahmen, kommen die Zeremonien nun zu einem Ende, und ich hoffe, daß diese alten Männer, die noch immer mit uns sind, froh sein werden. Diese Alten, die einst viele Schweine und andere Reichtümer besaßen, sind nun schon sehr alt. Die heutigen Männer sind Männer des Alkohols (Bier*), und sie besitzen nicht mehr so viele Reichtümer wie diese Alten.

Ich war derjenige, der die Kämpfe der Kopi, Nakaba, Maninga und Yimi Stämme verursachte, und daher gab ich allen diesen Stämmen Schweine, zuletzt hier dem Kopi und Nakaba Stamm, und das ist das letzte Mal. Einige alte Männer, die bei den Kämpfen dabei waren, sind anwesend. So hat der Störenfried (»trouble«), wie die meisten Stämme mich nennen, seine bedrückende Schuld gelöst, weil ich ja alle Stämme, die in den durch mich verursachten Kämp-

---

* Mit dem Europäer kam auch der Alkoholismus ins Land.

fen Männer verloren haben, nunmehr befriedigt habe. Ich kann jetzt an keinen Stamm mehr denken, der vernachlässigt wurde, und werde nun ein freier Mann sein und für immer freundlich ...«

Die Moka-Zeremonien dienen zweifellos dem Frieden. Sie enthalten zugleich aber ein Element des Wetteifers um Dominanz. Der zeremonielle Austausch von Wertobjekten bekräftigt Bündnisse zwischen Parteien, die einander zwar mit einem gewissen Mißtrauen gegenüberstehen, aber nicht als traditionelle Feinde, sondern als Verbündete. Indem man den Partner mit der Gegengabe übertrumpft, gewinnt man an Prestige.

Die Auflösung und Verhinderung des Konfliktes über bindende Rituale (Feste) findet in vielen Kulturen grundsätzlich nach dem gleichen Muster statt. Ich verweise in diesem Zusammenhang auf das über das Palmfruchtfest der Waika-Indianer Gesagte (Eibl-Eibesfeldt 1973).

e. Konfliktvermeidung durch mythische Ortsbindung

In wieder anderer Weise haben die zentralaustralischen Stämme Streitfälle gelöst. Sie vermeiden territoriale Konflikte über eine mythische Ortsbindung, die besagt, daß ihre Gruppe von einem Totemahntier abstammt, welches ihnen das Gebiet übergab, in dem sie sich aufhalten. Bestimmte auffällige Landmarken werden als Spuren dieses Totemahnen verehrt. Diese heiligen Orte dürfen nur die Männer dieses Gebietes zur Abhaltung besonderer Zeremonien betreten, und nur diese Stellen verteidigen sie, falls einer unbefugt dort eindringen sollte – was selten vorkommt. Jeder erwachsene Mann besitzt ein heiliges Brett, auf dem in stark symbolisierter Form die Wanderwege des heiligen Totemtieres* und die wichtigen mit dem Mythos verbundenen Geländemarken des Gebietes eingetragen sind. Die Eingravierungen sind gewissermaßen Wappen des Gebietes und des Trägers zugleich. Die stark emotionelle Bindung an ihr jeweiliges Gebiet verhindert, daß die Eingeborenen auf Eroberung eines anderen Gebietes drängen. Sie würden sich in dem Revier auch nicht wohl fühlen, denn dort sind ja die Ahnengeister der anderen zu Hause – ein Gedanke, der wie erwähnt auch bei den Tsembaga entwickelt wurde, die fremdes Gebiet erst dann besetzten, wenn die

---

* Von dem die betreffende Gruppe der Sage zufolge abstammt.

Vertriebenen in einem anderen Gebiet Cordylinen gepflanzt und damit ihre Ahnen dorthin gerufen hatten (siehe S. 252). Als weitere Sicherung entwickelten die Australier interessante Funktionszuteilungen. Jede territoriale Gruppe fördert durch Rituale an den heiligen Stätten das Gedeihen des Totemtieres, und zwar nicht nur innerhalb ihrer Gebietsgrenzen. Der Honigameisen-Clan sorgt dafür, daß es immer genug Honigameisen gibt; der Emu-Clan sorgt für das Gedeihen der Emus, der Känguruh-Clan für das der Känguruhs. Auf diese Weise wird jede Gruppe für die andere wichtig, was ebenfalls hemmend auf Vernichtungskriege wirkt. Ganz verhindert werden damit die Konflikte jedoch nicht. Es gibt Streit um Frauen, der dann aber oft in turnierartiger Form ausgetragen wird. Wir zitierten (siehe S. 210) die Beobachtung von Lumholtz als ein Beispiel. Wir beschrieben allerdings auch, daß ein solcher Konflikt in eine mörderische Auseinandersetzung entgleisen kann.

Die mythische Ortsbindung sichert der Australiergruppe ihren territorialen Besitz, ohne daß dieser besonders verteidigt werden muß. Damit kann die Gruppe ihrem Nachbarn gegenüber offener sein, wie das auch die Schilderungen von Hiatt (1965) für die Gidjingali des Arnhemlandes (Australien) belegen. Jeder Clan hat dort sein eigenes Territorium, aber nur dessen Kultstätten sind geradezu eifersüchtig gehüteter Besitz. Das übrige Land ist zwar ebenfalls Eigentum einer Gruppe, und es besteht eine emotionelle Bindung, aber die verschiedenen Clans besuchen einander und nützen bei solcher Gelegenheit auch die Feldkost anderer Gebiete. Eine Gruppe A, die die meiste Zeit auf der Westseite des Blyth-Flusses lebt, besucht z. B. regelmäßig etwa im August die Gruppe B auf der anderen Flußseite. Nur in deren Gebiet wachsen Cycas-Palmen, deren begehrte Nüsse um diese Zeit reifen. Einen Monat später wandern beide Gruppen gemeinsam in die landeinwärts gelegenen Sümpfe, die den Gruppen C, D und E gehören, um dort Gänse zu jagen. Auf diese Weise kommt es zu einer effektiveren Nutzung des Gesamtgebietes.

f. Muster der Konfliktkontrolle

In der völkerkundlichen Literatur liegen viele ausführliche Beschreibungen von Streitfällen und ihrer Lösung vor. Sie folgen alle einem recht ähnlichen Muster und belegen die Tatsache, daß der Mensch sich bereits auf sehr frühen Kulturstufen um unblutige Lösungen des Streites bemüht hat. Es handelt sich um kulturell entwickelte Regeln, die allerdings auf das vorhandene Erbe zurückgreifen. Wir werden das in einer Übersicht noch einmal verdeutlichen. Mit jeder neuen Erfindung in der Waffentechnik und mit jeder neuen sozialen Entwicklung müssen sich die kulturellen Konventionen der Kontrolle neu anpassen. Im Spätmittelalter z. B. wurde nach der Erfindung der Feuerwaffen das ritterliche Kampfzeremoniell sinnlos. Man verurteilte die neuen Waffen, die völlig gegen die ritterlichen Regeln verstießen. Die Ritter wollten sie von den Kämpfen ausgeschaltet wissen. Für sie war der Krieg ein Waffenspiel nach genauen Regeln der Ehre. Die Feuerwaffen, mit denen jeder aus dem Versteck heraus ohne jenen mühsam entwickelten Code der Höflichkeit einen Kampf eröffnen konnte, erschienen verabscheuenswert. Luther wetterte gegen die Büchsen und Geschütze und bezeichnete sie als des Teufels Werk, denn gegen Schießen helfe keine Stärke noch Mannheit.

Die Feuerwaffen sind Mordwaffen geblieben. Man hat sich nur in der Strategie des Kämpfens daran anpassen können, ohne die Auseinandersetzung selbst zu ritualisieren. Allerdings gibt es Übereinkünfte, die festlegen, daß bestimmte Geschoßformen (Dumdum) nicht verwendet werden, da sie zu schlimme Wunden reißen.

Schreckliche Waffen hat uns die Gegenwart beschert: Spreng- und Brandbomben, Giftgas, bakteriologische Waffen und schließlich atomare Sprengkörper. Man ist übereingekommen, einige wegen ihrer furchtbaren Wirkung nicht zu verwenden, oder man arbeitet zumindest an solchen Konventionen. Der Weg zu einem solchen Übereinkommen ist dornenreich, da wirtschaftliche Interessen als Gegenspieler auftreten.

Der »Süddeutschen Zeitung« vom 22. August 1974 entnehme ich die Information, daß 1969 der Arzt Theodor Tapper mit seinem Protest gegen die Verwendung von Napalm »an einer Mauer moralischer Ignoranz und materieller Gewinnsucht abprallte«. Der Arzt hatte auf einer Jahresversammlung der Dow Chemical Company die Aktionäre aufgefordert, ihre Zustimmung zur weiteren Napalm-Herstellung zu verweigern. Er zeigte Diapositive von den grausam verstümmelten Opfern aus dem Vietnam-Krieg. Napalm entzündet sich bekanntlich beim Aufschlag selbst und ist durch nichts zu löschen. Der Stoff haftet überall und entwickelt eine Temperatur von 2000 Grad C. Der Aufsichtsratsvorsitzende Carl Gerstacker wies den Protest zurück und erhielt Beifall, als er einen Brief aus Südvietnam verlas, in dem ein amerikanischer Soldat sich über Napalm anerkennend aussprach. Das Internationale Komitee des Roten Kreuzes hat sich bisher vergeblich darum bemüht, für diese Waffe eine generelle Ächtung zu erreichen. Der politische Ausschuß der UNO konnte sich in einer Resolution im November 1972 immerhin dazu aufraffen, den Gebrauch von Napalm bei bewaffneten Konflikten zu *bedauern*.

Neue Kampftechniken stellen neue Probleme der Konfliktritualisierung: der Partisanenkrieg etwa, der, solange er von Kombattanten in Uniform ausgetragen wird, als Befreiungskampf anerkannt wird. Führen ihn Zivilisten aus dem Hinterhalt, dann wird dies als Verstoß gegen die Regeln der Fairneß empfunden, da ja die Zivilbevölkerung auf diese Weise in die Auseinandersetzung hineingezogen wird, aus der man sie eigentlich gerne heraushalten möchte, um Leid zu mindern. Auch den neuen Erscheinungen des Terrorismus stehen wir im Augenblick recht hilflos gegenüber. Hier hat man fast den Eindruck, daß sich die wirksamen Konventionen erst in einem Versuch-und-Irrtum-Lernen und nicht aufgrund rationaler Planung entwickeln.

Aus den bisher erfolgten Ritualisierungen läßt sich ablesen, daß die Tendenz auf eine Entschärfung des Zwischengruppenkampfes hinzielt, ohne daß dabei allerdings der Funktionskonflikt zwischen Aggression und freundlicher Bindung gelöst wurde – ein Punkt, auf den wir noch zurückkommen. Die Ritualisierungen sind auch keineswegs so weit fortgeschritten wie im Innergruppenverkehr, wo Aggressionen wirksam unter Kontrolle gehalten werden. Zum Einsatz kommen sowohl Verhaltensweisen, die als stammesgeschichtliche Anpassungen vorliegen, als auch solche, die kulturell entwickelt wurden. Der Mensch versucht die Zwischengruppenkonflikte nach ähnlichem Muster zu entschärfen, wie es ihm beim Innergruppenkonflikt gelungen ist.

Die zwischenartliche Aggression bei höheren Wirbeltieren ist über den Angstmechanismus gehemmt, so daß sich ein Raubtier nur in dringender Not an wehrhafte Beute heranmacht und ein solches Beutetier erst angreift, wenn dieses die kritische Distanz überschritten hat. Wenn es angreift, dann zielt es im allgemeinen auf Tötung ab. Anders beim innerartlichen Konflikt. Allerdings gibt es bereits bei einigen höheren Säugern eine unterschiedliche Behandlung von Gruppenmitgliedern und Gruppenfremden, und bei einer Reihe von Arten sind Zwischengruppenkonflikte auf Destruktion, Innergruppenkonflikte hingegen auf Schonung des Artmitgliedes angelegt.

Durch die Entwicklung von Konventionen wurde im Laufe der letzten Jahrhunderte eine gewisse Basis zwischenmenschlichen Vertrauens gelegt, die zu guten Hoffnungen berechtigte. Dieses Vertrauen wurde im Ersten und Zweiten Weltkrieg schwer erschüttert.

Millionen russischer Kriegsgefangener gingen elend in Lagern zugrunde, Kommissare wurden erschossen, die jüdische Zivilbevölkerung systematisch ermordet. All dies ist genügsam bekannt, und es wäre verfehlt, mit einer gegenseitigen Verrechnung der Greuel sein Gewissen erleichtern zu wollen. Vielmehr sollte uns klar werden, daß beide Seiten gegen eine Forderung verstießen, die bereits Immanuel Kant in seiner Schrift ›Zum ewigen Frieden‹ klar formulierte, als er schrieb: »Irgendein Vertrauen auf die Denkensart des Feindes muß mitten im Krieg übrig bleiben, weil sonst kein Friede geschlossen werden kann.«

Die Nichtbeachtung der Konventionen brachte ein Mißtrauen in die Welt, von dem wir uns bis heute noch nicht erholt haben. Unmenschlichkeit – das müssen wir endlich lernen – macht sich nicht bezahlt. Am Mißtrauen in der Welt leiden auf lange Sicht Sieger wie Besiegte.

Muster der Konfliktkontrolle bei Tier und Mensch

Die Gegenüberstellung auf den folgenden Seiten veranschaulicht, wie Tiere im innerartlichen Verkehr und wie Menschen im Innergruppenverkehr und Zwischengruppenverkehr destruktive Konflikte vermeiden.

Tier

a. *Ritualisierung der Auseinandersetzung*. Dem Kampf gehen Drohduelle voran, der Kampf selbst wird turnierartig geführt. Im Extremfall kommt es nicht mehr zum physischen Kräftemessen. Vergleichende Beobachtungen lehren, daß die Turnierkämpfe in der Regel aus Beschädigungskämpfen hervorgehen.

b. *Demutsstellungen* erlauben es dem Verlierer, den Kampf zu beenden. Dabei werden kampfauslösende Signale ausgeschaltet. Nach dem Prinzip der Antithese macht man z. B. das Gegenteil des Imponierens, indem man sich verkleinert – bei höheren Wirbeltieren werden zugleich oft Kontaktappelle gesendet, vor allem in Form infantiler Signale.

c. *Streitschlichtung durch Dritte* beobachten wir bei höheren Säugern. Ranghohe schüchtern die Streitenden durch Drohen ein. Bei einigen Arten beschwichtigen sie auch mit »freundlichen« Ritualen (Gruß). Dabei wird umgestimmt, d. h. es werden der Aggression antagonistische Triebsysteme aktiviert.

Mensch

a. *Ritualisierung der Auseinandersetzung*, der Ritualisierung bei Tieren prinzipiell entsprechend, jedoch stammesgeschichtlich *und* kulturell. Stammesgeschichtliche Ritualisierungen determinieren das Ausdrucksverhalten (Drohen) und spielen vor allem beim Innergruppenkonflikt eine große Rolle. Kulturelle Regeln kontrollieren den Umgang mit Waffen. Das gilt für den Innergruppen- und Zwischengruppenkonflikt, doch sind die Ritualisierungen für den Zwischengruppenkonflikt (Krieg) weniger weit fortgeschritten. Verbalisierte Aggressionen (Singstreit S. 119) ersetzen das physische Kräftemessen.

b. *Verhaltensweisen der Submission* sind zum Teil angeboren (Schmollen, Weinen), z. T. kulturell entwickelt (Strecken von Waffen). Die Appelle können verbalisiert werden. Kontaktabbruch (»cut off«) durch Abwendung, vorübergehendes Verlassen der Gruppe und durch Verweigerung des Gespräches sind einerseits deutliche aggressive Ansagen, die jedoch durch gleichzeitige Distanzierung geeignet sind, einen Konflikt zu verhindern.

c. *Streitschlichtung durch Einschreiten Dritter* beobachten wir im Innergruppen- und Zwischengruppenkonflikt. Die Appelle bestehen einerseits im Hinweis auf eine bestehende oder fiktive Verwandtschaft (»Es ist nicht gut, wenn Brüder kämpfen!« – moralischer Appell), ferner im Hinweis auf die schrecklichen Folgen und schließlich in Drohungen. Bei Buschmannkindern wird der Aggressor durch ältere bestraft, der Angegriffene getröstet. Das Eingreifen einer schlichtenden Autorität spielt bei der Lösung von Innergruppenkonflikten eine große Rolle, weniger dagegen im Zwischengruppenkonflikt, obgleich sich gerade in der Neuzeit Entwicklungen in dieser Richtung anbahnen.

Kulturell neu entwickelte Formen der Konfliktlösung durch Dritte liegen vor, wenn einem Gruppenmitglied oder einer Gruppe die Autorität übertragen wird, gütlich zu vermitteln, aber auch *Recht* zu sprechen, entweder aufgrund der anerkannten üblichen Sitte oder aufgrund eines kodifizierten Rechtes. Im Innergruppenverkehr üben *Richter* und eigens eingesetzte *Ordnungshüter* (Polizei) eine wirksame Aggressionskontrolle aus. Ihnen ist auch die

d. *Durch die Ausbildung einer sozialen Rangordnung* wird für jeden das Verhalten eines Gruppenmitgliedes im sozialen Kontext voraussagbar. Das verhindert sicher viele Reibereien. Man hat verschiedentlich angegeben, Aggressionen würden in der Rangpyramide nach unten weitergegeben und sich so verdünnen oder – ganz im Gegensatz dazu – sich auf einen Prügelknaben konzentrieren, der dann als eine Art Blitzableiter fungiert. Diese Angaben basieren jedoch nicht auf gesicherten Daten.

e. Geselligen Säugern stehen eine Reihe von *Verhaltensweisen freundlicher Kontaktbereitschaft* zur Verfügung. Sie leiten sich meist aus dem Repertoire der Mutter-Kind-Signale ab, manche auch von weiblichen Sexualsignalen. Sie beschwichtigen und stiften bzw. festigen das freundliche Band zwischen Mitgliedern einer Gruppe.

Macht übertragen, Verstöße gegen den Frieden durch besondere Sanktionen zu bestrafen. Eine Entwicklung in diese Richtung bahnt sich auch im Zwischengruppen- (zwischenstaatlichen) Verkehr an, doch sind Recht und ausführende Gewalten noch keineswegs genügend entwickelt. Allein die Tatsache, daß man auf der zwischenstaatlichen Ebene das Recht zur Selbsthilfe im Grunde anerkennt, zeigt, daß der zwischenstaatliche Verkehr, evolutionistisch gesehen, noch durch »primitives Recht« gesteuert wird.

d. *Rangordnung* spielt bei Menschen eine ähnliche Rolle wie bei geselligen Säugern. Oft werden Aggressionen auf Prügelknaben oder Minoritäten abgeleitet; der Zusammenhalt der Gruppe wird dadurch gefestigt.

e. *Bandstiftende und befriedende Verhaltensweisen* sind uns Menschen einerseits angeboren, und wie jene der höheren Säuger leiten sie sich zumeist vom Repertoire der Mutter-Kind-Verhaltensweisen ab. Kulturelle Ritualisierungen treten wieder durch Verbalisierung der Appelle ein, die jedoch im Prinzip die gleichen bleiben, nämlich verbalisierte Infantilismen und Betreuungshandlungen. Man macht z. B. verbal Geschenke in Form guter Wünsche. Rituale der Begegnung bei Gruß und Fest zeigen, wie kulturelle Ritualisierung und stammesgeschichtliche Anpassung im Aufbau ineinander verzahnt sind. *Grußrituale und Feste* sind nach universellen Regeln aufgebaut, und die Appelle sind überall die gleichen, auch wenn sie in verschiedener Form vorgetragen werden. Der *Geschenketausch* spielt im Innergruppen- und Zwischengruppenverkehr eine große Rolle. Er drückt im Zwischengruppenverkehr Friedenswillen aus, und man hat verschiedentlich darauf hingewiesen, daß der ursprüngliche Handel eigentlich ein solcher Tauschverkehr im Dienste der Bindung war (Mauss 1968, Sahlins 1972). Das kann man noch bei denjenigen Völkern beobachten, die *Handel* betreiben, ohne daß dies nötig wäre, denn jeder verfügt über die gleichen Mittel und könnte sich das Erhandelte selbst beschaffen.

f. Konflikte können auch durch *Vermeidung von Provokationen* verhindert werden, indem man z. B. in der Gruppe kampfauslösende Signale verbirgt.

g. *Entwicklung von Regeln*, die verhindern, daß z. B. eine Bindung zwischen zwei Gruppenmitgliedern durch einen Dritten gestört wird – etwa durch Raub oder Abwerbung des Ehepartners oder Kindes (Wickler 1971, Kummer und Mitarbeiter 1974).

h. Man kann dem Konflikt auch »*aus dem Wege gehen*« (Aktivierung des Fluchtsystems).

Diese Reaktionsmuster sind den Tieren im wesentlichen als stammesgeschichtliche Anpassungen mitgegeben. Gelernt wird allerdings, welche Verhaltensmuster man gegen welchen Partner einsetzt, je nachdem ob er z. B. im Range über oder unter einem steht.

Zu den in der gegenüberstehenden Sparte unter i bis m angeführten Mustern der Konfliktkontrolle kenne ich bei Tieren keine Entsprechungen.

f. *Vermeidung von Provokationen* durch Abbau aggressionsauslösender Signale: Dazu gehört das Ablegen der Waffen, die vom Zivilisten im Alltag nicht mehr getragen werden. Auch die Angleichung des Besitzstandes durch Besitzverteilung spielt bei Naturvölkern ebenso wie in den Hochkulturen eine Rolle bei der inneren Befriedung.

g. *Gesetzliche Einschränkung der Aggression*. Die Einsetzung einer rechtsprechenden Autorität setzt die Entwicklung eines Rechts voraus, das unter anderem Aggressionen mit einem Tabu belegt. Innerhalb der Gruppen sind Eskalationen von Konflikten auf diese Weise unterbunden. Besitz und territoriale Integrität werden durch solche Regeln garantiert.

h. *Konfliktvermeidung* durch »cut off« und *Ausweichen* spielt auch beim Menschen eine große Rolle.

i. *Ventilsitten* gestatten es, Aggressionen auszuleben, ohne daß die Gruppe zu Schaden kommt.

k. *Zwischengruppenkonflikte* sucht man durch das Stiften von *Heiratsbindungen* zu verhindern. Durch Verschwägerung überbrückt man die trennenden Grenzen. Das ist auch eines von mehreren Mitteln, Kommunikationskanäle offen zu halten und Gruppen zu höheren Einheiten zusammenzufassen.

l. *Offenhaltung von Kontaktmöglichkeiten* auch verfeindeter Parteien, z. B. bei Festen oder dadurch, daß bestimmte Personen sich als Vermittler ungefährdet zwischen den gegnerischen Parteien bewegen können (bei den Waika-Indianern können z. B. alte Frauen ungehindert zur Feindesgruppe gehen). Einrichtungen wie das Rote Kreuz oder UNO-Kontaktstellen erfüllen die gleiche Funktion auf einer höheren Zivilisationsstufe.

m. *Weckung des humanitären Bewußtseins* und *politische und wirtschaftliche Integration* sind weitere Wege, einem Konflikt zwischen Gruppen vorzubauen. Man bedient sich dabei der Werte, die in der Familie entwickelt wurden (Brüderlichkeit), erweitert also das Familienethos. Dazu gehört auch die Erziehung zum Frieden unter bewußter Ablehnung aggressiver Modelle.

Von allen in dieser Gegenüberstellung aufgeführten Einrichtungen sind typisch menschlich: die bewußte Erziehung zum Frieden, die Entwicklung eines Zivil- und Völkerrechts, das Bemühen um die Integration von Gruppen unter Erweiterung des Familienethos und die Konfliktvermeidung durch den Austausch von Heiratspartnern zwischen Gruppen.

Die anderen Formen der Konfliktlösung kommen bereits im Tierreich vor, doch erhalten sie in der kulturellen Ritualisierung, etwa durch Verbalisierung, ihre spezifisch menschliche Ausdrucksform. Das gilt für die ritualisierten Kämpfe sowie für die große Zahl der Bräuche, die ein Band festigen, Spannungen lösen, die Solidarität der Gruppenmitglieder fördern, die Kanäle für Kommunikation Verfeindeter offenhalten und verfeindete Kriegsparteien schließlich im Friedensschluß versöhnen.

4. Harmonisierungsmodelle und die Erziehung zum Frieden

»Im Tal der Aisne war es im Herbst morgens oft neblig. Zwischen den Stacheldrahtverhauen hatte sich, da es zwar viele Leute gab, die schossen, aber keine Jäger, eine reiche Fauna von Niederwild entwickelt.... Unser Major ... aß gerne Rebhühner. Er ließ sich seine Jagdausrüstung kommen und ging an solchen Nebelmorgen zwischen den Stacheldrahtverhauen auf die Pirsch. Statt der Offiziersmütze trug er, zum großen Vergnügen seiner Soldaten, ein Jägerhütchen, dazu einen Jagdstock. Gewehr und Jagdtasche hängte er sich um. In dieser Aufmachung war er ohne weiteres als Jäger zu erkennen.

Für uns waren seine Pirschgänge eine heikle Angelegenheit ... Wir wollten ihn als Kommandeur nicht verlieren. So hatten wir heimlich zwei Maschinengewehre aufgebaut, ihm, falls plötzlich ein Windstoß den Nebel vertriebe, Feuerschutz zu geben ... Eines Morgens passierte das Malheur. Der Windstoß kam. Der Nebel verschwand in Sekunden, und ausgerechnet in diesem Augenblick stand der Major unmittelbar vor dem französischen Drahtverhau, wenige Meter nur vom feindlichen Schützengraben entfernt. Das Nächstliegende wäre gewesen, daß er sich in dem von hohem Gras bedeckten, etwas welligen Gelände zu Boden geworfen und versucht hätte, zu uns zurückzugelangen ... Zu unserem Erstaunen ging der Major nicht zu Boden. Wir vergaßen zu schießen.

Die Franzosen müssen noch weit mehr verblüfft gewesen sein als wir. Vorsichtig spähten sie über ihre Brustwehr. Es schoß nicht.

Einer zwar mochte sein Gewehr gehoben haben, aber der Major drohte ihm mit seinem Jagdstock, als ob er Friedrich der Große sei. Und plötzlich sprangen zehn oder zwölf Poilus aus ihrer Deckung, lachten und schrien: »Bonne chasse, Colonel! Bonne chasse!« Der Major winkte ihnen freundlich zu und schritt, mit einem Hasen über der Schulter, langsam zu unserem Graben zurück. Hätte in diesen wenigen Minuten, in denen er ein großartiges Ziel bot, ein tödlicher Schuß ihn getroffen, Franzosen und Deutsche hätten das in gleicher Weise als Mord empfunden. Weitere fünf Minuten später war einen Gegner zu töten kein Mord mehr. Was für ein Geheimnis steckte in diesem Widerspruch?«[*]

Die Frage, die Bamm stellt, haben wir in den vorangegangenen Kapiteln diskutiert, und wir können sie beantworten: Der Widerspruch im menschlichen Handeln ergibt sich aus der Existenz zweier Normenfilter, die Verschiedenes gebieten und daher miteinander in Konflikt geraten. Nehmen wir den Gegner nur distanziert wahr, dann sind wir auch geneigt, ihn als Feind in Übereinstimmung mit dem kulturellen Normenfilter zu töten. Sobald wir jedoch persönlichen Kontakt bekommen, beginnen unsere angeborenen Aggressionshemmungen anzusprechen, ja mehr noch: Verhaltensmuster freundlicher Kontaktaufnahme werden aktiviert. Peter Bamms Beispiel, das diese These sehr schön illustriert, könnte durch viele weitere ergänzt werden. Es ist allgemein bekannt, daß man beim Stellungskrieg die Kommunikation zwischen den Kombattanten unterbinden muß, sonst beginnen die Soldaten über die Schützengräben hinweg Zigaretten auszutauschen, und es setzt das ein, was man »Demoralisierung der Truppe« nennt. Wie leicht oder schwer sich im Einzelfall der biologische Normenfilter durchsetzt, hängt natürlich von einer Vielzahl von Umständen ab. Die kulturelle Indoktrinierung der Krieger, ihre Angst und ihre Bereitschaft, der vorgesetzten Autorität zu gehorchen, dies alles spielt unter anderem eine entscheidende Rolle, aber die Bereitschaft ist vorhanden, selbst wenn sie nicht immer zum Tragen kommt. Sie ist sicher keine ausreichende Bedingung für ein friedliches Zusammenleben der Menschen, wohl aber eine ganz entscheidende Voraussetzung dafür.

Der Drang, den kulturellen Filter mit dem biologischen in Übereinstimmung zu bringen, ist wohl die Wurzel der Friedenssehnsucht

---

[*] Peter Bamm 1972, S. 41–43.

des Menschen. Daß diese Sehnsucht eine universelle Einstellung sei, wird allerdings auch bestritten, so von Wintsch (1973), der geradezu das Gegenteil behauptet:

»Friede, im herkömmlichen Sinne verstanden als gesetzlich geordnete und ruhige Form menschlichen Zusammenlebens, scheint kein generelles Bedürfnis zu sein. Aus der Fülle menschlicher Verhaltensdeterminanten läßt sich wohl kaum ein ›Friedens-Trieb‹ in der Weise isolieren, wie etwa ein Nahrungs-Trieb, der Sexual-Trieb … Ich meine sogar, daß wir – sozusagen als Anti-These – sagen dürfen: Der Mensch will nicht Frieden, sondern Be-friedigung seiner Bedürfnisse« (Wintsch 1973, S. 288). Der letzte Satz löst den scheinbaren Widerspruch, der zwischen meinen und Wintschs Ansichten besteht. Zu den Bedürfnissen des Menschen gehört ein Leben in Übereinstimmung mit den biologischen Normenfiltern. Stimmen nun biologischer und kultureller Normenfilter nicht überein, dann werden Appetenzen aktiviert, bis diese Diskrepanz beseitigt ist. In unseren angeborenen Normenfiltern ist nun festgelegt, wie wir auf bestimmte Appelle des Artgenossen zu reagieren haben, wobei gewisse Appelle der Unterwerfung und Anflehung Aggressionshemmungen in Gang setzen.

Auf einen Gedanken, den Mitscherlich (1969) äußerte, sei in diesem Zusammenhang hingewiesen. Er meint, daß wir den Frieden im Grunde fürchten. »Und zwar in den tieferen verborgenen Schichten unserer seelischen Organisation, die freilich auch die großen Erfahrungen der Entwicklungsgeschichte der Art enthalten. Das Gefühl, der Möglichkeit kollektiver aggressiver Äußerungen beraubt zu sein, wird unbewußt als ein äußerst bedrohlicher, schutzloser Zustand aufgefaßt; das reflektiert sich auch in der vagen Unlust, mehr als deklamatorisch sich mit dem Frieden zu befassen, und mag einer der Gründe sein, warum das Wort Weltfrieden in so manchem Munde hohl und unaufrichtig klingt« (Mitscherlich 1969, S. 108). Wahr daran ist, daß eine auf Mißtrauen begründete Angst bis heute eine generelle Abrüstung verhindert hat, aber das belegt nicht die Aussage, daß der Mensch keinen Frieden will. Er möchte nur auch seine Sicherheit garantiert sehen. Als Individuen fühlen wir uns heute in den modernen Staaten mit ihrer Rechtsordnung sicherer als zur Zeit des Faustrechts und ängstigen uns wohl auch weniger, obgleich wir unbewaffnet umherlaufen.

Wenn wir die Aussichten auf einen dauerhaften Frieden untersuchen wollen, müssen wir uns vor allem zwei Fragen stellen:

1. Sind wir in unserer Motivationsstruktur überhaupt für das friedliche Zusammenleben in Millionengesellschaften ausgerüstet?

2. Können wir die Funktionen des Krieges ohne Krieg erfüllen? Zur ersten Frage hat sich Lorenz eher pessimistisch geäußert. Er meint, daß wir Menschen für das Leben in kleinen Gemeinschaften angepaßt seien. Unser Verstand würde zwar die Forderung, auch den uns Unbekannten zu lieben, durchaus erfassen, emotionell jedoch nicht verkraften. Man könne nur Menschen lieben, die man kennt. Die Forderung, jeden, gleich welcher Herkunft, zu lieben, könne zwar der Verstand, aber nicht das Herz begreifen, und daran könne auch der beste Wille nichts ändern. In diesem Punkt sind wir Menschen – nach Lorenz – erst auf dem Weg zum Menschen, gewissermaßen das »missing link« und »nicht ganz gut genug für die Anforderungen des modernen Gesellschaftslebens«. Erst die großen Konstrukteure des Artenwandels, Mutation und Selektion, könnten daran etwas ändern; Lorenz hofft, daß die Vernunft vernünftige Selektion betreibt.

Ähnlich argumentierte auch v. Holst, daß man den friedlichen Menschen erst züchten müsse. Unsere Neigung zur Unverträglichkeit sei so stark, daß selbst wenn eine den Frieden propagierende Ideologie sich einst siegreich über die ganze Welt ausgebreitet haben sollte, diese sogleich in zwei Parteien zerfallen würde – eine, die die richtige Lehre, und eine andere, die die »ketzerische« Lehre vertrete.

Meinen bisherigen Ausführungen dürfte zu entnehmen sein, daß ich die Situation optimistisch beurteile. Ich halte den Menschen für präadaptiert für das Leben in Massengesellschaften und damit für »gut genug«. Sein angeborener ethischer Code, der gebietet, nicht zu töten, wird durch einen starken Drang, auch mit ihm Unbekannten Kontakt aufzunehmen – sich zu fraternisieren – ergänzt. Die Verhaltensweisen der Bandstiftung, ebenso wie der Drang dazu, basieren – wie bereits ausgeführt – auf stammesgeschichtlichem Erbe*, und damit besitzt auch das Gebot »Liebe Deinen Nächsten wie Dich selbst!« ein biologisches Fundament.

Die erstaunliche Wirkung von Heilslehren, welche Nächstenliebe predigen, ist darin begründet. Der Mensch möchte nicht nur den Frieden bei Vermeidung des Kontaktes mit Fremden. Der Fremde ängstigt ihn zwar, aber der Mensch sucht dennoch, die Angst überwindend, Kontakt und ist prinzipiell bereit, in allen

---

* Ausführlicher habe ich mich dazu in meinen Büchern ›Liebe und Haß‹ (Piper 1970) und ›Der vorprogrammierte Mensch‹ (Molden 1973) geäußert.

Menschen Brüder zu sehen. Wie nun insbesondere die Geschichte der Nationalstaaten zeigt, ist es dem Menschen durchaus möglich, sich über Symbole und gemeinsame Aufgaben mit anderen Menschen, die er nicht kennt, zu identifizieren, und dies mit starken Emotionen. Bisher kamen solche »Verbrüderungen« in den anonymen Massengesellschaften meist unter dem Einfluß wirklicher oder vorgetäuschter Bedrohung zustande. Das beweist jedoch nicht, daß es immer der Feindattrappe bedarf, um die Verbrüderung einer anonymen Gesellschaft zu bewirken. Menschen haben sich im gemeinsamen Kampf gegen Naturgewalten ebenso verbunden wie im Kampf gegen »Feinde«. Es gibt in der Tat eine Fülle von Aufgaben, welche die Menschheit verbinden, und an solchen Herausforderungen wird es wohl auch in Zukunft nicht mangeln.

Die These, der Mensch brauche einen Feind, um die Einigung einer Gruppe zu bewirken, beruht auf einem Fehlschluß. Aus der Tatsache, daß ein Feind die Gruppe zu einigen pflegt, wird gefolgert, daß der Feind auch die dafür notwendige Voraussetzung sei. Mead (1971, S. 245) stellt dazu treffend fest: »Es wird häufig behauptet, Staatenbündnisse seien immer Zusammenschlüsse gegen äußere Feinde gewesen, sie könnten deshalb kein brauchbares Modell für eine einheitliche Weltordnung abgeben. Dem wäre entgegenzuhalten, daß in vielen menschlichen Gesellschaften eine innere Ordnung ohne den Druck von seiten äußerer Feinde erreicht worden ist, nämlich dann, wenn es gelang, in ihnen alle Angehörigen als Menschen und niemanden weniger als einen Menschen zu behandeln. Durch einschneidende Veränderungen in den sozialen Identifizierungsgewohnheiten, und zwar im Denken ebenso wie in der Praxis, ist es zur Sklavenbefreiung gekommen ...« Und bereits Darwin (1876, S. 158) meint, es sei Aufgabe des Menschen, seine Sympathiegefühle über die Mitglieder der Kleingruppe hinaus auf alle Menschen auszudehnen. »Wenn der Mensch in der Kultur fortschreitet und kleinere Stämme zu größeren Gemeinschaften vereinigt werden, so wird das einfachste Nachdenken jedem Individuum sagen, daß es seine sozialen Instinkte und Sympathien auf alle Glieder derselben Nation auszudehnen hat, selbst wenn sie ihm persönlich unbekannt sind. Ist dieser Punkt einmal erreicht, so besteht dann nur noch eine künstliche Grenze, welche ihn abhält, seine Sympathien auf alle Menschen aller Nationen und Rassen auszudehnen.« Gehlen schließlich weist darauf hin, daß dabei das Familienethos erweitert wird. »Das Ethos der Nächstenliebe ist das familiäre, es ist zuerst innerhalb der Großfamilie lebendig, aber der Erweiterung fähig, bis es der Idee nach die ganze Menschheit umfaßt« (Gehlen 1969, S. 121). Damit stimmt unsere Ansicht überein, daß es abgewandelte Mutter-Kind-Signale sind, mit deren Hilfe wir den freundlichen Kontakt zu Mitmenschen herstellen und erhalten (S. 112).

Der Mensch hat Familiensinn und ist über Symbolidentifikation in der Lage, die Menschheit als Familie zu betrachten. Das Kind als verbindendes Symbol* würde gut ein Anliegen ausdrücken, das uns allen am Herzen liegt, nämlich die Zukunft unserer Kinder. Die eingangs gestellte Frage, ob wir nach unserer Motivationsstruktur überhaupt zum Frieden fähig sind, ist zu bejahen.

Mit der zweiten Frage, ob man die Funktionen des Krieges ohne Krieg erfüllen könne, ist die, ob der Krieg nicht auch heutzutage noch vorteilhaft sei, eng verbunden. Sind etwa die biologischen Normenfilter das einzige, was uns zum Frieden drängt, während die Selektion die kulturelle Entwicklung weiterhin in eine entgegengesetzte Richtung zwingt?

Bisher haben Kriege dem Sieger sicher Vorteile gebracht; die kulturelle Pseudospeziation trieb die Evolution des Menschen voran und bescherte uns die bunte Vielfalt der Kulturen. Mittlerweile ist unser Planet bis in die entlegensten Winkel bevölkert, und die Kriege der letzten Jahrhunderte haben damit begonnen, eben jene Vielfalt der Kulturen, die wir so schätzen, wieder zu zerstören. Der Besiegte, der nicht mehr ausweichen kann, wird vernichtet. Nach einem Abschnitt der Menschengeschichte, in der die Selektionsbedingungen auf eine Ritualisierung der Konflikte hinwirkten, steht die entsetzliche Möglichkeit einer Umkehrung dieses Trends vor unseren Augen. Mit der Brutalisierung der Auseinandersetzung und dem Sterben der Kulturen – vor allem der Naturvölker – hat ein großer Entdifferenzierungsprozeß eingesetzt, eine Involution, die die Buntheit der Menschenkulturen bedroht und die auf lange Sicht die evolutiven Chancen des Menschengeschlechtes einengt.

Darüber hinaus ist es beim heutigen Stand der Waffentechnik unwahrscheinlich, daß es bei einem nicht mit konventionellen Waffen ausgetragenen Krieg noch Sieger gibt, und die Chancen könnten sich mit der weiter fortschreitenden technischen Entwicklung nur

* Der Gedanke wurde von Fremont-Smith geäußert (siehe Eibl-Eibesfeldt 1980).

noch weiter verringern*. Heute würde ein atomarer Krieg höchstwahrscheinlich zum Untergang der Zivilisation führen. Morgen könnte er durchaus mit der Vernichtung der Menschheit enden. Kampf und Vernichtung haben bisher in der Evolution zu waffentechnischen Verbesserungen geführt. Aber ganz abgesehen davon, daß dies unserem moralischen Empfinden zuwiderläuft, ist dieser Mechanismus heute mit einem zu großen Risiko behaftet. Er sollte daher durch einen auf vernunftmäßige Planung begründeten Modus abgelöst werden.

Eine solche Entscheidung zum Frieden entspricht unseren Neigungen. Sie setzt voraus, daß wir die Funktionen des Krieges erkannt haben und sie nun auf friedlichem Wege erfüllen. Wer den Krieg nur als pathologische Entartung betrachtet, muß in seinen Bemühungen um eine Therapie zwangsläufig in die Irre gehen, denn er kommt gar nicht auf den Gedanken, die bisherigen Funktionen des Krieges anders zu erfüllen.

Daß es dabei um die Sicherung der Existenzgrundlagen der verschiedenen Völker geht, diskutierten wir. Bisher haben die Völker ihre Gebiete erobert und verteidigt und sich gewaltsam in den Besitz der von ihnen benötigten Rohstoffe gesetzt. Wie nun eine Weltfriedensordnung die anstehenden und bisher durch Krieg gelösten Probleme auf andere Weise technisch löst, das ist eine Frage, die außerhalb meines Kompetenzbereiches liegt. Politiker und Wirtschaftler müssen die Wege finden. Der Biologe kann dabei aus der Kenntnis verschiedener Entwicklungswege, der allgemeinen Evolutionsgesetze, der Ökologie und der menschlichen Natur beratend zur Seite stehen und die Möglichkeiten aufzeigen.

So wissen wir – übrigens seit Thomas R. Malthus (1798) –, daß das Lebensstromprinzip (S. 36) nach rücksichtsloser Vermehrung der eigenen Substanz strebt und jede sich vorübergehend bietende Möglichkeit opportunistisch nützt (siehe auch Hass 1970). Feldmäuse und Lemminge vermehren sich in Jahren günstigen Nahrungsangebotes maßlos. Daß Jahre mit geringerem Nahrungsangebot folgen, wissen sie nicht, und vom Standpunkt der Arterhaltung ist es auch nicht von Bedeutung. Der unvermeidliche Bevölkerungs-

---

* Diese Patt-Situation ist jedoch höchst labil und gefährlich, denn bei dieser Lage der Dinge wird die Gruppe, die in ihrer Wehrtechnik die andere auch nur kurzfristig überrundet (etwa durch die Entwicklung eines überaus effektiven Raketenabwehrsystems), geradezu zum Angriff gezwungen.

zusammenbruch nach Massenvermehrung führt zur Abwanderung, mit der Chance, Neuland zu besiedeln, und zum Massensterben. Einige überleben dabei immer, und scharf selektiert führen sie die Evolution weiter. Der Fluß des Lebensstromes wird durch das Massensterben nicht behindert – im Gegenteil: während er über die Ufer tritt, weite Gebiete überschwemmt und verwüstet, findet er auch in Nebenarmen neue Wege. Der Populationsdruck erzwingt die Anpassung an noch freie ökologische Nischen. Beim Menschen stehen wir mitten in einer Phase der Massenvermehrung, nur zählt hier das Individuum; darum sollten uns die Aussichten auf weitere Populationszusammenbrüche der Art, wie wir sie gegenwärtig in der Sahelzone und in Bangla Desch erleben, doch sehr beunruhigen, zumal sie künftig noch gewaltigere Ausmaße annehmen dürften. Die Industrialisierung Europas, die zu einer Massenvermehrung führte, beruht einzig und allein auf dem Verbrauch der nur begrenzt zur Verfügung stehenden fossilen Brennstoffe. Die Atomreaktoren mögen nach deren Verbrauch eine Durststrecke überbrücken, aber die spaltbaren Elemente sind ebenfalls rar, und die Kernverschmelzung unter technisch kontrollierten Bedingungen ist noch nicht gelöst. Gelingt sie nicht rechtzeitig, dann steht Europa vor einem Bevölkerungszusammenbruch, dem es nur durch Flucht nach vorne, also durch Krieg, entgehen könnte. So schritt bisher die Evolution vorwärts. Über den durch opportunistische Vermehrung herbeigeführten Populationsdruck kann es zur Eroberung von Neuland, zur Verbreitung oder zum Zusammenbruch kommen. Die Konsumgesellschaft entspricht dem ungehemmt sich mehrenden und verbrauchenden Lebensstromprinzip. Eine solche Entwicklung ist risikoreich, und wir wissen, daß in der Evolution viele Arten auf der Strecke blieben. Außerdem entspricht ein solcher Evolutionsmodus nicht unseren ethischen Vorstellungen. Also müssen wir anders planen. Es gilt, das Lebensstromprinzip durch den Menschen zu beherrschen.

Malthus (1798) wies darauf hin, daß wir Menschen unser biologisches Potential alle 25 Jahre verdoppeln, daß unsere Nahrungsquellen hingegen langsamer wachsen. Menschliches Elend werde daher die Folge sein. Man hat Malthus noch bis vor kurzem verlacht. Mittlerweile ist uns allerdings das Lachen gründlich vergangen. Die Einsicht von der Notwendigkeit globaler Geburtenkontrolle setzt sich dennoch nur zögernd durch. Von einer Gesundschrumpfung ist nirgendwo wirklich die Rede; dabei weiß man mittlerweile doch ziemlich genau um die Aufnahmefähigkeit unseres Planeten. Aber noch haben wir Menschen uns nicht für den

Frieden entschieden. Noch streben die Mächtegruppen trotz eifriger Friedens-Lippenbekenntnisse danach, mit Hilfe von mehr Macht – und das bedeutet auch mehr Menschen – die anderen auszustechen.

Für ein Leben in Frieden gibt es verschiedene Modelle. Man kann sich selbst eine lebensfähige Zivilisation ausdenken, in der die Menschen restlos manipuliert und gleichgeschaltet sind und sich im Herleiern andressierter Doktrinen völlig frei und glücklich fühlen. Aldous Huxley schildert ein solches Modell in seinem Buch »Brave new World«, und zwar uns zur Warnung. Skinner dagegen sieht darin in gewissem Sinne sogar ein erstrebenswertes Ideal.

Lorenz (1973) diskutiert die Frage, weshalb uns das Dasein in einer so manipulierten Menschheit, die absolute Sicherheit und Stabilität aus einem System wohldurchdachter Doktrinen erhält, nicht wünschenswert erscheint. Er kommt dabei zu dem Schluß, daß diese Ablehnung gar nicht verstandesmäßig zu begründen sei, sondern auf einem Werturteil beruhe. Und Werte empfinde man, ohne sie begründen zu können. So sprechen wir von höheren und niederen Tieren und messen dabei als Entwicklungshöhe nicht etwa den Grad der Angepaßtheit, sondern nach Lorenz das Maß an Information, das in den Bauplan eingeht, und zwar nicht allein das stationäre Maß, sondern auch das Potential, weitere Informationen zu erwerben und damit die Fähigkeit, zu lernen und sich einsichtig zu verhalten – kurz: all das, was individuelle Anpassungsfähigkeit ausmacht.

Dazu gehört wohl auch die Dynamik des sich aktiv explorativ mit seiner Umwelt auseinandersetzenden Organismus, die wir höher bewerten als Passivität. Entwicklungen, die zu einem Differenzierungsverlust führen, bewerten wir dagegen auch dann als negativ, wenn daraus ein perfekt angepaßter Organismus resultiert. Wenn aus der hochdifferenzierten Sacculina-Krebslarve, die Augen und andere Sinnesorgane, ein Nervensystem und einen Bewegungsapparat besitzt, ein bewegungsunfähiger augenloser Parasit wird, der wie ein Mycel den Wirtskörper durchdringt, dann erfüllt uns das mit Grausen. – Evolutiv bedeutet eine solche Spezialisierung zwar extreme Perfektion in einer Richtung, aber damit zugleich auch Beschneidung der evolutiven Chancen, denn der extrem einseitig angepaßte Organismus kann sich schlecht umstellen und neu anpassen, wenn Umweltänderungen das erfordern. Die Chancen, sich im Lebensstrom zu erhalten, sind gering. Damit erscheint mir aber auch eine einsichtige Begründung unseres Wertens als möglich. Wir sind als Art sicher auf Universalität und Differenziertheit selektiert worden. In unserem Werten würde eine Sicherung vorliegen, die uns vor involutiven Entwicklungen schützt. Eine solche Involution läge im Modell der restlos manipulierten Gesellschaft vor, die eine Einschränkung der schöpferischen Freiheit bedeuten würde. Sie würde in der Gleichschaltung der Kulturen die evolutiven Chancen der Menschheit beschneiden.

Darin liegt wohl auch die größte Gefahr jeder von uns geplanten und gesteuerten Evolution. In dem Augenblick, wo wir sie auf ein bestimmtes Ziel hin ausrichten, laufen wir Gefahr, das Spektrum der Möglichkeiten einzuengen und damit eine Involution einzuleiten. Differenziertheit, Vielseitigkeit und Weltoffenheit sind Eigenschaften des Menschen, die es zu bewahren gilt! In der bunten Mannigfaltigkeit der Kulturen und Völker begründen sich die evolutiven Möglichkeiten des Menschen. Jede Kultur ist ein Experiment, das neue Möglichkeiten eröffnet und damit für unsere Art die Chance erhöht, sich im Lebensstrom zu behaupten. Diese Vielfalt gilt es zu erhalten.

Sollten wir uns für den Frieden entscheiden, dann muß es zur Einrichtung eines internationalen Rechts kommen, das an Detailliertheit dem Zivilrecht der einzelnen Staaten gleicht und das das primitive Recht zur Selbsthilfe ablöst, das bislang in den internationalen Beziehungen herrscht. Ein solches Recht setzt aber auch rechtsprechende Instanzen voraus, denen die Macht zugestanden wird, für Recht zu sorgen. Man wird nicht umhin können, eine internationale Polizeitruppe aufzustellen. Diese müßte modern, aber konventionell bewaffnet und aus Vertretern aller Länder zusammengesetzt sein. Ist eine solche Polizeitruppe vorhanden, dann könnten die Großmächte unter ihrem Schutz damit beginnen, ihr Arsenal an Massenvernichtungswaffen schrittweise abzubauen.

Eine solche internationale Instanz müßte nicht nur die Unverletzlichkeit der verschiedenen Staatsgebiete garantieren. Sie müßte auch dafür sorgen, daß Reservegebiete freigehalten werden, um diese im Notfall jenen Völkerschaften zuzuweisen, deren angestammte Heimat aus irgendeinem Grund unbewohnbar wurde. Außerdem müßten wohl die großen Rohstoffvorkommen internationalisiert und gerecht verteilt werden. Der Welthandel müßte sich mehr zum kooperativen Verteilungssystem auf der Grundlage des Leistungstausches entwickeln. Schließlich muß eine Geburtenkontrolle verhindern, daß Nationen wegen Übervölkerung zur Flucht nach vorne gezwungen werden.

Die Entwicklung der Vereinten Nationen geht bisher in diese Richtung einer Koexistenz kooperierender und eine gemeinsame Charta anerkennender, im übrigen jedoch selbständiger Nationen.

Es ist natürlich auch denkbar, daß eine solche stabile Weltordnung dadurch zustande kommt, daß eine Weltmacht alle anderen unterwirft und die Weltregierung stellt. Mit Waffengewalt dürfte das heute wohl kaum einer Macht gelingen, eher noch mit den Mitteln ideologischer Überredung. Man könnte sich schließlich auch vorstellen, daß die führenden Großmächte – heute die USA und die UdSSR – in Partnerschaft eine Art Weltregierung bilden, die anderen entwaffnen und zum Frieden zwingen. Keines der zuletzt genannten Modelle würde aber garantieren, daß die herrschenden Mächte nicht ihre Macht zur Ausbeutung der nunmehr völlig Entmachteten ausnützen.

Eine Weltregierung auf föderativer Basis scheint sich zur Zeit als die beste Lösung anzubieten. Was aber wird auf lange Sicht mit einer Menschheit, die nicht mehr kriegerisch miteinander wetteifert? Der kriegerische Wettstreit hat sicherlich die biologische und kulturelle Evolution der Menschengruppen vorangetrieben. Drohen bei Wegfall dieses Wettstreites nicht Stagnation oder gar Verfall? Die Ansichten dazu divergieren. Bei dem vorhandenen großen Genpool dürfte ein genetischer Verfall keine unmittelbare Gefahr darstellen. Sollte er eintreten, dann könnte eine Eugenik dem sicher besser entgegenwirken als ein Krieg. Die Problematik der künftigen genetischen Entwicklung der Menschheit wurde von Dobshansky (1975) ausführlich erörtert.

Eine Reihe von Modellen schlägt vor, über eine Änderung der inneren Ordnung der Staaten eine Befriedung der Welt herbeizuführen. So wurde die Ansicht geäußert, daß die demokratische Regierungsform den Frieden bringen werde. Das Volk würde ja in diesem Falle über Krieg und Frieden entscheiden, und da es stets die Hauptlast des Krieges trage, würde es wohl kaum den Krieg wählen. Eine Diskussion der historischen Entwicklung dieses Gedankens finden wir bei Fetscher (1972, dort weitere Literatur). Die Geschichte hat jedoch gelehrt, daß Demokratien keineswegs friedlicher sind als andere Regierungsformen. Der »Friede durch Demokratie« scheiterte bisher an der Tatsache, daß eine rationale Meinungsbildung der Bevölkerungsmehrheit unter den herrschenden Bedingungen gar nicht möglich ist. Die öffentliche Meinung wird von Interessengruppen (Politikern, Waffenherstellern, Militärs) geformt, die das Wahlvolk täuschen, indem sie es falsch oder einseitig informieren, oder das Volk gar nicht erst befragen, sondern auf dem Wege der Geheimdiplomatie Entscheidungen herbeiführen. Aus diesem Grunde bemühen sich die Sozialisten darum, eine homogene Gesellschaft herzustellen. Nach Aufhebung der Klassengegensätze soll die Bevölkerung rational über Rüstung oder Abrüstung, Krieg oder Frieden entscheiden können, ohne durch Interessengruppen bei der Meinungsbildung gestört zu werden. Es hat sich jedoch in der Praxis gezeigt, daß Bürokraten, Parteieliten und Militärs – analog den in der Demokratie auftretenden Interessengruppen – eine freie Diskussion und damit Meinungsbildung hier wie dort behindern. Außerdem stehen auch in den sozialistischen Staaten nationale Interessen im Vordergrund.

Der chinesische Versuch, die Bildung von Eliten durch immer neue »Kulturrevolutionen« zu verhindern, zeigt, daß eine wirklich egalitäre Gesellschaft wohl ebenfalls nur durch Zwang zu erreichen ist. Damit erhebt sich die Frage, ob es nicht weniger repressiv wäre, Rang- und Besitzstreben zu tolerieren und nur die damit verbundene Macht über Mitmenschen durch entsprechende Erziehung und Kontrolle zu entschärfen. Beide erfüllen ja ordnende Funktionen im sozialen Zusammenleben und spornen die kulturelle Evolution an.

Die ältesten weltumspannenden Friedensbewegungen gingen von den Hochreligionen aus. Unter anderem hat die jüdisch-christliche Lehre, nach der alle Menschen Kinder Gottes und vor Gott gleich sind, in den letzten 2000 Jahren entscheidend zur Pazifizierung der Welt beigetragen. Und die wirkt im Verein mit den anderen Hochreligionen weiter in diesem Sinne, wobei die Religionen die Tatsache für sich verbuchen dürfen, daß sie auf friedlichem Wege für den Frieden werben. Die weltlichen Friedensbewegungen sind davon noch weit entfernt.

Einige Modelle bemühen sich schließlich darum, den Frieden durch Abbau individueller Aggression zu erreichen. Wie erwähnt, meint Lorenz (1963), daß man mit der Aggressivität leben müsse, da es sich ja um ein konstitutives Merkmal des Menschen handle, das höchstens durch die sehr problematische planende Züchtung abgebaut werden könne. Die Aggression könnte jedoch durch Neuorientierung unschädlich gemacht werden. Unter anderem wird dem Kampfsport eine wichtige aggressionsableitende und bindende Funktion zugeschrieben. Sipes (1973) ist dagegen der Ansicht, man müßte gerade die Wettkampfsportarten ausschalten, da sie Aggression fördern würden. Wir wiesen bereits darauf hin, daß er Kurz- und Langzeiteffekte der Aggression nicht auseinanderhält. Tatsächlich kann Kampfsport Aggressionen ableiten. Dabei wird allerdings gleichzeitig das aggressive System trainiert.

Mit Freud teilt Lorenz ferner die Ansicht, daß man Aggressionen auch sublimieren und in schöpferischer Tätigkeit ausleben könne. Marcuse (1969) sieht in der Herrschaft des Leistungsprinzips eine

Wurzel der aggressiven Grundhaltung der Menschen. Eine Abkehr vom Leistungsprinzip in einer repressionsfreien Kultur würde nach seiner Ansicht zur Pazifizierung des Menschen beitragen. Nach Reich ist eine aggressionsfreie Gesellschaft nur von der Freisetzung sexueller Triebe zu erwarten, was einige Vertreter frustrationsfreier Erziehungsmodelle sogar zur vorzeitigen Ermunterung kindlicher Sexualität verführte. Meves (1971) hat zu Recht darauf hingewiesen, daß allzu unbedenkliches Experimentieren auf diesem Gebiet unverantwortlich ist, da man die möglichen Spätfolgen nicht kennt. Generell übersehen die Vertreter einer sogenannten repressionsfreien Erziehung, daß der Mensch von Natur ein Kulturwesen ist. Während beim Tier starre vorgegebene Ablaufkontrollen das Triebleben steuern, ist der Mensch im wesentlichen darauf angewiesen, daß man ihm solche Kontrollen überliefert. Das Kind erwartet, daß ihm Leitlinien angeboten werden. Wird ihm dies nicht gewährt, dann wird es verunsichert und – wie man mittlerweile weiß – erst recht aggressiv, denn dann bleibt ihm nur die Aggression als Mittel sozialer Exploration. Es will erfahren, wo ihm Grenzen gesetzt sind, an welchen Ordnungsmustern es sich orientieren kann. Das Kind unterwirft sich bereits frühzeitig im Spiel selbsterfundenen Regeln, zeigt also eine deutliche Appetenz, sich zu kultivieren. Bedenklich sind auch die im Zusammenhang mit der repressionsfreien Erziehung immer wieder vorgetragenen Angriffe gegen die Familie. Wie ich an anderer Stelle ausgeführt habe, wird gerade in der Familie die Fähigkeit zur Nächstenliebe entwickelt. Kinder, die keine Bindung zu Bezugspersonen entwickeln konnten, sind später schwer kontaktgestört.

Da die Vertreter repressionsfreier Erziehungsmodelle keine Rücksicht auf vorgegebene Dispositionen des Menschen nehmen, laufen sie Gefahr, den Menschen erst recht Frustrationen auszusetzen. Sicher entwickelt der Mensch mit der Familie die Fähigkeit, zwischen Angehörigen und Fremden zu unterscheiden, und entwickelte mit dem Urvertrauen auch das Urmißtrauen. Er erlangte evolutiv aber gleichzeitig die Fähigkeit, die Gruppe geradezu beliebig zu erweitern, das Familienethos selbst auf ihm Unbekannte auszudehnen.

Manche Therapievorschläge zielen darauf ab, die individuelle Aggressivität generell zu dämpfen. Man hat an Abdressur, Drogen, chirurgische Eingriffe und sogar selektive Eugenik gedacht. Ich finde das höchst bedenklich, zumal die Frage, ob die Abschaffung der Aggression überhaupt wünschenswert sei, noch lange nicht beantwortet ist. Die schon erwähnten Experimente von Dann, der die »Leistung« Verärgerter durch einen Konzentrationstest prüfte, gehen ja an der Frage, ob mit der Aggression auch positive Eigenschaften korreliert sind, gründlich vorbei. Sehr viel spricht für die Annahme, daß aggressive Persönlichkeiten ihre Dynamik durchaus in positiver Weise einsetzen können, wenn es um das Bewältigen von Problemen geht. Den Therapievorschlägen, die auf Dämpfung der aggressiven Potentialität des einzelnen abzielen, liegt die sicher falsche Vorstellung zugrunde, der potentiell Aggressive wäre von Natur aus auf destruktive Aggression bedacht. Ich kenne viele Menschen, die leidenschaftlich, aber keineswegs destruktiv für den Frieden »kämpfen«. Ihre Waffen sind Argumente.

Ohne den Angriffsgeist des Menschen gäbe es sicherlich weder auf geistigem noch auf sozialem Gebiet nennenswerte Fortschritte, und ich pflichte Hassenstein (1973 a) bei, der der Zivilcourage in der Werteskala eine besonders hohe Rangstellung einräumt: dem Mut, sich ungeschützt als einzelner einem übermächtigen Gegner zur Auseinandersetzung zu stellen. Wir erwähnten außerdem bereits die positive Aufgabe der Aggression bei der explorativen Auseinandersetzung mit der Umwelt.

So scheinen die Vorschläge der Therapeuten, etwa durch die Technik des klassischen Konditionierens – indem man erwünschte Verhaltensweisen belohnt und unerwünschte (aggressive) durch elektrische Reize oder vorübergehende Isolation von der Gruppe bestraft – oder durch andere Eingriffe die individuelle Aggressivität zu dämpfen, nur geeignet, Fälle pathologischer Aggressivität (Gewalttäter) zu heilen. Aber die schwer Verhaltensgestörten stellen nicht unser Problem dar. Es geht darum, wie die Tatsache aus der Welt zu schaffen sei, daß völlig gesunde, im Alltag freundliche junge Männer in den Krieg ziehen und dann Mitmenschen umbringen.

Das kann nur über Erziehung gehen, die die Aggressionen nicht einfach dämpft, sondern sie so sozialisiert, daß sie nicht destruktiv zum Einsatz kommen. Dazu verhilft der Abbau von Kommunikationsbarrieren und damit die Auflösung der Feindklischees. Darüber hinaus muß das Kind selbst mit der Aggression Erfahrung sammeln können, um die Auswirkungen auf sich selbst und andere kennenzulernen. Ich habe 1970 darauf hingewiesen, daß bereits Freud es als eine Erziehungssünde der Pädagogen betrachtete, daß sie den Menschen nicht auf die Aggressionen vorbereiten, mit denen er sich später auseinandersetzen müsse. Und ich fügte noch hinzu, daß jede Verharmlosung der Aggression – als eine gelernte und daher leicht abdressierbare Angewohnheit – unverantwortlich sei. Das hat mir Wintsch (1973) angekreidet. Ich stehe nach wie vor zu dieser Ansicht, die man doch keineswegs als Plädoyer für die Aggression auffassen kann. Bei dem aggressiven Potential des Menschen kann eine

Sozialisierung nur über Erfahrungen mit der Aggression stattfinden. Mit dieser Ansicht stehe ich keineswegs allein da. Unter anderen schrieb Mead (1969, S. 229):

»On the world scene, there is increasing evidence that there may be a negative correlation between the amount of experience in childhood with aggressive behavior that falls short of serious damage and the amount of violence that may erupt in that society. Those societies where children receive no training in limited conflict with others have the least experience in halting destruction and killing once it starts.«[*]

Dazu ein Beispiel. Die Semai sind wegen mangelnder Aggressivität bekannt. Sie bestrafen ihre Kinder nicht und verabscheuen Gewalt. Als sie jedoch durch kommunistische Kämpfer Verluste erlitten hatten und man eine Semai-Truppe zum Kampf einsetzte, waren sie geradezu trunken nach Blut. Dentan (1968, S. 59) beschreibt die Situation wie folgt:

»Many people who knew the Semai insisted that such an unwarlike people could never make good soldiers. Interestingly enough, they were wrong. Communist terrorists had killed the kinsmen of some of the Semai counterinsurgency troops. Taken out of their nonviolent society and ordered to kill, they seem to have been swept up in a sort of insanity which they call ›blood drunkeness‹. A typical veteran's story runs like this. ›We killed, killed, killed. The Malays would stop and go through peoples pockets and take their watches and money, we did not think of watches or money. We thought only of killing. Wah, truly we were drunk with blood.‹ One man even told how he had drunk the blood of a man he had killed.«[**]

---

[*] »Auf der Weltszene werden wir zunehmend gewahr, daß es eine negative Korrelation gibt zwischen der Menge an Kindheitserfahrung mit Aggression, die nicht ins Destruktive eskaliert, und der Menge an Gewalttätigkeit, die in einer Gesellschaft ausbricht. Jene Gesellschaften, in denen die Kinder kein Training im beschränkten Konflikt mit anderen erhalten, erweisen sich auch als am wenigsten erfahren, um Destruktion und Mord aufzuhalten, wenn diese begonnen haben.«

[**] »Viele Leute, die die Semai kannten, vertraten beharrlich die Ansicht, daß solche unkriegerischen Leute nie gute Soldaten abgeben würden. Interessanterweise hatten sie unrecht. Kommunistische Terroristen hatten Angehörige einer Antirebellentruppe der Semai getötet. Herausgerissen aus ihrer friedlichen Gesellschaft und unter dem Befehl zu töten, schienen sie von einem Zustand der Geistesgestörtheit, den sie ›Bluttrunkenheit‹ nannten, hinweggefegt zu sein. Eine typische Erzählung eines Veteranen lautete: ›Wir töteten, töteten, töteten. Während die Malayen anhielten und die Taschen

Die Fähigkeit zur Selbstkontrolle ist sicher eine wichtige Voraussetzung für ein friedliches Zusammenleben, und sie kann durch Erziehung entscheidend gefördert werden. Pazifizierung nach innen bedeutet aber nicht automatisch Pazifizierung nach außen. Auch auf diese muß die Erziehung hinwirken durch Förderung eines Menschheitsbewußtseins und Ausbildung einer toleranten Grundhaltung. Der Mensch muß lernen, mit der Wertschätzung der eigenen Kultur nicht automatisch die Abwertung anderer Kulturen und Wertsysteme zu verbinden, sondern die Andersartigkeit als etwas Gleichwertiges anzuerkennen. Das erreicht man, indem man Kommunikationsbarrieren abbaut und indem man in den Medien aufhört, Minoritäten und Fremdvölker zu verteufeln. Nach wie vor werden in Filmen Modelle der Gewalt präsentiert. Der eigene (gerechte) Krieg wird verherrlicht und der Gegner dehumanisiert. Man baut damit Feindattrappen auf und propagiert den Krieg. Ein solches Vorgehen sollte schärfstens verurteilt werden.

Darüber hinaus ist es wichtig, die vorhandenen Gegenspieler der Aggression zu pflegen. In den uns angeborenen Verhaltensweisen der Gruppenbindung und in den beschwichtigenden Appellen verfügen wir über sehr wirksame Aggressionskontrollen, die es uns sogar gestatten, mit der Aggression zu leben. Die große Bedeutung der kulturellen Rituale, die auf sie zurückgreifen – der Feste, Grußformen, Geschenkrituale und schließlich der höflichen Umgangsformen –, wird leider viel zu wenig erkannt. Wer im Geschenkeaustausch des Weihnachtsfestes nur einen Auswuchs der Konsumgesellschaft sieht, urteilt sehr oberflächlich. Gewiß gibt es solche Auswüchse, es wäre jedoch unsinnig, deswegen ein wichtiges bindendes Ritual über Bord zu werfen.

Der Frieden ist ein erreichbares Ziel der Menschheit. Er entspricht unserer Neigung, und wir suchen ihn. Er ist das erstrebte Ziel der Hochreligionen und Ideologien, die alle in diesem Sinne durch ihr Handeln das Allgemeininteresse zu vertreten glauben. Und wenn sie Verschiedenes lehren, dann sicher nicht in der Absicht zu täuschen, sondern weil sich ihnen die Wirklichkeit aus verschiedenen Perspektiven und nicht immer verzerrungsfrei darstellt. Das gemeinsame Anliegen bindet jedoch über die ideologischen Gren-

----

der Leute nach Uhren und Geld durchsuchten, dachten wir nicht an Uhren oder Geld. Wah, wir waren in der Tat bluttrunken.‹ Ein Mann erzählte mir sogar, wie er das Blut eines Mannes, den er getötet hatte, getrunken habe.«

zen, und das könnte von der Konfrontation zur Kooperation führen, deren Ziel der Ausbau der internationalen Organisationen sein muß, die sich bereits heute um den Weltfrieden, die gerechte Verteilung der Güter und den Schutz der Schwachen, um Katastrophenhilfe und dergleichen mehr sorgen. Sie müssen auch als letzte Instanz in Streitfällen angerufen werden können und die Autorität besitzen, Recht sprechen zu dürfen. Das bisher übliche Recht zur Selbsthilfe, vom Recht der Selbstverteidigung abgesehen, muß an diese Autorität abgetreten werden. Daß es heute noch Krieg gibt, hat u. a. seine Ursache darin, daß eine solche letzte richterliche Instanz bisher nicht existiert.

In der organismischen Evolution zählt das genetische Überleben, und das heißt im allgemeinen: das Überleben in eigenen Nachkommen. Wer keine produziert, stirbt bekanntlich aus. Nun wird jemand einwenden, daß sich Individuen doch oft auch für andere aufopfern und dabei ohne Nachkommen zugrunde gehen, ihr Eigeninteresse also hintanstellen, um anderen zu helfen. Wie kann sich ein solches Verhalten entwickeln? Ein neuer Zweig der Verhaltensforschung, der insbesondere in Amerika und England erblühte, bemüht sich, in Kosten-Nutzen-Rechnungen die Einheiten der Selektion und die Entwicklung altruistischen Verhaltens aufzuklären.

Am Ausgang ihrer Überlegungen steht die unbestrittene Tatsache, daß nur jene angepaßt handeln, die ihr Erbgut weitergeben. Die Aussage mag trivial erscheinen, aber es ist wichtig, sie in Erinnerung zu rufen. In extremer Formulierung sprechen nun viele Soziobiologen von einem »Egoismus der Gene« und davon, daß Organismen nichts weiter als Vehikel zur Verbreitung der Gene seien. Wurde bisher die Art als eine Einheit der Selektion betrachtet, so wird nunmehr betont, daß die Selektion ja primär am Individuum als Träger des Erbgutes ansetzte und daß ein Individuum daher auch dann richtig handle, wenn es sein Erbgut auf Kosten anderer Mitglieder der gleichen Art durchsetzt. Grundsätzlich handle ein Individuum richtig, wenn es vor allem in seine Kinder investiere, denn in diesen würden ja 50 Prozent seines Erbgutes weitergegeben, was insbesondere für jene Gene bedeutungsvoll ist, die den Träger besonders auszeichnen. Da natürlich auch in den Geschwistern, den Kindern der Geschwister, den Enkeln und anderen Blutsverwandten ein wechselnder Prozentsatz der eigenen Gene enthalten ist, lohne sich auch ein Einatz für diese. Vereinfacht ausgedrückt, würde es sich für eine Person lohnen, sich für zwei Kinder oder vier Enkel aufzuopfern.

Ein solches Verhalten jedoch als »altruistisch« zu bezeichnen ist nach Meinung vieler Soziobiologen falsch, da das Individuum ja dabei eigene genetische Interessen vertrete. Freundlichkeit, so heißt es, sei nur eine Tarnung, Altruismus verschleierte Selbstsucht. »Scratch an ›altruist‹ and watch a ›hypocrite‹ bleed«, schreibt Ghiselin (1974, S. 247). Organismen würden ihren Vorteil sehr oft auf Kosten der anderen suchen. »No hint of genuine charity ameliorates our vision of society once sentimentalism has been laid aside« (Ghiselin 1974, S. 247).

Diese Ausdrucksweise bezieht sich zwar auf einen richtigen Tatsachenkern, sie ist aber dennoch irreführend und auf den Menschen bezogen sogar falsch.

Wie steht es zunächst um die Rücksichtslosigkeit, mit der die Individuen ihr genetisches Eigeninteresse durchsetzen? Im Tierreich kann man tatsächlich oft ein extremes Eigeninteresse beobachten, das sich sogar gegen die eigene Art richten kann. In Tinbergens Film über die Silbermöwe sieht man, wie Altvögel das unbewachte Nest des Nachbarn angreifen, die Eier zerstören und in einem anderen Fall sogar die Jungen verschlingen. Nur die eigene Brut wird behütet. Wir sehen aber auch im Tierreich, daß verschiedentlich Umgangsformen entwickelt werden, die auf Vermeidung destruktiver Auseinandersetzungen innerhalb der Art hinwirken – gewiß zum beiderseitigen Vorteil und sicherlich auf Gegenseitigkeit beruhend. Einseitiger Altruismus wäre in solchem Falle wohl meist auch fatal. Aber selbst wenn der genetische Vorteil für alle nachweisbar ist, ist es begrifflich unzulässig, von Egoismus zu sprechen. Dieser Begriff bezieht sich nämlich auf Normen des Handelns, auf Moralvorstellungen, denen wir folgen, weil Abweichungen Unbehagen auslösen – nach neueren Erkenntnissen dürften biochemische Prozesse im Hirn bei Normabweichungen eine wichtige Rolle spielen. Wir empfinden angenehme Gefühle, wenn wir zu unseren Kindern oder Mitmenschen freundlich sind, erleben Mitgefühl und handeln, Neigungen folgend, altruistisch und keineswegs aufgrund genetischer Hochrechnungen. Daß dies alles dazu beiträgt zu überleben, ist zwar Ergebnis der Selektion, macht aber die Motivation keineswegs weniger genuin. Egoistisch heißt, gegen die von uns hochgeschätzten Wertvorstellungen des Gemeinnutzes handeln und damit letztlich sicherlich gegen die Interessen der eigenen Gene; denn solches Handeln mindert den Fortpflanzungserfolg der Gruppe.

Damit kommen wir zu einem weiteren Punkt, der in der soziobiologischen Diskussion übersehen wird. Während im Tierreich über die längste Zeit der Stammesgeschichte sicherlich das Individuum und die Gruppe der Blutsverwandten die Einheiten waren, an denen die Selektion angriff, und Rücksichtnahme auf Nichtblutsverwandte oft nicht geübt wurde, entwickelte sich über die Brutpflege in zwei Schritten die neue Systemeigenschaft, die wir »Liebe« nennen. Im ersten Schritt bildeten sich mit der Entwicklung der Kindesfürsorge Mutter-Kind-Signale. Sie sicherten die Kommunikation im Rahmen dieser Beziehung. Das Kind konnte über infantile Appelle Bedürfnisse nach Betreuung anmelden und über andere freundliche Signale die Mutter für ihre Dienste quasi entlohnen. Diese wiederum verfügte über eine Reihe von Signalen, die beruhigende Präsenz und Betreuung meldeten. Wegen ihres primär freundlichen Charakters eigneten sie sich dazu, auch in den Dienst der Erwachsenenbindung gestellt zu werden. Wie ich im einzelnen in meinem Buch ›Liebe und Haß‹ ausgeführt habe, konnten Tiere erst nach der Erfindung der Brutpflege genuin freundlich sein. Des weiteren entwickelte sich bei vielen höheren Wirbeltieren im Dienste der Mutter-Kind-Bindung die Fähigkeit zu persönlichen Beziehungen. Damit kam die Liebe in die Welt: die Fähigkeit, persönliche Freundschaftsbindungen zu entwickeln.

Mutter und Kind – aber auch Ehepartner – sind bei höheren Tieren persönlich verbunden, bei höheren Säugern auch größere Verbände. Das gilt insbesondere für uns Menschen, die wir unser Familienethos auf die Gruppe übertragen. Unter Nutzung dieser uns angeborenen Disposition zu individueller Bindung zielt eine kulturelle ideologische Indoktrinierung darauf ab, die Gruppe familial zu binden, das heißt ein familiales Gruppenethos zu entwickeln, das Gruppenwerte über jene der Sippe und Familie stellt – das Kriegsethos ist ein Beispiel (Eibl-Eibesfeldt 1982). Damit wird die Gruppe zur Einheit der Selektion. Die Geschichte der Menschheit belegt dies zur Genüge.

Nun ist es gewiß ein Fortschritt, wenn der Egozentrismus durch ein Gruppeninteresse abgelöst wird. Fragt sich, ob wir es dabei belassen und den Kampf der Gruppen gegeneinander als unabwendbaren Tribut für die Weiterentwicklung hinnehmen müssen. Mir scheint dies keine zwingende Notwendigkeit. Die im Kleingruppenverband entwickelte Fähigkeit zur Rücksichtnahme und Sympathie, zusammen mit der kulturellen Begabung, auch unbekannte Menschen als Brüder zu benennen, erlaubt es, ein die Gruppengrenzen überwindendes Bekenntnis zur Menschheit zu entwickeln. Ein solcher Humanitarismus setzt allerdings Reziprozität voraus. Bekennt sich eine Gruppe nur einseitig zu ihm, dann kann das ihre Eignung schwächen. Ein solches humanitäres Bewußtsein muß keineswegs mit der Aufgabe der eigenen kulturellen Identität verbunden sein. Das wäre auch nicht zu begrüßen, würde es doch die adaptive Pluralität der Kulturen zerstören. Gegenseitige Achtung und freundliche Wertschätzung der anderen ist jedoch Voraussetzung, und zu der gelangt man nur aus einer Position jener Selbstsicherheit, die aus einem Bekenntnis zur eigenen Kultur geboren wird. So wie in der Familie jene Eigenschaften entwickelt werden, die uns zu einem der Gemeinschaft verantwortlichen Bürger machen, so entwickeln wir erst durch die sichere Einbettung in die eigene Kultur jenes Gespür für Werte, das Voraussetzung für die Wertschätzung anderer ist. Der Gefahr ethnozentrischer Abkapselung kann Erziehung entgegenwirken. Menschen reagieren im allgemeinen nur dann intolerant, wenn sie sich von anderen bedroht fühlen. Dem Vertrauen kommt sicher eine Schlüsselposition beim künftigen Weltfrieden zu.

Krieg und Frieden sind Alternativen, für die wir Anlagen mitbringen. Die Tatsache, daß wir diese Zusammenhänge durchschauen, gibt uns die Möglichkeit, uns zu entscheiden, und wie immer wir die Weichen stellen – wir tragen die volle Verantwortung.

Zusammenfassung

Bei vielen Tierarten wurde die innerartliche Aggression so ritualisiert, daß eine Beschädigung des Gegners vermieden wird. Das gilt
grundsätzlich auch für die Innergruppen-Aggression des Menschen, die sich zu einem bedeutenden Anteil auf stammesgeschichtliche Anpassungen begründet und durch solche auch wirkungsvoll
kontrolliert wird. Unter anderem verhindern uns angeborene Signale der Submission, daß Aggressionen zwischen Gruppenmitgliedern ins Destruktive eskalieren. Ein biologischer Normenfilter bestimmt gewissermaßen: »Du sollst nicht töten!«

Die Zwischengruppen-Aggression des Menschen zielt dagegen in
der Regel auf Vernichtung des Gegners ab. Dies ist ein Ergebnis der
kulturellen Pseudospeziation, in deren Verlauf sich Menschengruppen von anderen über Sprache und Brauchtum absetzen, sich selbst
als Menschen und andere als nicht vollwertige Menschen definieren.
Die sich bereits beim Kleinkind manifestierende Fremdenfurcht
und Fremdenablehnung liegt dem als angeborene Disposition zugrunde, doch erst dadurch, daß der Mensch seine gleichfalls angeborenen Neigungen zur Bandstiftung unterdrückt, kommt es zur
scharfen Abgrenzung der Gruppen. Der Krieg wurde demnach als
kultureller Mechanismus in der Konkurrenz der Gruppen (Pseudo-
spezien) um Raum und Rohstoffe entwickelt. Die These, der Krieg
habe sich erst in der Neusteinzeit mit der Entwicklung des Pflanz-
und Ackerbaues entwickelt, hält einer kritischen Überprüfung
nicht stand. Es gibt Dokumente aus der Altsteinzeit, die bewaffnete
Auseinandersetzungen belegen. Ferner sind die heutigen Jäger und
Sammler in der Mehrzahl erwiesenermaßen territorial, und sie
kämpfen auch um den Besitz der Jagd- und Sammelgebiete.

Der Krieg ist primär destruktiv, doch bahnen sich, ähnlich wie bei
der Entwicklung vom Beschädigungskampf zum Turnierkampf,
kulturelle Ritualisierungen des Krieges an, in Form von Konventionen, die übermäßiges Blutvergießen vermeiden. Offenbar ist dies
von selektionistischem Vorteil. Eine Entwicklung in dieser Richtung setzt jedoch voraus, daß die Funktionen des Krieges, auch

durch den unblutigen Krieg, etwa im Wettstreit um Land, erfüllt werden können. Der Besiegte muß unter anderem ausweichen können. Das ist bereits bei den Turnierkämpfen der Tiere eine Voraussetzung für deren Schonung. Solche Ausweichmöglichkeiten sind dem Menschen nicht mehr gegeben, da es an Leerräumen mangelt, und damit ist der Automatik einer weiteren Humanisierung des Krieges eine Grenze gesetzt. Es gibt jedoch andere Präadaptionen, die eine kulturelle Entwicklung zum Frieden herbeiführen könnten. Im Verlauf der kulturellen Pseudospeziation hat der Mensch seinem biologischen Normenfilter, der zu töten verbietet, einen kulturellen Normenfilter überlagert, der zu töten gebietet.

Das führt zu einem Normenkonflikt, den der Mensch als schlechtes Gewissen erlebt, sobald er bei Konfrontation den Feind auch als Mitmenschen wahrnimmt. Schließlich zeigt er die gleichen Signale, die normalerweise im Innergruppenverkehr beschwichtigend wirken und Mitleid auslösen. Es gibt eine Fülle von Beobachtungen, die diese Annahme bekräftigen, so z. B. die Tatsache, daß erfolgreiche Krieger oft Sühnerituale absolvieren müssen, ehe sie wieder voll in ihre Gemeinschaft integriert werden.

In dieser Unstimmigkeit zwischen kultureller und biologischer Norm liegt die Wurzel der universellen Friedenssehnsucht des Menschen, der den kulturellen Normenfilter mit dem biologischen in Übereinstimmung bringen will. Unser Gewissen bleibt damit unsere Hoffnung, und darauf basierend könnte eine vernunftgesteuerte Evolution zum Frieden führen. Sie hat zur Voraussetzung, daß man erkennt, daß der Krieg Funktionen erfüllt, die es auf unblutige Weise zu ersetzen gilt. Wer das nicht sieht und den Krieg als pathologisches Phänomen abtut, vereinfacht in gefährlicher Weise, denn er kommt natürlich nicht auf den Gedanken, daß der, der den Frieden will, die Funktionen des Krieges eben anders erfüllen muß. Aufgrund seiner Motivationsstruktur wäre der Mensch durchaus zum friedlichen Zusammenleben in der modernen Millionengesellschaft befähigt. Die Erziehung zum Frieden muß in erster Linie eine Erziehung zur Toleranz im Sinne einer Verstehensbereitschaft sein.

Literaturverzeichnis

ALBRECHT, H. und DUNNETT, S. C. (1971): Chimpanzees in Western Africa. München (Piper)

ARDREY, R. (1966): The Territorial Imperative. New York (Atheneum)

ARGYLE, M. und COOK, M. (1976): Gaze and Mutual Gaze. Cambridge (Cambridge UP)

BAGSHAWE, F. J. (1924/25): The Peoples of the Happy Valley (East Africa). J. African Soc., 24, 25–33, 117–130, 219–227, 328–347

BAKER, J. W. und SCHAIE, K. W. (1969): Effects of Aggression »Alone« or »with Another« on Physiological and Psychological Arousal. J. Pers. Soc. Psychol., 12, 80–96

BALL, W. und TRONICK, F. (1971): Infant Responses to Impending Collision: Optical and Real. Science, 171, 818–820

BAMM, P. (1972): Eines Menschen Zeit. München (Droemer-Knaur)

BANDURA, A. (1973): Aggression: A Social Learning Analysis. New York (Prentice Hall)

BANDURA, A. und WALTERS, R. H. (1963): Social Learning and Personality Development. New York (Holt, Rinehart and Winston)

BARON, R. A. (1974a): Sexual Arousal and Physical Aggression: The Inhibiting Influence of ›Cheesecake‹ and Nudes. Bull. Psychonom. Soc., 3, 337–339

– (1974b): The Aggression-Inhibiting Influence of Hightened Sexual Arousal. J. Pers. Soc. Psychol., 30, 318–322

BARON, R. A. und BALL, R. L. (1974): The Aggression-Inhibiting Influence of Nonhostile Humor. J. Exp. Soc. Psychol., 10, 23–33

BASEDOW, H. (1906): Anthropological Notes on the Western Coastal Tribes of the Northern Territory of South Australia. Trans. Roy. Soc. South Autralia, 31, 1–62

BEHRENS, H. (1974): Historische Bewegkräfte im Neolithikum Mitteleuropas. Archaeologia Austriaca, 55, 91–94

– (1975): Der Kampf als historische Bewegkraft in der Steinzeit. Jahresschrift für mitteldeutsche Vorgeschichte, 59

BENEDICT, R. (1934): Patterns of Culture. Boston/New York (Houghton and Mifflin)

BERKOWITZ, L. (1962): Aggression. A Social-Psychological Analysis. New York/London (McGraw-Hill)

– (1970): Aggressive Humor as a Stimulus to Aggressive Responses. J. Pers. Soc. Psychol., 16, 710–717

BERKOWITZ, L., CORWIN, R. und HEIRONIMUS, M. (1963): Film Violence and Subsequent Aggressive Tendencies. Public Opinion Quarterly, 27, 217–229

BERNATZIK, H. A. (1941): Die Geister der gelben Blätter. Leipzig (Kochler und Voigtländer)

BICCHIERI, M. G. (1965): A Study of the Ecology of Food-Gathering People: A Cross-Cultural Analysis of the Relationships of Environment, Technology, and Bio-Cultural Variability. Doctoral dissertation, University of Minnesota

– (1969): The Differential Use of Identical Features of Physical Habitat in Connection with Exploitative Settlement and Community Patterns. The Bambuti. Nat. Mus. Canada Bull. 230, 65–72. Contributions to Anthropology: Band Societies. Proceedings of the Conference on Band Organization, Ottawa

– (1972): Hunters and Gatherers Today. New York (Holt, Rinehart and Winston)

BIGELOW, R. S. (1970): The Dawn Warriors: Man's Evolution Toward Peace. London (Hutchinson)

– (1971): Relevance of Ethology to Human Aggressiveness. Int. Soc. Sci. J., 23, 19–26

– (1972): The Evolution of Cooperation, Aggression and Self-Control. In: COLE, J. K. und JENSEN, D. D. (Hrsg.): Nebraska Symposium on Motivation. Lincoln (University of Nebraska Press), 1–57

BIOCCA, E. (1972): Yanoama. Ein weißes Mädchen in der Urwaldhölle. Berlin (Ullstein)

BIRKET-SMITH, K. (1948): Die Eskimos. Zürich (Orell Füssli)

BLEEK, D. F. (1930): Rock-Paintings in South Africa. London (Methuen)

BOAS, F. (1888): The Central Eskimo. Ann. Report Bureau of Am. Ethnology 6. Washington, D. C., 409–669

– (1901–07): The Eskimo of Baffin and Hudson Bay. Bull. Amer. Mus. Nat. Hist., 15

BOHANNAN, P. (Hrsg.) (1967): Law and Warfare. Studies in the Anthropology of Conflict. Garden City, N. Y. (Nat. History Press)

BOWER, T. G. (1966): Slant Perception and Shape Constance in Infants. Science, 151, 832–834

– (1971): The Object in the World of the Infant. Sci. Am., 225, 30–38

BRAMEL, D., TAUB, B. und BLUM, B. (1968): An Observer's Reaction to the Suffering of His Enemy. J. Pers. Soc. Psychol., 8, 384–392

BROWNLEE, F. (1943): The Social Organization of the !Kung (!Un) Bushmen of the North-Western Kalahari. Africa, 14, 124–129

BULLOCK, T. H. und HORRIDGE, G. A. (1965): Structure and Function in the Nervous System of Invertebrates I. und II. San Francisco (W. H. Freeman)

BUSS, A. H. (1961): The Psychology of Aggression. New York (J. Wiley)

BYGOTT, J. D. (1972): Cannibalism among Wild Chimpanzees. Nature, 238, 410–411

CAIRNS, R. B. (1972): Fighting and Punishment from a Developmental Perspective. In: COLE, J. K. und JENSEN, D. D. (Hrsg.): Nebraska Symposium on Motivation. 1972, Lincoln (University of Nebraska Press), 59–124

CARPENTER, C. R. (1940): A Field Study in Siam of the Behavior and Social Relations of the Gibbon. Comp. Psychol. Monographs 16. Neudruck (1964). In: Naturalistic Behavior of Nonhuman Primates. Philadelphia, University Park (Pennsylvania State Univ. Press), 145–271

CASTETTER, E. F. und BELL, W. H. (1951): Yuman Indian Agriculture. Albuquerque (University of New Mexico Press)

CHAGNON, N. A. (1968): Yanomamö. The Fierce People. New York (Holt, Rinehart and Winston)

– (1971): Die soziale Organisation und die Kriege der Yanomamö-Indianer. In: FRIED, M., HARRIS, M. und MURPHY, R. (Hrsg.): Der Krieg. Zur Anthropologie der Aggression und des bewaffneten Konflikts. Stuttgart (Fischer), 131–189

CHANCE, M. R. A. (1962): An Interpretation of some Agonistic Postures: The Role of ›cut-off‹ Acts and Postures. Symp. Zool. Soc. London, 8, 71–89

– (1967): Attention Structure as the Basis of Primate Rank Orders. Man, 2, 503–518

CLAUSEWITZ, K. v. (1937): Vom Kriege. 15. Aufl. K. Linnebach (Hrsg.) Berlin

CODERE, H. (1950): Fighting with Property. Am. Ethnolog. Soc. Monogr. 18

CONRADT, R. (1973): Intergruppenaggression – ein artspezifisches Merkmal des Menschen. Universitas, 28, 1013–1018

CORNING, P. A. (1973): Comparative Survival Strategies: An Approach to Social and Political Analysis. Paper presented at the Annual Meeting of the American Political Science Assoc. New Orleans, September 1973

COSS, R. G. (1972): Eye-Like Schemata: Their Effect on Behavior. Dissertation, University of Reading

COURCHESNE, E. und BARLOW, G. W. (1971): Effect of Isolation on Components of Aggressive and other Behavior in the Hermit Crab Pagurus samuelis. Z. vergl. Physiol., 75, 32–48

DAMAS, D. (1969): Characteristics of Central Eskimo Band Structure. Nat. Mus. Canada Bull., 228, 116–141. Contributions to Anthropology: Band Societies. Proceedings of the Conference on Band Organization, Ottawa

DANN, H. D. (1972): Aggression und Leistung. Stuttgart (Klett)

DART, R. A. (1949): The Bone-bludgeon Hunting Technique of Australopithecus. South African Sci., 2, 150–152

– (1953): The Predatory Transition from Ape to Man. Intern. Anthropolog. and Linguistic Review, 1, 201–218

DARWIN, CH. (1872): The Expression of Emotion in Man and Animals. London (Murray)

-(1876): Die Entstehung der Arten. Gesammelte Werke, Bd.2 (Übers. v. J. v. Carus). Stuttgart (Schweizerbart)

-(1885): Die Abstammung des Menschen. Bd.1 (Ausgabe J. v. Carus, Gesammelte Werke, Bd.5). Stuttgart (Schweizerbart)

DAWKINS, R. (1976): The Selfish Gene. Oxford (Oxford UP)

DEAG, J. M. und CROOK, J. H. (1971): Social Behaviour and ›Agonistic Buffering‹ in the Wild Barbary Macaque *Macaca sylvana*. Folia primat., 15, 183–200

DELGADO, J. M. R. (1966): Evoking and Inhibiting Aggressive Behavior by Radiostimulation in Monkey Colonies. Am. Zoologist, 6, 669–681

-(1969): Radiostimulation of the Brain in Primates and in Man. Anesth. Analg., 48, 529–543

DENKER, R. (1966): Aufklärung über Aggression. Kant, Darwin, Freud, Lorenz. Stuttgart (Kohlhammer)

DENTAN, R. K. (1968): The Semai: A Nonviolent People of Malaya. New York (Holt, Rinehart and Winston)

DETHIER, V. G. (1957): Communication by Insects: Physiology of Dancing. Science, 125, 331–336

DETHIER, V. G. und BODENSTEIN, D. (1958): Hunger in the Butterfly. Z. Tierpsychol., 15, 129–140

DEVORE, I. (1971): The Evolution of Human Society. In: EISENBERG, J. F. und DULLON, W. S. (Hrsg.): Man and Beast: Comparative Social Behavior. Smithsonian Annual III. Washington (Smithsonian Institution), 297–311

DIVALE, W. T. (1972): System Population Control in the Middle and Upper Palaeolithic: Inferences Based on Contemporary Hunter-Gatherers. World Archaeology 4, 222–243

DOBZHANSKY, T. (1975): Evolution and Man's Selfimage. In: Goodall, V. (Hrsg.): The Quest for Man. London (Phaidon), 189–220

DOLLARD, J., DOOB, L., MILLER, N. E., MOWRER, O. H. und SEARS, R. (1939): Frustration and Aggression. New Haven (Yale Univ. Press)

DOOB, A. N. und WOOD, L. (1972): Catharsis and Aggression: The Effects of Annoyance and Retaliation on Aggressive Behavior. J. Pers. Soc. Psychol., 28, 156–162

DORNAN, S. S. (1925): Pygmies and Bushmen of the Kalahari. London (Seeley, Service and Co.)

DORNSTREICH, M. D. und MORREN, G. E. B. (1974): Does New Guinea Cannibalism Have Nutritional Value? Human Ecology, 1, 1–12

DUMAS, D. (1969): Characteristics of Central Eskimo Band Structure. Bulletin of the National Museum of Canada, 288, 116–141

DURHAM, W. H. (1976): Resource Competition and Human Aggression, pt. 1, A Review of Primitive War. Quarterly Review of Biology, 51, 385–415

DWORKIN, E. S. und EFRAN, J. S. (1967): The Angered: Their Susceptibility to Varieties of Humor. J. Pers. Soc. Psychol., 6, 233–236

EDNEY, J. J. (1972): Property, Possession and Permanence: A Field Study in Human Territoriality. J. Appl. Soc. Psychol., 2, 275–282

– und JORDAN-EDNEY, N. L. (1974): Territorial Spacing on a Beach. Socio-metry, 37, 92–104

EDWARDS, L. P. (1927): The Natural History of Revolution. Chicago (Univ. of Chicago Press) Reprint 1970

EIBL-EIBESFELDT, I. (1953): Zur Ethologie des Hamsters (*Cricetus cricetus* L.). Z. Tierpsychol., 10, 204–254

– (1963): Angeborenes und Erworbenes im Verhalten einiger Säuger. Z. Tierpsychol., 20, 705–754

– (1964): Im Reich der tausend Atolle. München (Piper)

– (1970a): Liebe und Haß. Zur Naturgeschichte elementarer Verhaltenswei-sen. München (Piper)

– (1970b): Männliche und weibliche Schutzamulette im modernen Japan. Homo, 21, 175–188

– (1972): Die !Ko-Buschmanngesellschaft. Gruppenbindung und Aggres-sionskontrolle. München (Piper)

– (1973): Der vorprogrammierte Mensch. Das Ererbte als bestimmender Faktor im menschlichen Verhalten. Wien (Molden)

– (1974a): !kung-Buschleute (Kalahari) – Geschwisterrivalität, Mutter-Kind-Interaktionen. Homo, 24, 252–260

– (1974b): Medlpa (Mbowamb) – Neuguinea – Werberitual (Amb Kanànt). Homo, 25, 274–284

– (1976): Menschenforschung auf neuen Wegen. Wien (Molden)

– (1980): Grundriß der vergleichenden Verhaltensforschung. 6. Auflage. München (Piper)

– (1982): Warfare, Man's Indoctrinability and Group Selection. Z. Tierpsy-chol., 60, 177–198

– (1984) Die Biologie des menschlichen Verhaltens – Grundriß der Human-ethologie. München (Piper)

– und HASS, H. (1966): Zum Projekt einer ethologisch orientierten Unter-suchung menschlichen Verhaltens. Mitt. Max-Planck-Ges., 6, 383 bis 396

– und WICKLER, W. (1968): Die ethologische Deutung einiger Wächterfigu-ren auf Bali, Z. Tierpsychol., 25, 719–726

ERIKSON, E. H. (1966): Ontogeny of Ritualization in Man. Philos. Trans. Royal Soc. London, 251 B, 337–349

ESSER, A. H. (1970): Interactional Hierarchy and Power Structure on a Psychiatric Ward. In: HUTT, S. J. und HUTT, C. (Hrsg.): Behaviour Studies in Psychiatry, Oxford / New York (Pergamon Press), 25–59

EULER, H. A. (1972): Der Effekt von aggressionsabhängiger Strafreizung (Elektroschock) auf das Kampfverhalten von Leghorn-Hähnen. 28. Kon-greß d. Deutschen Ges. Psychol., Okt. 1972, Gruppendynamik, 3, 311 bis 318

– (Manuskript): Effect of Contingent Electric Shock on Submissive Respon-ses in White Leghorn Cockerels

FELIPE, N. J. und SOMMER, R. (1966): Invasions of Personal Space. Social Problems, 14, 206–214

FESHBACH, S. (1961): The Stimulating Versus Cathartic Effects of a Vicarious Aggressive Activity. J. Abnorm. Soc. Psychol., 63, 381–385
– (1964): The Function of Aggression and the Regulation of Aggressive Drive. Psychol. Rev., 71, 257–272
– und SINGER, R. (1971): Television and Aggression. San Francisco (Jossey-Bass Publ.)
FETSCHER, I. (1972): Modelle der Friedenssicherung. München (Piper)
FORTUNE, R. F. (1939): Arapesh Warfare. Am. Anthropolog., 41, 22– 41
FOSSEY, D. (1971): More Years with Mountain Gorillas. Nat. Geogr. Mag. 140, 574–585
FRANCK, D. und WILHELMI, U. (1973): Veränderungen der aggressiven Handlungsbereitschaft männlicher Schwertträger, Xiphophorus helleri, nach sozialer Isolation. Experientia, 29, 896–897
FREEMAN, D. (1970): Letter to the Editor. Current Anthropology, 11, 66
–(1971): Aggression: Instinct or Symptom? Aus. N. Z. J. Psychiatry, 5, 66–73
–(1974): The Evolutionary Theories of Charles Darwin and Herbert Spencer. Current Anthropology, 15, 211–237
–(1983): Margaret Mead and Samoa. Cambridge (Mass.)/London (Harvard UP)
FREUD, S. (1913): Totem und Tabu II: Das Tabu und die Ambivalenz der Gefühlsregungen. Imago, 1, 213–227, 301–333; Neuauflage 1974, Conditio Humana, S. Freud Studienausgabe Bd.9, Frankfurt
FRIED, M., HARRIS, M. und MURPHY, R. (Hrsg.) (1971): Der Krieg. Zur Anthropologie der Aggression und des bewaffneten Konflikts. Stuttgart (Fischer)
FROBENIUS, L. (1903):Weltgeschichte des Krieges. Jena (Thüringer Verlagsanstalt)
FROMM, E. (1973): The Anatomy of Human Destructiveness. New York (Holt, Rinehart and Winston). Deutsche Ausgabe (1974): Die Anatomie der menschlichen Destruktivität. Stuttgart (DVA)
–(1974): Lieber fliehen als kämpfen. Bild der Wissenschaft, 10, 52–58
GARDNER, R. und HEIDER, K. G. (1968): Gardens of War. New York (Random House)
GEEN, R. G., STONNER, D. und SHOPE, G. L. (1975): The Facilitation of Aggression by Aggression: Evidence against the Catharsis Hypothesis. J. of Personality and Social Psychology, 31, 721–726
GEHLEN, A. (1969): Moral und Hypermoral. Frankfurt (Athenäum)
GERMANN, P. (1922): Der Buschmannrevolver, ein Zaubergerät. Jahrb. Mus. Völkerkunde Leipzig, 8, 51–56
GHISELIN, M. T. (1974): The Economy of Nature and the Evolution of Sex. Berkeley/Los Angeles/London (University of California Press)
GIBBS, F. A. (1951): Ictal and Non-Ictal Psychiatric Disorders in Temporal Lobe Epilepsy. J. Nerv. Ment. Dis., 113, 522–528
GLEICHEN-RUSSWURM, A. v. (1930): Kultur- und Sittengeschichte aller Zeiten und Völker, Bd.9/10. Kultur und Geist der Renaissance, Bd.9: Das Jahrhundert des Europ. Humanismus. Hamburg (Gutenberg)

GODELIER, M. (1978): Territory and Property in Primitive Society. Soc. Sci. Information, 17, 399–426

GOFFMAN, E. (1959): The Presentation of Self in Everyday Life. New York (Anchor Books)

GOLDENBOGEN, I. (1977): Über den Einfluß sozialer Isolation auf die aggressive Handlungsbereitschaft von *Xiphophorus helleri* (Poeciliidae) und *Haplochromis burtoni* (Cichlidae). Z. Tierpsychol., 44, 25–44

GOODALL, J. (1965): Chimpanzees of the Gombe Stream Reserve. In: DE-VORE, I. (Hrsg.): Primate Behaviour. New York (Holt, Rinehart and Winston)

GOODALL, J., BANDORA, A., BERMANN, E., BUSSE, C., MATAMA, H., MPONGO, E., PIERCE, A. und RISS, D. (1979): Intercommunity Interactions in the Chimpanzee Populations of the Gombe National Park. In: HAMBURG, D. A. UND McCOWN, E. R. (Hrsg.): The Great Apes. Menlo Park CA. (The Benjamin / Cummings Comp.), 13–53

GRAHAM, E. E. (1973): Yuman Warfare: An Analysis of Ecological Factors from Ethnohistorical Sources. Paper presented at the IXth Intern. Congress of Anthropolog. and Ethnolog. Sciences, Chicago September 1973

GRASTYAN, E. (1974): Emotion. In: Encyclopaedia Britannica. Macropaedia Vol. 6. 15th edition, 757–766

GRAUMANN, C. F. (1969): Einführung in die Psychologie. Frankfurt (Akad. Verlagsanstalt)

HACKER, F. (1971): Aggression. Wien (Molden)

HAHN, T. (1870): Die Buschmänner III., Globus: Z. f. Länder- und Völkerkunde, XVIII, 102–105

HALLPIKE, C. R. (1973): Functionalist Interpretations of Primitive Warfare. Man, 8, 451–470

HAMILTON, W. D. (1964): The Genetical Evolution of Social Behavior. J. Theoret. Biol., 7, 1–52

HARRIS, M. (1968): The Rise of Anthropological Theory. New York (Thomas Y. Crowell)

– (1977): Cannibals and Kings: The Origins of Cultures. New York

HASS, H. (1970): Das Energon. Wien (Molden)

HASSENSTEIN, B. (1973 a): Wesensverschiedene Formen menschlicher Aggressivität in der Sicht der Verhaltensforschung. Universitas, 28, 287–295

– (1973 b): Verhaltensbiologie des Kindes. München (Piper)

HEBB, D. O. (1946): On the Nature of Fear. Psychol. Rev., 53, 259–276

HEESCHEN, V., SCHIEFENHÖVEL, W. und EIBL-EIBESFELDT, I. (1980): Requesting, Giving, and Taking: The Relationship Between Verbal and Nonverbal Behavior in the Speech Community of the Eipo, Irian Jaya (West New Guinea). In: KEY, M. R. (Hrsg.): The Relationship of Verbal and Nonverbal Communication. Den Haag etc. (Mouton Publ.), 139 bis 166

HEILIGENBERG, W. (1964): Ein Versuch zur ganzheitsbezogenen Analyse des Instinktverhaltens eines Fisches (*Pelmatochromis subocellatus kribensis*, Boul., Cichlidae). Z. Tierpsychol., 21, 1–52

HEILIGENBERG, W. und KRAMER, U. (1972): Aggressiveness as a Function of External Stimulation. J. Comp. Physiol., 77, 332–340

HEINZ, H. J. (1966): The Social Organization of the !Ko-Bushmen. Masters Thesis. Johannesburg (Univ. of S. Africa)

– (1967): Conflicts, Tensions and Release of Tensions in a Bushman Society. ISMA Papers 23, 2–21. Institute for the Study of Man in Africa

– (1972): Territoriality Among the Bushmen in General and the !Ko in Particular. Anthropos, 67, 405–416

– (1979): The Nexus Complex among the !ko. Anthropos, 74, 465–480

– und MAGUIRE, B. (1974): The Ethno-Biology of the !Ko-Bushmen. Occ. Paper No. 1. Botswana Society (Government Printer, Gaborone)

HELMUTH, H. (1967): Zum Verhalten des Menschen: Die Aggression. Z. Ethnol., 92, 265–273

HESS, E. H. (1973): Imprinting: Early Experience and the Developmental Psychobiology of Attachment. New York (van Nostrand)

HIATT, L. R. (1965): Kinship and Conflict. A Study of an Aboriginal Community in Northern Arnhem Land. Canberra (Australian National University)

HICKS, D. J. (1965): Imitation and Retention of Film-Mediated Aggressive Peer and Adult Models. J. Pers. Soc. Psychol., 2, 97–100

HINDE, R. A. (1966): Animal Behaviour, a Synthesis of Ethology and Comparative Psychology. New York/London (McGraw-Hill); 2. Aufl. 1972

HOBHOUSE, L. T. (1956): The Simplest People Part II., Peace and Order Among the Simplest People. Brit. J. Sociol., 7, 96–119

HOEBEL, E. A. (1967): Song Duels among the Eskimo. In: BOHANNAN, P. (Hrsg.): Law and Warfare. New York (The National History Press), 255–262

HÖRMANN, L. v. (1877): Tiroler Volkstypen. Wien

– (1909): Tiroler Volksleben. Stuttgart

HOKANSON, J. E. und SHETLER, S. (1961): The Effect of Overt Aggression on Physiological Tension Level. J. Abnorm. Soc. Psychol., 63, 446–448

– (1970): Psychophysiological Evaluation of the Catharsis Hypothesis. In: MEGARGEE, E. I. und HOKANSON, J. E. (Hrsg.): The Dynamics of Aggression. New York (Harper & Row)

HOLD, B. (1974): Rangordnungsverhalten bei Vorschulkindern. Eine vorläufige Mitteilung, Homo, 25, 252–267

– (1977): Rank and Behaviour: An Ethological Study of Preschool Children. Homo, 28, 154–188

HOLLITSCHER, W. (Hrsg.) (1973): Aggressionstrieb und Krieg. Stuttgart (DVA)

HOLM, G. (1914): Ethnological Sketch of the Angmagssalik Eskimo. Meddelelser om Grønland, Vol. 39

HOLST, E. v. (1939): Die relative Koordination als Phänomen und als Methode zentralnervöser Funktionsanalyse. Erg. Physiol., 42, 228–306;

Neudruck (1969) in: Zur Verhaltensphysiologie bei Tieren und Menschen. Gesammelte Abhandlungen, Band I. München (Piper)

HOLST, E. v. (1961): Probleme der modernen Instinktforschung. Neudruck (1969) in: Zur Verhaltensphysiologie bei Tieren und Menschen. Ges. Abhandlungen, Band I. München (Piper)

– und SAINT-PAUL, U. v. (1960): Vom Wirkungsgefüge der Triebe. Naturwiss., 18, 409–422

HOOFF, J. A. R. A. M. VAN (1971): Aspecten van Het Sociale Gedrag En de Communicatie Bij Humane En Hogere Niet-Humane Primaten (Aspects of the Social Behavior and Communication in Human and Higher Non-Human Primates). Rotterdam (Bronder)

HORN, K. (1974): Die humanwissenschaftliche Relevanz der Ethologie. In: ROTH, G. (Hrsg.): Kritik der Verhaltensforschung. München (C. H. Beck), 190– 221

HUMM, R. J. (1958): Der Mann, der die Tiersprache versteht. Zürich (Die Weltwoche, 3. Februar)

HUNSPERGER, R. W. (1954): Reizversuche im periventrikulären Grau des Mittel- und Zwischenhirns (Film). Helv. Physiol. Acta 12, C4–C6

IMMELMANN, K. (1970): Zur ökologischen Bedeutung prägungsbedingter Isolationsmechanismen. Verh. Dtsch. Zool. Ges., 64. Tagung, Stuttgart (Fischer), 304–314

ITANI, J. und SUZUKI, A. (1967): The Social Unit of Chimpanzees. Primates, 8, 355–381

IZAWA, K. (1970): Unit Groups of Chimpanzees and Their Nomadism in the Savanna Woodland. Primates, 11, 1–46

JOHNSON, R. N. (1972): Aggression in Man and Animals. Philadelphia/ London (Saunders)

JOUVET, M. (1972): Le Discours Biologique. La Revue de Médicine, 16–17, 1003–1063

KAWAI, M. und MIZUHARA, H. (1959): An Ecological Study of the Wild Mountain Gorilla. Primates 2, 1–42

KLOPFER, P. H. (1971): Mother Love: What turns it on? Am. Scientist, 59, 404–407

KLUTSCHAK, H. W. (1881): Als Eskimo unter Eskimos. Wien (Hartleben)

KOCH, K. F. (1970): Cannibalistic Revenge in Jalé Warfare. Nat. History 79, 2, 40–51

–(1974): War and Peace in Jalémó. Cambridge, Mass. (Harvard Univ. Press)

KOCHMAN, T. (1970): Toward an Ethnography of Black American Speech Behavior. In: WHITTEN, N. E. und SZWED, J. F. (Hrsg.): Afro American Anthropology. New York (Free Press), 145–162

KÖNIG, H. (1925): Der Rechtsbruch und sein Ausgleich bei den Eskimos. Anthropos, 20, 276–315

KOENIG, O. (1970): Kultur und Verhaltensforschung. München (dtv)

KOHL-LARSEN, L. (1943): Auf den Spuren des Vormenschen. Stuttgart (Strecker u. Schröder)

– (1958): Wildbeuter in Ostafrika: die Tindiga, ein Jäger- und Sammlervolk. Berlin (Reimer)

KONEČNI, V. J. (1975): The Mediation of Aggressive Behavior: Arousal Level Versus Anger and Cognitive Labeling. Journal of Personality and Social Psychology, 32, 706–712

– und DOOB, A. N. (1972): Catharsis through Displacement of Aggression. Journal of Personality and Social Psychology, 23, 379–387

– und EBBESEN, E. B. (1976): Disinhibition vs. the Cathartic Effect: Artifact and Substance. Journal of Personality and Social Psychology, 34, 352–365

KONNER, M. J. (1972): Aspects of the Developmental Ethology of a Foraging People. In: BLURTON-JONES, N. (Hrsg.): Ethological Studies of Child Behavior. Cambridge (Cambridge UP), 285–304

KORTLANDT, A. (1962): Chimpanzees in the Wild. Sci. American, 206 (5), 128–138

– (1963): Bipedal Armed Fighting in Chimpanzees. Proc. 16th Int. Congr. Zool., 3, 64

– (1967): Handgebrauch bei freilebenden Schimpansen. In: B. RENSCH (Hrsg.): Handgebrauch und Verständigung bei Affen und Frühmenschen. Bern (Huber), 59–102

– (1972): New Perspectives on Ape and Human Evolution. Amsterdam (Stichting voor Psychobiologie)

KORTLANDT, A. und KOOIJ, M. (1963): Protohominid Behavior in Primates. Symp. Zool. Soc. London 10, 61–68

KRÄMER, A. (1902 und 1903): Die Samoa Inseln. Entwurf einer Monographie unter besonderer Berücksichtigung Deutsch-Samoas. 2 Bände. Stuttgart (Schweizerbart)

KRAMER, G. (1949): Macht die Natur Konstruktionsfehler? Wilhelmshavener Vorträge, Schriftenreihe d. Nordwestdtsch. Universitätsges., 1, 1–19

KRUIJT, J. (1964): Ontogeny of Social Behaviour in Burmese Red Jungle Fowl (Gallus gallus spadiceus). Behaviour, Suppl., 12

KÜHN, H. (1929): Kunst und Kultur der Vorzeit. Das Paläolithikum. Berlin (de Gruyter)

– (1958): Auf den Spuren des Eiszeitmenschen. München (List), Listbuch 118

KUMMER, H. (1970): Spacing Mechanisms in Social Behavior. Paper read at the Third Intern. Symposium of the Smithson. Institution. In: EISENBERG, J. (Hrsg.): Man and Beast: Comparative Social Behavior. Washington (Smithsonian Inst. Press), 219–234

– (1973): Aggression bei Affen. In: PLACK, A. (Hrsg.): Der Mythos vom Aggressionstrieb. München (List), 69–91

KUMMER, H., GÖTZ, W. und ANGST, W. (1974): Triadic Differentiation: An Inhibitory Process Protecting Pair Bonds in Baboons. Behaviour, 49, 62–87

LACK, D. (1943): The Life of the Robin. Cambridge (Cambridge UP)

LAGERSPETZ, K. (1969): Aggression and Aggressiveness in Laboratory Mice. In: GARATTINI, S. und SIGG, E. B. (Hrsg.): Aggressive Behavior. Amsterdam (Excerpta Medica Found.), 77–85

–(1974): Interrelations in Aggression Research: A Synthetic Overview. Psykologiska Rapporter 4. Abo, Finland. Presented at the International Soc. for Res. on Aggression Toronto, August 1974

LAGERSPETZ, K. und LAGERSPETZ, K. Y. H. (1971): Changes in the Aggressiveness of Mice Resulting from Selective Breeding, Learning, and Social Isolation. Scandinavian J. of Psychol. 12, 241–248

LANDTMAN, G. (1927): The Kiwai Papuans of British New Guinea. London (Macmillan and Co.)

LANDY, D. und MATTEE, D. (1969): Evaluation of an Aggressor as a Function of Exposure to Cartoon Humor. J. Pers. Soc. Psychol., 9, 237–241

LAWICK-GOODALL, J. VAN (1968): The Behaviour of Free-Living Chimpanzees in the Gombe Stream Area. Anim. Behav. Monog., 1 (3), 161 bis 311

–(1971): In the Shadow of Man. London (Collins) und Boston (Houghton Mifflin). Deutsche Ausgabe (1971): Wilde Schimpansen. Reinbek (Rowohlt)

–(1975): The Behaviour of the Chimpanzee. In: KURTH, G. und EIBL-EIBESFELDT, I. (Hrsg.): Hominisation und Verhalten. Stuttgart (Fischer), 74–136

LAYARD, J. (1942): Stone Men of Malekula. London (Chatto & Windus)

LEAHY, M. J. und CRAIN, M. (1937): The Land that Time Forgot. London (Hurst and Bleckett)

LEAKY, R. E. und LEWIN, R. (1978): People of the Lake: Mankind and Its Beginnings. N. Y. Garden City (The Nat. History Press)

LEBZELTER, V. (1934): Eingeborenenkulturen von Süd- und Südwestafrika. Leipzig (Hiersemann)

LEE, R. B. (1968): What Hunters do for a Living. In: LEE, R. B. und DeVORE, I. (Hrsg.): Man the Hunter. Chicago (Aldine), 30–48

–(1969): !Kung Bushman Violence. Paper presented at a meeting of the Am. Anthropolog. Assoc., November 1969

–(1972): !Kung Spatial Organization: An Ecological and Historical Perspective. Human Ecology, 1, 125–147

–(1972): The !Kung Bushmen of Botswana. In: BICCHIERI, M. G. (Hrsg.): Hunters and Gatherers Today. New York (Holt, Rinehart and Winston), 327–368

–(1979): The !kung San. Men, Women, and Work in a Foraging Society. Cambridge (Cambridge UP)

LEE, R. B. und DeVORE, I. (1968): Man the Hunter. Chicago (Aldine)

–(Hrsg.) (1976): Kalahari Hunter-Gatherers. Studies of the !kung San and their neighbors. Cambridge Mass./London (Harvard UP)

LEHRMAN, D. S. (1961): The Presence of the Mate and of Nesting Material as Stimuli for the Development of Incubation Behavior and for Gonadotropic Secretion in the Ring Dove. Endocrinology, 68, 507–516

LEHRMAN, D. S. (1970): Semantic and Conceptual Issues in the Nature-Nurture Problem. In: ARONSON, L. R., TOBACH, E., LEHRMAN, D. S. und ROSENBLATT, J. S. (Hrsg.): Development and Evolution of Behavior. San Francisco (W. Freeman), 17–52

LEONG, C. Y. (1969): The Quantitative Effect of Releasers on the Attack Readiness of the Fish *Haplochromis burtoni* (Cichlidae, Pisces). Z. vergl. Physiol., 65, 29–50

LEPENIES, W. und NOLTE, H. (1971): Kritik der Anthropologie. München (Hanser)

LEYHAUSEN, P. (1973): Verhaltensstudien an Katzen. 3. Auflage. Berlin (Parey)

LICHTENSTEIN, H. (1811): Reisen im südlichen Afrika. Neudruck Brockhaus 1967, Bd. 1

LISCHKE, G. (1972): Aggression und Aggressionsbewältigung. Theorie und Praxis, Diagnose und Therapie. Freiburg (Albert)

LORENZ, K. (1935): Der Kumpan in der Umwelt des Vogels. J. Ornith., 83, 137–413

– (1943): Die angeborenen Formen möglicher Erfahrung. Z. Tierpsychol., 5, 235–409

– (1950): Ganzheit und Teil in der tierischen und menschlichen Gemeinschaft. Studium Gen., 3, 455–499

– (1953): Die Entwicklung der vergleichenden Verhaltensforschung in den letzten 12 Jahren. Zool. Anz. Suppl., 16, 36–58

– (1963): Das sogenannte Böse. Wien (Borotha-Schoeler)

– (1969): Innate Basis of Learning. In: PRIBRAM, H. (Hrsg.): On the Biology of Learning. New York (Harcourt, Brace & World, Inc.), 13–93

– (1971): Der Mensch, biologisch gesehen. Eine Antwort an Wolfgang Schmidbauer. Studium Gen., 24, 495–515

– (1973): Die Rückseite des Spiegels. Versuch einer Naturgeschichte menschlichen Erkennens. München (Piper)

LÜERS, F. (1919): Volkskundliches aus Steinberg beim Achensee in Tirol. Bayer. Hefte für Volkskunde, VI, 106–130

LUMHOLTZ, C. (1890): Among Cannibals. An Account of Four Years' Travels in Australia and of Camp Life with the Aborigines of Queensland. London (J. Murray)

LUMSDEN, M. (1970): The Instinct of Aggression: Science or Ideology? Futurum. Z. f. Zukunftsforschung, 3, 408–419

LURIA, S. E. (1973): Life: The Unfinished Experiment. New York

– (1974): Leben – das unvollendete Experiment. München (Piper)

LYNGE, K. (1938–39): Kalâdlit oqalugtuait oqalualâvilo I–III, Nûk

MACKINTOSH, J. H. und GRANT, E. C. (1966): The Effect of Olfactory Stimuli on the Agonistic Behaviour of Laboratory Mice. Z. Tierpsychol., 23, 584–587

MALLICK, S. K. und McCANDLESS, B. R. (1966): A Study of Catharsis of Aggression. J. Pers. Soc. Psychol., 4, 591–596

MANING, F. E. (1876): Old New Zealand, a Tale of the Good Old Times;

and a History of the War in the North. London. Zitiert nach: VAYDA, A. P. (1970): Maoris and Muskets in New Zealand: Disruption of a War System. Pol. Science Quarterly, 85, 560–584

MARCUSE, H. (1969): Triebstruktur und Gesellschaft. Frankfurt (Suhrkamp)

MARKL, H. (1972): Aggression und Beuteverhalten bei Piranhas (Serrasalminae). Z. Tierpsychol., 30, 190–216

– (1974): Die Evolution des sozialen Lebens der Tiere. In: IMMELMANN, K. (Hrsg.): Verhaltensforschung. (Ergänzungsband zu Grzimeks Tierleben.) München (Kindler), 461–485

MARLER, P. R. und HAMILTON, W. J. (1966): Mechanisms of Animal Behavior. New York / London (J. Wiley)

MARSHALL, L. (1959): Marriage among the !Kung-Bushmen. Africa, 29, 335–365

– (1960): !Kung Bushmen Bands. Africa, 30, 325–355

– (1961): Sharing, Talking and Giving. Relief of Social Tensions among !Kung-Bushmen. Africa, 31, 231–249

– (1965): The !Kung-Bushmen of the Kalahari Desert. In: GIBBS, J. L. (Hrsg.): Peoples of Africa. New York (Holt, Rinehart and Winston)

MARSHALL, T. E. (1959): The Harmless People. London (Secker / Warburg)

MATTHIESSEN, P. (1962): Under the Mountain Wall. A Chronicle of two Seasons in the Stone Age. New York (Ballantine)

MAUSS, M. (1968): Die Gabe. Reinbek (Rowohlt)

McGHEE, P. E. (1972): On the Cognitive Origins of Incongruity Humor: Fantasy Assimilation versus Reality Assimilation. In: GOLDSTEIN, J. H. und McGHEE, P. E. (Hrsg.): The Psychology of Humor. New York and London (Academic Press)

MEAD, M. (1928): The Role of the Individual in Samoan Culture. J. Royal Institute, 58, 481–496

– (1930): Social Organization of Manua. Honolulu (B. P. Bishop Museum Bull.), 76

– (1939): From the South Seas. New York (William Morrow)

– (1966): Coming of Age in Samoa. Middlesex (Penguin)

– (1969): How do Children Learn to Govern their own Violent Impulses? Am. J. Orthopsychiatry, 39, 227–229

– (1971): Alternativen zum Krieg. In: FRIED, M., HARRIS, M. und MURPHY, R. (Hrsg.): Der Krieg. Conditio Humana. Frankfurt (S. Fischer), 235–258

MEGARGEE, E. I. und HOKANSON, J. E. (1970): The Dynamics of Aggression. New York (Harper & Row)

MERZ, F. (1965): Aggression und Aggressionstrieb. In: THOMAE, H. (Hrsg.): Handbuch der Psychologie, Bd. 2, II. Motivation. Göttingen (Hogrefe), 569–601

MEVES, CH. (1971): Manipulierte Maßlosigkeit. Freiburg (Herder)

MICHAELIS, W. (1974): Der Aggressions-›Trieb‹ im Streit der Zoologie und Psychologie. Naturwiss. Rundschau, 27, 253–265

MILGRAM, S. (1963): Behavioral Study of Obedience. J. Abnorm. Soc. Psychol., 67, 372–378
– (1966): Einige Bedingungen von Autoritätsgehorsam und seiner Verweigerung. Z. exp. u. angew. Psychol., 13, 433–463
– (1974): Das Milgram Experiment. Zur Gehorsamsbereitschaft gegenüber Autorität. Reinbek (Rowohlt)
MITSCHERLICH, A. (1969): Die Idee des Friedens und die menschliche Aggressivität. Frankfurt (Bibliothek Suhrkamp)
MOHR, A. (1971): Häufigkeit und Lokalisation von Frakturen und Verletzungen am Skelett vor- und frühgeschichtlicher Menschengruppen. Ethnogr.-Archäol. Z., 12, 139–142 (Zusammenfassung der 1969 veröffentl. Med. Diss. Berlin, Humboldt-Universität)
MONTAGU, A. (Hrsg.) (1968): Man and Aggression. New York (Oxford Univ. Press)
– (1973): In: HOLLITSCHER, W. (Hrsg.): Aggressionstrieb und Krieg. Stuttgart (DVA)
– (1976): The Nature of Human Aggression. New York etc. (Oxford UP)
MOREY, R. V. JR. und MARWITT, J. P. (1973): Ecology, Economy and Warfare in Lowland South America. Paper presented at the IXth Intern. Congress of Anthropolog. and Ethnolog. Sciences, Chicago September 1973
MORRIS, D. (1968): Der nackte Affe. München (Droemer-Knaur)
– (1969): Der Menschen-Zoo. München (Droemer-Knaur)
MOYER, K. E. (1968/69): Internal Impulses to Aggression. Trans. of the New York Academy of Sciences, Series II, 31, 104–114
MOYER, K. E. (1971a): Experimentale Grundlagen eines physiologischen Modells aggressiven Verhaltens. In: SCHMIDT-MUMMENDEY, A. und SCHMIDT, H. D. (Hrsg.): Aggressives Verhalten. München (Juventa)
– (1971b): The Physiology of Hostility. Chicago (Markham Press)
MÜHLMANN, W. E. (1940): Krieg und Frieden. Ein Leitfaden der polit. Ethnologie. Heidelberg (C. Winter's Universitätsbuchhandlung)
NADEL, S. F. (1969): The Foundations of Social Anthropology. London (Cohen and West)
NANCE, J. (1975): The Gentle Tasaday: A Stone Age People in the Philippine Rain Forest. New York/London (Harcourt, Brace, Jovanovich)
– (1977): Tasaday. München (Paul List)
NELSON, E. W. (1896/97): The Eskimo About Bering Strait. Annual Report 18, Bureau of American Ethnology, Bd. I. Washington, D. C.
NESBITT, P. D. und STEVEN, G. (1974): Personal Space and Stimulus Intensity at a Southern California Amusement Park. Sociometry, 37, 105–115
NICE, M. M. (1937): Studies in the Life History of the Song Sparrow. Trans. Linnaean Soc. New York, 4, 57–83
NISHIDA, T. (1968): The Social Group of Wild Chimpanzees of the Mahali Mountains. Primates, 9, 167–224

– (1970): Social Behaviour and Relationship Among Wild Chimpanzees of the Mahali Mountains. Primates, 11, 47–87

– und KAWANAKA, K. (1972): Inter-Unit Group Relationships among Wild Chimpanzees of the Mahali Mountains. Kyoto University African Studies VII, 131–169

NULIGAK (1961): Krangmalit ... Kangeryuarmeut. Nuna, 7, O. M. I. Cambridge Bay, N. W. T. Canada (zit. nach PETERSEN, R. 1963)

NUNGAK, Z. und ARIMA, E. (1969): Eskimo Stories from Povungnituk, Quebec. Nat. Museum of Canada, Bull. 235, Ottawa

OBEREM, U. (1967): Zur Geschichte des lateinamerikanischen Landarbeiters: Conciertos und Huasipungueros in Ecuador. Anthropos, 62, 759 bis 788

OBERHUBER, K. (1972): Die Kultur des alten Orients. Handbuch der Kulturgeschichte. Frankfurt (Athenaion), 282–287

ORTIZ, A. (1969): The Tewa World. Chicago (Univ. Chicago Press)

PACKARD, V. (1963): Die Pyramidenkletterer. Düsseldorf (Econ)

PALLUCK, R. J. und ESSER. A. H. (1971 a): Controlled Experimental Modification of Aggressive Behavior in Territories of Severely Retarded Boys. Am. J. of Mental Deficiency, 76, 23–29

– (1971 b): Territorial Behavior as an Indicator of Changes in Clinical Behavioral Condition of Severeley Retarded Boys. Am. J. of Mental Deficiency, 76, 284–290

PASSARGE, S. (1907): Die Buschmänner der Kalahari. Berlin (Reimer)

PETERSEN, R. (1963): Family Ownership and Right of Disposition in Sukkertoppen District, West Greenland. Folk, 5, 270–281

PETZSCH, H. und PETZSCH, U. (1968): Neue Beobachtungen zur Fortpflanzungsbiologie von gefangengehaltenen Feldhamstern (Cricetus cricetus L.) und daraus ableitbare Schlußfolgerungen für die Angewandte Zoologie. Der Zoolog. Garten, 35, 256–269

PHILLIPS, L. H. und KONISHI, M. (1972): Control of Aggression by Singing in Crickets. Nature, 241, 64–65

PITCAIRN, T. K. und SCHLEIDT, M. (1976): Dance and Decision: An Analysis of a Courtship Dance of the Medlpa, New Guinea. Behaviour, 58, 298–316

PITELKA, F. A. (1959): Numbers, Breeding Schedule and Territory in Pectoral Sandpipers of Northern Alaska. Condor, 61, 233–264

PLACK, A. (1968): Die Gesellschaft und das Böse. 2. Aufl. München (List)

– (Hrsg.) (1973): Der Mythos vom Aggressionstrieb. München (List Verlag)

PLOOG, D. W., BLITZ, J. und PLOOG, F. (1963): Studies on Social and Sexual Behavior of the Squirrel Monkey (Saimiri sciureus). Fol. Primat., 1, 29–66

PLOTNIK, R. (1974): Brain Stimulation and Aggression: Monkeys, Apes and Humans. In: HOLLOWAY, R. L. (Hrsg.): Primate Aggression, Territoriality, and Xenophobia. A Comparative Perspective. New York/London (Academic Press), 389–415

POPPER, K. (1966): Logik der Forschung. Tübingen (Mohr)

PORTISCH, H. (1970): Friede durch Angst. Wien (Molden)

RADCLIFFE-BROWN, A. R. (1933): The Andaman Islanders. 2. Aufl. Cambridge (Cambridge Univ. Press)

– (1940): On Joking-Relationship. Africa, 13, 195–210

RAPPAPORT, R. A. (1968): Pigs for the Ancestors. New Haven / London (Yale Univ. Press)

RASA, O. A. E. (1969): The Effect of Pair Isolation on Reproductive Success in *Etroplus maculatus* (Cichlidae). Z. Tierpsychol., 26, 846–852

– (1971): Appetence for Aggression in Juvenile Damsel Fish. Beiheft 7 zur Z. Tierpsychologie

RASMUSSEN, K. (1905): Nye Menesker. Kopenhagen

– (1908): People of the Polar North. London

– (1924): Myter og Saga fra Grønland. Kopenhagen

– (1930): Intellectual Culture of the Caribou Eskimos. Rep. of the Fifth Thule Exp., VII, Kopenhagen

– (1932): Intellectual Culture of the Copper Eskimos. Rep. of the Fifth Thule Exp., IX, Kopenhagen

RATTNER, J. (1970): Aggression und menschliche Natur. Olten (Walter)

REIS, D. J. (1974): Central Neurotransmitters in Aggression. In: FRAZIER, S. H. (Hrsg.): Aggression. Proc. of the Assoc., Res. Publ. Ass. Nerv. Ment. Dis., Baltimore (Williams and Wilkins), 119–148

REUCK, A. DE und KNIGHT, J. (Hrsg.) (1966): Conflict in Society. Ciba Foundation Vol. London (Churchill)

REYER, H. U. (1975): Ursachen und Konsequenzen von Aggressivität bei *Etroplus maculatus* (Cichlidae, Pisces): Ein Beitrag zum Triebproblem. Z. Tierpsychologie, 39, 415–454

REYNOLDS, V. (1966): Open Groups in Human Evolution. Man, 1, 441 bis 452

REYNOLDS, V. und LUSCOMBE, O. (1969): Chimpanzee Rank Orders and the Function of Displays. Proc. 2nd Int. Congr. Primatol. Zürich 1968. Basel (Karger)

REYNOLDS, V. und REYNOLDS, F. (1965): Chimpanzees of the Budongo Forest. In: DEVORE, I. (Hrsg.): Primate Behavior. New York (Holt, Rinehart and Winston), 368–424

ROEDER, K. D. (1955): Spontaneous Activity and Behavior. Sci. Month. Wash., 80, 362–370

ROGERS, E. S. (1969): Band Organization among the Indians of the Eastern Subarctic Canada. Nat. Mus. Canada Bull. 288, Anthropol. Ser., 84, 21 bis 55

ROPER, M. K. (1969): A Survey of Evidence for Intrahuman Killing in the Pleistocene. Current Anthropol., 10, 427–459

ROTHBART, M. K. (1973): Laughter in Young Children. Psychol. Bull, 80, 247–256

RUSSELL, C. und RUSSELL, W. M. S. (1971): Unsere Vettern, die Affen. Hamburg (Hoffmann und Campe)

SAHLINS, M. D. (1960): The Origin of Society. Sci. Am., 204, 76–87

– (1972): Stone Age Economics. Chicago (Aldine)

SBRZESNY, H. (1976): Die Spiele der !Ko-Buschleute. Unter besonderer Berücksichtigung ihrer sozialisierenden und gruppenbindenden Funktion. Monographien zur Humanethologie 2. München (Piper)

SCHALLER, G. B. (1963): The Mountain Gorilla. Chicago (Chicago Univ. Press)

– (1972): The Serengeti Lion. Chicago (Chicago Univ. Press)

SCHEBESTA, P. (1938): Die Bambuti-Pygmäen vom Ituri. I. Band. Institut Royal Colonial Belge, Bruxelles (Librairie Falk)

– (1941): Die Bambuti-Pygmäen vom Ituri. II. Band. Institut Royal Colonial Belge, Bruxelles (Librairie Falk)

– (1948): Die Bambuti-Pygmäen vom Ituri. II. Band. Institut Royal Colonial Belge, Bruxelles (Librairie Falk)

– (1950): Die Bambuti-Pygmäen vom Ituri. II. Band. Institut Royal Colonial Belge, Bruxelles (Librairie Falk)

– (1952/53): Über die Vorgeschichte der Völkerschaften von Südwestafrika. I. Die Buschmänner. S. African J. Sci., 9, 45–56

SCHINDLER, H. (1974): Territorialität und Aggression: Eine Erwiderung. Anthropos, 69, 275–278

SCHJELDERUP, H. (1963): Einführung in die Psychologie. Bern (Huber)

SCHJELDERUP-EBBE, TH. (1922): Beiträge zur Sozialpsychologie des Haushuhns. Z. Psychol., 88, 225–252

SCHMIDBAUER, W. (1971a): Methodenprobleme der Humanethologie. Stud. Generale, 24, 462–522

– (1971b): Zur Anthropologie der Aggression. Dynam. Psychiatrie, 4, 36 bis 50

– (1972): Die sogenannte Aggression. Hamburg (Hoffmann und Campe)

– (1973): Territorialität und Aggression bei Jägern und Sammlern. Anthropos, 68, 548–558

– (1973): Biologie und Ideologie: Kritik der Humanethologie. Hamburg (Hoffmann u. Campe)

– (Hrsg.) (1974): Evolutionstheorie und Verhaltensforschung. Hamburg (Hoffmann und Campe)

SCHMIDT-MUMMENDEY, A. und SCHMIDT, H. D. (1971): Aggressives Verhalten. München (Juventa)

SCHOECK, H. (1966): Der Neid. Freiburg / München (Albert)

SCHULTZE-WESTRUM, TH. (1974): Biologie des Friedens. Auf dem Weg zu solidarischem Verhalten. München (Kindler)

SCHUMACHER, P. (1950): Kivu-Pygmäen. Band 2. Memoires Institut Royal Colonial Belge, Section Sciences Morales et Politiques, Brüssel (Librairie Falk)

SCOTT, J. P. (1958): Aggression. Chicago (Chicago Univ. Press)

SELG, H. (1968): Diagnostik der Aggressivität. Göttingen (Hogrefe)

– (1971): Zur Aggression verdammt? Stuttgart (Kohlhammer)

SERVICE, E. R. (1962): Primitive Social Organization: An Evolutionary Perspective. New York (Random House)

SHERIF, M. und SHERIF, C. W. (1966): Groups in Harmony and Tension. New York (Octagon)

SHIRER, W. L. (1963): Aufstieg und Fall des Dritten Reiches. Knaur Taschenbücher 4 und 5

SHOKEID, M. (1973): Conflict and Entertainment: An Analysis of Social Gatherings and Celebrations Among Moroccan Immigrants in Israel. Paper presented at IXth Intern. Congress of Anthropol. and Ethnolog. Sciences. Chicago, Aug.– Sept.

SILBERBAUER, G. B.(1972): The G/wi Bushmen. In: BICCHIERI, M. G. (Hrsg.): Hunters and Gatherers Today. New York (Holt, Rinehart and Winston), 271–326

– (1973): Socio-Ecology of the G/wi Bushmen. Thesis, Dept. Anthropol. and Sociol. Monash University

SINGER, D. (1968): Aggression Arousal, Hostile Humor, Catharsis. J. Pers. Soc. Psychol. Monograph Supplement, 8, 1, Pt. 2

SIPES, R. G. (1973): War, Sports and Aggression: An Empirical Test of Two Rival Theories. Am. Anthropologist, 75, 64–86

SKINNER, B. F. (1971): Beyond Freedom and Dignity. New York (A. Knopf)

SPERRY, R. W. (1971): How a Developing Brain gets itself Properly Wired for Adaptive Function. In: TOBACH, E., ARONSON, L. R. und SHAW, E. (Hrsg.): The Biopsychology of Development. New York (Academic Press), 27–44

SPITZ, R. (1950): Anxiety in Infancy. Int. J. Psycho-Anal., 31, 139–143

SPITZ, R. und COBLINER, W. G. (1965): The First Year of Life. New York (Int. Univ. Press)

SROUFE, L. A. (1977): Wariness of Strangers and the Study of Infant Development. Child Development, 48, 731–746

STAYTON, D. J., HOGAN, R. und AINSWORTH, M. D. S. (1971): Infant Obedience and Maternal Behavior: The Origins of Socialization Reconsidered. Child Development, 42, 1057–1069

STRATHERN, A. (1971): The Rope of Moka. Big-Men and Ceremonial Exchange in Mount Hagen, New Guinea. London/New York (Cambridge Univ. Press)

STREHLOW, C. (1915): Die Aranda- und Loritja-Stämme in Central-Australien. Veröff. Städt. Völkermus. Frankfurt/M. IV. Teil, II. Abtlg., 1–78

SUGIYAMA, Y. (1969): Social Behavior of Chimpanzees in the Budongo Forest, Uganda. Primates, 10, 197–225

SWEET, W. H., ERVIN, F. und MARK, V. H. (1969): The Relationship of Violent Behavior to Focal Cerebral Disease. In: GARATTINI, S. und SIGG, E. B. (Hrsg.): Aggressive Behavior. Amsterdam (Excerpta Medica Foundation), 336–352

TELEKI, G. (1973): Predatory Behavior of Wild Chimpanzees. Lewisburg (Bucknell Univ. Press)

TELLEGEN, A., HORN, J. M. und LEGRAND, R. G. (1969): Opportunity for Aggression as a Reinforcer in Mice. Psych. Sci., 14, 104–105

THOMAS, E. M. (1959): The Harmless People. New York/London

THOMPSON, T. I. (1963): Visual Reinforcement in Siamese Fighting Fish. Science, 141, 55–57

– (1964): Visual Reinforcement in Fighting Cocks. J. Exp. Analysis of Behavior, 7, 45–49

TINBERGEN, E. A. und TINBERGEN, N. (1972): Early Childhood Autism – an Ethological Approach. Fortschritte der Verhaltensforschung. Beiheft z. Z. Tierpsychol., 10

TINBERGEN, N. (1951): The Study of Instinct. London (Oxford UP)

– (1968): On War and Peace in Animals and Man. Science, 160, 1411–1418

TINBERGEN, N. und TINBERGEN, E. A. (1983): ›Autistic‹ Children – New Hope for a Cure. London/Boston/Sydney (George Allen & Unwin)

TOBACH, E., GIANUTSOS, J., TOPOFF, H. R. und GROSS, C. G. (1974): The Four Horsemen: Racism, Sexism, Militarism and Social Darwinism. Behavioral Publications. New York

TOBIAS, PH. V. (1964): Bushman – Hunter – Gatherers. A Study in Human Ecology. In: DAVIS, D. H. S. (Hrsg.): Ecological Studies in Southern Africa. Den Haag (W. Junk); repr. in: COHEN, Y. A.: Man in Adaptation. Chicago 1968 (Aldine), 196–208

TOMPA, F. S. (1962): Territorial Behavior. The Main Factor Controlling a Local Song Sparrow Population. Auk, 79, 687–697

TOYNBEE, A. (1966): Tradition und Instinkt. In: REINISCH, L. (Hrsg.): Vom Sinn der Tradition. München (C. H. Beck), 35–52

TRENK (1910): Die Buschleute der Namib, ihre Rechts- und Familienverhältnisse. Mitt. d. deutschen Schutzgebiete. Berlin, 23, 166–170

TRIVERS, R. L. (1971): The Evolution of Reciprocal Altruism. Quart. Review of Biology, 46, 35–57

TURNBULL, C. M. (1961): The Forest People. London (Chatto and Windus)

– (1965): The Mbuti Pygmies: An Ethnographic Survey. Anthropol. Papers. Am. Mus. Nat. Hist., 50, 139–282

– (1968): The Importance of Flux in Two Hunting Societies. In: LEE, R. B. und DEVORE, I. (Hrsg.): Man the Hunter. Chicago (Aldine), 132–137

TURNEY-HIGH, H. H. (1949): Primitive War. Its Practice and Concepts. Columbia (Univ. of South Carolina Press)

VALLOIS, H. V. (1961): The Social Life of Early Man: The Evidence of Skeletons. In: WASHBURN, S. L. (Hrsg.): Social Life of Early Man. Chicago (Aldine), 214–235

VALZELLI, L. (1969): Aggressive Behaviour Induced by Isolation. In: GARATTINI, S. und SIGG, E. B. (Hrsg.): Aggressive Behaviour. Amsterdam (Excerpta Medica Foundation), 70–76

VAYDA, A. P. (1960): Maori Warfare. In: Polynesian Society Maori Monographs, Nr. 2, Polynesian Society, Wellington

– (1961): Expansion and Warfare Among Swidden Agriculturalists. Am. Anthrop., 63, 346–358

– (1967): Research on the Functions of Primitive War. In: Peace Research Society Internat. Papers, Bd. 7

– (1970): Maoris and Muskets in New Zealand: Disruption of a War System. Political Science Quarterly, 85, 560–584

– (1971): Hypothesen zur Funktion des Krieges. In: FRIED, M., HARRIS, M. und MURPHY, R. (Hrsg.): Der Krieg. Conditio Humana. Frankfurt (S. Fischer)

VEDDER, H. (1937): Die Buschmänner Südwestafrikas und ihre Weltanschauung. South African J. Sci., 24, 416–436

– (1952/53): Über die Vorgeschichte der Völkerschaften von Südwestafrika. I. Die Buschmänner, J. South-West Africa Sci. Soc., 9, 45–56

VICEDOM, G. F. (1937): Ein neuentdecktes Volk in Neuguinea. Archiv f. Anthropologie, N. F. 24, 11–44

VICEDOM, G. F. und TISCHNER, H. (1943/48): Die Mbowamb, Band I. Die Kultur der Hagenbergstämme. Monograph. z. Völkerkunde, 1. Hamburg

VOLHARD, E. (1939): Kannibalismus. Stuttgart (Strecker und Schröder) Neudruck (1968) New York (Johnson Reprint Corp.)

WAAL, F. M. B. DE (1978): Exploitative and Familiarity Dependent Support Strategies in Chimpanzees. Behaviour, 17, 268–312

WALSH, M. N. (1971): Psychic Factors in the Causation of Recurrent Mass Homicide. In: WALSH, M. N. (Hrsg.): War and the Human Race. New York (Elsevier), 70–82

WALTERS, R. H. und THOMAS, E. L. (1963): Enhancement of Punitiveness by Visual and Audiovisual Displays. Can. J. Psychol., 17, 244–255

WALTHER, F. R. (1961): Entwicklungszüge im Kampf- und Paarungsverhalten der Horntiere. Jahrb. G. v. Opel Freigehege Tierforsch., 3, 90–115

– (1966): Mit Horn und Huf. Berlin (Parey)

WARNER, W. L. (1930): Murngin Warfare. Oceania 1, 457–482

WEIDKUHN, P. (1968/69): Aggressivität und Normativität. Über die Vermittlerrolle der Religion zwischen Herrschaft und Freiheit. Ansätze zu einer kulturanthropologischen Theorie der sozialen Norm. Anthropol., 63/64, 361–394

– (1969): Fastnacht – Revolte – Revolution. Z. Relig. und Geistesgeschichte, XXI, 289–306

WEULE, K. (1916): Der Krieg in den Tiefen der Menschheit. Stuttgart (Kosmos, Ges. d. Naturfreunde, Franckh'sche Verlagshandlung)

WICKLER, W. (1965): Über den taxonomischen Wert homologer Verhaltensmerkmale. Die Naturwiss., 52, 441–444

– (1966): Ursprung und biologische Deutung des Genitalpräsentierens männlicher Primaten. Z. Tierpsychol., 23, 422–437

– (1967): Vergleichende Verhaltensforschung und Phylogenetik. In: HEBERER, G. (Hrsg.): Die Evolution der Organismen. Bd. 1, 3. Aufl. Stuttgart (Fischer), 420–508

– (1969): Sind wir Sünder? Naturgesetze der Ehe. München (Droemer-Knaur)

– (1970): Soziales Verhalten als ökologische Anpassung. In: RATHMAYER, W. (Hrsg.): Verhandlungen der Deutschen Zoologischen Gesellschaft. 64. Jahresversammlung 1970. Stuttgart (Fischer), 291–304

– (1971): Die Biologie der Zehn Gebote. München (Piper)

– (1972): Verhalten und Umwelt. Hamburg (Hoffmann und Campe)

WIESSNER, P. (1977): Hxaro: A regional system of reciprocity for reducing risk among the !kung San. Ph. D. dissertation, University of Michigan, Ann Arbor

– (1983): Style and Social Information in Kalahari San Projectile Points. American Antiquity, 48, 253–276

WILHELM, J. H. (1953): Die !Kung-Buschleute. Jahrb. d. Museums f. Völkerkunde Leipzig, 12, 91–189

WILLIS, E. O. (1967): The Behavior of the Bicolored Antbird. Univ. Calif. Publ. Zool., 79. Berkeley (Univ. Calif. Press)

WILMSEN, E. N. (1973): Interaction, Spacing Behavior, and the Organization of Hunting Bands. J. Anthropolog. Research, 29, 1–31

WILSON, E. O. (1971): Competitive and Aggressive Behavior. In: EISEN-BERG, J. (Hrsg.): Man and Beast, Comparative Social Behavior. Washington (Smithsonian Inst.), 183–217

– (1974): Wettbewerb und Aggression bei Tier und Mensch. In: SCHMID-BAUER, W. (Hrsg.): Evolutionstheorie und Verhaltensforschung. Hamburg (Hoffmann und Campe), 259–294

– (1975): Sociobiology: The New Synthesis. Cambridge, Mass. (Belknap Press – Harvard UP)

WINTSCH, H. U. (1973): Erziehung zur Friedfertigkeit. In: PLACK, A. (Hrsg.): Der Mythos vom Aggressionstrieb. München (List), 285–310

WOODBURN, J. (1968): Stability and Flexibility in Hadza Residential Groupings. In: LEE, R. B. und DEVORE, I. (Hrsg.): Man the Hunter. Chicago (Aldine), 103–110

WRIGHT, Q. (1965): A Study of War. Chicago (Chicago Univ. Press)

YOUNG, M. V. (1971): Fighting with Food – Leadership, Values and Social Control in a Massim Society. Cambridge (Cambridge Univ. Press)

ZASTROW, B. v. und VEDDER, H. (1930): Die Buschmänner. In: SCHULTZ-EWERTH, E. und ADAM, L. (Hrsg.): Das Eingeborenenrecht: Togo, Kamerun, Südwestafrika, die Südseekolonien. Stuttgart (Strecker und Schröder)

Im Text genannte Filme des Humanethologischen Filmarchivs der Max-Planck-Gesellschaft

EIBL-EIBESFELDT, I. (1971): !Ko-Buschleute (Kalahari)–Schamweisen und Spotten (Humanethologisches Filmarchiv HF 1). Homo 22, 261–266

– (1971): !Ko-Buschleute (Kalahari)– Aggressives Verhalten von Kindern im vorpubertären Alter, Teil I und II (Humanethologisches Filmarchiv HF 2 u. HF 3). Homo 22, 267–278

– (1971): !Ko-Buschleute (Kalahari)– Aggressives Verhalten von Säuglingen (Humanethologisches Filmarchiv HF 4). Homo 23, 292–297

– (1971): !Kung-Buschleute (Kungveld, Südwestafrika) – Geschwisterrivalität, Mutter-Kind-Interaktionen (Humanethologisches Filmarchiv HF41). Homo 24, 252– 260

– (1981): Medlpa (Neuguinea) – Totentrauer (Humanethologisches Filmarchiv HF75)

Weitere Filmpublikationen dieses Archivs sind in folgenden meiner Schriften genannt: ›Die !Ko-Buschmanngesellschaft, Gruppenbindung und Aggressionskontrolle‹. München (Piper) 1972 und ›Der vorprogrammierte Mensch‹. Wien (Molden) 1973.

Danksagung

Meine Arbeit im Felde wurde von vielen Personen und Organisationen unterstützt, denen ich hier meinen besonders herzlichen Dank aussprechen möchte. Das gilt zunächst für die Max-Planck-Gesellschaft, die Deutsche Forschungsgemeinschaft, die v.-Gwinner-Stiftung, die Thyssen-Stiftung und den Stifterverband für die deutsche Wissenschaft; ferner für die deutschen und österreichischen Botschaften und Dienststellen, die meine Arbeit in jeder Beziehung förderten und die mir vor allem im Ausland oft ganz entscheidend halfen. Ich danke den Regierungen der Länder, in denen ich arbeitete, insbesondere den Regierungen Australiens, Botswanas, Indonesiens, Papuas und Neuguineas, der Philippinen, Südafrikas und Venezuelas. Sehr herzlich danke ich meinen Freunden Dr. Kuno Budack, Prof. Dr. Derek Freeman, Elke und Karl-Friedrich Fuhrmeister, Dr. Inga Steinvorth-Goetz, Dr. Hans-Joachim Heinz, Dieter Heunemann, Prof. Dr. Les Hiatt, Glenny Köhnke, Dr. Heide Sbrzesny, Pin Straatmans und allen Mitarbeitern meiner Arbeitsgruppe. Ganz besonderen Dank schulde ich den christlichen Missionen, die mich stets gastlich aufnahmen und die mir aufgeschlossen Auskunft gaben, sowie den wissenschaftlichen Organisationen der besuchten Länder, die kollegiale Hilfe gewährten. Schließlich danke ich wie immer Prof. Dr. Hans Hass und Prof. Dr. Konrad Lorenz für die vielen Anregungen, die ich in den langen Jahren unserer Freundschaft empfing, und meiner Familie, der ich durch meine Reisen manche Entbehrungen auferlegte.

Namenregister

Ainsworth, M. D. S.   106
Albrecht, H.   85
Andree, R.   174
Angst, W.   101
Ardrey, R.   47, 220
Arima, E.   160
Aristoteles   135 f.
Assurnasirpal II.   228

Bagshawe, F. J.   168
Baker, J. W.   137
Ball, L.   114, 132
Ball, W.   26
Bamm, P.   273
Bandura, A.   133, 139
Barlow, G. W.   71
Baron, R. A.   114, 132
Basedow, H.   114
Behrens, H.   154
Bell, W. H.   222
Benedict, R.   156 f.
Berkowitz, L.   42, 132, 133, 136, 199
Bernatzik, H. A.   206
Bicchieri, M. G.   155, 165
Bigelow, R. S.   148, 154, 220
Biocca, E.   229, 257
Birket-Smith, K.   163
Bleek, D. F.   172, 173
Boas, F.   158
Bodenstein, D.   22
Bohannan, P.   216
Bower, T. G.   26
Bowlby, J.   106
Bramel, D.   137
Brandt, W.   17
Brownlee, F.   175

Bullock, T. H.   74, 138
Buss, A. H.   42, 45, 137
Bygott, J. D.   79, 83, 89, 92

Cairns, R. B.   71
Carpenter, C. R.   86
Carson, R.   17
Castetter, E. F.   222
Chagnon, N. A.   141, 220
Chance, M. R. A.   62, 104
Clausewitz, K. v.   205
Codere, H.   258
Conradt, R.   149 f.
Corning, P. A.   133, 221
Corwin, R.   149 f.
Courchesne, E.   71
Crain, M.   236
Cromwell, O.   228 f.
Crook, J. H.   54

Damas, D.   161
Dann, H. D.   42, 50, 284 f.
Dart, R. A.   47, 152
Darwin, Ch.   41, 198, 276
Deag, J. M.   54
Delgado, J. M. R.   68
Denker, R.   200
Dentan, R. K.   286 f.
Dethier, V. G.   21 f.
DeVore, I.   155, 164, 195
Divale, W. T.   155
Dobshansky, T.   282
Dollard, J.   42
Dornan, S. S.   194
Dornstreich, M. D.   217
Dunnett, S. C.   85
Dworkin, E. S.   132

Edney, J. J.   100
Edwards, L. P.   228 f.
Eibl-Eibesfeldt, I.   14 ff., 19, 22, 26,
   31, 39, 51, 63, 99, 109, 110, 111,
   114, 124, 130, 170, 184, 185, 186,
   194, 201, 236, 237, 259, 275, 290
Efran, J. S.   132
Erikson, E. H.   37
Esser, A. H.   99
Euler, H. A.   23

Felipe, N. J.   99
Feshbach, S.   42, 132, 137, 140
Fetscher, I.   282
Fortune, R. F.   157, 197
Fossey, D.   86
Franck, D.   71
Freeman, D.   63, 197 ff.
Freud, S.   135, 199, 283, 285
Fried, M.   216
Frisch, K. v.   20, 21
Frobenius, L.   156, 216
Fromm, E.   12, 149, 220

Gardener, P. M.   195
Gardner, R.   213 f.
Gehlen, A.   277
Germann, P.   194
Gerstacker, C.   261
Ghiselin, M. T.   283
Gibbs, F. A.   138
Goldenbogen, I.   71, 72
Goodall, J. v. s. Lawick-Goodall
Götz, W.   101
Goffman, E.   29
Graham, E. E.   222
Grant, E. C.   65
Grastyan, E.   67
Graumann, C. F.   42
Grzimek, B.   17

Hacker, F.   50
Haeckel, E.   17
Hahn, T.   230 f.
Hallpike, C. R.   218 f.
Hamilton, W. D.   60

Harris, M.   198, 216
Hass, H.   19, 35, 38
Hassenstein, B.   26, 108, 285
Heeschen, V.   217
Heider, K. G.   213 f.
Heiligenberg, W.   74, 75
Heinroth, O.   20
Heinz, H. J.   170, 180, 191
Heironimus, M.   133
Helmuth, H.   155, 157
Hess, E. H.   24
Heunemann, D.   170, 236
Hiatt, L. R.   260
Hicks, D. J.   140
Hinde, R. A.   21
Hobhouse, L. T.   156
Hoebel, E. A.   162
Hörmann, L. v.   120, 126
Hogan, R.   106
Hokanson, J. E.   116, 132, 136 f.
Hold, B.   62, 107
Hollitscher, W.   12, 31, 200
Holm, G.   162
Holst, E. v.   21 f., 48, 68 f., 275
Hooff, J. A. R. A. M. van   85, 112
Horn, K.   27, 115 f.
Horridge, G. A.   74, 138
Humm, R. J.   14
Hunsperger, R. W.   48
Huxley, A.   280

Immelmann, K.   24
Itani, J.   78
Izawa, K.   78

Johnson, B.   45
Jouvet, M.   74

Kant, I.   233, 263
Kawai, M.   86
Kawanaka, K.   78, 80
Klopfer, P. H.   24
Klutschak, H. W.   161 f.
Koch, K. F.   216, 255
Kochman, T.   122
König, H.   119, 157

Koenig, O.   38, 187
Kohl-Larsen, L.   168
Konishi, M.   44
Kooij, M.   93
Kortlandt, A.   85, 93 f., 94 ff.
Kramer, G.   219
Kramer, U.   74, 75
Krämer, A.   198
Kruijt, J.   68
Kühn, H.   152 f.
Kummer, H.   44, 57, 101, 270

Lack, D.   64
Lagerspetz, K.   65, 71, 73 f., 76
Landtman, G.   213, 256
Landy, D.   132
Lawick-Goodall, J. van   60, 77, 79 ff., 85 ff.
Layard, J.   216, 222 f.
Lebzelter, V.   174
Lee, R. B.   155, 164, 170, 171, 179 f., 195
Lehrman, D. S.   21
Leong, C. Y.   65, 66
Lepenies, W.   17, 200
Leyhausen, P.   47
Lichtenstein, H.   230
Lorenz, K.   11–14, 20, 23 ff., 26 ff., 31, 37, 38, 52, 64, 69, 111, 135, 150, 201, 220 f., 275, 280, 282, 283
Luers, F.   121
Lumholtz, C.   212 f., 260
Lumsden, M.   200
Luria, S. E.   199
Luscombe, O.   85
Luther, M.   261
Lynge, K.   159

Mackintosh, J. H.   65
Mallick, S. K.   137
Malthus, Th. R.   278 f.
Maning, F. E.   210
Marcuse, H.   283
Markl, H.   43, 44, 52
Marshall, L.   171, 176

Marwitt, J. P.   222
Mattee, D.   132
Matthiessen, P.   213
Mauss, M.   258, 269
McCandless, B. R.   137
McGhee, P. E.   111
Mead, M.   196 ff., 276, 286
Merz, F.   42
Meves, Ch.   284
Michaelis, W.   135, 143 ff., 203
Milgram, S.   106, 116, 233
Mitscherlich, A.   274
Mizuhara, H.   86
Mohr, A.   152
Montagu, A.   150, 200
Morey, R. V. Jr.   222
Morren, G. E. B.   217
Morris, D.   105
Moyer, K. E.   46, 69, 138
Mühlmann, W. E.   216
Murphy, R.   216

Nadel, S. F.   126
Nansen, F.   157
Nelson, E. W.   163 f.
Nesbitt, P. D.   99
Nice, M. M.   59
Nishida, T.   78, 80
Nolte, H.   200
Nungak, Z.   160

Oberem, U.   127
Oberhuber, K.   228
Ortiz, A.   171

Packard, V.   105
Palluck, R. J.   99
Passarge, S.   171
Petersen,   158, 159, 161
Phillips, L. H.   44
Pitelka, F. A.   57
Plack, A.   138, 158
Ploog, D. W.   131
Plotnik, R.   68
Portisch, H.   226

Radcliffe-Brown, A. R.   125, 257
Rappaport, R. A.   171, 221, 247, 250
Rasa, O. A. E.   69f.
Rasmussen, K.   158, 163
Rattner, J.   200
Reich, W.   284f.
Reis, D. J.   46f.
Reynolds, F.   87
Reynolds, V.   77, 85, 87, 151
Roeder, K. D.   74, 138
Rogers, E. S.   152
Roper, M. K.   152
Rothbart, M. K.   111
Russell, C. und W. M. S.   115

Sahlins, M. D.   155, 170, 258, 269
Saint-Paul, U. v.   48, 68f.
Sbrzesny, H.   40, 134, 142, 170, 186, 190
Schaie, K. W.   137
Schaller, G. B.   51, 86
Schebesta, P.   165f., 167
Schiller, F.   232
Schindler, H.   175, 195
Schjelderup, H.   156
Schjelderup-Ebbe, Th.   60
Schmidbauer, W.   32, 63, 113, 157, 171, 172, 174f., 200
Schmidt-Mummendey, A.   31, 200
Schoeck, H.   107, 112
Schultze-Westrum, Th.   51
Schumacher, P.   167
Scott, J. P.   48, 65
Selg, H.   42, 200
Service, E. R.   155, 164
Sherif, M. und C. W.   101
Shetler, S.   116, 132
Shirer, W. L.   228
Shokeid, M.   125
Silberbauer, G. B.   177f.
Singer, D.   132f., 140
Sipes, R. G.   133ff., 283
Skinner, B. F.   23, 201, 280
Sommer, R.   99
Sperry, R. W.   25
Spitz, R.   27

Stayton, D. J.   106, 117
Steinmetz   157
Steven, G.   99
Straatmans, W.   236
Strathern, A.   253f.
Sugiyama, Y.   78
Suzuki, A.   78
Sweet, W. H.   138

Tapper, Th.   261
Teleki, G.   90, 93
Tellegen, A.   65
Thomas, E. L.   140
Thompson, T. I.   65
Tinbergen, E. A.   186
Tinbergen, N.   21, 34, 50f., 64, 186
Tischner, H.   118, 256, 257
Tobach, E.   199
Tobias, Ph.   177
Tompa, F. S.   58
Toynbee, A.   147
Trenk   175
Trivers, R. L.   109
Tronick, F.   26
Turnbull, C. M.   164
Turney-High, H. H.   216

Uexküll, J. v.   20

Valero, H.   229f., 257
Vallois, H. V.   151
Valzelli, L.   71
Vayda, A. P.   222f.
Vedder, H.   172, 175, 194
Vicedom, G. F.   118, 253, 254, 256, 257
Volhard, E.   217

Walsh, M. N.   217
Walters, R. H.   140f.
Walther, F. R.   53
Warner, W. L.   247
Weidkuhn, P.   127, 157
Weule, K.   174, 212
Wickler, W.   18, 31, 34, 40, 69, 74, 131, 233, 270

Wiessner, P.   181
Wilhelm, J. H.   175, 176, 195, 206
Wilhelmi, U.   71
Willis, E. O.   57, 177
Wilmsen, E. N.   171
Wilson, E. O.   57

Wintsch, H. U.   274, 285
Woodburn, J.   155, 167
Wright, Q.   205, 221 f.

Zastrow, B. v.   172

Sachregister

Aale, Spontanität 22
Abkehr 28 f.
Ablehnung 28 f.
Abreaktion von Aggressionen s.
  Aggression
Abschaltmechanismen 23
Ackerbauer und Pflanzer 157
Affen, Beißintention 112
–, Gruppen 60
–, Hirnreizung 68
–, phallisches Drohen 131
–, Rangordnung 61
–, Spielgesicht 112
Afghanen, Grußrituale 124
Aggression, Abreaktion 125 ff.,
  131, 139
–, affektive 47
–, Beute-Aggression 46 f.
–, destruktive 113, 148
–, erzieherische 109 f., 111 ff.,
  185 ff.
–, explorative 108, 185
–, Funktionsmodell 143 f.
–, innerartliche 42 ff., 77 ff.
–, Innergruppen-Aggression 98 ff.,
  184
–, Kontrolle der Innergruppen-Ag-
  gression 113 ff.
–, Kontrolle der Zwischengruppen-
  Aggression 245 ff.
–, moralistische 107
–, normerhaltende 110 ff.
–, gegen Raubfeinde 93
–, ritualisierte 156 ff.
–, Sozialisierung 190, 281 f.
–, verbalisierte, s. a. Beschimpfen 118 ff., 132, 192, 267
–, zwischenartliche 45 f.
–, Zwischengruppen-Aggression
  147 ff.
Aggressionshemmung 113 f., 123
Aggressionskontrolle 54, 201
Aggressionsstau 68 f., 132
Aggressionssteigerung nach Isolation
  69
Aggressionstrieb 138, 199
Aggressivierung des Menschen
  147 ff.
Aggressivität bei Jägern und Samm-
  lern 155 ff.
–, bei Schimpansen 77 ff.
–, bei Wirbeltieren 67
agonistisches Verhalten 48 f.
Agta (Philippinen) 195
altruistische Anlagen 60
Analogien 31, 40
Andamanesen, Friedensfeier 257
Anemonenfische, innerartliche
  Kämpfe 51
angeborene Verhaltensweisen beim
  Menschen 26 ff., 99 f.
–, bei Tieren 20, 24 ff.
Angstbindung 107
Anpassung, stammesgeschichtliche
  19, 29, 34 f., 62 ff., 130 f., 199
Antilopen, Kampfverhalten 46
–, Turnierkämpfe 53
Antriebe bei Tieren 67 ff.
Appell 30, 267, 269
–, beschwichtigender 113 f.
–, kindlicher 53
–, über die Frau 114

–, über das Kind 114
Appetenzverhalten. s. a. Kampf-
    appetenz 67 ff.
Aranda (Australien), Kriege 208 ff.
Arapesh (Neuguinea) 196
Armfüßler, Artenwandel 35
Artenwandel 35 f.
Arterhaltung 34
Attrappenversuch 64
Auslachen 111, 129
Auslese s. Selektion
Auslösemechanismen 21, 64 f.,
    128 f.
Außenseiterreaktion 84, 110 f.
Ausstoßreaktion 60
Australier, Kriege 208 ff.
–, Ortsbindung 259 ff.
Australopithecus 47, 152
Automatismen, zentrale 22

Berberaffen, kindlicher Appell 5
Beschädigungskämpfe 51 ff.
Beschimpfen 118, 127, 189, 249
Beschwichtigen 266
–, bei Tieren 53, 85 f.
Besitz 99, 100 ff.
–, bei Schimpansen 101
Bestrafung 109
Beute-Aggression 87 ff.
Beutemachen, soziale Bedeutung
    88 f.
Beuteteilen, bei Schimpansen 88 ff.
Bienen, Königin 43 f.
–, Tänze 21
Blickkontakt, Mensch 28 f.
Blutrache, bei Eskimos 162
Brutpflegeverhalten 39 f.
Buntbarsche, aggressionshemmende
    Signale 64 f.
–, Erbkoordinationen 63
–, Kampfappetenz 68 ff.
–, Kämpfe 51 ff.
–, Turnierkämpfe 51 ff.
Buschleute, Aggression 141, 155 ff.,
    184 ff.
–, Drohen 185 f.

–, Familie 171 ff.
–, Felsmalereien 172 f.
–, Fremdenfurcht 185
–, Genitalpräsentieren 194
–, Gesäßweisen 194
–, Geschwisterrivalität 184
–, Innergruppen-Aggression 184
–, Kampfspiele 134
–, Kriege 170 ff.
–, Necken 187, 193
–, Neid 107, 113
–, Scherzpartnerschaft 193
–, Schwarze Magie 194
–, Spotten 193 f.
–, Sozialisierung der Aggres-
    sion 188 f.
–, Tanz 40
–, Territorialität 151 ff., 155 ff.
–, Totschlag 191
–, Zungezeigen 194

Dachs, Duftmarken (Reviermarkie-
    rung) 56
defensives Verhalten 49
Demutsstellung, -verhalten 40,
    51 f., 266 f.
Determinanten, biologische 199
Dominanzdemonstration 131
Drohen 42 f., 44, 47 f. 65 f.
–, bei Buntbarschen 51
–, bei Buschleuten 186 f.
–, bei Menschen allg. 130 f.
–, bei Pavianen 54, 131
–, phallisches 131
–, bei Schimpansen 79 ff., 92 f.
–, bei taubblind Geborenen 131
–, bei Wirbeltieren 61
Duftmarken (Reviermarkierung) 55
Duftstoffe 43
Dugum Dani (Neuguinea), Kriege
    213 ff.

Echsen, Paarungskämpfe 61
–, Turnierkämpfe 43
Eichhörnchen, agonistisches Verhal-
    ten 48

Eifersucht 103
Einsiedlerkrebs, Kampfappetenz 71
Elternbindung 103
Energie, aktionsspezifische 23
energieerwerbende Systeme 38
Energiemodell 23
Energone 38
Enten, Erbkoordinationen 20
Entwicklung zum Frieden 148,
 203 f., 226 ff.
Erbkoordinationen, beim Menschen
 20 f., 27 f.
–, bei Tieren 20, 22, 63
Erfahrung 36, 38
–, tradierte 37
Erfahrungsentzug 24
Erregungsstau 22
Erziehung gegen Aggression 141,
 188
–, zur Aggression 141
–, zum Frieden 272 ff.
–, repressionsfreie 284
Eskimos, Aggressivität 156
–, Blutrache 162
–, Fingerhakeln 160
–, Kontakt mit der Zivilisation 163
–, Kopftrophäen 163
–, Kriege 161 f.
–, Spottgesänge 119 f., 158, 162
–, Territorialität 158 ff.
Ethologie s. Verhaltensforschung
Evolution 32 ff., 234 f., 277
–, altruistisches Verhalten 60
–, kulturelle 32, 34 ff., 147 f., 203

Familie 284
–, bei Buschleuten 180
Fasching 127
Federnaufstecken 127
Feindabwehr, bei Schimpansen 93
Feindschema »Fremder« 129
–, »Mensch« 129
Feindverhalten s. agonistisches Ver-
 halten
Feldwespen, Aggressivität 43
Felsmalereien 152 f., 172 f.

Feste 125 f.
Fingerhakeln bei Eskimos 160
Fische, Kämpfe 51 f.
–, Spontaneität 22
Flirt 27 f.
Fluchtbereitschaft 23
Fluchtverhalten 48 f., 67
Flugbeutler, Erkennung 51
Formkonstanz 22
Fremdenablehnung 128 f., 147
Fremdenfurcht 129 f., 185 f.
Frieden s. Entwicklung zum Frieden
Friedensschluß 254 f.
Frösche, funktionelle Neuanpassung
 25
Frustration 97, 128, 138
Fütterung, ritualisierte 39, 114

Galago-Äffchen, Duftmarken 56
Gattenpaare, bei Schimpansen 85
Gefolgsbereitschaft 107
Gehorsam 106, 116 f.
Gcnerationenkonflikt 37
Genetik aggressiven Verhaltens 76
Genitalpräsentieren 194
Gesang, bei Grillen 44
–, Kriegsgesang 208 f.
–, Reviergesang bei Vögeln 45, 56
Gesäßweisen 194
Geschenkeaustausch 114, 128,
 258 f., 269,282
Geschwisterrivalität 103, 184 f.
Gesellschaft, manipulierte 280
Gewalt 107
Gewissen 226 ff.
–, Konflikt 11, 228 f.
Gewohnheiten 38
Gibbons, Gruppen 86
–, Hirnreizung 68
Giftschlangen, Turnierkämpfe 52
Gorillas, Drohen 94
–, Gruppen 86
–, Waffengebrauch 94
Grillen, aggressives Singen 44
Gruppe, Definition 179
Gruppenbeziehung 101 ff.

Gruppengeruch 55, 64f.
Gruppennorm 60f.
Grußrituale s. Rituale

Hadza (Ostafrika), Aggressivität
  156
–, Kriege 167f.
–, Territorialität 151, 168f.
Hagenbergstämme (Neuguinea),
  Friedensschluß 253f.
–, Vermittlung 253
–, Werberitual 39f.
–, Zweikämpfe 257
Hähne, agonistisches Verhalten 48
–, Hirnreizung 48
–, Lerndispositionen 65
–, Strafreize 23
–, s. a. Kampfhähne
Hamster, Aggressivität 55
–, Duftmarken (Reviermarkie-
  rung) 55
–, Territorialität 55
Handel 269
Hassen 112
Hautflügler, Aggressivität 43
Hautpflege, soziale 84
Heiratsbindung 271
Himba (Südwestafrika), Erziehung
  zur Aggression 140
Hirnreizung, elektrische 48, 65ff.
Hominisation 94
Homologie 31, 33, 46
Homologieforschung 33
Homologiekriterien 33
Horde, Definition 179ff.
Hormone 67
Huftiere, Erbkoordinationen 64
–, Turnierkämpfe 53
Hühner, Ausstoßreaktion 60
–, Hirnreizung 68
Humanethologie 19, 32f.
Humanwissenschaften 195–202
Humor 111, 132
Hunde, Duftmarken (Reviermarkie-
  rung) 56
–, Kämpfe 53

Hundeartige, Schnauzenzärtlichkeit
  40

Imponieren 44
–, bei Schimpansen 80f.
Indianer (Ecuador), Abreaktion 127
–, (Kanada), Territorialität 152
–, s. a. Kwakiutl, Waika-Indianer
Individualdistanz 98
Individualrevier 98
Informationserwerb 36
Initiative 49, 62
Instinkt 20f.
Intoleranz, raumgebundene 55, 57

Jäger und Sammler 152ff.
Jalé (Neuguinea), Friedensschluß
  255
–, Kannibalismus 216f.

Kabarett 127
Kampfappetenz 23, 67ff., 138f.
Kämpfen 49f., 67
–, ritualisiertes 117f., 262
Kampffische, Erbkoordinationen
  63
–, Lerndispositionen 65
Kampfhähne, Erbkoordinationen
  63
–, Kampfappetenz 68
Kampfspiele 126, 134f., 142
Kampfsport 126f., 134f.
Kampftrieb 67
Kampfverhalten 44ff.
Kannibalismus, bei Menschen
  209, 216f.
–, bei Schimpansen 89f.
Karneval 127
Katharsis 133ff.
Katze, agonistisches Verhalten 46
Kielschwanzleguan, Erbkoordina-
  tion 63
Kindchenschema 30, 114
kindliches Verhalten 53
Klapperschlangen, Turnierkämpfe
  52

Konfliktkontrolle 260 ff.
Kontaktbereitschaft 113, 268
Kontrolltheoriemodell 23
Konvergenzen 31, 262 f.
Konvergenzforschung 32 f.
Kooperation 101 f.
Koordination, zentrale 22
Kopftrophäen, bei Eskimos 163
Kreuzspinne, Erbkoordination 20
Krieg 147 f., 205 ff.
–, bei Ackerbauern und Pflanzern 157
–, bei Jägern und Sammlern 155 f.
–, Definition 202 f.
–, Folgen 220
–, Funktionen 217 ff., 277
–, Ritualisierung 148, 204, 214, 245 ff.
–, Überfall 206, 214
–, Ursprünge 215
Kwakiutl, Aggressivität 156
–, Potlatsch 105, 128, 156

Lachen 111 f., 133
Lebensstrom 35, 36, 278
Lernbegabung 23
Lerndisposition 65
Lernen 26, 139 ff.
–, am Erfolg 142
–, durch Imitation 140
–, durch soziales Vorbild 139 f.
Lernprozesse 36, 139 ff.
Löwen, Erkennung 51
–, Kämpfe 54
Lurche, funktionelle Neuanpassung 25

Makaken, Drohen 45
–, Waschen von Kartoffeln 37
Maori, Kriege 210, 222
Mäuse, aggressive Verhaltensdispositionen 76
–, Aggressivität 71 ff.
–, Dressur 39
–, kampfauslösende Signale 64
–, Lerndispositionen 65

Mbowamb (Neuguinea), Beschimpfen 118
–, Trauerritual 235 ff.
Meerechsen, Erbkoordinationen 63
–, Turnierkämpfe 52
Meerkatzen, phallisches Drohen 131
Menschenaffen, Aggressivität 113, 130
–, Territorialität 77 ff.
Milieutheorie 196
Mimik, beim Menschen 27 f.
Mokaritual (Neuguinea) 258
motivierende Mechanismen 67
Mundugumur (Neuguinea) 196
Murngin (Australien), ritualisierte Kämpfe 245 f.
Muru-Überfälle 112
Mutation 36 f.

Nachäffen 110 f., 127, 193
Napalm 261
Necken 118, 125 f., 193
Neger (USA), verbale Wettkämpfe 122
Neid 107, 112
Nervensystem 25
Neuanpassung, funktionelle, nach Transplantation 25
Neue-Hebriden-Bewohner, Kriege 216, 222 f.
Neurophysiologie 25, 68 f.
Nexus 180 f.
Normen 30, 111, 203, 231 f.
Normenfilter 144 f., 148, 204, 231
Normenfindung 233
Normenkonflikt 203, 231 f.
Normenkontrolle 144
Nuba, Scherzpartnerschaft 126

ökologische Nischen 37
Orang, Drohen 94
–, Gruppen 87
–, Waffengebrauch 94 f.
Ortsbindung, mythische 259 f.

Paarungskämpfe, bei Echsen 61
Papua (Neuguinea), Friedens-
    schluß 255 f.
–, Kriege 213
–, Trauerritual 253 ff.
Partnerbindung 103
Paviane, Beschwichtigen 54
–, Besitz 99, 101
–, Drohen 45, 131
–, Erkennung 55
–, Gruppen 80
–, als Jäger 88
–, phallisches Drohen 131
–, Unterordnung 109
Perdehuf 36
Phi Thong Luang (Mrabri) 206
Piranha, Kämpfe 52
Platzordnung 98 f.
Potlatsch 105, 128, 156
Prachtkleid, bei Fischen und
    Vögeln 99
Prägung 24
Prestigeökonomie 105
Primärtriebhypothese 138
Pseudospeziation 37, 51, 60, 102,
    147, 150, 203
Puter, Aggressivität 67
–, Erbkoordinationen 64
Putzerlippfische, Tanz 39
Pygmäen, Aggressivität 156
–, Kriege 166 f.
–, Territorialität 164 f.

Rachsucht 217
Rangeln (Tiroler Kampfspiel) 126 f.
Rangimponieren 105
Rangmimikry 105
Rangordnung, bei Affen 62, 80 f.,
    85 f.
–, bei Menschen 61 f., 107, 116 f.,
    268
Rangstreben, beim Menschen 104 ff.
–, bei Tieren 46
Ratten, Erkennung 51
–, Gruppengeruch 55
–, Hirnreizung 65

Reifung 25
REM-Phase, Schlaf 75
Reptilien, Aggressivität 67
–, Kämpfe 52
–, Turnierkämpfe 52
Revier 55 f.
Reviergesang s. Gesang
Reviermarkierung 56
Rhesus-Affen, Gruppen 80
–, Hirnreizung 68
Riffbarsche, Kampfappetenz 69 f.
Riff-Fische, Signale 39
Rituale, Aufbau und Regeln 19
–, zur Bindung 39, 123 f.
–, zur Friedenserhaltung 256 f.
–, Funktion 39 f.
–, Futterüberreichen 30, 114 f.
–, Geschenkrituale 40, 114 f., 256 f.
–, zur Gruppenbindung 32
–, Grußrituale 32, 40, 123 f., 266
–, Initiationsrituale 109
–, Synchronisationsrituale 40
–, Werberituale 32, 39 f.
Ritualisierung des Krieges 245 ff.
Rivalenkämpfe 62
Rivalität, bei Menschen 103
–, bei Tieren 61
–, Geschwisterrivalität 103
Rotkehlchen, kampfauslösende
    Signale 64
–, Territorialität 55

Sadismus 218, 228 f.
Samoaner 197 f.
Säugetiere, Aggressivität 67
–, Hirnreizung 65
–, Signale 64
Säuglinge, Erbkoordinationen 26 f.
Schadenfreude 111
Schädigung, s. a. Beschädigungs-
    kämpfe 42
Scherzpartnerschaft 125 f., 193
Schimpansen 77 ff.
–, Aggressivität 77 ff.
–, Außenseiterreaktion 84
–, Ausstoßreaktion 60

–, Beschwichtigen 85 f.
–, Besitz 101
–, Beute-Aggression 87 f.
–, Beuteteilen 89 f.
–, Beutetiere 87
–, Drohen 79 ff., 93 f., 130
–, Feindabwehr 93
–, Gattenpaare 85
–, Gruppen 77 ff.
–, Hautpflege, soziale 84 f.
–, Imponieren 81 f.
–, als Jäger 87 f.
–, Kämpfen 82 f.
–, Kannibalismus 89 f.
–, Rangordnung 80 f., 85 f.
–, Schlagen 93 f.
–, Schmerz 85
–, Stechen 96
–, Waffengebrauch 94
–, Werfen 95
Schlaf, bei Katzen 74 f.
Schlangen, Paarungskämpfe 61
Schlichten 123, 128 f.
Schmerz 85, 128 f.
Schnabelflirt 40
Schrift 36
Schutzreaktion 104
Schwarze Magie, bei Buschleuten 194 f.
Schweißritual 246
Schwertträger, Kampfappetenz 71
Schwingen (Schweizer Kampfspiel) 126
Seelöwen, Territorialität 56
Seevögel, Territorialität 56
Sekundärtriebhypothese 138
Selbstkontrolle 287
Selbstreizung, elektrische 66, 138 f.
Semai 286
sensible Perioden bei Tieren 23
Selektion 27, 36, 220 f.
Signale 39
–, auslösende 21
–, aggressionsauslösende 128 f.
–, aggressionshemmende 65, 113 f.
–, kampfauslösende 64

–, Spielsignale 111
Singammern, Territorialität 58 f.
Singen s. Gesang
Singvögel, Schnäbeln 40
–, Reviergesang 45, 56
Situationsklischee 128
Spacing 16, 58
Spechte, Territorialität 56
Spontaneität des Verhaltens 22, 74 ff.
Spotten 61, 193
Spottgesänge, bei Eskimos 119 f., 158, 162
–, bei Tirolern 120 f.
Sport, Funktion 133
Sprache 36
stammesgeschichtliche Anpassung s. Anpassung
Statussymbole 105
Stechen, bei Schimpansen 96
Stichlinge, Erbkoordinationen 64
–, Signale 39, 64
–, Territorialität 55
Strafreize 23, 109
Streit um Objekte 100
Streitäxte 154, 206
submissives Verhalten, Submission 23, 48, 186, 187, 266
Sühnegeld 254

Tasadey (Philippinen) 206
Tauben, Erbkoordination 20
Tboli (Philippinen) 206
Teilen 101
Territorialität 98 f., 152 f.
–, bei Buschleuten 151 ff., 155
–, bei Eskimos 158 ff.
–, bei den Hadza 168 f.
–, bei Jägern und Sammlern 155 f.
–, bei Pygmäen 164 f.
–, bei Tieren 55 ff., 77 ff.
–, bei den Waika-Indianern 220 f.
Territorium, Definition 55 ff.
Terror 107, 228, 262
Terrorbindung 109
Tiroler Spottgesänge 120 f.

Totem-Ahnen 260
Tötungshemmungen 123
Tötungsmoral 148
Tradieren, Tradition 37 f.
Transplantation von Nerven und
    Muskeln 25
Trieb, Begriff 21
Triebe 67
Trösten 123 f.
Tsembaga (Neuguinea) 247, 249
–, Kriege 221, 249 ff.
Turnierkämpfe 43, 51 ff., 117, 262

Überfall 206, 214
Unterordnung 107,109
Urgesellschaft 151 ff.

Verhaltensforschung 12 ff.
Variabilität 35
Ventilsitten 125 ff.
Vergleichen, Methode 31 ff.
Verlegenheit 28
Vermittlung 123 f., 247, 253 f.
Verteidigung, des Sozialpartners
    104
Vögel, Aggressivität 67
–, Artgesang 24
–, Reviergesang 45, 56
–, Synchronisationsrituale 40
–, Wechselsingen 40

Waffen 117 f., 148, 261 f.
–, bei Schimpansen 94
Waika-Indianer, Erziehung zur Ag-
    gression 141 f.
–, Gewissenskonflikte 226 f.
–, Palmfruchtfest 114
–, Territorialität 220 f.

–, Turnierkämpfe 117 f.
Walbiri, Turnierkämpfe 117
Wanderratten, kampfauslösende Si-
    gnale 64
Warane, Turnierkämpfe 52
Weltregierung 282
Werfen, bei Schimpansen 95
Wettstreit 101 f.
–, um Partnerbindung 103 f.
Wildschweine, innerartliche Kämpfe
    51
Wirbeltiere, Aggressionshemmungen
    50 f.
–, Aggressivität 67
–, agonistisches Verhalten 48
–, Fluchtbereitschaft 23
–, innerartliche Kämpfe 51 f.
Wissenschaften vom Menschen
    s. Humanwissenschaften
Wölfe, Erkennung als Rudelmit-
    glied 51
Wutaffekt 138
Wutanfälle neurogenen Ursprungs
    138 f.
Wutkopulationen 131

Yuma (USA), Kämpfe 222

Zauneidechsen, Turnierkämpfe 52
Zaunleguan, kampfauslösende Si-
    gnale 64
Ziegen, Akzeptieren der Jungen 24
Zungezeigen 194
Zuwendung 28 f.
Zweikämpfe, bei Australiern 210 f.
Zwergflußpferd, Duftmarken
    (Reviermarkierung) 56
Zwischengruppenkonflikt 113, 203

Konrad Lorenz

Der Abbau des Menschlichen
2. Aufl., 102. Tsd. 1983. 294 Seiten. Geb.

Die acht Todsünden der zivilisierten Menschheit
17. Aufl., 414. Tsd. 1984. 112 Seiten. Serie Piper 50

Die Rückseite des Spiegels
Versuch einer Naturgeschichte menschlichen Erkennens.
4. Aufl., 105. Tsd. 1983. 353 Seiten. Geb.

Über tierisches und menschliches Verhalten
Aus dem Werdegang der Verhaltenslehre. Gesammelte Abhandlungen.
Bd. 1: 17. Aufl., 139. Tsd. 1974. 412 Seiten mit 5 Abb. Kart.

Das Wirkungsgefüge der Natur und das Schicksal des Menschen
Gesammelte Arbeiten. Herausgegeben und eingeleitet von
Irenäus Eibl-Eibesfeldt. 368 Seiten mit 23 s/w Abb.
Serie Piper 309

Die Evolution des Denkens
Herausgegeben von Konrad Lorenz und Franz M. Wuketits.
2. Aufl., 6. Tsd. 1984. 393 Seiten. Kart.

Konrad Lorenz/Franz Kreuzer
Leben ist Lernen
Von Immanuel Kant zu Konrad Lorenz. Ein Gespräch über das Lebenswerk
des Nobelpreisträgers. 2. Aufl., 10. Tsd. 1983. 103 Seiten mit 1 Abb. Serie Piper 223

Antal Festetics
Konrad Lorenz
Aus der Welt des großen Naturforschers. 1983. 160 Seiten mit 255 farbigen
und schwarzweißen Abb. Geb.

Nichts ist schon dagewesen
Konrad Lorenz, seine Lehre und ihre Folgen. Die Texte des Wiener Symposiums,
herausgegeben von Franz Kreuzer. Mit Beiträgen von I. Eibl-Eibesfeldt, A. Festetics,
B. Hassenstein, B. Lötsch, K. Lorenz, E. Oeser, R. Riedl, W. Schleidt, S. Sjölander,
W. Wickler, F. Wuketits. 1984. Ca. 240 Seiten. Kart.

PIPER

Irenäus Eibl-Eibesfeldt

Die Biologie menschlichen Verhaltens
Grundriß der Humanethologie (In Vorbereitung für Herbst 1984)

Der Begründer der Humanethologie legt die erste umfassende Darstellung der Biologie menschlichen Verhaltens vor.

Aus dem Inhalt: Die ethologischen Grundkonzepte – Sozialverhalten – Das innerartliche Feindverhalten: Aggression und Krieg – Kommunikation – Die Entwicklung der zwischenmenschlichen Beziehungen – Der Mensch und sein Lebensraum: Ökologische Betrachtungen – Das Schöne und das Wahre – Das Gute: Der Beitrag der Biologie zur Wortlehre

Galápagos
Die Arche Noah im Pazifik
(7., überarbeitete Neuauflage, 42. Tsd. 1984. 413 Seiten mit 239 farbigen und schwarzweißen Abb. Geb.

Grundriß der vergleichenden Verhaltensforschung – Ethologie
6., durchgesehene und erweiterte Aufl., 30. Tsd., 1980. 780 Seiten mit 374 Abbildungen und 8 farbigen Tafeln. Geb.

Liebe und Haß
Zur Naturgeschichte elementarer Verhaltensweisen
11. Aufl., 81. Tsd., 1983. 293 Seiten. Serie Piper 113

Die Malediven
Paradies im Indischen Ozean
1982. 324 Seiten mit 190 meist farbigen Abb. Geb.

PIPER

SERIE PIPER

Franz Alt   Frieden ist möglich. SP 284

Jürg Amann   Die Baumschule. SP 342

Jürg Amann   Franz Kafka. SP 260

Stefan Andres   Positano. SP 315

Stefan Andres   Wir sind Utopia. SP 95

Hannah Arendt   Macht und Gewalt. SP 1

Hannah Arendt   Rahel Varnhagen. SP 230

Hannah Arendt   Über die Revolution. SP 76

Hannah Arendt   Vita activa oder Vom tätigen Leben. SP 217

Hannah Arendt   Walter Benjamin – Bertolt Brecht. SP 12

Atomkraft – ein Weg der Vernunft?   Hrsg. v. Philipp Kreuzer/Peter Koslowski/
    Reinhard Löw. SP 238

Ingeborg Bachmann   Anrufung des Großen Bären. SP 307

Ingeborg Bachmann   Frankfurter Vorlesungen: Probleme zeitgenössischer
    Dichtung. SP 205

Ingeborg Bachmann   Die gestundete Zeit. SP 306

Ingeborg Bachmann   Die Hörspiele. SP 139

Ingeborg Bachmann   Das Honditschkreuz. SP 295

Ingeborg Bachmann   Liebe: Dunkler Erdteil. SP 330

Ingeborg Bachmann   Die Wahrheit ist dem Menschen zumutbar. SP 218

Ernst Barlach   Drei Dramen. SP 163

Giorgio Bassani   Die Gärten der Finzi-Contini. SP 314

Wolf Graf von Baudissin   Nie wieder Sieg. Hrsg. von Cornelia Bührle/
    Claus von Rosen. SP 242

Werner Becker   Der Streit um den Frieden. SP 354

Max Beckmann   Briefe im Kriege. SP 286

Max Beckmann   Leben in Berlin. SP 325

Hans Bender   Telepathie, Hellsehen und Psychokinese. SP 31

Hans Bender   Zukunftsvisionen, Kriegsprophezeiungen, Sterbeerlebnisse. SP 246

Bruno Bettelheim   Gespräche mit Müttern. SP 155

Bruno Bettelheim/Daniel Karlin   Liebe als Therapie. SP 257

Klaus von Beyme   Interessengruppen in der Demokratie. SP 202

Klaus von Beyme   Parteien in westlichen Demokratien. SP 245

Klaus von Beyme   Das politische System der Bundesrepublik Deutschland. SP 186

Norbert Blüm   Die Arbeit geht weiter. SP 327

Jurij Bondarew   Die Zwei. SP 334

Tadeusz Borowski   Bei uns in Auschwitz. SP 258

Karl Dietrich Bracher   Zeitgeschichtliche Kontroversen. SP 353

Alfred Brendel   Nachdenken über Musik. SP 265

Raymond Cartier   Der Zweite Weltkrieg. Band I SP 281, Band II SP 282,
    Band III SP 283

SERIE PIPER

Horst Cotta   Der Mensch ist so jung wie seine Gelenke. SP 275

Georg Denzler   Widerstand oder Anpassung? SP 294

Dhammapadam – Der Wahrheitpfad. SP 317

Hilde Domin   Von der Natur nicht vorgesehen. SP 90

Hilde Domin   Wozu Lyrik heute. SP 65

Fjodor M. Dostojewski   Der Idiot. SP 400

Fjodor M. Dostojewski   Sämtliche Erzählungen. SP 338

Hans Eggers   Deutsche Sprache im 20. Jahrhundert. SP 61

Irenäus Eibl-Eibesfeldt   Liebe und Haß. SP 113

Irenäus Eibl-Eibesfeldt   Krieg und Frieden. SP 329

Einführung in pädagogisches Sehen und Denken. SP 222

Jürg Federspiel   Museum des Hasses. SP 220

Joachim C. Fest   Das Gesicht des Dritten Reiches. SP 199

Iring Fetscher   Herrschaft und Emanzipation. SP 146

Iring Fetscher   Der Marxismus. SP 296

Andreas Flitner   Spielen – Lernen. SP 22

Fortschritt ohne Maß?   Hrsg. Reinhard Löw/Peter Koslowski/Philipp Kreuzer.
   SP 235

Viktor E. Frankl   Die Sinnfrage in der Psychotherapie. SP 214

Richard Friedenthal   Diderot. SP 316

Richard Friedenthal   Goethe. SP 248

Richard Friedenthal   Jan Hus. SP 331

Richard Friedenthal   Leonardo. SP 299

Richard Friedenthal   Luther. SP 259

Harald Fritzsch   Quarks. SP 332

Walther Gerlach/Martha List   Johannes Kepler. SP 201

Jewgenia Ginsburg   Gratwanderung. SP 293

Albert Görres   Kennt die Religion den Menschen? SP 318

Goethe – ein Denkmal wird lebendig.   Hrsg. von Harald Eggebrecht. SP 247

Erving Goffman   Wir alle spielen Theater. SP 312

Helmut Gollwitzer   Was ist Religion? SP 197

Martin Greiffenhagen   Das Dilemma des Konservatismus in Deutschland. SP 162

Norbert Greinacher   Die Kirche der Armen. SP 196

Grundelemente der Weltpolitik   Hrsg. von Gottfried-Karl Kindermann. SP 224

Albert Paris Gütersloh   Der Lügner unter Bürgern. SP 335

Albert Paris Gütersloh   Sonne und Mond. SP 305

Olaf Gulbransson   Es war einmal. SP 266

Olaf Gulbransson   Und so weiter. SP 267

Hildegard Hamm-Brücher   Gerechtigkeit erhöht ein Volk. SP 346

Hildegard Hamm-Brücher   Der Politiker und sein Gewissen. SP 269

Wolfram Hanrieder   Fragmente der Macht. SP 231

Serie Piper

Bernhard Hassenstein   Instinkt Lernen Spielen Einsicht. SP 193

Bernhard und Helma Hassenstein   Was Kindern zusteht. SP 169

Elisabeth Heisenberg   Das politische Leben eines Unpolitischen. SP 279

Werner Heisenberg   Schritte über Grenzen. SP 336

Werner Heisenberg   Tradition in der Wissenschaft. SP 154

Jeanne Hersch   Karl Jaspers. SP 195

Elfriede Höhn   Der schlechte Schüler. SP 206

Peter Hoffmann   Widerstand gegen Hitler. SP 190

Peter Huchel   Die Sternenreuse. SP 221

Aldous Huxley   Affe und Wesen. SP 337

Aldous Huxley   Die Kunst des Sehens. SP 216

Aldous Huxley   Moksha. SP 287

Aldous Huxley   Narrenreigen. SP 310

Aldous Huxley   Die Pforten der Wahrnehmung – Himmel und Hölle. SP 6

Joachim Illies   Kulturbiologie des Menschen. SP 182

François Jacob   Das Spiel der Möglichkeiten. SP 249

Karl Jaspers   Die Atombombe und die Zukunft des Menschen. SP 237

Karl Jaspers   Augustin. SP 143

Karl Jaspers   Chiffren der Transzendenz. SP 7

Karl Jaspers   Einführung in die Philosophie. SP 13

Karl Jaspers   Kant. SP 124

Karl Jaspers   Kleine Schule des philosophischen Denkens. SP 54

Karl Jaspers   Die maßgebenden Menschen. SP 126

Karl Jaspers   Philosophische Autobiographie. SP 150

Karl Jaspers   Der philosophische Glaube. SP 69

Karl Jaspers   Plato. SP 147

Karl Jaspers   Die Schuldfrage – Für Völkermord gibt es keine Verjährung. SP 191

Karl Jaspers   Spinoza. SP 172

Karl Jaspers   Strindberg und van Gogh. SP 167

Karl Jaspers   Vernunft und Existenz. SP 57

Karl Jaspers   Vom Ursprung und Ziel der Geschichte. SP 298

Karl Jaspers   Wahrheit und Bewährung. SP 268

Karl Jaspers/Rudolf Bultmann   Die Frage der Entmythologisierung. SP 207

Walter Jens   Fernsehen – Themen und Tabus. SP 51

Walter Jens   Momos am Bildschirm 1973–1983. SP 304

Walter Jens   Die Verschwörung – Der tödliche Schlag. SP 111

Walter Jens   Von deutscher Rede. SP 277

Louise J. Kaplan   Die zweite Geburt. SP 324

Rudolf Kippenhahn   Hundert Milliarden Sonnen. SP 343

Leszek Kolakowski   Der Himmelsschlüssel. SP 232

Leszek Kolakowski   Der Mensch ohne Alternative. SP 140

SERIE PIPER

Christian Graf von Krockow   Gewalt für den Frieden. SP 323

Hans Küng   Die Kirche. SP 161

Hans Küng   24 Thesen zur Gottesfrage. SP 171

Hans Küng   20 Thesen zum Christsein. SP 100

Konrad Lorenz   Die acht Todsünden der zivilisierten Menschheit. SP 50

Konrad Lorenz   Das Wirkungsgefüge der Natur und das Schicksal des Menschen.
    SP 309

Konrad Lorenz/Franz Kreuzer   Leben ist Lernen. SP 223

Lust am Denken   Hrsg. von Klaus Piper. SP 250

Lust an der Musik   Hrsg. von Klaus Stadler. SP 350

Franz Marc   Briefe aus dem Feld. Neu hrsg. von Klaus Lankheit/Uwe Steffen.
    SP 233

Yehudi Menuhin   Ich bin fasziniert von allem Menschlichen. SP 263

Christa Meves   Verhaltensstörungen bei Kindern. SP 20

Alexander Mitscherlich   Auf dem Weg zur vaterlosen Gesellschaft. SP 45

Alexander Mitscherlich   Der Kampf um die Erinnerung. SP 303

Alexander und Margarete Mitscherlich   Eine deutsche Art zu lieben. SP 2

Alexander und Margarete Mitscherlich   Die Unfähigkeit zu trauern. SP 168

Margarete Mitscherlich   Das Ende der Vorbilder. SP 183

Christian Morgenstern   Galgenlieder. SP 291

Christian Morgenstern   Werke in vier Bänden. Band I SP 271, Band II SP 272,
    Band III SP 273, Band IV SP 274

Ernst Nolte   Der Weltkonflikt in Deutschland. SP 222

Pier Paolo Pasolini   Accattone. SP 344

Pier Paolo Pasolini   Gramsci's Asche. SP 313

Pier Paolo Pasolini   Teorema oder Die nackten Füße. SP 200

Pier Paolo Pasolini   Vita Violenta. SP 240

P.E.N.-Schriftstellerlexikon   Hrsg. von Martin Gregor-Dellin/Elisabeth Endres.
    SP 243

Karl R. Popper/Konrad Lorenz   Die Zukunft ist offen. SP 340

Ludwig Rausch   Strahlenrisiko!? SP 194

FRitz Redl/David Winemann   Kinder, die hassen. SP 333

Fritz Redl/David Wineman   Steuerung des aggressiven Verhaltens beim Kind.
    SP 129

Rupert Riedl   Die Strategie der Genesis. SP 290

Ivan D. Rožanskij   Geschichte der antiken Wissenschaft. SP 292

Hans Schaefer   Plädoyer für eine neue Medizin. SP 225

Wolfgang Schmidbauer   Heilungschancen durch Psychotherapie. SP 127

Wolfgang Schmidbauer   Sensitivitätstraining und analytische Gruppendynamik.
    SP 56

Robert F. Schmidt/Albrecht Struppler   Der Schmerz. SP 241

SERIE PIPER

Hannes Schwenger Im Jahr des Großen Bruders. SP 326

Gerd Seitz Erklär mir den Fußball. SP 5002

Kurt Sontheimer Grundzüge des politischen Systems der Bundesrepublik Deutschland. SP 351

Robert Spaemann Rousseau – Bürger ohne Vaterland. SP 203

Die Stimme des Menschen Hrsg. von Hans Walter Bähr. SP 234

Hans Peter Thiel Erklär mir die Erde. SP 5003

Hans Peter Thiel Erklär mir die Tiere. SP 5005

Hans Peter Thiel/Ferdinand Anton Erklär mir die Entdecker. SP 5001

Ludwig Thoma Heilige Nacht. SP 262

Ludwig Thoma Moral. SP 297

Ludwig Thoma Münchnerinnen. SP 339

Ludwig Thoma Der Wilderer. SP 321

Giuseppe Tomasi di Lampedusa Der Leopard. SP 320

Franz Tumler Das Land Südtirol. SP 352

Karl Valentin Die Friedenspfeife. SP 311

Cosima Wagner Die Tagebücher. Bd. 1 SP 251, Bd. 2 SP 252, Bd. 3 SP 253, Bd. 4 SP 254

Richard Wagner Mein Denken. Hrsg. von Martin Gregor-Dellin. SP 264

Paul Watzlawick Wie wirklich ist die Wirklichkeit? SP 174

Der Weg ins Dritte Reich. SP 261

Johannes Wickert Isaac Newton. SP 215

Wolfgang Wickler Die Biologie der Zehn Gebote. SP 236

Wolfgang Wickler/Uta Seibt männlich weiblich. SP 285

Wolfgang Wieser Konrad Lorenz und seine Kritiker. SP 134

Sighard Wilhelm Geschichte der Bundesrepublik Deutschland. SP 256

Wilhelm Worringer Abstraktion und Einfühlung. SP 122

Wörterbuch der Erziehung Hrsg. von Christoph Wulf. SP 345

Heinz Zahrnt Aufklärung durch Religion. SP 210

Dieter E. Zimmer Der Mythos der Gleichheit. SP 212

Dieter E. Zimmer Die Vernunft der Gefühle. SP 227